全国地层多重划分对比研究

（60）

西北区区域地层

主　　编：张二朋

副 主 编：顾其昌　郑文林

编　　者：张二朋　顾其昌

郑文林　马润华

蔡土赐　孙崇仁

技术顾问：汤中立

中国地质大学出版社

内容简介

本书以西北各省（市、自治区）地层多重划分对比研究成果为基础，运用现代地层学、沉积学新理论，按自然断代在大区范围内进行了地层划分对比研究，书中系统地阐述了各断代主要岩石地层的岩石组合类型及主要特征，完善了各地层分区的岩石地层单位系列，分析了区内岩石地层单位的年代属性，揭示了某些地层单位的穿时现象，探讨了各断代岩石地层沉积特征和时空分布规律。该书是一部具有一定深度和广度的区域地层专著，对广大区调、勘查、科研工作者及教学人员不失为一部重要的参考书。

图书在版编目(CIP)数据

西北区区域地层/张二朋主编．—武汉：中国地质大学出版社，1998.3(2009.3 重印)
(全国地层多重划分对比研究：60)
ISBN 978-7-5625-1275-2

Ⅰ．西…
Ⅱ．张…
Ⅲ．地层学—西北地区
Ⅳ．P535.24

中国版本图书馆 CIP 数据核字(2009)第 005379 号

西北区区域地层 张二朋 主 编

责任编辑：张晓红 特邀编辑：宋长起 责任校对：胡义珍

出版发行：中国地质大学出版社(武汉市洪山区鲁磨路 388 号) 邮编：430074
电话：(027)67883511 传真：67883580 **E-mail**：cbb @ cug. edu. cn
经 销：全国新华书店 **http**：//www. cugp. cn

开本：787 毫米×1092 毫米 1/16 字数：370 千字 印张：14.625 插页 5
版次：1998 年 3 月第 1 版 印次：2009 年 3 月第 2 次印刷
印刷：武汉教文印刷厂 印数：601—1100 册

ISBN 978-7-5625-1275-2 定价：45.00 元

序

100多年来，地层学始终是地质学的重要基础学科的支柱，甚至还可以说是基础中的基础，它为近代地质学的建立和发展发挥了十分重要的作用。随着板块构造学说的提出和发展，地质科学正经历着一场深刻的变革，古老的地层学和其他分支学科一样还面临着满足社会不断进步与发展的物质需要和解决人类的重大环境问题等双重任务的挑战。为了迎接这一挑战，依靠现代科技进步及各学科之间相互渗透，地层学的研究范围将不断扩大，研究途径更为宽广，研究方法日趋多样化，并萌发出许多新的思路和学术思想，产生出许多分支学科，如生态地层学、磁性地层学、地震地层学、化学地层学、定量地层学、事件地层学、气候地层学、构造地层学和月球地层学等等，它们的综合又导致了“综合地层学”和“全球地层学”概念的提出。所有这一切，标志着地层学研究向高度综合化方向发展。

我国的地层学和与其密切相关的古生物学早在本世纪前期的创立阶段，就涌现出一批杰出的地层古生物学家和先驱，他们的研究成果奠定了我国地层学的基础。但是大规模的进展，还是从1949年以后，尤其是随着全国中小比例尺区域地质调查的有计划开展，以及若干重大科学计划的执行而发展起来的。正像我国著名的地质学家尹赞勋先生在第一届全国地层会议上所讲：“区域地质调查成果的最大受益者就是地层古生物学。”1959年召开的中国第一届全国地层会议，总结了建国十年来所获的新资料，制定了中国第一份地层规范（草案），标志着我国地层学和地层工作进入了一个新的阶段。过了20年，地层学在国内的发展经历了几乎十年停滞以后，于1979年召开了中国第二届全国地层会议，会议在某种程度上吸收学习了国际地层学研究的新成果，还讨论制定了《中国地层指南及中国地层指南说明书》，为推动地层学在中国的发展，缩小同国际地层学研究水平的差距奠定了良好基础。这次会议以后所进行的一系列工作，包括应用地层单位的多重性概念所进行的地层划分对比研究、区域地层格架及地层模型的研究，现代地层学与沉积学相结合所进行的盆地分析以及1：5万区域地质填图方法的改进与完善等，都成为我国地层学进一步发展的强大推动力。为此，地质矿产部组织了一项“全国地层多重划分对比研究（清理）”的系统工程，在30个省、直辖市、自治区（含台湾省，不含上海市）范围内，自下而上由省（市、区）、大区和全国设立三个层次的课题，在现代地层学和沉积学理论指导下，对以往所建立的地层单位进行研究（清理），追溯地层单位创名的沿革，重新厘定单位含义、层型类型与特征、区域延伸与对比，消除同物异名，查清同名异物，在大范围内建立若干断代岩石地层单位的时空格架、编制符合现代地层学含义的新一代区域地层序列表，并与地层多重划分对比研究工作同步开展了省（市、区）和全国两级地层数据库的研建，对巩固地层多重划分对比研究（清理）成果，为地层学的科学化、系统化和现代化发展打下了良好基础。这项研究工作在部、省（市、区）各级领导的支持关怀下，全体研究人员经过5年的艰苦努力已圆满地完成了任务，高兴地看到许多成果已陆续要出版了。这项工作涉及的范围之广、参加的单位及人员之多、文件的时间跨度之长，以及现代科学理论与计算机技术的应用等各方面，都可以说是在我国地层学工作不断发展中具有里程碑意义的。这项研究中不同层次成果的出版问世，不仅对区域地质调查、地质图件的编测、区域矿产普查与勘查、地质科研和教学等方面都具有现实的指导作用和实用价值，而且对我国地层学的发展和科学化、系统化将起到积极的促进作用。

首次组织实施这样一项规模空前的全国性的研究工作，尽管全体参与人员付出了极大的辛勤劳动，全国项目办和各大区办进行了大量卓有成效和细致的组织协调工作，取得了巨大的成绩，但由于种种原因，难免会有疏漏甚至失误之处。即使这样，该系列研究是认识地层学真理长河中的一个相对真理的阶段，其成果仍不失其宝贵的科学意义和巨大的实用价值。我相信经过广大地质工作者的使用与检验，在修订再版时，其内容将会更加完美。在此祝贺这一系列地层研究成果的公开出版，它必将发挥出巨大社会经济效益，为地质科学的发展做出新的贡献。

程裕淇

前　言

地层学在地质科学中是一门奠基性的基础学科，是基础地质的基础。自从 19 世纪初由 W 史密斯奠定的基本原理和方法以来的一个半世纪中，地层学是地质科学中最活跃的一个分支学科，对现代地质学的建立和发展产生了深刻的影响，作出了不可磨灭的贡献，特别是在 20 世纪 60 年代由于板块构造学说兴起引发的一场“地学革命”，其表现更为显著。随着板块构造学的确立，沉积学和古生态学的发展，地球历史和生物演化中的灾变论思想的复兴和地质事件概念的建立，使地层学的分支学科，如时间地层学、生态地层学、地震地层学、同位素地层学、气候地层学、磁性地层学、定量地层学和构造地层学等像雨后春笋般地蓬勃发展，这种情况必然对地层学、生物地层和沉积地层等的传统理论认识和方法提出了严峻的挑战。经过 20 年的论战，充分体现当代国际地质科学先进思想的《国际地层指南》（英文版）于 1976 年见诸于世，之后在不到 20 年的时间里又于 1979、1987、1993 年连续三次进行了修改补充，陆续补充了《磁性地层极性单位》、《不整合界限地层单位》，以及把岩浆岩与变质岩等作为广义地层学范畴纳入地层指南而又补充编写了《火成岩和变质岩岩体的地层划分与命名》等内容。

国际地层学上述重大变革，对我国地学界产生了强烈冲击，十年动乱形成的政治禁锢被打开，迎来了科学的春天，先进的科学思潮像潮水般涌来，于是在 1979 年第二届全国地层会议上通过并于 1981 年公开出版了《中国地层指南及中国地层指南说明书》，其中阐述了地层多重划分概念。于 1983 年按地层多重划分概念和岩石地层单位填图在安徽区调队进行了首次试点。1985 年《贵州省区域地质志》中地层部分吸取了地层多重划分概念进行撰写。1986 年地质矿产部设立了“七五”重点科技攻关项目——“1∶5 万区调中填图方法研究项目”，把以岩石地层单位填图，多重地层划分对比，识别基本地层层序等现代地层学和现代沉积学相结合的内容列为沉积岩区区调填图方法研究课题，从此拉开了新一轮 1∶5 万区调填图的序幕，由试点的贵州、安徽和陕西三省逐步推向全国。

1∶5 万区调填图方法研究试点中遇到的最大问题是如何按照现代地层学的理论和方法来对待与处理按传统理论和方法所建立的地层单位？如果维持长期沿用的按传统理论建立的地层单位，虽然很省事，但是又如何体现现代地层学和现代沉积学相结合的理论与方法呢？这样就谈不上紧跟世界潮流，迎接这一场由板块构造学说兴起所带来的“地学革命”。如果要坚持这一技术领域的革命性变革，就要下决心花费很大力气克服人力、财力和技术性等方面的重重困难，对长期沿用的不规范化的地层单位进行彻底的清理。经过反复研究比较，我们认识到科学技术的变革也和社会经济改革的潮流一样是不可逆转的，只有坚持改革才能前进，不进则退，否则就将被历史所淘汰，别无选择。在这一关键时刻，地质矿产部和原地矿部直管局领导作出了正确决策，从1991年开始，从地勘经费中设立一项重大基础地质研究项目——全国地层多重划分对比研究项目，简称全国地层清理项目，开始了一场地层学改革的系统工程，在全国范围内由下而上地按照现代地层学的理论和方法对原有的地层单位重新明确其定义、划分对比标准、延伸范围及各类地层单位的相互关系，与此同时研建全国地层数据库，巩固地层清理成果，推动我国地层学研究和地层单位管理的规范化和现代化，指导当前和今后一个时期1∶5万、1∶25万等区调填图等，提高我国地层学研究水平。1991年地质矿产部原直管局将地层清理作为部指令性任务以地直发(1991)005号文和1992年以地直发(1992)014号文下发了《地矿部全国地层多重划分对比（清理）研究项目第一次工作会议纪要》，明确了各省（市、自治区）地质矿产局（厅）清理研究任务，并于1993年2月补办了专项地勘科技项目合同（编号直科专92-1），并明确这一任务分别设立部、大区和省（市、自治区）三级领导小组，实行三级管理。

部级成立全国项目领导小组

组长	李廷栋	地质矿产部副总工程师
副组长	叶天竺	地质矿产部原直管局副局长
	赵　逊	中国地质科学院副院长

成立全国地层清理项目办公室，受领导小组委托对全国地层清理工作进行技术业务指导和协调以及经常性业务组织管理工作，并设立在中国地质科学院区域地质调查处（简称区调处）。

项目办公室主任	陈克强	区调处处长，教授级高级工程师
副主任	高振家	区调处总工，教授级高级工程师
	简人初	区调处高级工程师
专家	张守信	中国科学院地质研究所研究员
	魏家庸	贵州省地质矿产局区调院教授级高级工程师
成员	姜　义	区调处工程师
	李　忠	会计师
	周统顺	中国地质科学院地质研究所研究员

大区一级成立大区领导小组，由大区内各省（市、自治区）局级领导成员和地科院沈阳、天津、西安、宜昌、成都、南京六个地质矿产研究所各推荐一名专家组成。领导小组对本大区地层清理工作进行组织、指导、协调、仲裁并承担研究的职责。下设大区办公室，负责大区地层清理的技术业务指导和经常性业务技术管理工作。在全国项目办直接领导下，成立全国地层数据库研建小组，由福建区调队和部区调处承担，负责全国和省（市、自治区）二级地层数据库软件开发研制。

各省（市、自治区）成立省级领导小组，以省（市、自治区）局总工或副总工为组长，有区调主管及有关处室负责人组成，在专业区调队（所、院）等单位成立地层清理小组，具体负责地层清理工作，同时成立省级地层数据库录入小组，按照全国地层数据库研建小组研制的软件及时将本省清理的成果进行数据录入，并检验软件运行情况，及时反馈意见，不断改进和优化软件。在全国地层清理的三个级次的项目中，省级项目是基础，因此要求各省（市、自治区）地层清理工作必须实行室内清理与野外核查相结合，清理工作与区调填图相结合，清理与研究相结合，地层清理与地层数据库建立相结合，“生产”单位与科研教学单位相结合，并强调地层清理人员要用现代地层学和现代沉积学的理论武装起来，彻底打破传统观点，统一标准内容，严格要求，高标准地完成这一历史使命。实践的结果，凡是按上述五个相结合去做的效果都比较好，不仅出了好成果，而且通过地层清理培养锻炼了一支科学技术队伍，从总体上把我国区调水平提高到一个新台阶。

三年多以来，参加全国地层清理工作的人员总数达400多人，总计查阅文献约24 000份，野外核查剖面约16 472.6 km，新测剖面70余条约300 km，清理原有地层单位有12 880个，通过清查保留的地层单位约4721个（还有省与省之间重复的），占总数36.6%，建议停止使用或废弃的单位有8159个（为同物异名或非岩石地层单位等），占总数63.4%，清查中通过实测剖面新建地层单位134个。与此同时研制了地层单位的查询、检索、命名和研究对比功能的数据库，通过各省（市、自治区）数据录入小组将12 880个地层单位（每个单位5张数据卡片）和10 000多条各类层型剖面全部录入，首次建立起全国30个（不含上海市）省（市、自治区）基础地层数据库，为全国地层数据库全面建成奠定了坚实的基础。从1994年7月—11月，分七个片对30个省（市、自治区）地层清理成果报告及数据库的数据录入进行了评审验收，到1994年底可以说基本上完成了省一级地层清理任务。1995—1996年将全面完成大区和总项目的清理研究任务。由此可见，这次全国地层清理工作无论是参加人数之多，涉及面之广，新方法新技术的应用以及理论指导的高度和研究的深度都可以堪称中国地层学研究的第三个里程碑。这一系统工程所完成的成果，不仅是这次直接参加清理的400多人的成果，而且亦应该归功于全国地层工作者、区域地质调查者、地层学科研与教学人员以及为地层工作做过贡献的普查勘探人员。全国地层清理成果的公开出版，必将对提高我国地层学研究水平，统一岩石地层划分和命名指导区调填图，加强地层单位的管理以及地质勘察和科研教学等方面发挥重要的作用。

鉴于本次地层清理工作和地层数据库的研建是过去从未进行过的一项研究性很强的系统工程，涉及的范围很广，时间跨度长达100多年，参加该项工作的人员多达300～400人，由于时间短，经费有限，人员水平不一，文献资料掌握程度等种种主客观原因，尽管所有人员都尽了最大努力，但是在本书中少数地层单位的名称、出处、命名人和命名时间等不可避免地存在一些问题。本书中地层单位名称出现的“岩群”、“岩组”等名词，是根据1990年公开出版的程裕淇主编的《中国地质图（1∶500万）及说明书》所阐述的定义。为了考虑不同观点的读者使用，本书对有“岩群”、“岩组”的地层单位，均暂以（岩）群、（岩）组处理。如鞍山（岩）群、迁西（岩）群。总之，本书中存在的错漏及不足之处，衷心地欢迎广大读者提出宝贵意见，以便今后不断改正和补充。

在30个省（市、自治区）地层清理系统成果即将公开出版之际，我代表全国地层清理项目办公室向参加30个省（市、自治区）地层清理、数据库研建和数据录入的同志所付出的辛勤劳动表示衷心的感谢和亲切的慰问。在全国地层清理项目立项过程中，原直管局王新华、黄崇轲副局长给予了大力支持，原直管局局长兼财务司司长现地矿部副部长陈洲其在项目论证会上作了立项论证报告，在人、财、物方面给予过很大支持；全国地层委员会副主任程裕淇院士一直对地层清理工作给予极大的关心和支持，并在立项论证会上作了重要讲话；中国地质大学教授、全国地层委员会地层分类命名小组组长王鸿祯院士是本项目的顾问，在地层清理的指导思想、方法步骤及许多重大技术问题上给予了具体的指导和帮助；中国地质大学教授杨遵仪院士对这项工作热情关心并给以指导；中国地质科学院院长、部总工程师陈毓川研究员参加了第三次全国地层清理工作会议并作了重要指示与鼓励性讲话；部科技司姜作勤高工，计算中心邬宽廉、陈传霖，信息院赵精满，地科院刘心铸等专家对地层数据库设计进行评审，为研建地层数据库提出许多有意义的建议。中国科学院地质研究所，南京古生物研究所，中国地质科学院地质研究所，天津、沈阳、南京、宜昌、成都和西安地质矿产研究所，南京大学，西北大学，中国地质大学，长春地质学院，西安地质学院等单位的知名专家、教授和学者，各省（市、自治区）地矿局领导、总工程师、区调主管、质量检查员和区调队、地研所、综合大队等单位的区域地质学家共600余人次参加了各省（市、自治区）地层清理研究成果和六个大区区域地层成果报告的评审和鉴定验收，给予了友善的帮助；各省（市、自治区）地矿局（厅）、区调队（所、院）等各级领导给予地层清理工作在人、财、物方面的大力支持。可以肯定，没有以上各有关单位和部门的领导和众多的专家教授对地层清理工作多方面的关心和支持，这项工作是难以完成的。在30个省（市、自治区）地层清理成果评审过程中一直到成果出版之前，中国地质大学出版社，特别是以褚松和副社长和刘粤湘编辑为组长的全国地层多重划分对比研究报告编辑出版组为本套书编辑出版付出了极大的辛苦劳动，使这一套系统成果能够如此快地、规范化地出版了！在全国项目办设在区调处的几年中，除了参加项目办的成员外，区调处的陈兆棉、其和日格、田玉莹、魏书章、刘凤仁多次承担地层清理会议的会务工作，赵洪伟和于庆文同志除了承担会议事务还为会议打印文稿，于庆文同志还协助绘制地层区划图及文稿复印等工作。

在此，向上面提到的单位和所有同志一并表示我们最诚挚的谢意，并希望继续得到他们的关心和支持。

全国地层清理项目办公室（陈克强执笔）

目 录

Contents

第一章

绪 论

一、研究区范围及地层研究简史

研究区在行政区划上包括陕西省、甘肃省、宁夏回族自治区、青海省(昆仑山口—玛沁以北)、新疆维吾尔自治区(以下分别简称陕西、甘肃、宁夏、青海、新疆或陕、甘、宁、青、新)以及内蒙古自治区(以下简称内蒙古)阿拉善左旗以西。实际涉及的研究范围面积达297余万平方公里,约占中国大陆面积31%。

研究区地域辽阔,闻名世界的阿尔泰山、天山、祁连山、喀喇昆仑山和昆仑山、秦岭等山脉横亘区内,绵延数千公里,构成气势雄伟壮观的地貌景观。平均海拔2 500~4 000 m,最高为喀喇昆仑山的乔戈里峰,海拔8 611 m,是世界第二高峰。一般3 800 m或4 500 m附近终年积雪,形成典型的近代冰川地貌,如祁连山主峰"七一"冰川、天山东部博格达峰的"Ⅰ"号冰川。在主要山脉之间发育一系列内陆盆地,如塔里木、准噶尔、柴达木、鄂尔多斯等盆地。除东部以长江、黄河水系发育地表径流外,大部地区为内陆干旱气候,广阔无垠的中西部为沟壑纵横的黄土高原、浩翰沙漠、山前冲-洪积戈壁和干涸—半干涸的星罗棋布的近代盐湖等各种地貌所占据。上述自然地理环境和各造山带内地质条件的复杂变化,长期以来使其地质研究程度明显低于中国东部地区。

研究区地层研究简史,概括起来,大致以1949年为界划分为两个阶段。

1949年之前,据国内有关地质文献记载,最早涉足本区进行地质调查是李希霍芬(Richthofen,1866),继之弗斯托利契夫(Фстольчев,1872—1874)、斯戒义(Szechenyi,1877—1880)、洛采(Loczy,1899)、奥勃鲁契夫(Обручев,1892—1893)、维里士(Willis,1903)、布莱克威尔德(Blackwelder,1903)、德日进(Teilhard de Chardin,1923、1930)、安特生(Anderson,1923、1925)、葛利普(Grabau,1923—1924、1940)、富勒和克拉普(Fuller and Clapp,1926)等外籍学者,并首先起始于秦岭、鄂尔多斯和祁连山,但均为路线地质调查①。自本世纪初,我国许多地质先辈和著名地质学家先后对秦岭、祁连山、天山及西北五省(区)进行了开创性的地质工作,据西北所属各省(区)研究组所查阅的历史文献,在本研究区内创建的地层单位名称的研究者依先后主要有:谢家荣(1924)、袁复礼(1925、1930、1932)、赵亚曾和黄汲清(1931、1945)、王竹泉和潘钟祥(1933—1934、1936)、侯德封和孙健初(1935—1938)、杨钟健和卞美年(1937)、卢衍豪(1942)、叶连俊和关士聪(1942、1944)等等。其中以袁复礼、赵亚曾、黄汲清、孙健初、叶连

① 这次研究仅查到一部分直接文献。

俊、关士聪 等创建的地层单位最多。此外，创建于邻区的地层单位与本区关系较为密切的我国学者主要有：翁文灏(1922)、李四光(1924)、孙云铸(1924)、李捷和朱森(1930、1931)、谭锡畴和李春昱(1935)、张文佑(1935、1938)、丁文江和王曰伦(1937)、王钰(1938)、侯德封(1939)、尹赞勋(1945)、穆恩之(1948)等等。他们的研究成果是指导其后地层研究的重要参考文献，具有深远的影响，所建立的地层系统和一些剖面界线及地层单位名称的含义，经这次研究重新厘定或修订后，仍继续沿用。

1949年之后，随着国民经济建设发展的需求，各有关生产、科研和教学单位开展了大规模地质勘查和研究工作，地层的划分、对比研究工作逐步深入并不断有新的突破。概括起来主要有如下几个方面。

区域地质调查(以下简称区调)，1：20万区调1952年始于新疆，继之1956年为秦岭，之后各省(区)全面开展，自60年代始，又在一些重点地区有步骤地开展1：5万区调，在区调中所获得的大量地层研究成果奠定了西北区域地层的基础，是这次研究的主要资料来源。与70年代完成的《西北地区区域地层表》按省(区)出版、古生物图册及之后各省(区)地层断代总结和《中国地层》专著的出版比较而言，首次对西北区及各省(区)地层进行了较为全面系统的总结。

1959年及1979年召开两届全国地层会议，第一届使地层研究工作步入规范化和正规化，第二届依地层学的发展动向指出了我国地层研究的新方向，并公布了《中国地层指南及中国地层指南说明书》，强调了地层学在地质科学中的基础地位和发展的新思路，建立新理论，运用新方法和新技术等新观念，同时明确了地层多重划分观点运用在地层学研究中的科学性和实用性。

80年代始，先后完成出版的西北各省(区)区域地质志，分别从活动论的观点进一步对该省(区)区域地层做了全面系统的总结，探讨了各时代沉积构造演化史。

一个多世纪以来，特别是近50年，有关西北区的地层资料不计其数，这一丰硕成果是几代地质工作者共同努力所获得的，它极大地提高了本区地层的研究程度，不断丰富了地层学的内容，为我国地层学和基础地质的研究作出了重大的贡献。同样，这些成果也为这次研究提供了前提条件和资料来源。

二、目的任务及遵循原则和思想方法

百余年来西北区的地层研究虽然已取得了丰硕成果，但应看到，长期以来一直侧重于采用传统的统一地层划分的观点，着重强调“构造运动古地理变迁、剥蚀作用、岩浆活动和变质作用及生物界的变迁等五种现象的统一”。研究重点是地层年代顺序和化石内容，并在年代解释的基础上划分地层，忽略了地层多种特征和属性在划分中的重要意义和作用，而过分地突出了据古生物划分地层的作用。随着工作程度不断深入、新资料的发现和不同研究者认识的差别，使地层划分因人因时频繁变动，导致地层划分的混乱，给区调填图、科研工作带来了困难，也阻碍了地层学的发展。

为了改变这种现状，及时运用现代地层学、沉积学新理论指导区调工作，使地层划分研究成果有更强的实用性和生命力，使我国的地层研究与世界接轨，地质矿产部(以下简称地矿部)于1986—1990年设立了“三大岩区1：5万区调填图方法研究”重点科技攻关项目，并将已取得的成果在地矿部系统内的区调中全面推广运用。在此基础上，不失时机地于1991年始，又设立“全国地层多重划分对比研究”重大基础地质研究项目(以下简称地层清理或总项目)。

据地矿部地直发(1991)005号文和地直科专(1992)01号文下达的任务和项目总体设计，对项目的目的任务、组织领导、技术方法及实施方案提出了明确的要求和规定。总项目由全国、大区、省(区)三个层次(即一、二、三级课题)组成，实行三级管理，任务各有侧重。西北区主要完成后两个层次所属范围的研究任务。

各省(区)任务:按地层多重划分观点和新资料，以岩石地层单位为重点，侧重研究地层单位的相互关系，包括各岩石地层单位名称出处、时间、原始定义、层型剖面及历史沿革等等;建立各省(区)岩石地层单位序列表，编制重点地区主要断代地层横剖面或地层格架图;探讨某些有代表性沉积盆地形成演化;建立省(区)级岩石地层数据库，消除地层划分的混乱，使其逐步规范化，指导区调工作，为我国地层研究奠定新的基础。其研究的重点为中元古代至第三纪。

大区的任务:对所属各省(区)研究工作进行组织、协调、指导、仲裁和研究等五项职能。地科调(1995)043号文对大区研究工作又进一步指出:“各大区的研究工作不是各省(区)资料的堆砌和重复，而要以先进理论为指导，高起点、高水平的总结研究，要体现各大区特色，既要有科学性，亦要对今后区调、科研、资源勘察、环境评价等方面发挥应有的作用”。

西北大区在执行上述任务过程中，于1995年在完成西北五省(区)地层研究的基础上，全面转入西北区区域地层的研究总结。研究的指导思想，遵循的原则及思想方法如下。

(1)以现代地层学、沉积学理论及活动论为指导;以《中国地层指南及中国地层指南说明书》和《国际地层指南》为准则;以西北各省(区)地层清理研究成果为基础，着重岩石地层和造山带的研究。

(2)立足于西北各地层大区，除总结各地层大区区域地层时空分布规律外，避免面面俱到，尽可能针对西北区的特点，就有关地层及沉积构造环境重点研究论述，论述时本着实事求是的原则，以现有实际资料为依据做适度分析和推理。

(3)鉴于西北区各造山带地层屡遭变质变形和岩浆活动改造，地层复杂多变，加之以往研究程度偏低，正常层序恢复的难度明显高于在稳定区采用的清理研究方法，并具有其局限性。故在地层划分、对比，岩石地层单位的取舍等方面不过分强调“一致性”，采取宜粗不宜细的原则，对组级地层单位允许适度的宽容性。大区代表性岩石地层单位的选取，尽可能使其具有最大的代表性、实用性，以数量最少为原则。

(4)资料选择和利用。鉴于研究资料涉及面广，数量浩繁，既有历史沿革，又有各部门和个人的不同划分对比，所以，只要依据充分的资料都加以研究利用，但仍以不同比例尺的区调资料为主。

(5)总体思路。立足于西北整个研究区，以自然断代为主线，以各地层大区为基本单位。以总结各断代地层的时空分布、变化规律为中心，进而探讨区域地层的形成、演化。

(6)具体做法。首先按地层大区研究各断代所有地层单位的组成岩石、沉积类型、地层类型及其时空关系和分布规律，筛选出各地层区各断代代表性地层单位，进而编制各地层大区自然断代岩石地层序列表。在序列表基础上选择某些断代编制区域性或地区性特别是大陆边缘地带横剖面图或综合性图件，然后结合沉积相、生物特征和年代等资料进行地层格架及沉积盆地分析，最后探讨沉积盆地的形成、发展、演化及构造环境。

为避免与省(区)研究成果重复，对序列表中各地层单位的特征不做一一介绍，仅选其中更具代表性的单位就某些与盆地分析有关内容加以叙述，对与省(区)研究成果有不同认识的，做适当交代。

三、人员组织分工及任务完成情况

根据总项目实行三级组织管理，西北大区属二级机构，挂靠在甘肃省地质矿产局（以下简称甘肃地矿局）。1992 年 8 月成立大区领导小组和研究组，下设大区办公室。

西北大区领导小组组成如下：

组　长：汤中立，中国工程院院士，原甘肃地矿局总工程师

副组长：张二朋，西安地质矿产研究所研究员

滕方孔，原甘肃地矿局区调队总工程师（1993 年退休离岗，后由郑文林兼任）

成　员：乔僖，陕西地矿局总工程师

赵生贵，原甘肃地矿局副总工程师（1994 年退休离岗，后由局总工兼任）

王世环，宁夏地矿局副总工程师

金万福，青海地矿局总工程师

王有标，新疆地矿局副总工程师

邵和明，内蒙古地矿局副总工程师

张维吉，西安地质学院教授

西北大区办公室组成如下：

主　任：郑文林，甘肃地矿局地矿处高级工程师（1993 年前由滕方孔兼）。

成　员：姚国金、裴梅芳，甘肃地矿局区域地质调查队（区域地质调查队以下简称区调队）高级工程师（1995 年调离）。

西北大区研究组的组成：1992 年成立时组长赵凤游、副组长张二朋，成员为西北大区所属各省（区）课题负责人及院、所代表共 10 人。1995 年在全国项目办① 及大区领导小组领导下进行了调整，因赵凤游已退休，由张二朋任组长，成员有郑文林、马润华、顾其昌、孙崇仁、蔡土赐。1995 年之前宋志高曾配合对祁连山早古生代地层进行了火山岩系综合研究，张维吉、杨雨、李文国曾参加部分工作。

西北大区在执行“组织、协调、指导、仲裁、研究”五项任务过程中，大体可分为两个阶段。第一阶段（1992—1994）以执行前四项任务为主，及时结合各时期中心任务，认真组织领导了不同形式和规模的专题讨论会，交流信息和重要成果及野外现场考察；编制大区地层区划图及地层序列表；及时仲裁解决跨省（区）地层区划和岩石地层单位对比研究中的争议问题；赴各省（区）检查、指导，协助解决研究中存在的主要问题。在“三级”组织机构的共同努力下，保证了西北各省（区）按时提交了研究成果，并组织评审鉴定。该阶段完成的工作量：查阅各种地质资料和文献 6 500 余份，填写工作卡片 6 000 余份，收集和研究地质剖面 9 000 余条，选录剖面 3 237 条，选用岩石地层单位 1 134 个，建议暂时停用地层单位 1 284 个，选用正层型剖面 728 条，次层型剖面 1 445 条，副层型剖面 9 条，选层型剖面 175 条，新测层型剖面 9 条，野外踏勘检查和实测剖面 860 km。

第二阶段（1995—1996）全面转入西北区区域地层研究工作。调整组织分工，讨论明确研究指导思想，遵循原则和思想方法，按全国项目办公室下发的文件编写大纲，结合研究区的地质特点，详细讨论拟定编写提纲。于 1995 年底按时向地矿部地质调查局提交评审成果。本书是

① “全国地层多重划分对比研究”项目办公室。

在评审稿基础上，按评审所提出的意见经反复修改后完成的。

本书技术顾问为汤中立院士，主编张二朋，副主编顾其昌、郑文林。各章节执笔者：第一章郑文林，第二、三章张二朋，第四章马润华（华北和华南地层大区）、蔡土赐（北疆-兴安和塔里木-南疆地层大区），第五章孙崇仁（华北和华南地层大区）、蔡土赐（北疆-兴安和塔里木-南疆地层大区），第六章顾其昌，第七章由张二朋、马润华、蔡土赐、孙崇仁、顾其昌等分工执笔。

结语由张二朋编写，附录及参考文献由各执笔人提供，顾其昌统一审阅编排。全书编纂修改由正、副主编负责，张二朋侧重一至四章，顾其昌侧重五至七章并组织和负责插图、表的清绘、校对及出版过程的有关工作。郑文林负责编写过程的组织协调等有关工作。插图、表由张惠萍等清绘，交出版社稿的打字由范晋安、王美芳、沈玉玲等完成，宁夏地质矿产勘察院成果出版室武光孝、方飞龙给予了大力协助。

西北大区研究工作过程自始至终是在全国项目领导小组和项目办公室的领导和指导下进行的。值得指出的有陈克强、高振家、简人初、张守信、魏家庸、周统顺、姜义及李超岭等，尤以高振家、张守信、魏家庸为主的专家工作组多次亲临大区研究组及所属各省（区）指导、检查工作，并对研究报告进行审核。在付印出版之前，由全国项目办公室高振家、陈克强、魏家庸会同出版社对全书进行阅审。各省（区）地矿局及西安地质矿产研究所领导，特别是挂靠单位甘肃地矿局，始终在各个方面给予了大力支持，为任务的完成创造了有利条件。宁夏地矿局潘行适总工程师对本书出版前的有关工作又给予了极大的支持和关心。在此，谨向以上单位和个人致以衷心的感谢。

第二章

地层综合区划及地层序列

第一节　地层综合区划原则

一、区划总原则

地层综合区划不同于单一时代地层区划，它是对研究区内由老至新各地质时代形成并保存的所有地层，进行时空综合分析研究后进行综合区划。根据王鸿祯教授关于地层分区具有长期综合性质，大的地层分区必须与构造相结合的意见，在各省(区)地层清理研究成果基础上，经全国六大区研讨商定，对Ⅰ、Ⅱ、Ⅲ、Ⅳ级地层区划原则作如下决定。

Ⅰ级(地层大区)：为受同一板块构造控制的几个有机联系的紧邻地层区的结合体。其边界是板块缝合线或地壳拼接线(例如华北大区即包括"华北地台"及其大陆边缘等几个地层区)。Ⅰ级地层大区的划分，主要立足于制定全国范围的地层区划。

Ⅱ级(地层区)：受同一大地构造控制(如稳定区、活动区或过渡区等)的不同区域各分属于一个Ⅱ级区。地层序列总体特征相近，在区内部分或多数"群"级地层单位可以延伸。范围一般较大。其边界为地壳拼接线，大断裂带或不同类型的区域构造边界，也可以是板块缝合线。

Ⅲ级(地层分区)：在同一Ⅱ级地层区内，区域地质构造特征基本相同，岩石地层基本特征相同，区内多数组级地层单位可以延伸(不稳定区可适当放宽要求)。Ⅲ级地层分区的边界一般是综合地层相变线，也可以是较大的断裂。

Ⅳ级(地层小区)：在同一Ⅲ级地层分区内，区域地质构造特征相同，地层基本特征相同，区内组级地层单位一致，用一个综合柱状剖面图就可以反映出本区地层特征。范围一般较小。

二、执行区划总原则应遵循的几个方面

据区划总原则，结合西北所属各省(区)岩石地层研究成果及区域地质构造特征，在理解和执行中遵循如下几个方面。

(1)以活动论为指导，认为组成地壳各块体在地质历史各大阶段演化中并非简单原地活动，而是不同程度经历一定距离的离散和重组。

(2)以各断代沉积类型(如活动的、稳定的、过渡的等)和沉积组合(如火山-沉积岩、陆源泥碎屑岩等等)及生物区系特征为依据。一般认为，沉积类型(如厚度、重要接触关系等)受控于构

造活动性，沉积组合（如岩石地层单位组分、结构、形态等）受控于自然地理环境。不同自然环境控制着不同的生物群落。

(3)结合区域构造格局，高级别区域构造单元与高级别综合地层区基本一致，同一高级别综合地层区基本属同一生物地理区。

(4)本综合地层区划主要指古生代，因为前寒武纪（或前震旦纪）地壳块体经过多次的离散和聚合，目前较难恢复其原始的具体位置及其相互关系。当造山之后转入不同规模的内陆或山间盆地沉积时，其地层区划又出现新的格局。因此，本综合地层区划对造山带而言主要指古生代，并更多地考虑海相沉积地层。

不同级别区的划分：

(1)Ⅰ级区（地层大区）的划分，以大陆地块为基本单位，指具一定规模的陆块及其大陆边缘（即大致相当于一个板块单元）。基本单元的划分从更广泛的时空领域和主要考虑最新（晚）的构造格局，生物区系及具划分意义的蛇绿岩、混杂岩及高压变质带等等。如新疆主要考虑晚古生代；祁连山虽有早古生代蛇绿岩，但华北陆块与华南陆块的接合（对接）可能自晚古生代到三叠纪（东早、西晚），故不以该蛇绿岩等作为划分大区的界线。

(2)Ⅱ级区（地层区）的划分，主要区分大陆地块内部（相当于地台区）及大陆边缘（相当于地槽区—造山带）。大陆地块内部多数具三层结构（即变质岩系、广泛稳定类型的沉积盖层及大型内陆盆地沉积），如阿拉善-鄂尔多斯区。大陆边缘岩石地层单位最为复杂，穿时明显，以活动类型沉积为主，如秦祁昆地层区。

(3)Ⅲ级区（地层分区）的划分，对大陆边缘主要考虑二级区内主体由海相向陆相沉积转变的时间差异，如祁连山晚古生代早期开始转向陆相沉积，东昆仑三叠纪才开始转向陆相，两区不宜归为同一地层Ⅲ级区；对大陆地块内部主要考虑各断代岩石地层单位特征及地层序列、生物群的差异，如华北西缘地层分区与鄂尔多斯地层分区的划分。

三、地层区划中具体问题的处理

(1)Ⅰ级区界线两侧的地层特征在某一断代有时具相似性，有时则差别明显，这与两大陆地块的分离程度及对接的性质有关。如华北地层大区与华南地层大区的界线在陕、甘、青各有不同。

(2)同一断代不同地层区之间，其岩石地层单位的组成有时可出现过渡色彩，其区划界线主要依据总体地层序列的特征，如祁连山北侧与鄂尔多斯西、南侧奥陶纪、石炭纪某些地层单位具过渡色彩，但鄂尔多斯西侧奥陶纪地层下伏的寒武纪地层属华北地层系统，故仍可以划分单元。

(3)大陆边缘海相盆地常有若干大小不等前期地块，如天山的温泉、将军庙，秦岭的迷魂阵、祁连山的中祁连等，这些块体的地层特征较为复杂，不完全来自所依附的大陆区，因此进行地层区划时一般不作为主要依据考虑。但较大的块体对沉积类型、岩石地层单位的组成有所制约，也可作为独立的次一级地层区划分出，如中祁连、柴达木等。

第二节　地层区划分

一、区划概貌

按以上原则和准则，将中国西北区划分(涉及)为5个地层大区(Ⅰ级)、13个地层区(Ⅱ级)、25个地层分区(Ⅲ级)，在地层复杂、研究程度较高的Ⅲ级区内进一步划分出22个地层小区(Ⅳ级)，为全国6个研究大区地层区划最多的研究区。这5个Ⅰ级区以华北、塔里木-南疆地层大区为主，华南和北疆-兴安地层大区分别涉及该大区的西北部和西南部；藏滇地层大区仅在新疆南隅跨及一小部分。各级别地层区的划分、名称及分布见图2-1。其中Ⅰ、Ⅱ、Ⅲ级区的名称编号按"区划会议"的命名执行，故图2-1上的编号并不连续。Ⅳ级区为本研究大区自行划分命名和编号。

二、各级别地层区的位置及界线

(一)**北疆-兴安地层大区**(Ⅰ)

该区位于新疆北部，南界以艾比湖—大南湖(南)—梧桐大泉一线(西段称艾比湖断裂，东段相当于康古尔断裂)与塔里木-南疆地层大区为界，东、西延出国境。

内部，北以布尔津—富蕴(相当额尔齐斯断裂)、南以达尔布特河—将军庙—东泉(相当于达拉布特断裂和格拉麦里断裂)为界，划分为3个三级分区。

(二)**塔里木-南疆地层大区**(Ⅳ)

位于新疆南部，包含甘肃的北山和内蒙古西端。南以喀喇昆仑南缘(或称岭喀山口)断裂与藏滇地层大区分界，东南边缘以阿尔金断裂与华北和华南两地层大区分界。

地层大区内自北向南依次以阿合奇—拜城—库尔勒—敦煌一线以北(西段大致相当南天山南缘断裂或称库尔勒断裂)、乌恰和公格尔山—慕士山(大致相当西昆仑北断裂或称柯岗断裂)、卡拉其口—甜水海(相当西昆仑南或称喀拉昆仑断裂)为界，划分为4个二级地层区。其中，中、南天山-北山地层区又以昭苏—巴仑台(中天山南缘断裂)和雅满苏—明水—额济纳旗(大致相当东天山南缘断裂)为界，划分为3个三级地层分区。中天山-北山地层分区又以白山—红柳园一线以北为界，划分2个四级地层小区。塔里木地层区，大致以塔里木新生代盆地的边界，划分出塔北和塔南2个三级地层分区，这两个分区依其分布位置进一步划分为4个四级地层小区，即习称塔里木盆地周边的4块(柯坪、库鲁克塔格、铁克力克和阿尔金)。

(三)**华北地层大区**(Ⅴ)

仅涉及该一级区的西部，包含祁连山、秦岭、柴达木、东昆仑及鄂尔多斯、阿拉善等山系、盆地和草原。涉及陕、甘、宁、青、新及内蒙古等省(区)的广大范围，是西北地层区的主体之一，也是最为复杂的地层大区。

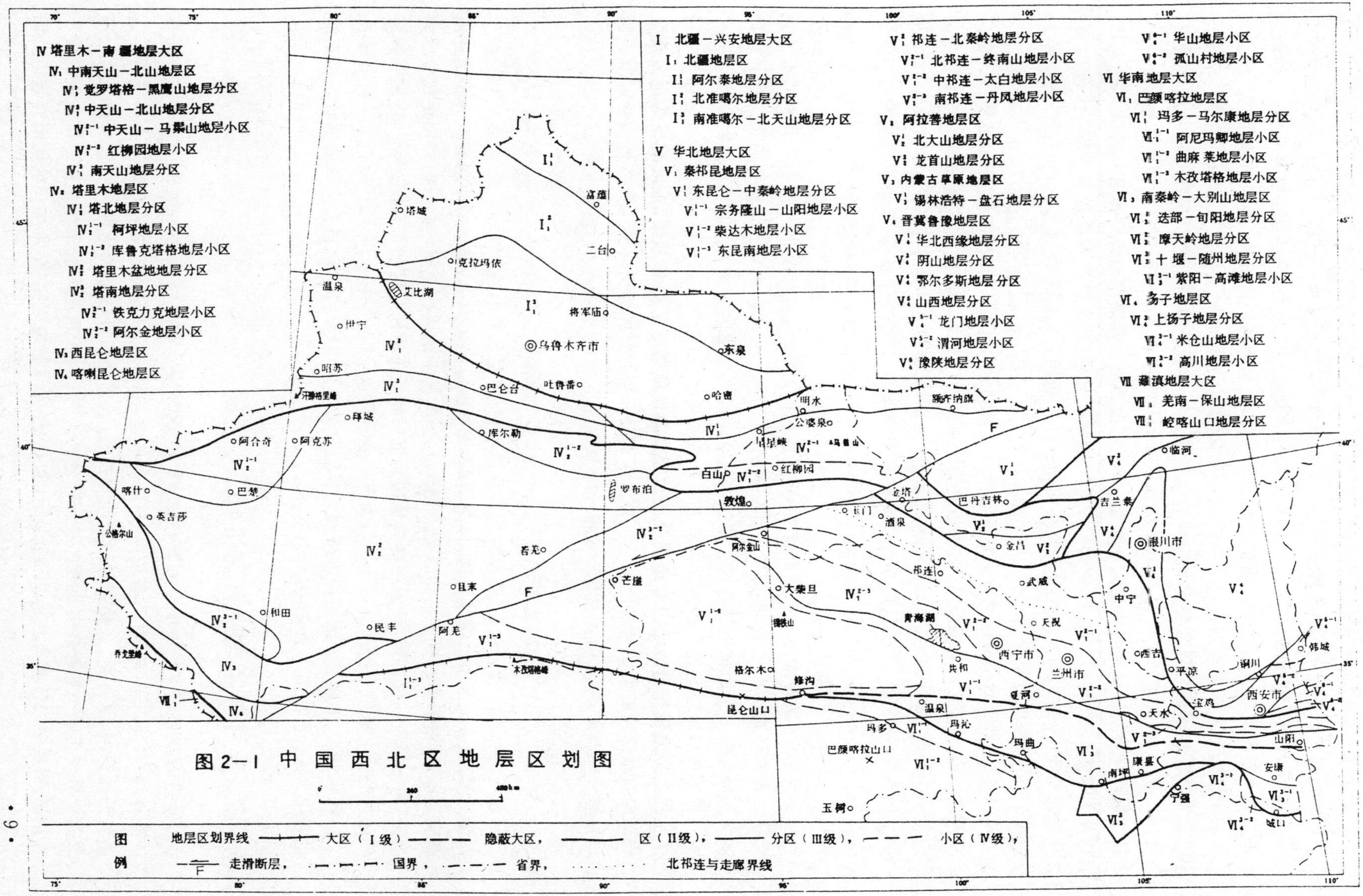

图2—1 中国西北区地层区划图

本地层大区的南界，在西北地区西自木孜塔格，向东经修沟—岷县—山阳，延入河南省境内。西段简称东昆仑南断裂带，东段自修沟向东大致相当于温泉-岷县断裂带和凤镇-山阳断裂带。由于东段被晚古生代—三叠纪沉积盆地叠加，故该界线时隐时现，具半隐伏性质。

一级地层大区内可划分为4个二级地层区，其中酒泉—武威以北及固原—宝鸡—洛南一线为秦祁昆地层区与晋冀鲁豫和阿拉善地层区的分界线（西段简称龙首山断裂，东段称固原-洛南断裂）。阿拉善地层区以其北缘断裂分别与内蒙古草原地层区和晋冀鲁豫地层区西段分界。秦祁昆地层区位于本地层大区南部，以土尔根达板—青海湖南缘—漳县—丹凤一线为界，划分为祁连-北秦岭和东昆仑-中秦岭2个三级地层分区，这条界线在西段青海称宗务隆山-青海南山断裂（即柴达木盆地北缘断裂与南祁连分界断裂），东段称德欠-武山和唐藏-丹凤断裂（即北秦岭南缘主边断裂）。

祁连-北秦岭地层分区又进一步划分为3个四级地层小区。北祁连-终南山地层小区在西段包含习称走廊带和北祁连带，东段指北秦岭中元古代宽坪（岩）群及其南侧以早古生代为主的草滩沟群、二郎坪群，大致以中祁连北缘（西段）和北秦岭主中断裂（东段）与中祁连-太白地层小区为界。中祁连-太白地层小区与南祁连-丹凤地层小区的分界线，西段自野马南山南缘经哈拉河-青海湖北缘（相当于中祁连南缘断裂）；东段（天水以东）为秦岭杂岩南界断裂，它与北秦岭南缘断裂几乎重叠。

东昆仑-中秦岭地层分区在西部青海、新疆境内，大致以赛什腾山—德令哈北和博卡雷克塔格—布尔汗布达山北缘（相当于东昆仑中断裂）为界。自北向南划分为宗务隆山-山阳、柴达木和东昆仑南3个四级地层小区。柴达木地层小区包含柴达木盆地及其南、北缘。

晋冀鲁豫地层区在中国西北部涉及5个三级地层分区。以清水营—平凉一线及鄂尔多斯中生代盆地南缘作为华北西缘地层分区与鄂尔多斯地层分区的分界线，东段南界为汾渭新生代断陷盆地北缘断裂。豫陕地层分区与山西地层分区的分界为渭河新生代盆地南缘断裂。阴山地层分区的南界，暂以吉兰泰—临河一线为界。

（四）华南地层大区（Ⅵ）

以玛沁-文县-勉县断裂（西段称博卡雷克塔格-阿尼玛卿断裂）和阳平关-洋县-石泉-城口断裂为界，划分为3个二级地层区，以南秦岭-大别山地层区为主。摩天岭地层分区介于上述两断裂之间，呈楔形向东嵌于南秦岭-大别山地层区与扬子地层区之间，与迭部-旬阳地层分区并列。石泉—安康一线以南，紫阳—高滩地区从沉积特征与随州地区相似，故归为十堰-随州地层分区内的一个地层小区。

玛多-马尔康地层分区以玛多断裂为界划分为2个地层小区，新疆东南缘的木孜塔格南缘也暂作为该分区的另一个小区（本书不涉及）。

三、区划中某些问题说明

关于华北地层大区与华南地层大区的界线，按上述区划原则，实际上是两个中等规模板块的分界线。对其东段（陕、甘两省境内）界线的确定、划分，实质是对秦岭在地质历史中是否存在洋盆的认识，如果存在，是什么时间产生和封闭（对接）的，对接带的特征、位置，对接（造山）形式及以后改造……等等诸多地质构造问题各家认识不一。目前多数认为存在过洋盆但规模不大，对其对接带的位置有如下几种认识：①以唐藏-丹凤断裂为界（早古生代晚期闭合造山），向西相当祁连南缘青海湖断裂，向东交于北淮阳；②玛沁-略阳-山阳断裂（晚三叠世闭合），向东交于北淮阳；③晚古生代一中三叠世南秦岭为一独立板块，北界为唐藏-丹凤断裂，南界为玛沁-略阳-城口断裂（中晚三叠世闭合）；④以北秦岭北缘断裂（宽坪（岩）群北界）为界（早古生代晚期闭合）。

从岩石地层单位的组合，结合区域地质构造资料：①陕、甘境内秦岭地区，晚元古代一早古生代出现具蛇绿岩特征的岩石组合；②晚古生代，北秦岭除有少数浅海相以碳酸盐岩为主的泥盆纪地层外，主要为陆相地层；③中、南秦岭以浅海相泥质岩碎屑岩-碳酸盐岩组合为主，厚达万米以上，属活动类型沉积；④晚古生代是否存在具洋盆性质的沉积组合尚有争议；⑤中秦岭陆源碎屑沉积物源来自南、北大陆，缺失志留纪地层，晚古生代沉积组合具裂陷盆地特点，由东、西地层发育较全，海相石炭纪一二叠纪地层主要发育于中、西段；⑥三叠纪西部广泛海侵向北超覆于北部祁连南缘，中、西段地层大体可以对比；⑦凤镇-山阳断裂带两侧早古生代地层不同，晚古生代沉积基本处于同一裂陷盆地。

从以上特征说明，秦岭东段早古生代晚期秦岭古洋盆发生封闭，晚古生代中秦岭海盆分别叠加在闭合带南、北大陆边缘上，三叠纪在中、东段（甘、青两省南、北）为叠加盆地。故华北与华南地层大区的界线在东段大致以凤镇-山阳断裂为界，向西经岷县一温泉至修沟被三叠纪叠加盆地覆盖，具隐蔽一半隐蔽特点。

第三节　地　层　序　列

依地层发育特征划分为前震旦纪、震旦纪一志留纪、泥盆纪一三叠纪及侏罗纪一第三纪 4 个自然断代，各地层区岩石地层序列分别见表 2-1 及表 2-2。

第四节　各地层区基本特征

中国西北区地质位置主体属欧亚巨型板块，在地质历史演化中长期处于西伯利亚板块与印度板块之间相互作用中，包含或涉及除上述一级区划五个次一级板块外，在其所属大陆边缘造山带内，还有若干大小不等的地块。既有古老大陆地块，也有年青的造山带，我国著名的天山、祁连山、秦岭、昆仑及阿尔泰造山带都属本研究区。造山带经历不同构造体制的演化，地质构造单元多，地层复杂，堪称集我国大陆地质于一域，但研究程度参差不一，总体偏低。

该区地层发育齐全，从早前寒武纪至新生代各纪地层普遍发育，既有古洋壳的沉积残余，也有大型内陆盆地沉积。火山岩发育，以海相为主，第三纪还有海相地层，第四纪还有陆相火山喷发。有多种沉积类型和地层类型。

前寒武纪地层，在造山带内常以不同尺度、不同形态的块体出露，或沿稳定区的边缘分布。有三种地层类型（即成层有序、成层无序、无层无序）。

古生代海相地层，各级别地层区发育特征有明显差别，如准噶尔、天山、北山以志留纪至石炭纪地层为主；祁连一北秦岭以早古生代地层为主，东昆仑一南秦岭以晚古生代地层为主。古生代陆相地层，往往跨越不同的一、二级地层区，如北疆晚二叠世地层、祁连的石炭纪地层、北秦岭的二叠纪地层等。

中一新生代陆相地层，有三种不同规模、不同性质的沉积盆地（大型内陆盆地、造山带内中型盆地及山间断陷盆地）。

不同级别的地层区呈“条”、“块”相间结构，“块”间有“条”，“条”内有“块”，构成不同尺度的“条”“块”组合。同一级别的地层区，同一断代，“条”与“块”地层特征有所不同。

活动带内的海相地层不同程度地经历变质、变形和变位。地层厚度的确定、地层序列的建立难度较大，有时要与更广大的空间领域相结合。

部分沉积区的形成、演化常经历主期盆地、残余盆地和叠加（上叠）盆地三个阶段，叠加盆地有时可跨越不同地层区。

一、华北地层大区（Ⅴ）

为西北区区域地层主体之一，以秦祁昆地层区（活动带—造山带）为主，其次为晋冀鲁豫地层区（稳定区）南部及西缘。本地层大区总体特征为：

地层发育全，自太古宙至新生代都有沉积。从总体上看，稳定区与活动（造山）带，自早元古代开始，各断代地层的岩石组合、沉积类型及盆地类型就有明显不同，但稳定区边缘的活动带当造山后某些断代地层具有相似性和过渡性（如奥陶纪、石炭纪及二叠纪地层）。元古宙及早古生代地层，活动带火山岩较为发育，稳定区以正常海相沉积为主。晚古生代至三叠纪活动带有海相和陆相两种沉积，稳定区以陆相沉积为主，局部出现海—陆交互沉积。三叠纪之后，造山带以山间断陷盆地为主，稳定区为大型内陆盆地。

早、中元古代之间（1 800 Ma±），中、晚元古代之间（1 000 Ma±）、青白口纪与震旦纪之间（800 Ma±）及早、晚古生代之间和三叠纪与侏罗纪之间，不同程度存在沉积-构造事件界面。

祁连-北秦岭地层分区与东昆仑-中秦岭地层分区以晚古生代地层具有明显差别为特征，前者为陆相，后者为海相。

东昆仑-中秦岭地层分区东西方向上地层序列呈有规律的迁移变化，西段晚古生代地层发育较全。本分区晚古生代沉积具有华北（南缘），华南（北缘）两地层大区大陆边缘共用盆地的某些特征。三叠纪海相沉积属特提斯海域组成部分。

（一）晋冀鲁豫地层区（$Ⅴ_4$）

仅涉及该地层区的南部及西部的豫陕、华北西缘、鄂尔多斯以及山西等 4 个地层分区。属华北稳定区的边缘内侧，出露地层总体与整个华北地（陆）块地层系统相似，又具有边缘地带的某些特点。缺失志留纪、泥盆纪地层，中晚石炭世始以陆相沉积为主。

1. 豫陕地层分区（$Ⅴ_4^6$）

以出露前震旦纪地层为主，太古宙为高级变质岩，具高级变质区与花岗-绿岩带某些特点，属前寒武纪早期的表壳岩，构成华北区古老结晶基底。早元古代为准活动-准稳定类型沉积，由火山岩、陆源碎屑岩、碳酸盐岩组成，构成基底上第一套盖层。青白口纪盆地收缩，南缘形成准活动类型碳质泥质碎屑岩-碳酸盐岩。震旦纪有少数冰成岩。古生代仅有少数浅海相稳定类型寒武纪及奥陶纪沉积，二叠纪为陆相地层。

2. 华北西缘地层分区（$Ⅴ_4^1$）

以发育寒武纪—奥陶纪及石炭纪—二叠纪地层为主，其次为中生代地层。前寒武纪地层出露零星，有太古宙高级变质岩，及与豫陕地层分区相似组合的中元古代地层和震旦纪冰成岩，古生代地层与鄂尔多斯地层分区总体相似，但地层发育更全，奥陶纪出现重力流沉积，具陆缘裂谷某些特征，与祁连海相勾通。石炭纪晚期与北祁连沉积过渡。早三叠世局部出现海相夹层。

表2-1　塔里木－南疆地层大区和北疆－兴安地层大区岩石地层序

地质时代		喀喇昆仑地层区	西昆仑地层区	塔南地层分区	塔里木地层分区	塔北地层分区	南天山地层分区	中天山－北山地层分区	觉罗塔格黑鹰山地层分区	
第三纪	晚	独山子组 乌恰群		独山子组 乌恰群	㉞—㉚	独山子组 乌恰群	独山子组 乌恰群			
	早	喀什群		喀什群		喀什群	喀什群			
白垩纪	晚	铁龙滩群	英吉莎群	英吉莎群	巴什基奇克组		英吉莎群			
	早			克孜勒苏群	卡普沙良群		克孜勒苏群			
侏罗纪	晚	红其拉甫组	库孜贡苏组	库孜贡苏组	艾维尔沟群		库孜贡苏组	艾 维		
	中 早	巴工布兰莎组	叶尔羌群	叶尔羌群	克拉苏群	克拉苏群	叶尔羌群	水 西		
三叠纪	晚	克勒青河群			同南天山分区	乌尊萨依群	塔里奇克组	小泉沟群	珊瑚井组	
	中	河尾滩群					黄山街组 克拉玛依组		二断井组	
	早						俄霍布拉克群	尖山沟组		
二叠纪	晚			杜瓦组 达里约尔组	沙井子组	沙井子组	比尤勒包谷孜组	铁木里克组	红岩井组 ㉔ 方山口组 ㉕	
	早	空喀山口组		普司格组 棋盘组	开派兹雷克组 库普库兹满组	卡仑达尔组 巴立克立克组	⑰ 库尔干组 小提坎立克组	乌郎组	红柳河组 双铺堂组	阿其克布拉克组
石炭纪	晚	恰提尔群	库尔良群 特给奇克达坂组	塔哈奇组 皮牙曼组 阿孜干组 卡拉乌依组	小海子组	康克林组 别根他乌组	喀拉治尔金组 阿衣里河组	科古琴山组 ㉑ ㉒	干泉组 ㉓ 石板山组 扫子山组	底坎尔组
	早	帕斯群	他龙群	罕铁热克组 和什拉甫组 库山河组 克里塔克组	卡拉沙依组 巴楚组	巴什索贡组	野云沟组 甘草湖组	阿克沙克组 大哈拉军山组	红柳园组 白山组 绿条山组	雅满苏组 小热泉子组
泥盆纪	晚	奇自拉夫组	奇自拉夫组	奇自拉夫组		克孜尔塔格组	⑭ ⑬ 哈孜尔布拉克组 破城子组	托斯库尔他乌组 ⑳ ⑲	墩墩山群	康古尔塔格组
	中	落石沟组	克孜勒陶组	克孜勒陶组		依木干他乌组	托格买提组 ⑮ ⑯ 阿拉塔格组 亦格尔达坂组	汗吉尕组 坎苏组 ⑱	三个井组 雀儿山群	头苏泉
	早					依木干他乌组	阿达帕尔康组 阿尔皮什麦布拉克组			大南湖组
志留纪	晚	达坂沟群				塔塔埃尔塔格组 柯沟子组	科克铁克达坂组 巴音布鲁克组	博罗霍洛山组 库茹尔组	碎石山组 公婆泉群	
	中						伊契克巴什组 ⑨	基夫克组	黑尖山组	
	早	温泉沟群				柯坪塔格组 ⑧	依南里克群 米什沟组	尼勒克河组		
奥陶纪	晚	冬瓜山群		玛列兹肯群		印干组 却尔却克组	硫磺山群	呼独克达坂组	白云山组	
	中	冬瓜山群		环形山组		⑦ ⑥	上下白山组	⑩ ⑪	花牛山群 锡林柯博组	
	早			额兰塔格组		丘里塔格组 突尔沙克塔格组	南灰山组	新二台组	罗雅楚山组	
寒武纪	晚							果子沟组	西双鹰山组	
	中					阿瓦塔格组 莫合尔山组		肯萨依组		
	早					④ ⑤ 西大山组	黄山组	磷矿沟组	双鹰山组 破城山组	
晚元古代 震旦纪	晚			克孜苏胡木组 库尔卡克组		乌什南山群 库鲁克塔格群			洗肠井群	
	早			恰克马克力克群				凯拉克提群		
晚元古代	青白口纪		丝路群	索尔库里群		巧恩布拉克群 帕尔岗塔格群	库什台群	开尔塔斯群 库松木切克群	圆藻山群	
中元古代	蓟县纪		阿拉玛斯群	塔昔达坂群		爱尔基干群	科克苏群	卡瓦布拉克群		
	长城纪	甜水海群	赛拉加兹塔格群	巴什库尔干群		阿克苏(岩)群 ① 波瓦姆群	特克斯群	星星峡(岩)群	③ ②	
早元古代			埃连卡特群	敦煌杂岩		兴地塔格群	木扎尔特群	温泉(岩)群	敦煌杂岩	
太古宙			喀拉喀什(岩)群			达格拉格布拉克杂岩				

表

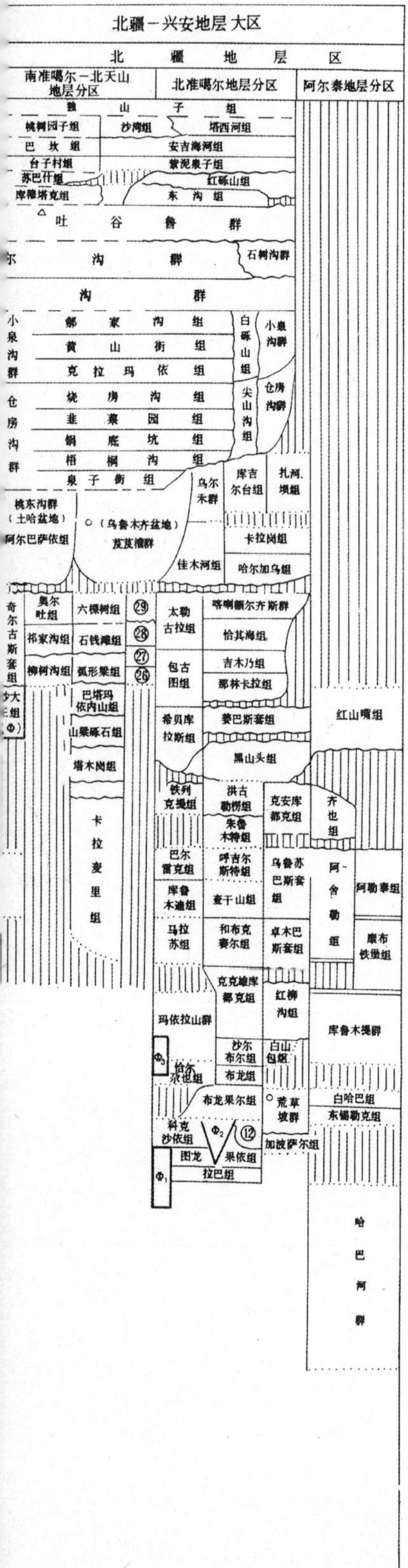

说　　明

1．表中编号地层单位名称如下

① 扬吉布拉克群
② 古硐井群
③ 铅炉子沟群
④ 玉尔吐斯组
⑤ 肖尔布拉克组
⑥ 萨尔干组
⑦ 其浪组
⑧ 土什布拉克组
⑨ 塔勒布拉克组
⑩ 科克萨雷溪组
⑪ 奈楞格勒达坂群
⑫ 布鲁克其组
⑬ 坦盖塔尔组
⑭ 津丹苏组
⑮ 萨阿尔明组
⑯ 达尔雷克布拉克组
⑰ 巴勒迪尔塔格组
⑱ 阿克塔什组
⑲ 艾尔肯组
⑳ 吐呼拉苏组
㉑ 东津图河组
㉒ 阿什基里克组
㉓ 芨芨台子组
㉔ 骆驼沟组
㉕ 金塔组
㉖ 居里得能组
㉗ 沙雷塞尔克组
㉘ 扬布拉克组
㉙ 沙玛尔沙依组
㉚ 塔拉克组
㉛ 小库孜拜组
㉜ 苏维依组
㉝ 吉迪克组
㉞ 康村组

表中地层单位左上角加 ▲、△ 符号者为有组的群，其中▲、△“群”内“组”的名称分别见表3－3和表6－1，加○符号“群”内组的名称如下：

群	组
库鲁克塔格群	汉格尔乔克组
	水泉组
	育肯沟组
	扎摩克提组
	特瑞爱肯组
	阿勒通沟组
	照壁山组
	贝义西组
凯拉克提群	塔里萨依组
	塔尔恰特组
	喀英迪组
	别西巴斯套组
	吐拉苏组
	库鲁铁列克提组
乌什南山群	奇格布拉克组
	苏盖特布拉克组
	尤尔美那克组

群	组
恰克马克力克群	雨磨组
	克里西组
	波龙组
	牙拉克兹组
蔬草坡群	庙尔沟组
	大柳沟组
	乌列盖组
芨芨槽群	红雁池组
	芦草沟组
	井井子沟组
	乌拉泊组
	塔什库拉组
	石人子沟组
桃东沟群	塔尔郎组
	大河沿组

图例

- 地层整合
- 断层接触
- 地层平行不整合
- 地层单位边界线
- 地层不整合
- 地层缺失／不明、待定
- 未见接触关系
- 呈构造岩块产出

Φ 未命名蛇绿（混杂）岩
$Φ_1$ 唐巴勒蛇绿（混杂）岩
$Φ_2$ 洪古勒楞蛇绿（混杂）岩
$Φ_3$ 玛依拉蛇绿（混杂）岩
$Φ_4$ 南天山蛇绿（混杂）岩

表2-2

华南地层大区和华北地层大区

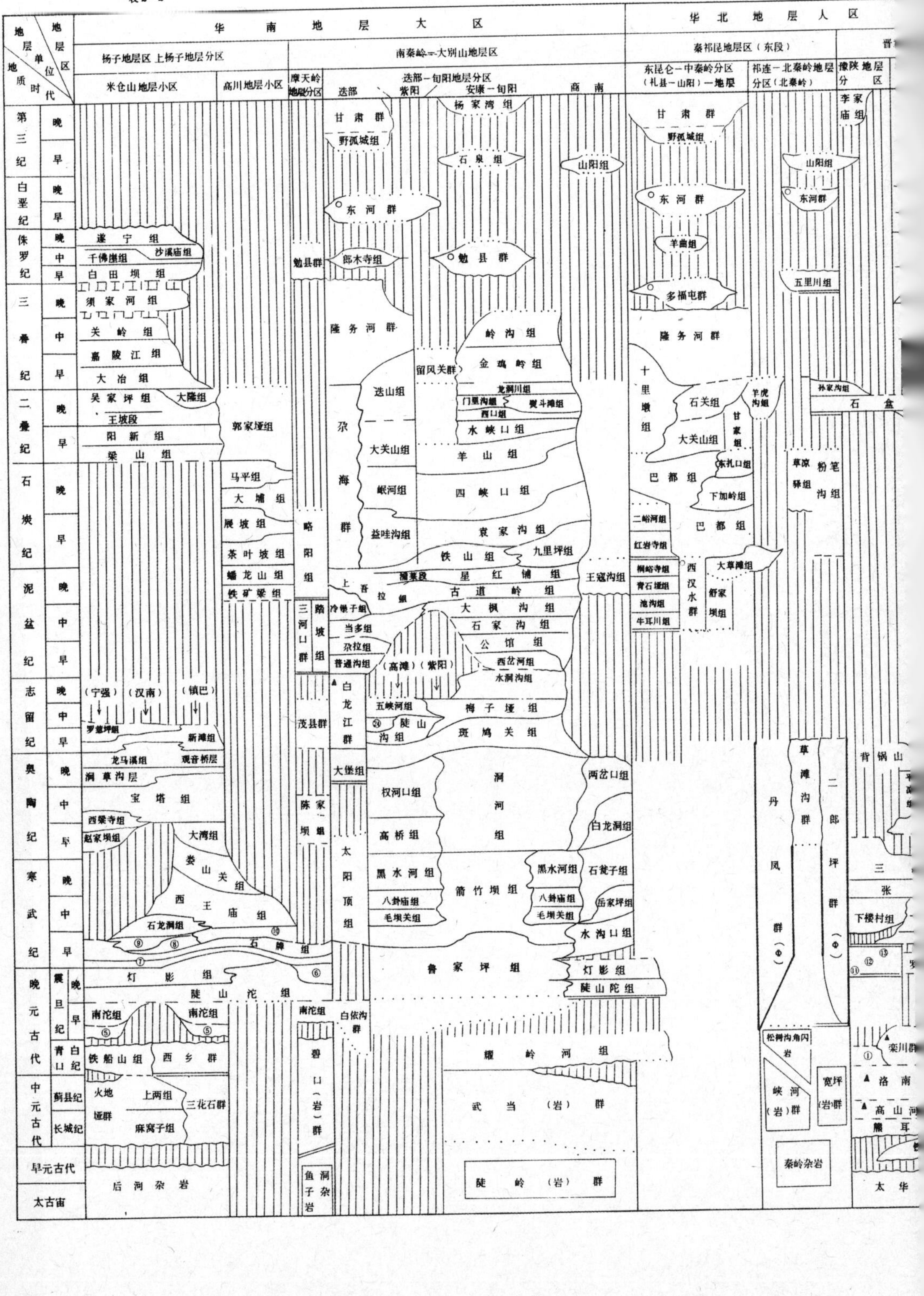

石地层序列表

（本表为涉及西北区部分）

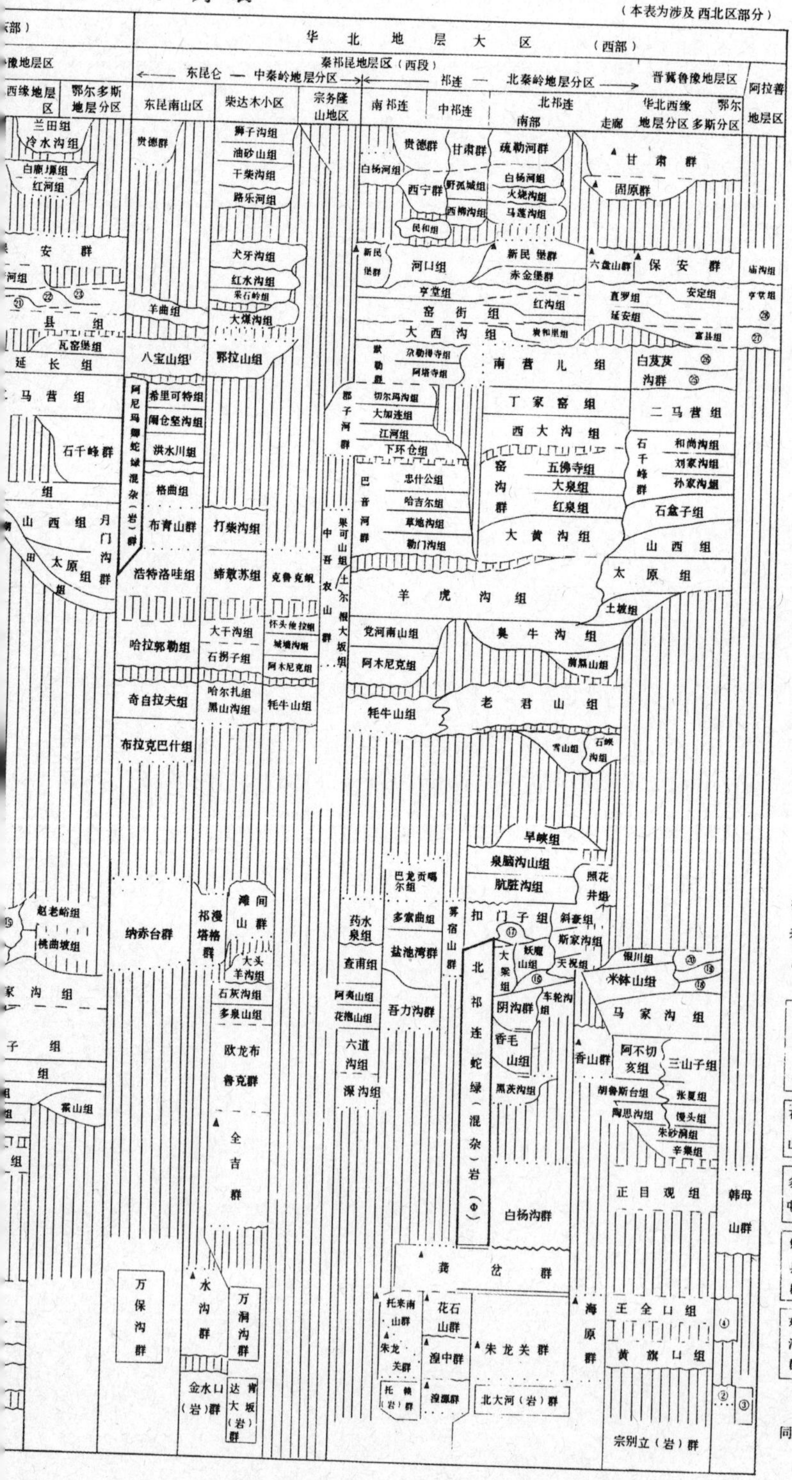

说明

1．表中编号地层单位名称如下：

① 白术沟组
② 龙首山（岩）群
③ 北大山（岩）群
④ 墩子沟群
⑤ 莲沱组
⑥ 灯影组
⑦ 牛蹄塘组
⑧ 仙女洞组
⑨ 沧浪铺组
⑩ 清虚洞组
⑪ 三岔口组
⑫ 陶湾组
⑬ 石板河组
⑭ 段家峡组
⑮ 唐陂组
⑯ 中堡群
⑰ 南石门子组
⑱ 克里摩里组
⑲ 乌拉力克组
⑳ 拉什仲组
㉑ 延安组
㉒ 直罗组
㉓ 安定组
㉔ 白崖埂组
㉕ 大风沟组
㉖ 上田组
㉗ 大西沟组
㉘ 窑街组

2．表中地层单位名称左上角加“▲”及“○”符号为有组的群，其中加“▲”群内组及地层单位名称，按地质时代分别见表3－2、表4－8表4－11和表6－2，加“○”组级单位名称如下：

西汉水群	双狼沟组
	红岭山组
	黄家沟组
	安家岔组

布青山群	马尔争组
	树维门科组

多福屯群	华日组
	日脑热组

勉县群	堰河组
	龙家沟组
	洪水沟组

东河群	鸡山组
	周家湾组
	田家坝组

图例：

同表2－1

3. 鄂尔多斯地层分区（V_4^4）

属大型（晋冀鲁豫）内陆盆地西部沉积区，以发育中石炭世—白垩纪陆相地层为特征。早古生代仅有中晚寒武世滨—浅海相地层，包含有馒头组—马家沟组等华北稳定区的地层序列。陆相地层在准平原化基础上形成滨海平原泥质碎屑岩—陆相含煤地层，东部出现海相夹层。三叠纪内陆盆地分化，鄂尔多斯盆地独立发育，形成我国著名三叠纪—侏罗纪陆相地层序列。侏罗纪盆地收缩，白垩纪形成以快速堆积山前砂砾岩沉积为特点。

4. 山西地层分区（V_4^5）

主要涉及其西段的渭河地层小区，以发育新生代地层为特征，其中第三纪地层厚达4 000 m，属新生代断陷盆地沉积，由河湖相和风成黄土组成。

（二）秦祁昆地层区（V_1）

为华北地层大区在西北研究区的主体，也是造山带地层的主要分布区，属华北板块古生代南大陆边缘区。以古生代海、陆相地层分界为主要标志划分为祁连-北秦岭和东昆仑-中秦岭两个地层分区。

1. 祁连-北秦岭地层分区（V_1^2）

划分为前震旦纪、震旦—早古生代、晚古生代—三叠纪和侏罗纪—第三纪 4 个自然断代，其间都有明显的沉积构造界面，代表 4 个不同发育阶段的沉积。以前震旦纪地层主要出露区（中祁连-太白断裂）为界，进一步划分为北祁连-终南山、中祁连-太白和南祁连-丹凤 3 个地层小区。祁连与北秦岭之间的连接，近几年专题研究成果已初步证实它们为同一沉积-构造区，但也存在着差异，这种差异反映了活动带空间上的迁移、变化特征。

早元古代地层以中高级变质泥质碎屑岩、火山岩组合为主，属裂谷（陷）盆地沉积。中元古代地层为中低级变质泥质碎屑岩、火山岩及碳酸盐岩组合，分别形成于裂谷（陷）、被动陆缘和活动陆缘等不同沉积盆地，但北秦岭残存较少。北秦岭是否有青白口纪的沉积尚未明确划分，祁连为低级变质准稳定类型泥质碎屑岩-碳酸盐岩组合，属陆内坳陷盆地沉积。

震旦纪地层仅在北祁连有冰成岩及碳酸盐岩组合。早古生代地层，以发育寒武纪—奥陶纪为主，以海相火山岩较为发育为特征，岩石组合的时空变化大，北秦岭以火山岩为主；北祁连由泥质碎屑岩、碳酸盐岩及火山岩以不同形式组合，奥陶纪与晋冀鲁豫地层区具过渡关系，但南祁连则以正常沉积为主。志留纪地层仅分布于北祁连地区，由泥质碎屑岩组成。

晚古生代—三叠纪地层，祁连山发育较完整，北秦岭北部（终南山）仅有少数海陆相地层沿断裂带断续分布，南部出现具前陆盆地性质泥盆纪碎屑沉积。祁连山泥盆纪为著名的磨拉石沉积，北祁连石炭纪—三叠纪为一套连续沉积陆相泥质碎屑岩含煤地层，与华北西缘地层区有过渡色彩。南祁连石炭纪—二叠纪为一套正常由海相—陆相泥质碎屑岩、碳酸盐岩沉积地层，含有膏盐。早、中三叠世西段海侵达本地层分区南缘，出现滨—浅海相泥质碎屑岩-碳酸盐岩组合。晚三叠世转为陆相沉积。

侏罗纪—第三纪，零星沿断裂构造带分布，在西宁、兰州、河西走廊形成中小型内陆和山间盆地沉积。

2. 东昆仑-中秦岭地层分区（V_1^1）

本地层分区主体在青海北部，其次为甘肃南部，陕西境内因构造作用仅残存一部分。以发育晚古生代至中三叠世海相地层为特征，划分为 3 个地层小区。

前寒武纪地层主要出露于柴达木盆地南、北缘及东昆仑南。前长城纪为中高级变质碎屑岩、火山岩组合。中元古代为中低级变质泥质碎屑岩、碳酸盐岩和火山岩组合。青白口纪地层仅在陕西小范围裸露。早—中元古代地层形成环境与祁连-北秦岭地层分区相近似。震旦纪地层仅在柴达木盆地北缘有冰成沉积，山阳地区有华南区晚震旦世地层出露。

早古生代地层主要见于柴达木盆地北缘，由碳酸盐岩(寒武纪)-页岩(奥陶纪)-碎屑岩夹火山岩、灰岩(奥陶纪—早志留世)组成。东段山阳地区南缘出露与南秦岭相似的寒武纪—奥陶纪地层，缺失志留纪沉积。

晚古生代—三叠纪地层3个地层小区略有不同，宗务隆山-山阳地层小区($Ⅴ_1^{1-1}$)主要分布于陕、甘南部的泥盆纪—中三叠世地层，由巨厚海相泥质碎屑岩、碳酸盐岩组成，具浅海和大陆斜坡相特征，属裂陷盆地沉积。柴达木地层小区($Ⅴ_1^{1-2}$)以发育石炭纪地层为特征，泥盆纪与祁连地区相似，未发现二叠纪—三叠纪地层，柴达木盆地南缘上被晚三叠世陆相火山岩不整合覆盖。东昆仑南地层小区($Ⅴ_1^{1-3}$)以发育石炭纪至中三叠世活动类型沉积为特点，由巨厚泥质碎屑岩夹火山岩组成，上被晚三叠世陆相火山岩、碎屑岩不整合覆盖。

侏罗纪—第三纪地层以柴达木盆地最为发育，为中型内陆盆地沉积，其他地区为零星山间盆地沉积。

二、华南地层大区(Ⅵ)

仅涉及南秦岭-大别山地层区的西段及扬子地层区西北隅。以发育古生代—三叠纪地层为主要特征。前震旦纪地层构成基底，与震旦纪地层有明显沉积-构造界面。两地层区的震旦纪和早寒武世地层出现连续过渡色彩，自早寒武世中—晚期沉积才开始分异。

(一)扬子地层区($Ⅵ_4$)西北部

属上扬子地层分区($Ⅵ_4^3$)的西北部。出露零星的前震旦纪地层，太古宙—早元古代为中高级变质岩，不易划分；中元古代为活动陆缘海相泥质碎屑岩、碳酸盐岩和火山岩组成；青白口纪为海—陆相具岛弧特征火山岩。震旦纪—中三叠世地层分布广泛，绝大多数为浅海陆架—开阔台地稳定类型沉积，构成沉积盖层。泥盆纪—石炭纪沉积局限，早古生代与晚古生代地层有明显的沉积构造界面(平行不整合)。自中三叠世始由近海沼泽全面转为陆相大型内陆盆地沉积。

(二)南秦岭-大别山地层区($Ⅵ_3$)西段

属古生代华南板块北大陆边缘。自中元古代至三叠纪地层发育较全。前震旦纪地层分布于隆起区内或呈地块出露，由中低级变质火山岩组成，以陆间裂陷盆地环境为主，局部出现次级小洋盆及水下火山弧。震旦纪地层与扬子地层区相似，但尚未发现早震旦世沉积。寒武纪至三叠纪地层分布广泛，以浅海陆架活动类型沉积为主，有泥质碎屑岩、碳酸盐岩等沉积组合，厚度在东部达26 000 m，西部仅三叠世地层达万米以上。火山岩不发育，东部早古生代有少数偏碱性中酸性岩浆喷发，西部晚古生代有少量的中基性为主火山岩夹层。三叠纪自东而西先后转为陆相沉积，晚三叠世至侏罗纪有少量陆相火山盆地。古生代沉积与基底构造格局关系密切，沉积类型和沉积组合受前寒武纪地块及同生沉积断裂控制明显，出现隆、坳间列布局，沉积类型交替变化。地块上形成准稳定或准活动类型沉积，向外过渡为活动类型沉积。沉积相、沉积类型及厚度往往以断裂为边界出现迅速变化。

三、塔里木-南疆地层大区(Ⅳ)

为西北区区域地层主体之一。地层序列的完整性可与华北地层大区媲美。古生代沉积以塔里木地块为核心,地块边缘内侧为相对稳定区,“南”、“北”分别为西昆仑和天山活动带沉积区。由4个二级地层区和若干三、四级地层分区和小区组成。阿尔金按早古生代沉积特征暂归为塔南地层分区内的四级小区。本地层大区总体特征如下。

地层发育齐全,自太古宙至新生代都有沉积记录。前寒武纪地层主要出露于塔里木盆地“南”、“北”,其中以库鲁克塔格地层小区发育最为完整,研究程度较高,是西北区也是我国前寒武纪地层剖面主要层型之一。太古宙地层具早前寒武纪表壳岩的特征;早元古代至中元古代早期地层主要形成于陆间裂陷和陆内坳陷环境,岩石组合类型较多,自中元古代晚期至青白口纪为陆内坳陷和被动大陆边缘沉积,以准稳定类型碳酸盐岩组合为主。震旦纪地层的分布范围比前震旦纪地层局限,主要由杂砂屑岩和冰碛(成)岩组成,局部夹火山岩,以库鲁克塔格最为典型,在塔北及中南天山与下伏和上覆地层均有沉积间断。

早古生代地层主要出露于塔里木地块北部,南部零星裸露,据石油钻井,塔里木中生代盆地之下也发现有早古生代地层。且均为海相地层,岩石组合和沉积类型繁多,以泥质碎屑岩和碳酸盐岩为主,其次为硅质岩,火山岩主要形成于早古生代晚期,见于南天山和北山。

晚古生代地层分布较为广泛。泥盆纪中南天山-北山地层区为海相,火山岩发育,其他地层区以陆相为主,在塔里木盆地以南超覆于前寒武纪地层之上。石炭纪以海相地层为主,塔里木盆地南、北地层分区碳酸盐岩较发育,北部夹火山岩,塔里木地层区以泻湖相碎屑岩为主。二叠纪普遍为陆相杂陆屑碎屑岩及陆相火山岩,塔里木盆地凝灰质碎屑岩居多。中、新生代地层主要分布于塔里木内陆盆地,以南出现海相地层。

本地层大区有8个沉积-构造界面,即太古宙与早元古代(2 500 Ma±,辛格尔运动),早元古代与中元古代(1 800 Ma±,兴地运动),青白口纪与震旦纪(850 Ma±,塔里木运动),志留纪与泥盆纪(400 Ma±),南、北造山带泥盆纪与石炭纪(360~350 Ma±)及石炭纪与二叠纪(290~280 Ma),此外,侏罗纪、白垩纪、第三纪之间亦普遍为不整合,但各地层区表现的程度不同。在中元古代长城纪与蓟县纪之间(1 400 Ma±,阿尔金运动)部分地区也有沉积-构造界面。

火山岩发育,古生代火山岩主要分布于南、北造山带,海相火山岩在中南天山—北山主要形成于奥陶纪—泥盆纪及石炭纪(北山),南天山以泥盆纪为主,其次为志留纪。陆相火山岩主要分布于中南天山—北山部分地区,以二叠纪为主,少数为泥盆纪。

以上反映,本地层大区经历了多旋回地质构造演化,以古生代特别是晚古生代最为复杂,自二叠纪始以陆内演化为主。

(一)中、南天山-北山地层区($Ⅳ_1$)

太古宙—早元古代地层出露零星,为中、高级变质岩系,难以进一步划分。中元古代—青白口纪地层发育较为完整,长城纪以中低级变质海相泥质碎屑岩为主,局部夹海相火山岩;蓟县纪以浅海相准稳定类型碳酸盐岩为主,叠层石发育;青白口纪组成岩石与蓟县纪近似,但以稳定类型为主,总体反映中元古代至青白口纪由表壳裂陷盆地到陆内坳陷盆地沉积演化过程。震旦纪由杂陆屑岩与冰成岩组成,局部含磷,与下伏地层有明显不整合。

古生代地层为本地层区的主体。寒武纪以海相稳定类型内碎屑碳酸盐岩为主，夹硅质岩，底部硅质岩含磷。奥陶纪由海相过渡到活动类型碎屑岩、硅质岩和碳酸盐岩组成；东部红柳园小区出现以基性火山岩为主。志留纪地层较为复杂，为活动类型碎屑岩、火山岩及碳酸盐岩等不同组合，厚度巨大，在南天山及北山火山岩较为发育，具由裂谷向洋盆环境演化的特征。早古生代各纪地层间未发现明显的沉积-构造界面。

泥盆纪以海相活动类型碎屑岩和火山岩组合为特征，火山岩主要分布于南天山，北山地区自北向南由海相向陆相演化。石炭纪自北向南为活动类型泥质碎屑岩-火山岩组合向过渡类型泥质碎屑岩-碳酸盐岩组合变化，中天山及北山火山岩发育，主要形成于陆壳扩张环境，扩张中心局部出现洋壳。二叠纪以陆相杂碎屑岩及火山岩为特征，南天山及北山自早到晚由海相向陆相过渡，北山南部早期仍有中酸性火山活动。

中、新生代为湖、河、山麓相沉(堆)积，局部为海相。三叠纪、侏罗纪为含煤岩系，第三纪为膏盐地层，局部有基性火山岩。

本地层区志留纪珊瑚、腕足类等化石具“北型”生物群特征，而泥盆纪海相化石具“南型”特征，安加拉植物群自石炭纪到二叠纪其分布由中天山北部到中天山南部，结合上述岩石组合及沉积类型分析，塔里木-南疆地层大区北部在志留纪曾发生扩张，晚期南疆与北疆汇聚，塔北与准噶尔海(洋)盆已有勾通，泥盆纪南、北疆再次离散，石炭纪晚期复又闭合，二叠纪南、北疆形成统一的大陆地壳。

(二)塔里木地层区(Ⅳ$_2$)

前中生代地层主要分布于塔里木南、北地层分区，塔里木盆地地层分区以发育中、新生代地层为主。前寒武纪地层以库鲁克塔格和铁克力克地层小区为代表，构成结晶基底。太古宙为中高级变质岩，局部出现麻粒岩，具花岗-绿岩某些特征。早元古代为中低级变质泥质碎屑岩组合，形成于表壳坳陷盆地。中元古代由中低级变质火山岩、碎屑岩和碳酸盐岩组成，反映塔里木南、北由陆间裂陷体系向陆内坳陷盆地演化的沉积序列。青白口纪由低级变质准稳定类型泥质碎屑岩和碳酸盐岩组成，反映继中元古代陆内坳陷盆地之后向稳定状态演化的沉积记录。

震旦纪地层为过渡—稳定类型沉积，以冰碛(成)岩为特征，以库鲁克塔格群为代表。早古生代地层主要出露于塔北地层分区，地层系统发育较全，寒武纪主要由稳定类型内碎屑碳酸盐岩组成，底部为含磷硅质岩，局部夹中基性火山岩；奥陶纪—志留纪由浅海稳定类型泥质碎屑岩夹灰岩组成，志留纪主要处于滨海氧化环境，由西向东活动性增大，奥陶纪普遍含碳质，东段以泥质碎屑岩为主，含凝灰质。

晚古生代地层分布较广，与早古生代地层有明显沉积间断，主要为陆表海沉积。泥盆纪由早到晚为一套由海陆交互相杂色碎屑岩到陆相粗碎屑岩组合，晚期局部出现陆相火山岩，但塔里木盆地南缘早—中期为浅海碎屑岩、碳酸盐岩组合。石炭纪由浅海相碎屑岩和碳酸盐岩组成，内侧以泻湖相碎屑岩为主，外侧碳酸盐岩增多。二叠纪主要由碎屑岩组成，早期夹有基性火山岩，由滨海相向陆相演化。晚古生代动物群为特提斯型，植物以华夏植物群为主，有少数安加拉植物群分子，说明晚古生代晚期南、北疆陆壳已统一，安加拉植物群已南移到塔里木地层区。

中、新生代为内陆坳陷盆地，以陆相沉积为主。三叠纪至早白垩世为山麓磨拉石及含煤沉积，晚白垩世及早第三纪盆地南部为海相沉积，含膏盐，动物化石为特提斯型，说明当时本地层区与喀喇昆仑已处于同一海域。

(三)西昆仑地层区(IV_3)

本地层区具塔里木地层区与喀喇昆仑地层区的过渡色彩。前寒武纪地层总体特征与塔南地层分区相似,但中元古代地层发育不全。早古生代与喀喇昆仑地层系统相同,出露零星。缺失早泥盆世沉积,中、晚泥盆世与塔南分区相似,由浅海碎屑岩和陆相红色砂砾岩组成。石炭纪由海相活动类型(东段)和稳定类型(西段)碎屑岩-碳酸盐岩组合,局部夹火山岩。中新生代沉积与塔南地层分区相似。

(四)喀喇昆仑地层区(IV_4)

以显生宙地层为主,缺失寒武纪、早泥盆世沉积,二叠纪地层发育不全。前震旦纪仅有少数中元古代低级变质海相碎屑岩—碳酸盐岩地层呈断块产出。奥陶纪、志留纪为海相活动类型碎屑岩、碳酸盐岩组合,夹少数火山岩,含"南型"动物群。中—晚泥盆世地层与西昆仑地层区相同。石炭纪及二叠纪为海相碎屑岩-碳酸盐岩组合。中生代普遍为海相地层,有别于本地层大区其他地层区,三叠纪具浊积岩特征,侏罗纪局部为海陆交互含煤沉积,晚白垩世—早第三纪由海相碳酸盐岩组成。

四、北疆-兴安地层大区(Ⅰ)西段

仅涉及北疆地层区(I_1),由3个分区组成。其总体特征是,主要由显生宙地层组成,以晚古生代分布最广,中新生代地层以准噶尔盆地最为发育。未见前震旦纪地层,寒武纪发育不全,奥陶纪地层未见底;志留纪与泥盆纪、石炭纪与二叠纪地层多数地区为不整合或平行不整合,泥盆纪与石炭纪地层在准噶尔、阿尔泰地区不整合也较普遍。

火山岩发育,海相火山岩主要形成于奥陶纪至泥盆纪,具裂谷(陷)-洋盆性质。石炭纪有海相、海陆相和陆相,二叠纪以陆相为主。

生物群,奥陶纪与我国东南地区相似;志留纪、泥盆纪以北方型为主,中晚泥盆世出现南、北型混生;石炭纪为西欧、北美型;二叠纪具北极海和特提斯海生物的过渡色彩。植物化石以安加拉植物群为主,二叠纪有华夏植物群分子混生。

本地层大区显生宙沉积构造演化相当复杂,大体可划分3个阶段。早古生代阿尔泰为陆缘带沉积,其外(南)侧为裂陷—洋盆,这些地层在晚古生代沉积区内多数呈大小不等的地(残)块孤立零星出露。泥盆纪—石炭纪,泥盆纪自南向北具沟-弧-盆体系沉积变化特征;石炭纪(或自晚泥盆世始)北天山早—中石炭世为残洋或裂陷环境沉积。二叠纪—中生代向陆内沉积盆地演化,与塔里木-南疆地层大区构成统一的大陆地壳,二叠纪从早到晚,由北向南造山后的陆相火山岩发育,西段晚期粗碎屑岩具磨拉石特征。

(一)阿尔泰地层分区(I_1^1)

本分区仅出露震旦纪至石炭纪地层(其间未发现中寒武世至早奥陶世沉积)。震旦纪—早寒武世由巨厚的变质碎屑岩组成。晚奥陶世至志留纪为活动陆架海相火山岩、泥质碎屑岩等不同组合,具火山复理石沉积特征。泥盆纪—石炭纪由泥质碎屑岩、以酸性为主火山岩和碳酸盐岩组成,具次深海沉积特征,属活动型上叠盆地,但南缘出现具裂陷火山盆地沉积组合。

(二)北准噶尔地层分区($Ⅰ_1^2$)

主要由显生宙地层组成,西段较东段发育。最老地层为奥陶纪—志留纪,由活动类型泥质碎屑岩、火山岩夹碳酸盐岩组成,奥陶纪火山岩具双峰特征,志留纪火山岩以中基性为主。泥盆纪西段以发育海相中、基性火山岩为特征,自北向南具弧后—洋盆环境的沉积组合特点;东段在早古生代地块上局部为海陆交互相碎屑岩组合。晚泥盆世至石炭纪以滨浅海相泥质碎屑岩和火山岩组成,早石炭世火山岩发育,晚石炭世以泥质碎屑岩为主,自北向南,由东而西逐渐转为陆相,故晚石炭世在东段普遍缺失。二叠纪地层自下而上由陆相火山岩到紫红色砂砾岩组成,局部含煤。中生代为准噶尔内陆盆地沉积。

(三)南准噶尔-北天山地层分区($Ⅰ_1^3$)

主要为泥盆纪至中生代地层。泥盆纪—石炭纪主要为海相沉积,仅在东北部,早石炭世出现陆相。北部以活动类型泥质碎屑岩组合为主;南(及东南)部由基性、中基性火山岩及泥质碎屑岩组成,具裂陷—洋盆、火山盆地组合特征,晚石炭世逐渐转化为残余(或上叠)盆地沉积,形成泥质碎屑岩-碳酸盐岩组合。二叠纪始广泛转入陆相沉积由泥质碎屑岩及火山岩组成。中生代在二叠纪盆地背景上进入准噶尔内陆盆地沉积。

五、藏滇地层大区(Ⅶ)

仅在新疆南隅涉及一小部分。主要出露中新生代海相地层。石炭纪—二叠纪为泥质碎屑岩-碳酸盐岩组合,与喀喇昆仑地层区有相似之处。三叠纪早期为浅海稳定类型泥质碎屑岩-碳酸盐岩组成。生物群,古生代为南型,早二叠世崆喀山口以北为暖水生物,以南为冷水或冷暖水生物,中生代为特提斯型。

第三章

前震旦纪

第一节　概　述

前震旦纪地层时间跨度大，组成岩石复杂，时空变化大，研究程度相对较低。本项目设计对其要求相对于显生宙地层有所放宽，且主要研究中—晚元古代地层。考虑到西北区前震旦纪地层发育程度仅次于华北研究区，它在我国造山带地区占有重要地位，为对前震旦纪地层有一个较为系统的认识，本成果对太古宙及早元古代地层也做简单的归纳，共选用群、组地层单位132个，其中组级68个，群级① 64个（含无组群级37个）。

关于太古宙的划分，按照全国地层委员会部分委员在南京（1993）协商的意见。元古宙的划分，按全国地层委员会1990年公布的标准（表3-1）。

表3-1　前寒武纪地层划分表

地质年代			界线年龄（Ma）		年代地层		
显生宙					显生宇		
元古宙	晚元古代	震旦纪	600	800±	上元古界	震旦系	元古宇
		青山口纪				青白口系	
	中元古代	蓟县纪	1 000	1 400±	中元古界	蓟县系	
		长城纪				长城系	
	早元古代		1 800±		下元古界		
太古宙	晚太古代		2 500±	2 600±	上太古界		太古宇
	中太古代		2 900±		中太古界		
	早太古代		3 500±		下太古界		

一、时空分布概貌

主要分布于塔里木-南疆和华北两个地层大区，其次为华南地层大区。一般出露于稳定区

① 群级含（岩）群和杂岩，组级含（岩）组。

的边缘和造山带内的隆起区。稳定区边缘一般呈面状分布，面积相对较大，地层序列及空间变化较为清楚。造山带内出露较为零散，面积小，呈带状断续分布，地层序列整体性差。以中元古代地层分布最广，太古宙—早元古代及青白口纪地层分布范围较小。由于经历多期构造热事件的改造，不同程度地发生变质、变形和变位，对建立地层序列，恢复原始时空关系难度较大。

仅发现有中太古代沉积信息，是否有早太古代地层尚不清楚。太古宙与早元古代地层仅在塔北库鲁克塔格地层小区及豫陕地层分区可明确的划分，两断代地层为不整合接触。早元古代与中元古代地层的划分，除稳定区的边缘普遍为不整合外，现今，造山带内绝大多数未直接发生关系，或为断层，仅在中祁连山东段、柴达木盆地南缘以及西昆仑保留有原生接触关系。中元古代地层内部，长城纪与蓟县纪地层的接触关系，不同地层区或同一级别地层区有所不同，塔里木南、北地层分区以不整合为主；豫陕地层分区以平行不整合为主；造山带内，中、南天山为整合或平行不整合；中祁连山各种关系都存在；南、北秦岭一般不易进一步划分。中元古代与青白口纪地层之间有多种接触关系，塔北地层分区为整合；塔南地层分区为不整合；豫陕地层分区为平行不整合；造山带内，中南天山-北山地层区主要为不整合—平行不整合；中祁连山为平行不整合；南秦岭为整合—不整合。

从以上各断代地层的相互关系，加之后期的改造，尚难建立起年代界线，主要依据其岩石组合特征及大段地层时空的相对位置划分。本成果将其划分为太古宙—早元古代、中元古代及晚元古代（青白口纪）3个阶段叙述。

二、岩石地层单位类型及基本岩石组合类型

（一）岩石地层单位类型

前震旦纪地层不同程度地经历构造热事件的改造，特别是造山带地区更为明显，原始地层经历不同方式的改造、变位和重组。据西北区地质特点，结合项目办关于“造山带地层清理基本要求（试行）”（1993）的精神，将其划分为层状有序、层状无序和无层无序三种正式地层单位类型。现对各类型的特征及单位术语的使用做如下简述。

（1）层状有序：组成该地层单位的几种岩石，以层理面为界面，按不同规律的叠覆方式组合。虽经不同程度的变质、变形，还能恢复其形成序列。但有的地层单位其顶、底与邻接或相邻时代地层单位为非沉积接触，其位置的相对一致性依据较差。正式单位术语采用组、群。这种类型的地层单位最多，尤其是中、晚元古代地层。

（2）层状无序：组成该地层单位为层状岩石，经历变质、变形和变位，部分有混合岩化，所见面理多数为非层理，有的层理与后期面理一致（即 $S_0=S_1$ 或 S_2），其褶皱变形在一定程度上是以后期面理为运动面而产生的“向形”或“背形”，内部断裂构造较为发育，现按后期改造的方式组合，原始叠覆组合方式难以建立，主要依后期叠加改造组合的总体特征及空间上的相对位置划分。在造山带这类地层单位的特点为：组成岩石复杂，地层厚度难以确切测出，经详细研究后常解体出新的地层单位，代表的时间跨度较大，以往的研究中多数属无组的“群”级地层单位。单位术语现采用（岩）群和（岩）组。原划为群级的一部分地层单位，如秦祁昆地层区早元古代北大河群、托赖群、达肯大坂群，中元古代宽坪群；中南天山-北山地层区中元古代星星峡群；南秦岭中元古代武当山群、碧口群等等都属此类型，故均改为（岩）群。

（3）无层无序：这类岩石地层单位的组成岩石，实际上是由层状岩石和非层状岩浆岩组成。

经后期改造除具有层状无序的特征外，因经多次多期构造热事件改造，混合岩化强烈，部分经熔融或深熔再造，原始沉积地层的面貌已不清，片麻岩、混合岩、混合花岗岩与古老花岗岩难以区分，有待深入研究。随着研究程度的提高，常不断分离、解体出变质侵入体。目前主要依据改造和再造的总体特征和组合方式划分。为反映该类地层单位特征，区别于层状无序岩石地层单位类型，其单位术语采用“杂岩”。这种类型主要分布于太古宙及早元古代一部分地区的地层，如华北地层大区太华杂岩、秦岭杂岩，塔里木-南疆地层大区的敦煌杂岩、达格拉格布拉克杂岩，华南地层大区鱼洞子杂岩等。

（二）基本岩石组合类型

前震旦纪地层的组成岩石，多数不同程度地变质，岩类繁多，组合类型复杂，包含从高级变质到基本不变质的各类岩石，按变质程度将其划分为4种基本组合类型。

（1）高级变质岩石组合：除由片麻岩类、角闪岩类及各种粒状岩石和高铝硅酸盐岩石等组成外，有强混合岩化形成的各种混合岩，包容有块状或片麻状中酸性侵入岩，具高级片麻岩区和花岗—绿岩带的某些特征。绿片岩-角闪岩相变质，局部达麻粒岩相。原岩恢复属火山-沉积岩组合。这类组合主要见于太古宙地层，如太华杂岩①、达格拉格布拉克杂岩等。

（2）中高级变质岩石组合：除出现片麻岩类、角闪岩类、各种粒状岩石外，有较多的石英片岩类、混合岩化较高级变质岩，混合岩类型较为简单。达角闪岩—绿片岩相变质，原岩恢复总体属陆源碎屑岩—火山喷发岩组合。陆源碎屑岩成熟度较低，火山岩在地层单位中的比例不同，有时出现不同数量的泥质岩和碳酸盐岩，从而构成不同的组合类型。这类地层单位在研究区内较多，主要分布于造山带内早元古代或太古宙—早元古代未分的地层单位，如秦岭杂岩②、北大河（岩）群、托赖（岩）群、达肯大坂（岩）群及敦煌杂岩，扬子地层区后河杂岩也属此类。

（3）中低级变质岩石组合：此组合原岩沉积特征有的还可辨认，进而划分为4种亚类型。①以石英岩、石英片岩（或硅质千枚岩、千枚岩）为主夹不等量大理岩类组成。其最大特点：原岩沉积构造保留可辨；陆源碎屑成熟度高。绿片岩相（局部低角闪岩相）变质。以豫陕地层分区早元古代铁铜沟组为代表。②由含变质矿物及暗色矿物的石英岩、石英片岩、云母片岩（或千枚岩）夹大理岩组成。具旋回或韵律结构，碎屑岩成熟度低，有的具杂砂岩特征，以绿片岩相变质为主。以塔北地层分区早、中元古代兴地塔格群、波瓦姆群为代表，中祁连山东段的（湟）中群、中南天山东段古硐井群基本也属此类组合。③由各种石英片岩、千枚岩、大理岩、白云岩及绿片岩（或角闪岩）等成不等比例组成。绿片岩相变质为主，局部达角闪岩相。多数新生面理较为发育，原生沉积组构残存较少。原岩为泥质岩类、碎屑岩类、碳酸盐岩类及火山岩类的组合，碎屑岩成熟度一般较低，依不同岩类的组合比例及组构还可具体划分为若干组合类型，构成组级地层单位。这类组合以中元古代地层最为普遍，如中祁连山朱龙关群、柴达木盆地北缘万洞沟群、北秦岭宽坪（岩）群、中南天山西段特克斯群以及塔北的爱尔基干群等等。④由变质火山岩类组成，包含熔岩、火山碎屑岩及层凝灰岩。多数为基性和酸性岩类组合，部分为中基性和中酸性岩类组合。火山岩的原岩构造不同程度仍有保留，多数为绿片岩相变质。主要分布于南、北秦岭中晚元古代地层中，如武当山（岩）群、碧口（岩）群、耀岭河组及西乡群等，塔南地层分区的赛拉加

---

① 太华杂岩，陕西省地矿局近期1：5万区调时，已从中解体出许多变质侵入岩体。

② 秦岭杂岩，河南省地矿局及西安地质学院近期在东秦岭1：5万区调时，已从中解体出峡河（岩）群、松树沟角闪岩等地层单位。因秦岭杂岩分布较广，故仍暂采用杂岩。

兹塔格群，豫陕地层分区的熊耳群都属此类组合。

(4)低级至甚低级变质岩石组合：主要由石英砂岩类、板岩—千枚岩类、结晶灰岩(白云岩)类以不等比例组成。原岩沉积构造大部分保存，叠层石较为发育。一般仅达板岩—千枚岩级区域变质，造山带地区有的达低绿片岩相；稳定区有的岩石仅有重结晶或出现片状矿物雏晶。蓟县纪及青白口纪地层此类组合最多。依上述三种岩类所占主次不同，进一步划分为3种亚类型：①以石英砂岩为主的组合，如豫陕地层分区的高山河群，中、南天山东段的野马街组。②以碳酸盐岩为主的组合，如豫陕地层分区的洛南群、中、南天山-北山地层区的平头山组、大豁落山组；科克苏群、库什台群，塔南地层分区金雁山组、塔北地层分区帕尔岗塔格群，中祁连山花儿地组等。③泥质碎屑岩类-碳酸盐岩类组合。这类地层单位最多，如中祁连山花石山群、龚岔群、柴达木盆地南缘冰沟群，中、南天山卡瓦布拉克群，塔南苏玛兰组等等。

上述岩石组合类型和岩石地层单位类型与地层时代和构造活动性有关。太古宙和早元古代多数属于高、中级变质岩石组合的层状无序和无层无序地层类型；稳定区内早元古代以后，主要为中低至甚低变质岩石组合的层状有序地层类型；造山带内在强应变带中元古代以及晚元古代多数为中低级变质岩组合，为层状无序地层类型，变形改造弱的地带以层状有序地层类型为主。

第二节　太古宙—早元古代地层

主要分布于塔里木-南疆、华北及华南三个地层大区，出露在稳定地块的边缘和造山带的中间地块。稳定地块边缘见于塔里木南、北的阿尔金、库鲁克塔格，豫陕地区小秦岭，扬子地区的米仓山，造山带内中祁连，北秦岭，柴达木南、北缘，南秦岭勉略、商南，以及中、南天山-北山等地。选用25个群、组单位，其中组5个，群20个(含无组群18个)，见表3-2、3-3。

据目前资料，划分为太古宙、早元古代或太古宙—早元古代未分。比较明确归为太古宙和早元古代的地层单位有塔里木盆地北缘库鲁克塔格地区达格拉格布拉克杂岩和兴地塔格群；华北豫陕小秦岭地区的太华杂岩和铁铜沟组。主体属早元古代，包含有晚太古代信息的地层单位主要分布于秦祁昆地区的秦岭杂岩、湟源群等。晚太古代—早元古代未分地层见于北山—阿尔金地区的敦煌杂岩和南秦岭的鱼洞子杂岩、米仓山的后河杂岩。其余地层单位均为早元古代。

一、岩石组合及地层结构类型

(一)五种岩石组合类型

有高级、中高级、中低级3种变质岩基本组合。依原岩组成特征划分为5种组合类型。太古宙地层均为高级变质岩，原岩为泥碎屑杂砂岩—火山岩或以泥碎屑杂砂岩为主组合，具高级片麻岩区和花岗-绿岩带(区)的组合特征，属大陆地壳早期形成环境的组成岩石。

太古宙—早元古代未分及早元古代地层划分为6种组合类型。下述前3种组合为中低级变质岩，后3种为中高级变质岩基本组合。

成熟度高的变质泥质碎屑岩组合：以单陆屑碎屑岩为主，形成于稳定地块边缘内侧，说明当时已有较为开阔的海盆，基底趋于较为平坦，如华北地台西缘铁铜沟组。

表 3-2 华南(北)—华北(南)地层大区前震旦纪岩石地层单位序列表

地质时代	(Ma)	华南地层大区Ⅵ			华北地层大区Ⅴ												
		扬子地层区	南秦岭—大别山地层区		东昆南地层小区	柴达木地层小区		中祁连—太白地层小区			北祁连—终南山地层小区			晋冀鲁豫地层区		阿拉善地层区	
		米仓山				南缘	北缘	中祁连(西)	中祁连(东)	太白	北祁连(西)	北祁连(东)	终南山	豫陕	华北西缘	龙首山	北大山
上覆地层		灯影组	莲沱组	鲁家坪组 陡山沱组	纳赤台群	滩间山群		雾宿山群			白杨沟群	旱峡组	二郎坪群	三岔口组	正目观组	韩母山群	
晚元古代 青白口纪	800–1000	铁船山组；西乡群		耀岭河组				龚岔群：窑洞沟组、哈什哈尔组、五个山组、其他大坂组		松树沟角闪岩	同中祁连			栾川群：煤窑沟组、南泥湖组、三川组、白术沟组			
中元古代 蓟县纪	1000–1400	火地垭群：上两组；三花石群	碧口(岩)群	武当山(岩)群	万保沟群	冰沟群：丘吉东沟组	万洞沟群	托莱南山群：花儿地组	花石山群：北门峡组、克素尔组	峡河(岩)群		海原群：西华山组、园河组	宽坪(岩)群	洛南群：冯家湾组、杜关组、巡检司组、龙家园组	王全口组	墩子沟群	
中元古代 长城纪	1400–	火地垭群：麻窝子组				冰沟群：狼牙山组		朱龙关群：南白水河组、桦树沟组、熬油沟组	湟中群：青石坡组、磨石沟组		朱龙关群：桦树沟组、熬油沟组	南华山组		高山河群：陈家坰组、二道河组、鳖盖子组；熊耳群	黄旗口组		
早元古代	2200、2300					金水口岩群：小庙组、白沙河岩组	达肯大坂岩群	托赖岩群	湟源群：东岔沟组、刘家台组	秦岭杂岩	北大河岩群		秦岭杂岩	铁铜沟组		龙首山(岩)群	北大山岩群
太古宙	2500、2900	后河杂岩	鱼洞子杂岩	陡岭(岩)群										太华杂岩	宗别立(岩)群		

表 3-3　塔里木-南疆地层大区前震旦纪岩石地层单位序列表

地质时代 (Ma)			喀喇昆仑地层区 IV₄	西昆仑地层区 IV₃	塔里木地层区 IV₄ 塔南地层分区 IV$_2^3$ 铁克力克	塔南地层分区 IV$_2^3$ 阿尔金	塔北地层分区 IV$_2^1$ 柯坪	塔北地层分区 IV$_2^1$ 库鲁克塔格	中南天山—北山地层区 IV₁ 西段 南部	西段 北部	东段 西部	东段 东部
上覆地层			冬瓜山群（O）	恰克马克力克组（Z）	恰克马克力克组（Z）	额兰塔格组（O）	⑤	贝义西组(Z)	第三纪	凯拉克提群(Z)	黄山组(∈)	洗肠井群(Z)
晚元古代	青白口纪	800		丝路群：苏库罗克组、苏玛兰组、博查特塔格组		索尔库里群：小泉达坂组、平洼沟组、冰沟南组、乱石山组	巧恩布拉克组：④、③、②、①	帕尔岗塔格群	库什台群	开尔塔斯群 ⑨		圆藻山群：大豁落山组、野马街组
中元古代	蓟县纪	1000			阿拉玛斯群	塔昔达坂群：金雁山组、木孜萨依组、卓阿布拉克组、斯米尔布拉克组、董特克布拉克组		爱尔基干群	科克苏群	科克苏群 ⑧	卡瓦布拉克群	圆藻山群：平头山组
	长城纪	1400	甜水海群	赛拉加兹塔格群	赛拉加兹塔格群	巴什库尔干群：贝克滩组、红柳泉组、扎斯堪赛河组	阿克苏（岩）群	杨吉布拉克群、波瓦姆群	特克斯群：珠玛汗萨依组、英合西萨依组、泊仑干布拉克组	⑦、⑥	星星峡(岩)群	铅炉子沟群、古硐井群
早元古代		1800		埃连卡特群	埃连卡特群	敦煌杂岩		兴地塔格群	木扎尔特群	温泉(岩)群		敦煌杂岩
太古宙		2500		喀拉喀什(岩)群	喀拉喀什(岩)群	敦煌杂岩		达格拉格布拉克杂岩				敦煌杂岩

① 西方山组　② 东巧恩布拉克组　③ 牧羊滩组　④ 冬屋组　⑤ 尤尔美拉克组（Z）　⑥ 塔木契组　⑦ 三个泉组　⑧ 四台组　⑨ 松树头组

成熟度低的变质泥质碎屑岩组合;以复陆屑碎屑岩为主,形成于稳定地块边缘外侧,侵蚀堆积速率较快的浅海环境,如塔北的兴地塔格群。

变质的泥质碎屑岩-碳酸盐岩组合:泥质成分较高,变质暗色矿物含量少,基本不出现绿片岩类岩石,碳酸盐岩多数为大理岩,碎屑岩成熟度一般不高,偶含磷,主要形成于陆架浅海,如湟源群。

变质泥质碎屑杂砂岩夹少数火山岩和浅水碳酸盐岩组合:陆源碎屑成熟度低,火山岩有以基性为主(如秦岭杂岩),或以酸性为主(如金水口(岩)群的白沙河(岩)组、达肯大坂(岩)群),主要形成于大陆边缘,具大陆裂谷组合特征。

变质泥质碎屑岩、碳酸盐岩、火山岩以不同形式和比例组合:大体可划分为两种具体变质岩石组合,即片麻岩类和角闪岩类为主夹石英片岩、大理岩和以碳酸盐岩类为主夹石英片岩、云母片岩类及角闪岩类,如北大河(岩)群、北大山(岩)群。

变质火山岩-泥质碎屑杂砂岩组合:依变质岩特征分为两种具体变质岩石组合,即变粒岩、浅粒岩、石英片岩类为主,夹绿片岩类、角闪岩类和以石英片岩、云母片岩类为主夹角闪岩类、片麻岩类和少数大理岩,如太华杂岩、达格拉格布拉克杂岩。

后两种组合泥质碎屑物成熟度均很低,属复陆屑碎屑岩,碳酸盐岩多数含镁质,偶含磁铁石英岩① 火山岩块基性和酸性为主,形成于初始表壳伸展环境。

(二)两种地层结构

两种地层结构指双层和混合两种地层类型。双层结构指太古宙与早元古代地层的岩石组合有明显不同,之间为不整合接触,分别构成古老地块的结晶基底和褶皱基底。小秦岭、库鲁克塔格及西昆仑地区属此类。

混合结构指太古宙—早元古代地层未分,或未露底的早元古代地层。多数为群级地层单位。这类在前长城纪地层单位中占多数。造山(活动)带内的中间地块,或变质基底多数都属此类结构。

现以表 3-4 作为本小节的归纳。

二、地质时代划分依据

前长城纪地层时代的划分,主要依据同位素年代测定及顶底界线性质和下伏、上覆地层的时代,结合变质变形及邻区分析。但同位素年代资料较少,不够系统,测定对象的地质背景较为复杂,故对其时代的划分还很粗略。

(一)小秦岭地区

太华杂岩同位素年龄:在陕西潼关片麻岩 Rb-Sr 等时线年龄值 2 549±169 Ma,向东延入河南省片麻岩锆石 U-Pb 2 841±1.5 Ma 和 2 620 Ma,全岩 Rb-Sr 为 2 667 Ma、2 549±169 Ma,其内超基性岩体磷灰石 U-Pb 2 580 Ma。此外还有 2 300～2 200 Ma 及 1 800～1 700 Ma 两组事件年龄。以上说明太华杂岩形成于 2 900 Ma～2 500 Ma。其上被铁铜沟组不整合,

---

① 因“磁铁石英岩”这类岩石命名不符合国际石英岩的定义,故加引号,下同。见:程裕淇等,1994,区域地质概论。北京:地质出版社。

铁铜沟组向东相当于同一地层区的嵩山群，其变碎屑岩全岩 Rb－Sr 年龄值 1 952～1 799 Ma，侵入其中的伟晶岩白云母 K－Ar 年龄值 1 983 Ma，但未出现 2 300～2 000 Ma 事件年龄，说明其形成年龄大于2 000 Ma，小于 2 300 Ma，上被长城纪熊耳群不整合覆盖。故太华杂岩形成时代主体为晚太古代，铁铜沟组形成时代为早元古代。

表 3－4　前长城纪地层结构类型及岩石组合特征表

结构类型	地　区	地质时代	代表性岩石地层单位	基本岩石组合类型	形成环境	构造属性
双层结构	小秦岭	早元古代	铁铜沟组	中低级变质泥质碎屑岩组合	滨浅海	褶皱基底
		晚太古代	太华杂岩	高级变质泥质碎屑岩－火山岩组合	初始陆壳	结晶基底
	库塔鲁克格	早元古代	兴地塔格群	中低级变质泥质碎屑岩组合	浅　海	褶皱基底
		晚太古代	达格拉格布拉克杂岩	高级变质火山－泥碎屑杂砂岩组合	初始陆壳	结晶基底
	塔南—西昆仑	早元古代 晚	埃连卡特群	中低级变质泥碎屑杂砂岩组合	浅　海	活动带内变质基底
		早元古代 早	断　层 喀拉喀什(岩)群	中高级变质泥碎屑杂砂岩组合	浅海—陆坡	变质地块
		晚太古代				
混合结构	北秦岭	早元古代	秦　岭　杂　岩	中高级变质泥碎屑杂砂岩－(火山岩)组合	浅海—陆坡	活动带内变质核杂岩
	北祁连西段	早元古代	北大河(岩)群	中高级变质泥质碎屑岩－碳酸盐岩－火山岩组合	活动陆坡	活动带内变质地块
	中祁连东段	早元古代	湟　源　群	中低级变质泥质碎屑岩－碳酸盐岩组合	浅　海	活动带内变质地块
	阿尔金—北山	早元古代—晚太古代	敦煌杂岩	中高级变质泥质碎屑岩－碳酸盐岩－火山岩组合	浅海—初始陆壳	变质基底
	柴达木南缘	早元古代	金水口(岩)群	中低级变质碎屑岩、中高级变质泥质碎屑岩－碳酸盐岩组合	浅海—初始陆壳	变质基底

(二)库鲁克塔格—阿尔金地区

达格拉格布拉克杂岩同位素年龄：于库鲁克塔格辛格尔以南角闪岩(碱玄岩)等岩石的 Sm－Nd 年龄值 3 262 Ma，杂岩内同期含蓝闪石英花岗岩类单颗粒锆石 U－Pb 年龄值分别为 2 582±11 Ma、2 487.715 Ma 和 2 810±17 Ma。说明其形成时间大于 2 500 Ma，小于 3 300 Ma，主体为晚太古代。此外侵入杂岩内片麻状花岗岩锆石 U－Pb 一致线上交点为 2 071±37 Ma、片麻岩全岩 Rb－Sr 年龄值 1 778.18±145.37 Ma，反映 2 000～1 800 Ma 的变质事件年龄。杂岩上被兴地塔格群不整合覆盖，兴地塔格群变砂岩全岩 Rb－Sr 等时线年龄值为 1 495.88±170.23 Ma，属变质年龄，兴地塔格群上被长城纪波瓦姆群不整合覆盖。以上说明塔北库鲁克塔格地区存在着晚太古代(可能包含有中太古代)及早元古代两套地层。

阿尔金地区敦煌杂岩同位素年龄：在阿尔金斜长角闪片麻岩 Sm－Nd 等时线年龄值 2 946 Ma 和 2 935 Ma，北山变火山岩 Sm－Nd 等时线年龄值 2 949.9 Ma，阿尔金杂岩内混合花岗岩 2 800 Ma(中国地质矿产报 1995 年 3 月)，阿尔金“米兰群”(相当敦煌杂岩)斜长角闪岩锆石 U－Pb 2 548 Ma，以上反映存在 3 000～2 500 Ma 的年代信息。另在北山红柳园南辉绿岩 Sm－Nd 年龄值 2 203.74 Ma，阿尔金产于敦煌杂岩铅－锌矿的 Pb－Pb 年龄值 1 799～1 875 Ma，启示有 2 300～1 800 Ma 年代信息。故敦煌杂岩的形成时代为晚太古代—早元古代。

(三)上扬子北缘地区

摩天岭地层分区的鱼洞子杂岩同位素年龄:据张宗清① 研究(1994)变质岩 Sm-Nd 年龄值为 2 688±84 Ma、模式年龄 3 017 Ma,混合岩化斜长角闪岩锆石 U-Pb 年龄值为 2 657 Ma,角闪岩脉 K-Ar 稀释法年龄值 2 037 Ma。形成时限为 3 017～2 200 Ma,主体为晚太古代(可能包含有中太古代)—早元古代早期。与其对应的后河杂岩、片麻岩 Sm-Nd 年龄值为 2 436±54 Ma,在 1 356 Ma 曾有一次变质事件。

(四)秦祁昆地区

北秦岭的秦岭杂岩在豫陕地区获得主要同位素年龄有:西峡下段片麻岩全岩 Th-Pb 年龄值 2 298 Ma、锆石 U-Pb 不一致线上交点 2 226 Ma、斜长角闪岩全岩 Sm-Nd 年龄值为 1 982 Ma;商南上段斜长角闪岩全岩的 Rb-Sr 年龄值为 1 862 Ma;太白全岩 Rb-Sr 年龄值为 1 860 Ma。考虑 Rb-Sr 年龄后期受均一化影响,锆石有碎屑成因的可能,故其形成时代应小于 2 300 Ma,大于 1 860 Ma,但在商南斜长角闪岩全岩 Sm-Nd 出现 2 973 Ma,故其主体形成时代为早元古代,可能包容有晚太古代成分。此外,还有三组明显的事件年龄,即 1 850 Ma±;1 000～800 Ma 和 440～355 Ma,1 400～1 200 Ma 也有一组年龄显示。与其相似的陡岭(岩)群主体形成大于2 000 Ma±,张宗清(1994)在西坪变粒岩中发现大于 2 500 Ma 年龄(锆石 Sm-Nd 模式年龄),西安地质学院(1995)在角闪斜长片麻岩中获全岩 Sm-Nd 等时线年龄 2 518 Ma,其内变质杂岩还获全岩 Sm-Nd 等时线年龄 3 112 Ma,也说明有太古代地层信息。

中祁连的湟源群,上被长城纪湟中群(1 755.5 Ma)超覆,本群下部(刘家台组)混合花岗岩锆石 U-Pb 年龄 2 469 Ma,上部(东岔沟组)片岩 Rb-Sr 等时线年龄值 1 414～1 249 Ma。说明本群形成于早元古代可能性最大。上述 Rb-Sr 年龄属事件均一化年龄。与其相当柴达木盆地北缘达肯大坂(岩)群也有类似年龄值,斜长角闪片麻岩中锆石 U-Pb 年龄值 2 462.5 Ma 和 2 262～2 205 Ma,角闪石 Rb-Sr 等时线年龄值 1 556～1 463 Ma、K-Ar 年龄值 1 617～1 516 Ma,侵入其中的花岗岩所含角闪石的 Rb-Sr 年龄值 1 563 Ma、K-Ar 年龄值 1 474 Ma。以上说明这两个地层单位,形成于 2 500～1 800 Ma,主体为早元古代,因未露底,不排除包含有晚太古代的可能,1 600～1 400 Ma 应示为事件年龄。

早元古代其他地层单位的同位素年龄数据不多,大致归纳为两组,即 2 200 Ma～1 900 Ma和 1 600～1 400 Ma,如柴达木盆地南缘金水口(岩)群白沙河(岩)组斜长角闪岩 Sm-Nd 等时线年龄值 1 929±330 Ma、1 927±34 Ma;片麻岩锆石 U-Pb 年龄值 1 850 Ma;混合花岗岩 Rb-Sr 等时线年龄值 1 990 Ma;混合岩 Rb-Sr 年龄值 1 666.6 Ma、1 549.3 Ma。龙首山(岩)群侵入其中花岗岩 Rb-Sr 等时线年龄值 2 147 Ma、斜长角闪岩全岩 Rb-Sr 年龄值 1 949 Ma。北祁连山北大河(岩)群全岩 Rb-Sr 等时线年龄值 1 336 Ma。以上 2 200～1 900 Ma基本能代表成岩年龄,1 600～1 400 Ma 为变质事件年龄。

从以上同位素年龄资料证明,西北地区存在有太古宙(以晚太古代为主)及早元古代地层,在稳定区可具体划分为晚太古代和早元古代,稳定区之间主要为早元古代,部分包含有晚太古代地层,但均经历早元古代晚期及 1 600～1 400 Ma 构造事件改造。

---

① 张宗清,1994,"秦岭造山带重大地质事件"同位素年代学研究重大进展。中国地质科学院简报,第 304 期。

三、代表性地层单位特征简述

（一）稳定区内前长城纪地层

1. 太古宙地层

豫陕地层分区太华杂岩，1959年阎廉泉创名于陕西太华山，向东延入豫西与登封杂岩遥相对应，未见底，上被铁铜沟组不整合覆盖。对其内部的划分及地质涵义30多年来不断有所变化，但对其主体时代争议不多。主要由混合岩化黑云（角闪）片麻岩、黑云斜长片麻岩、斜长角闪片麻岩夹浅粒岩、变粒岩及石墨大理岩、石墨片（麻）岩、含磁铁矿角闪岩、"磁铁石英岩"、石英片岩类等组成，并出现矽线石、蓝晶石片岩。地层中金丰度高于其他地层5倍。混合岩化普遍、强烈，局部达均质混合岩和混合花岗岩。以绿片岩-角闪岩相变质为主，局部达麻粒岩相。结合豫西同地层单位资料，原岩恢复，下部以基性和酸性火山岩为主，上部以沉积岩居多，顶部夹基性和中酸性火山岩，属高级变质的火山-沉积岩组合。火山岩具双峰特征，其地球化学成分基性火山岩为拉斑-钙碱系列，中酸性火山岩为钙碱-碱性系列。杂岩内有花岗质片麻岩和片麻状花岗岩，及高镁基性、超基性变质岩。一些研究者认为，太华杂岩具高级片麻岩区和花岗-绿岩带的一些特征。

塔北地层分区达格拉格布拉克（又称托格拉格布拉克）杂岩，1957年由朱顺诚等建立于库鲁克塔格地区（称达格拉格布拉克岩系），高振家等（1993）简称托格杂岩。主要由片麻岩类、变粒岩夹斜长角闪岩和各种片岩不均匀互（夹）层组成，下段以片麻岩为主，上段以变粒岩为主。杂岩内发育糜棱岩。混合岩化强烈，混合岩及片麻状花岗岩占相当部分。低角闪岩相变质。片麻岩类有斜长角闪片麻岩、黑云角闪斜长片麻岩及绿帘黑云或绿帘二云或绿帘阳起钠长片麻岩。部分片麻岩岩类原岩为中基性和中酸性及酸性火山岩，其中钠长片麻岩类化学成分相当于中酸性火山岩类变质岩。变粒岩及石英片岩类化学成分相当于陆源碎屑杂砂岩。属高级变质火山岩-泥质碎屑岩组合。高振家等（1993）认为，这套地层与TTG质花岗岩关系密切，不排除原岩建造有属花岗-绿岩带的可能，其下部基性、超基性岩可能未露或未发现。

2. 早元古代地层

豫陕地层分区铁铜沟组，1958年原秦岭区调队（现陕西区调队）在陕西蓝田县坝源命名。不整合于太华杂岩之上，上被熊耳群不整合。与豫西嵩山群可对比（应属同物异名）。由中厚层状浅色石英岩夹绢云或二云石英片岩及薄层大理岩或凸镜体组成，底部局部含砾石。原生层理清楚，层面上保留有波痕、交错层理等原生沉积构造。厚度由西向东增大（由315～2 850 m）。绿片岩相变质，变形较为简单（但嵩山群变形较为复杂），形成于较为开阔滨海—浅海陆内坳陷盆地，陕西处于盆地边缘。

塔北地层分区兴地塔格群，1975年新疆地质局722队邓自华创名于西库鲁克塔格兴地塔格，现指不整合于达格拉格布拉克杂岩之上，上被长城纪波瓦姆群（或杨吉布拉克群）不整合覆盖。由石英岩类、石英片岩类及大理岩类组成。石英岩、石英片岩普遍含黑云母、白云母、矽线石及石榴石，有时还出现蓝晶石、十字石等变质矿物。具多韵律结构。大致可分为下、中、上三部分，上、下部分以石英岩和石英片岩为主，下部变质矿物含量较多，上部以黑云母为多，在区域上有时构成黑云母片岩，并含有斜长石；中部主要由大理岩组成，区域上大理岩具蛇纹石化，出现橄榄石、石榴石及黑云母，MgO含量达20%～22%，属镁质大理岩。总厚度4 000 m左右。

据上述特征初步分析碎屑岩成熟度较低，高振家等(1993)认为可能为近源中—高密度的浊流沉积，故应形成于活动性较大的坳陷盆地边缘(外侧)快速堆积环境。

(二)活动带内前长城纪地层

1. 太古宙—早元古代地层

北山—阿尔金地区敦煌杂岩，1938年孙健初在敦煌地区命名为"敦煌系"，60年代1∶20万区调时改为敦煌群。对其涵义、内部划分和时代归属经历多次变化。现指分布于塔里木-南疆地层大区内阿尔金及北山地区长城纪巴什库尔干群、古硐井群之下一套中高级变质泥质碎屑岩-碳酸盐岩-火山岩组合，未见底。新疆阿尔金地区米兰群、阿尔金山群、东天山的北山群，现均归为本地层单位。

该杂岩主要由片麻岩类，石英片岩类、角闪(片)岩类、变粒岩及大理岩类组成。混合岩化发育。片麻岩类以黑云斜长片麻岩为主，其次为二长或奥长及中长片麻岩；石英片岩类以黑云和二云石英片岩为主；角闪岩类主要为斜长角闪(片)岩；大理岩含有白云母、石墨、透闪石及镁质成分；石英岩为"磁铁石英岩"；变粒岩主要为斜长变粒岩，其次为二长变粒岩。各种类型的面理发育，原始叠覆层序难以恢复。大体可划分为两段：下段以片麻岩类、变粒岩类为主，夹石英片岩、"磁铁石英岩"、大理岩及角闪岩类，岩性变化大，混合岩化广泛。若羌地区变粒岩较多，并出现紫苏辉石、二辉石变粒岩。敦煌地区上部石墨、透闪石大理岩较多。上段以石英片岩类为主，其次为片麻岩，角闪(片)岩、变粒岩和大理岩等交互组成，在敦煌地区上段下部夹"磁铁石英岩"，上部出现变中酸性火山熔岩及火山碎屑岩。下段一般为角闪岩相变质，局部为麻粒岩相。据原岩恢复下段为中高级变质陆源碎屑岩-碳酸盐岩-火山岩组合，向上过渡为中级变质，缺少碳酸盐岩。火山岩为基性和中酸(或酸)性，具双峰特征，并出现富镁拉斑玄武岩，基性火山岩为拉斑玄武岩系列，中酸性火山岩为钙碱系列。上段以绿片岩相变质为主，原岩组合与下段相似，但火山岩以中酸及酸性为主，为钙碱性系列。上、下段地层很少在同一地区内同时出现。本地层单位未见底，上与长城纪地层未见直接接触关系。从宏观分析及同位素年龄资料看，下段主体为晚太古代，上段为早元古代。

2. 早元古代地层

北秦岭地区的秦岭杂岩，1931年赵亚曾、黄汲清将北秦岭变质岩命名为秦岭系①，1961年陕西区调队将解体后的一套以片麻岩类为主的深变质岩称为秦岭群。以后又不断分解，对其内部的划分、时代归属存在着多种认识。现指分布于北秦岭中元古代宽坪(岩)群以南，夹持于以早古生代火山-沉积岩层之间一套以片麻岩、混合岩为主体的岩石组合体。平面上在千余公里长的范围内，呈巨大的卵形或巨型凸镜状、块状断续出露，与周边地层绝大多数为断层接触。

据安三元(1988)、游振东、索书田(1988)的研究，其组成岩石主要由泥质一长英质变质岩、基性变质岩和钙质变质岩三种基本岩类组成。原岩以陆源碎屑岩为主，夹火山岩。混合岩化广泛，包容有混合花岗岩和片麻状花岗岩。

泥质一长英质变质岩，包括片麻岩类、云母片岩、石英片岩和长英质变粒岩类，其原岩主要为岩屑砂岩、长石砂岩、杂砂岩和石英砂岩，以泥质岩和成熟度不很高的砂岩为主，少数为变质酸性火山岩。

---

① 李希霍芬(1877)、维里士(1903)曾指出这套变质岩系为老地层，但未使用"秦岭"地方性地层单位术语。葛利普(1923—1924)虽然使用过"秦岭统"，但指的是汉中地区泥盆纪地层。

基性变质岩，主要为斜长角闪岩，其次为斜长片麻岩及黑云母角闪(片)岩。其原岩包含正、副斜长角闪岩。副斜长角闪岩由白云质杂砂岩或泥砂质含量高的不纯白云岩变质；正斜长角闪岩原岩为基性火山岩或基性侵入岩。

钙质变质(粒)岩，包括各种大理岩和少量钙硅酸盐粒岩。各种大理岩的原岩为白云岩、白云质灰岩和石灰岩。钙硅酸盐粒岩原岩为白云岩与碎屑岩之间的过渡类型岩石的变质产物。

块体内部结构由强应变带(或韧性剪切带)与凸镜状弱应变带(域)的规律组合，是不同尺度剪切凸镜体的拼接或堆叠。在弱应变域初步将其基本岩石组合序列划分为下、中、上三段。下段主要由黑云(或角闪)斜长片麻岩、黑云变粒岩、夹斜长角闪岩及少数云母片岩、石英片岩、大理岩组成。普遍经受混合岩化，不同程度含石榴石。中段主要由黑云斜长片(麻)岩、钙质片岩、大理岩、斜长角闪(片)岩、云母石英片岩组成，不同程度含透辉石、透闪石、绿帘石以及矽线石、红柱石，以含钙硅酸盐粒岩为特征。上段以石墨大理岩、白云大理岩为主，夹少量石英片岩、斜长角闪(片)岩，大理岩不同程度含透辉石、透闪石、橄榄石、金云母、方柱石等。上述三段在各地并非保存齐全，各段之间也无明确的界线。对上段的归属还有不同认识。

秦岭杂岩原岩主要为成熟度低的陆源泥碎屑岩、浅水碳酸盐岩及部分基性火山岩组成，酸性火山岩甚少。基性火山岩在下、中段占的比例也不多，地球化学特征总体介于大陆裂谷拉斑玄武岩与大陆裂谷碱性玄武岩之间。陆源碎屑杂砂岩，地球化学成分具南、北古老上隆基底再旋回特征。故秦岭杂岩主体形成于陆内靠近陆缘的裂谷环境。

北祁连山北大河(岩)群，1980 年甘肃地层表编写小组首次将祁连山西段走廊南山地区的中高级变质地层命名为北大河群。对其划分和时代归属同样经历多次变化。未露底，与中元古代地层关系不明。组成岩石种类繁多，岩石组合较复杂，原始序列难以恢复，从宏观上大体可将其划分为上、下两段。下段由黑云斜长(或奥长)片麻岩、斜长角闪片岩、云母石英片岩夹大理岩，下部以片麻岩类为主，含石榴石、矽线石、混合岩化广泛，上部以石英片岩类为主，部分残留原始层理。上段由云母石英片岩、绿泥、角闪、阳起石等绿片岩类和大理岩组成，下部以大理岩为主，夹条带状磁铁矿，上部以石英片岩为主，夹绿片岩、大理岩、浅粒岩及石英岩(或变石英砂岩)。下段以角闪岩相变质为主，原岩为泥质碎屑岩-火山岩组合，上段以绿片岩相变质为主，原岩为泥碎屑岩-碳酸盐岩-火山岩组合。托赖(岩)群(野马南山(岩)群)特征与北大河(岩)群相似，下段还含有十字石、蓝晶石，上段下部大理岩含有石墨及似层状、凸镜状菱铁矿。长英质碎屑岩成熟度低，具复理石特征，下段火山岩以基性为主的基性、中酸性组合，上段火山岩以中酸性为主的中酸性、基性组合。总体具裂陷盆地的组合特征。

中祁连山湟源群，1964 年青海区域地质测量大队创建于湟源地区，自下而上分为刘家台组、东岔沟组、磨石沟组和青石坡组。厘定后的湟源群指下两个组，上两个组归为长城纪湟中群。刘家台组下部以碳质石英云母片岩为主夹大理岩，厚度大于 1 082 m；上部为中粗粒大理岩，厚度 114 m。未露底。区域上，下部含石榴石、夹有角闪片岩、绿泥石英片岩及片麻岩，上部大理岩含石墨、白云质、金云母、硅灰石、透辉石等。

东岔沟组整合于刘家台组之上，主要由云母石英片岩、石英云母片岩，或千枚岩，夹大理岩，片岩普遍含绿泥石。底部含磷硅质岩，下部含石榴石偶夹角闪石片岩。区域上出现有片麻岩、石榴石黑云石英片岩、矽线石石英二云片岩。总厚度 1 700～2 300 m 左右。

湟源群主要为中低级变质泥质碎屑岩-碳酸盐岩组合。碎屑岩成熟较低，以细碎屑杂砂岩为主，大理岩含杂质，岩石成分变化大，形成于活动性较大的浅海盆地边缘。

四、小　结

西北区前长城纪地层有太古宙、早元古代地层。太古宙地层以晚太古代为主,包含有中太古代同位素年龄信息;早元古代地层部分包容有晚太古代地层信息。晚太古代地层与早元古代地层、早元古代与中元古代地层的关系,在稳定区其边部为不整合;活动带内早元古代地层均未露底,与中元古代(长城纪)地层多数关系不清(断层或未连续出露)。

根据原岩初步恢复归纳为6种岩石组合类型,反映6种沉积构造环境(表3-5)。

表3-5　太古宙—早元古代岩石地层沉积-构造环境划分表

地质时代	地层区或地区	代表性岩石地层单位	原岩沉积组合	沉积-构造环境	相似地区和地层单位
早元古代	华北豫陕地区	铁铜沟组	成熟度高泥质碎屑岩为主	结晶基底坳陷盆地	
	中祁连山东段	湟源群	成熟度不高,泥质碎屑岩-碳酸盐岩	坳陷盆地边缘(内侧)未见基底	中、南天山西段温泉(岩)群
	塔北库鲁克塔格	兴地塔格群	成熟度低,泥质碎屑杂砂岩	结晶基底坳陷盆地边缘外侧	塔南西昆埃连卡特群、柴南金水口(岩)群小庙组
	北祁连山西段	北大河(岩)群	成熟度低,泥质碎屑岩-碳酸盐岩-火山岩	裂陷盆地(未见基底)	中祁连西段托赖(岩)群,阿拉善北大山岩群、龙首山(岩)群、塔里木敦煌杂岩(上段)
	北秦岭	秦岭杂岩	成熟度低,陆源碎屑杂砂岩夹火山岩和少数浅水碳酸盐岩	裂谷盆地(未见基底)	柴北达肯大坂(岩)群,柴南金水口(岩)群白沙河(岩)组,南秦岭陡岭杂岩,南天山木扎尔特群
太古宙	华北豫陕	太华杂岩	高铝硅酸盐岩、火山岩-泥质碎屑岩、同期古老花岗岩、"磁铁石英岩"、磁铁角闪岩。(高级片麻岩和花岗-绿岩)	前震旦纪早期初始表壳拉伸环境	塔里木敦煌杂岩下段,扬子地区米仓鱼洞子杂岩,后河杂岩(一部分),西昆仑喀拉喀什(岩)群
	塔北库鲁克塔格	达格拉格布拉克杂岩			

太古宙地层均由高级变质岩组成,绿片岩-角闪岩相变质,局部达麻粒岩相;不同程度含矽线石、蓝晶石等高铝矿物片岩、石墨大理岩等具孔兹岩岩套某些特征,及"磁铁石英岩"、含磁铁角闪(片)岩(即BIF岩系);原岩为火山-沉积岩,沉积岩为成熟度较低陆源碎屑岩及泥质岩组成,火山岩具双峰组合特征,有拉斑玄武岩系列、钙碱系列及偏碱系列;部分片麻岩、混合花岗岩及片麻状花岗岩为同构造期钙碱系列及偏碱系列古老变质花岗岩。以上说明太古宙组成物质具高级片麻岩区和花岗—绿岩带的一些特征,虽然目前研究程度较低,而且超高镁铁质岩发现甚少,但这些特征对研究本区太古宙地质构造属性及早元古代地层形成的沉积—构造背景有其重要意义。早元古代地层岩石组合类型较为复杂,划分为5种沉积构造环境,基本上反映从相对稳定区到活动带的变化规律,说明了早元古代地壳分异更趋复杂化。

此外,依同位素年龄信息,晚太古代地层在2 300～2 500 Ma及2 000～1 800 Ma,有两次事件年龄。早元古代地层年龄资料多数大于1 800 Ma,少于2 300 Ma,反映主要为早元古代晚期,同时经历1 600～1 400 Ma左右事件改造。

第三节　中元古代地层

分布与前长城纪地层基本一致，出露面积较前长城纪地层大，为西北研究区前震旦纪地层的主体。本书选用群、组级地层单位共73个，其中组级39个，群级34个（含无组群21个），见表3-2、表3-3。

长城纪与蓟县纪地层的接触关系，由稳定区边缘到外侧具有由平行不整合→不整合→整合（或未分）的变化趋势。两稳定区之间一般为未分地层单位。

岩石地层类型以层状有序为主，陆缘带强应变地区为层状无序。沉积类型较为复杂，有稳定型、准稳定型、准活动型和活动型，以活动类型为主。未分地层单位及长城纪地层多数为活动和准活动类型，蓟县纪地层单位以准稳定类型为主。稳定类型见于华北西缘地层分区、中祁连东段和塔南阿尔金蓟县纪晚期地层。地层序列发育完整的地区由早期到晚期，沉积类型常向稳定演化，如由准活动到准稳定，或由准稳定到稳定。一般由准稳定到稳定类型的沉积常见于稳定区或其边缘内侧；由活动到准活动类型沉积多数形成于陆缘带外侧；活动类型沉积主要形成于大陆边缘前缘或两稳定区（地块）之间，反映出沉积类型与构造位置的相互关系。以上说明西北研究区中元古代仍处于较为活动状态。

一、组成岩石及地层结构

（一）组成岩石主要特征

中元古代主要由中低级变质的泥质碎屑岩、碳酸盐岩及火山岩组成。造山带内以绿片岩相变质为主，少数为角闪岩相，稳定区为低绿片岩相——板岩、千枚岩级区域动力变质，部分为未变质。宏观变质岩石为石英片岩类、石英岩、石英砂岩类；云母片岩、板岩、千枚岩类；大理岩、白云岩、结晶灰岩岩类；变火山岩、绿片岩等岩类。强应变带部分出现角闪（片）岩类，局部出现片麻岩类岩石。除北秦岭、中祁连地区外，多数原岩原生沉积构造仍可辨认。但造山带变质、变形仍很复杂，出现叠加变质、变形，新生面理较为发育。

一部分地层单位分别含铁、铜、锰及磷等矿产，如塔北柯坪地层小区阿克苏（岩）群、秦岭宽坪（岩）群、三花石群都含有“磁铁石英岩”或磁铁角闪片岩；祁连西段桦树沟组含镜铁矿、铜矿，东段湟中群有含铁石英岩；豫陕地层分区高山河群石英砂岩含赤铁矿；中天山卡瓦布拉克群含有菱铁矿；阿尔金地区木孜萨依组为含铁千枚岩。“磁铁石英岩”多数分布于长城纪活动带内的地层单位中，但其规模不如晚太古代和早元古代。

磷矿主要分布于蓟县纪地层中，以含磷白云岩产出，主要分布于塔里木-南疆地层大区。如卡瓦布拉克群、库松木切克群等；以含磷碳硅质岩产出见于秦祁昆地层区，如中祁连东段青石坡组、北门峡组，柴达木盆地南缘冰沟群。此外南秦岭武当山（岩）群也有含磷石英片岩。

以上特征反映中元古代沉积构造环境比早元古代有了较为明显的分异，岩石组合种类繁多，依泥质碎屑岩、碳酸盐岩及火山岩基本岩类的主次及组合形式，将各岩石地层单位归纳为6种岩石组合类型：①泥质碎屑岩为主；②碳酸盐岩为主；③碳酸盐岩-泥质碎屑岩；④火山岩为主；⑤泥质碎屑岩-火山岩；⑥碳酸盐岩-火山岩。各组合岩类代表性地层单位见表3-6、3-7。

表 3-6　中元古代双层结构地层岩石组合类型特征表

地区	地质时代	岩石地层单位	基本岩石组合	沉积类型	岩石组合相似地区
西天山	蓟县纪	科克苏群	碳酸盐岩为主	准稳定	中祁连山（准活动→准稳定→稳定）
		—— 或 〰〰			
	长城纪	特克斯群	泥质碎屑岩为主	活动---准活动	华北西缘（稳定）
东天山	青白口纪 蓟县纪	圆藻山群下部 平头山组	碳酸盐岩为主	准稳定	豫陕地区（准活动→稳定）
	长城纪	铅炉子沟群	泥质碎屑岩-火山岩	活动	
		古硐井群	泥质碎屑岩		
西昆仑	蓟县纪	阿拉玛丝群	泥质碎屑岩-碳酸盐岩	活动	
	长城纪	赛拉加兹塔格群	火山岩	活动	
北祁连（海源）	蓟县纪	海原群　西华山组	泥质碎屑岩为主	活动	阿尔金（活动）
		园河组	碳酸盐岩为主		
		═══ 断层 ═══			
	长城纪	南华山组	泥质碎屑岩火山岩		
柴达木南缘	蓟县纪	冰沟群　丘吉东沟组	泥质碎屑岩-碳酸盐岩	准稳定	
	长城纪	狼牙山组	碳酸盐岩为主		
库鲁克塔格	蓟县纪	爱尔基干群	碳酸盐岩-火山岩	准稳定—准活动	
	长城纪	扬吉布拉克群 波瓦姆群	泥质碎屑岩		
米仓山	蓟县纪	火地垭群　上两组	泥质碎屑岩-碳酸盐岩	准活动	
	长城纪	麻窝子组	碳酸盐岩-火山岩		

表 3-7　中元古代混合结构地层岩石组合类型特征表

地层区	地　区	地质时代	基本岩石组合	岩石地层单位	沉积类型
扬　子	南秦岭	中元古代未分	火山岩组合为主	武当山（岩）群（以酸性为主）	活动
	勉　略	中—晚元古代		碧口（岩）群（基性—酸性及中性）	活动
塔　北	柯　坪	长城纪—蓟县纪		阿克苏（岩）群（基性为主）	活动
扬　子	汉　中	中元古代未分	泥质碎屑岩-火山岩	三花石群	活动
秦祁昆	北秦岭	中元古代未分	碎屑岩-火山岩-碳酸盐岩	宽坪（岩）群	活动
	东昆南	中上元古代未分		万保沟群	活动
	柴达木盆地北缘	中元古代未分		万洞沟群	准活动

（二）地层结构

根据中元古代地层组成岩石可分性及内部沉积-构造界面，可划分为双层和混合两种地层构造类型。双层构造由两个以上地层单位组成，其间多数有明显的沉积或构造界面，可划分为长城纪和蓟县纪两个断代地层。塔里木-南疆地层大区、华北晋冀鲁豫地层区，中祁连山地区及华南米仓山地区均为双层结构。混合结构内部难以进一步划分，无明显沉积-构造界面，由单一群或（岩）群级地层单位组成，主要分布于秦祁昆地层区，其次扬子地层区，形成于稳定区外侧，或两稳定区之间。

从表3-6、3-7可看出岩石组合与沉积类型有密切关系。以泥质碎屑岩为主，泥质碎屑-火山岩、火山岩及泥质碎屑岩-碳酸盐岩组合，多数为活动或准活动类型沉积，仅部分以碎屑岩为主的准稳定类型(豫陕地层区高山河群)或稳定类型(华北西缘黄旗口组)。以碳酸盐岩为主的组合为准稳定或稳定类型沉积(豫陕地层分区洛南群)。

从中元古代地层结构分析，双层结构一般下结构层(长城纪)岩石组合较为复杂，以泥质碎屑岩、泥质碎屑岩-火山岩和火山岩组合为主，少数为碳酸盐岩-火山岩组合，以活动和准活动沉积类型为主。上结构层(蓟县纪)岩石组合较为简单，主要为碳酸盐岩或碳酸盐岩-泥质碎屑岩组合，以准稳定和稳定类型为主。混合结构多数为活动类型沉积。从总体上看长城纪活动性比蓟县纪强烈，混合结构的活动性比双层结构强。

二、地质时代划分依据

中元古代地质时代划分主要依据同位素测年值及部分叠层石，结合内部主要沉积界面和顶底关系。除豫陕地层分区，库鲁克塔格地层小区资料较多，研究较详。秦岭地区同位素年龄资料较多，其他地层资料较零星。中元古代地层与顶底地层关系在本章第一节已叙述，参见表3-2、表3-3。

(一)豫陕及华北西缘地层分区

豫陕地区：下结构层熊耳群下旋回底部碎屑白云母K-Ar年龄值为1 778 Ma，中基性火山岩Rb-Sr等时线年龄1 675 Ma；上旋回粗面岩锆石U-Pb年龄值为1 545 Ma，说明其喷发时间在1 800～1 600 Ma。其上高山河群泥板岩Rb-Sr等时线年龄1 394±43 Ma，叠层石相当蓟县中元古代地层剖面第一组合，其时代早于1 400 Ma。故下结构层时代为长城纪。上结构层洛南群叠层石组合相当于蓟县中元古代地层剖面的第三和第四组合，与洛南群相当的洛峪群8个海绿石K-Ar年龄最大为1 159 Ma，最小1 000 Ma，其时代属蓟县纪无疑。

华北西缘贺兰山地区：上结构层王全口组海绿石K-Ar年龄值为1 289 Ma，$Ar^{40}-Ar^{39}$年龄值为969±21.8 Ma，叠层石相当蓟县—青白口纪，总体时代早于1 000 Ma，与豫陕地区之时代相当。

(二)秦祁昆地层区

北秦岭—北祁连地区：北秦岭宽坪(岩)群同位素年龄资料有多种方法测定，数据相当多，据张宗清研究，Rb-Sr数据涉及变质均一化问题，锆石涉及来自蚀源区的可能，故以Sm-Nd数据确定其形成年代较为可靠，主要有三组Sm-Nd数据，角闪片岩中角闪石Sm-Nd数据为986±169 Ma、1 153±28 Ma、1 085±44 Ma。K-Ar年龄一般为1 300 Ma±～1 500 Ma±，Rb-Sr等时线年龄值1 700 Ma±、1 200 Ma±，锆石U-Pb 2 000 Ma±～1 700 Ma±。总体时代早于1 000 Ma，属中元古代未分，但不排除卷入早元古代地层，在1 400 Ma±及1 200 Ma±可能有两次变质事件。与其同一地层小区的海原群，下结构层南华山组火山岩的Sm-Nd年龄值1 426±69 Ma；上结构层西华山组基性火山岩Rb-Sr等时线年龄值1 128±209 Ma。说明分别为长城纪和蓟县纪地层。北祁连朱龙关群下部火山岩Sm-Nd年龄值1 529 Ma，为长城纪，上部微古植物及叠层石多数为中—晚元古代，故其主体时代为中元古代①。

中祁连山及柴达木地区：中祁连山东段下结构层磨石沟组 Rb－Sr 等时线年龄值 1 755.5±307 Ma；上结构层花石山群微古植物化石及叠层石相当蓟县纪。祁连山西段下结构层及上结构层的叠层石分别相当于蓟县中元古代地层剖面Ⅰ、Ⅱ和Ⅲ、Ⅳ组合。故中祁连山下、上结构层时代分别为长城纪和蓟县纪。此外，还有两组 Rb－Sr 等时线年龄值变质年龄，一组为 1 100 Ma±，另一组为 800 Ma±。

(三)南秦岭-扬子地层区

南秦岭地层区：武当山（岩）群锆石 U－Pb 一致曲线年龄，下部为 1 304 Ma；上部为 1 044 Ma。近期张宗清（1994）获得如下新的年龄信息，与武当山（岩）群相当的陨西群酸性火山岩 Sm－Nd 年龄值 1 010±41 Ma、在鄂西北十堰以北火山岩 Sm－Nd 年龄值 1 930±56 Ma；武当山变质火山岩 Sm－Nd 年龄值 1 263 Ma、房县北部变火山岩 Sm－Nd 模式年龄 2 000 Ma。虽然这些数据其代表地质意义还需研究，但总体反映其形成时代早于 1 000 Ma，由于该地层未露底故不排除包含有早元古代的成分。此外还有许多年龄数据在 1 000 Ma～650 Ma，多数集中在 800～700 Ma，侵入其中石英闪长岩锆石 U－Pb 年龄值 795 Ma，反映在 800 Ma±有一次构造热事件。

碧口（岩）群由于是由不同块体组成的综合体，已有同位素年龄较为复杂。其上被震旦纪—寒武纪地层不整合，侵入其中的中酸性岩体各种方法测定的年龄值在 1 000～600 Ma，其时代属前震旦纪无疑。内部，据张宗清（1994）获得的最新成果，火山岩最大 Sm－Nd 年龄数值 2 200 Ma±（勉略北部），其次 1 611±118 Ma（勉略南部）。另在平武基性火山岩锆石 U－Pb 年龄值 1 304 Ma。此外还有 U－Pb 及 Rb－Sr 年龄值集中在 800 Ma±和 700～600 Ma。因此将碧口（岩）群的时代笼统归为中—晚元古代。上述 2 200 Ma 的火山岩可能是卷入其中的鱼洞子杂岩的块体。

上扬子米仑山地区：三花石群被晚元古代花岗岩侵入（Rb－Sr 等时线年龄值 800 Ma）。年龄值为 1 128±32 Ma（张宗清，1994）。上与青白口纪西乡群火山岩的形成环境有显著不同；下与早元古代地层为不整合，故为中元古代未分。

(四)塔里木-南疆地层大区

长城纪地层的同位素年龄资料：天山东段下结构层铅炉子沟群火山岩 Sm－Nd 等时线年龄值 1 622～1 624 Ma；星星峡（岩）群锆石 U－Pb 双阶段模式年龄上交点 1 400±73 Ma，下交点 1 900 Ma。阿克苏（岩）群蓝闪石片岩 Rb－Sr 年龄 1 907.6 Ma、1 720.8 Ma。赛拉加兹塔格群 Rb－Sr 年龄值 1 764 Ma。波瓦姆群不整合于 2 071 Ma 片麻状花岗岩之上。以上地层年龄值大于 1 400 Ma，小于 2 000 Ma，主体为长城纪。

蓟县纪地层同位素年龄资料：爱尔基干群上部火山岩 Rb－Sr 等时线年龄值 1 006.3±352.6 Ma。中天山上、下结构层及库鲁克塔格上结构层的叠层石组合，与中国东部（蓟县剖面）叠层石组合对比，下结构层相当于中国东部Ⅰ、Ⅱ组合；上结构层相当于Ⅲ、Ⅳ、Ⅴ组合，时代分别为长城纪和蓟县纪（表 3－8）。

---

① 据西安地矿所邬介人提供资料（1996），在北祁连山西段柳沟峡朱龙关群含铁（铜）矿火山沉积岩系中的碳酸盐岩发现中—晚寒武世牙形刺化石。是否为构造卷入，有待研究证实。

表 3-8　新疆北部晚前寒武纪叠层石组合　(据高振家等,1993,简化)

地区 地质时代	新疆北部 高振家等,1989		中国东部 梁玉左等,1985		中南天山	库鲁克塔格	北山 缪长泉等,1985
震旦纪	组合 D　奇格布拉克组合 Paniscollania - Linella Colonnella, Boxonia	850～600 Ma	开阳叠层石组合(Ⅷ) Linella, Boxonia Patomia, Paniscollenia Colleniella	750～610 Ma	Colleniella C. cf. bella	Jurusania Collenia(Tungussia)	
青白口纪	组合 C　帕尔岗组合 Gymnosolen—Inzeria Katavia, Katuikania Boxonia, Tungussia Scopulimorpha	1 000～850 Ma	兴民村叠层石组合(Ⅶ) Gymnosolen, Boxonia Xingmincunella Chuajiatunia	800～700 Ma	Conophyton lijiatunensis, Anabaria, Tungussia confusa, Stromaclumn, Tekesia tianshanensis, Platella, Katavia, Inzeria, Minjaria, Linella, Clavaphyton, Colleniella, Paracolonnella	Gymnosolen crass, G. parganensis, Patomia piqiangensis, Xiejiella formosa, Xiejiella formosa, X. daskiosa, Kotuikania, K. minuta, Katlaria cf. karatavica, Svetliella kuluktagensis, Xinjiangella florifer, Tungussia crecta, Jurusania confunctive	Gymnosolen, G. ramsayi, Kotuikania, K. cf. torulosa, Boxonia grumuiosa, Inzeria tjomasi, Scopulimorpha, S. irregularis, S. unca, Linella strumusa, L. beishanensis, Conophyton acthum
			下花园叠层石组合(Ⅵ) Gymnosolen, Linella Inzeria, Jurusania Qingbaikounia	1 000～800 Ma			
蓟县纪	组合 B　爱尔基干组合 Conophyton—Baicalia, Jurusania, Jacniophyton, Colonnella, Scopulimorpha, Tungussia	1 400～1000 Ma	铁岭叠层石组合(Ⅴ) Chihsienella, Baicalia, Anabaria, Tielingella		Baicalia B. cf. balicalica Conophyton, Jurusania Colonnella cormosa Minjaria, Scopulimorpha Tungussia confusa	Baicalia B. minuta, B. rara Tungussia T. minuta, Conophyton Colonnella Patomia Jurusania Jacutophyton	Conophyton lituus C. subeiensis C. pingtoushanensis C. cylindricus Coconidomendia Fustuna, Baicalia B. rara, B. minuta Tungussia
			闪坡岭叠层石组合(Ⅳ) Conophyton, Jacutophyton	1 400～1000 Ma			
			磨盘岭叠层石组合(Ⅲ) Pseudogymnosolen, Scyphus, Conophyton, Minglingella				
长城纪	组合 A　特克斯组合 Gruneria—Kussiella Omachtenia Stratifera Cryptozoon	1 800～1400 Ma	高于庄叠层石组合(Ⅱ) Conophyton cylindricum, C. garganicum, Tabuloconigera, Confusoconophyton, Gaoyuzhuangia	1 600～1400 Ma	Gruneria Kussiella Colonnella Stratifera		Kussiella Cryptozoon Stratifera
			团山子叠层石组合(Ⅰ) Xiayingella Gruneria, Djulmekella	1 800～1600 Ma			

中元古代地层事件年龄信息：1 000Ma±的变质年龄，阿克苏(岩)群变火山岩全岩 Rb－Sr 年龄值 944.5 Ma(基性)、961.7 Ma(酸性)；侵入阿克苏(岩)群方铅矿脉 Pb－Pb 模式年龄 1 031.03 Ma。850～800 Ma 事件年龄，库鲁克塔格地区侵入太古宙地层基性岩脉 K－Ar 年龄值 800 Ma±～760 Ma±、片麻状花岗岩锆石 U－Pb 一致线下交点 753±85Ma；波瓦姆群二云片岩中的白云母 K－Ar 年龄值 749.5±19 Ma、全岩 Pb－Sr 年龄值 753±85 Ma。北山—阿尔金地区侵入前长城纪地层的花岗岩锆石 U－Pb 年龄值 850 Ma、790 Ma，Rb－Sr 年龄值 878 Ma。

以上说明，在塔里木-南疆地层大区内存在长城纪及蓟县纪地层，这些地层形成后经历 1 000 Ma±及 850～800 Ma±两次变质、岩浆侵入事件的改造。

三、沉积-构造盆地划分

根据中元古代地层结构、岩石组合类型、原岩沉积构造及各地层单位的时、空匹配等综合分析，初步划分为陆内坳陷、被动陆缘、活动陆缘和陆间裂陷等 4 种沉积-构造盆地。

(一)陆内坳陷盆地

形成于已固结前长城纪基底上，因此多数分布于稳定地块内或其边缘内侧，如豫陕地层分区、华北西缘地层分区及喀喇昆仑地层区均属这种盆地。其特点，地层序列发育比较完整，具双层结构，与基底变质地层为不整合；组成岩石为甚低级变质，原始层的叠覆关系较为清楚，变形较为简单，新生面理不发育，原始沉积构造多数保存，以准稳定或稳定类型沉积为主。

下结构层(长城纪)以泥质碎屑岩为主，少数泥质碎屑岩-火山岩组合。碎屑岩为成熟度高的石英岩、石英砂岩、粉砂岩，发育有波痕、交错层理。火山岩为中基性-中酸性具双峰组合特征。总体形成于浅海或滨—浅海环境，当出现火山岩时一般具有裂谷(陷)性质。

上结构层(蓟县纪)以碳酸盐岩组合为主，多数为中厚层状大理岩、白云质灰岩、白云岩，富含叠层石，形成于滨—浅海。

(二)被动陆缘盆地

形成于稳定地块或大型中间地块的边缘。塔北库鲁克塔格、中南天山西段以及中祁连山、柴达木盆地南缘的地层基本上都属此类沉积盆地。地层结构、地层序列的发育程度与陆内坳陷盆地相似。与基底变质地层为不整合或关系不清。组成岩石为低级变质，原始层理一般仍可辨认，泥质碎屑岩多数有新生面理，形成片岩或千枚岩。碳酸盐岩及部分泥质碎屑岩原始沉积构造仍保留。

下结构层活动性较大，以准活动类型沉积为主。主要为泥质碎屑岩、泥质碎屑岩-火山岩组合，碳酸盐岩组合甚少。组成岩石除石英岩、石英砂岩外，出现较多云母石英片岩以及板岩、千枚岩。碎屑岩成熟度不很高，不同程度含有暗色矿物。火山岩呈夹层产出，有基性、酸性组合，或只出现基性或酸性。碎屑岩与泥质岩常呈厚、薄不等韵律结构。形成于浅海陆缘—陆坡环境。

上结构层以准稳定类型沉积为主，主要由碳酸盐岩组成，夹有较多泥质碎屑岩，出现含磷白云岩或硅质岩，局部地区夹有火山岩。这些特点与陆内坳陷盆地不同。总体形成于陆缘浅海或滨浅海环境。

（三）活动陆缘盆地

形成于大陆边缘或其外侧，为活动或准活动类型沉积。北秦岭、北祁连山、柴达木盆地北缘、上扬子北缘及中天山东段、阿尔金等地层都属此类沉积盆地。主要特征：有双层和混合两种地层结构，多数未见底或与周边前长城纪地层为断层接触，岩石为低级变质，出现有新生面理，局部变形较为复杂，岩石组合形式较复杂，不同岩类常呈厚薄不等夹、互层结构，不同程度出现以基性为主火山岩，碎屑岩成熟度普遍较低。双层结构的地层单位可划分为泥质碎屑岩一碳酸盐岩、泥质碎屑岩一火山岩及泥质碎屑岩夹少数碳酸盐岩。混合结构以泥质碎屑岩-火山岩-碳酸盐岩组合为主。形成于大陆边缘一大陆斜坡浅海环境，盆地形成与裂陷机制有关，也可称为陆缘裂陷盆地。

（四）陆间裂陷盆地

位于两大陆地块之间。见于南秦岭及塔里木南北（早期）。地层以混合结构为主，火山岩发育为其最大特征。未见底，与前长城纪基底未发生直接关系。以绿片岩相变质为主，内部构造相当复杂，新生面理发育，多数为成层无序地层单位，但火山岩的结构、构造不同程度有所残留。火山岩为酸性一基性组合，岩石类型有火山熔岩、火山碎屑岩及沉凝灰岩，往往由熔岩一火山碎屑沉积岩一沉积岩构成若干喷发旋回或韵律。有的地段残留有火山机构。据对火山岩形成环境研究，具裂陷火山盆地特征，部分已具次级扩张洋盆的性质。

以上 4 种沉积-构造盆地在时空上，既有其独立的特点，又有相互联系和继承关系。在时间上同一地区可由裂（断）陷盆地向坳陷盆地演化；在空间上不同类型盆地的组合，可构成不同大陆边缘的沉积格架。

四、不同盆地类型代表性地层单位简介

（一）华北、华南地层大区

1. 陆内坳陷盆地的地层

以豫陕地层分区为代表。下结构层由熊耳群和高山河群组成，上结构层由洛南群组成。

熊耳群：主要由中基性和中酸性火山岩组成，下旋回为中基性火山熔岩夹火山碎屑岩和正常沉积岩，底部砂砾岩；中旋回为酸性一中酸性熔岩；上旋回为中基性熔岩。每个旋回依沉积岩夹层可再划分为若干韵律。与熔岩共生有凝灰岩、火山角砾岩、集块岩。基性熔岩具杏仁和枕状构造，酸性熔岩具流纹构造。沉积厚度变化大，在陕西境内厚 3 000 m 左右，豫西最厚可达 8 000 m，与下伏早元古代地层为不整合，上与高山河群为平行不整合或不整合。火山岩地球化学特征属偏中性的基性和酸性组合，具双峰分布趋势，K_2O 含量普遍偏高，基性、中基性岩为碱一钙碱系列，酸性、中酸性为钙碱系列，少数碱性和拉斑系列，稀土元素特征表明物源与陆壳有关，不同于岛弧和大陆拉斑玄武岩。故多数研究者认为熊耳群形成于大陆边缘靠内侧，属裂陷型火山岩。

高山河群：由 3 个组级地层单位组成，即：上组陈家涧组；中组二道河组；下组鳖盖子组。上、下组由石英砂岩、泥砂质板岩组成，中组由白云质砂岩、白云岩组成。各组间为整合。总厚 1 700～3 900 m，以洛北最厚，向西南变薄。以成熟度高的单陆屑碎屑岩为特征，下组为杂色

调，具韵律和条带构造，夹富钾板岩，上、下组不同程度夹有赤铁矿层，中组白云岩含有叠层石，上组含海绿石。据对沉积相研究，为滨—浅海相沉积，在豫陕地层分区内有若干沉降中心，陕西洛南北部为其中一个。

洛南群：由龙家园组至冯家湾组等4个组组成，陕、豫两省(1993)称为官道口群，考虑官道口群不能代表这4个组的涵义。在官道口群命名前，武铁山(1979)① 已命名为洛南群，该名更具代表性，之后也有一些研究者使用，故本报告采用洛南群。

主要由白云岩、白云质板岩、白云质砂岩组成，以镁质碳酸盐岩为特征。上与青白口纪栾川群平行不整合。一般呈中厚层，普遍含硅质结核、条带或条纹；微晶、粉晶和细晶结构或同生、内碎屑等结构。含丰富叠层石。厚度2 000 m左右，向东于豫西碎屑岩增多，并具波痕、龟裂等构造。以浅海相为主，向东过渡为滨—浅海相。

以上反映由火山岩为主的裂陷盆地向以碎屑岩至镁质碳酸盐岩为主的坳陷盆地演化。这套沉积序列向西沿鄂尔多斯南缘至宝鸡厚度变薄，自宝鸡向西北与华北西缘贺兰山地区衔接。贺兰山地区地层序列和豫陕地区大体相似，但下结构层无火山岩，直接与太古代宗别立(岩)群不整合，上覆与震旦纪正目观组为平行不整合，沉积位置处于盆地的更内侧，缺乏早期裂陷阶段，稳定性更大，厚度仅1 200 m，为稳定类型沉积。

2. 被动陆缘盆地的地层

以中祁连山东段为代表。下结构层为湟中群，上结构层为花石山群。

湟中群：由石英岩、石英砂岩、粉砂岩、板岩、千枚岩的低级变质岩组成。岩性较稳定，层序清楚，发育交错层理、波痕、干裂构造。下部(磨石沟组)为中厚—巨厚层石英岩、石英粉砂岩、硅质千枚岩，局部出现石英片岩、绿泥片岩。底部出现石英砾岩。岩性稳定。厚度500～1 000 m。石英岩质纯，SiO_2含量97%；上部(青石坡组)为粉砂质板岩夹变粉砂岩、薄层石英砂岩、钙质板岩、千枚岩及少数灰岩。厚度变化较大，由450～3 000 m左右。部分碳硅质板岩含磷，局部构成工业矿床。不整合于早元古代地层之上，属滨—浅海沉积。

花石山群：主要由镁质碳酸盐岩组成。根据岩石特征不同及夹层划分为上、下两个组。下部(克素尔组)为鲕状白云岩、白云质灰岩、厚度1 500～1 900 m左右，底以砂砾岩、钙质千枚岩与湟中群平行不整合或不整合接触。上部(北门峡组)为硅质条带白云岩，厚度200～800 m左右，底以硅质板岩、千枚岩及含磷碳硅质岩与下伏(部)层位整合。含丰富叠层石，层理清楚，层位稳定，属浅海沉积。

中祁连山西段托莱南山群：岩石组合与东段相似，但下部(南白水河组)发育不全，碎屑岩以氧化环境的紫红色砂岩、砂质板岩为主，硅质板岩未发现含磷。上部(花儿地组)岩石与东段花石山群更为相似，但厚度较大，最大达2 900 m。以上说明中祁连山西段接受沉积较晚，处于盆地边缘内侧，东段处于盆地边缘外侧。

柴达木南缘冰沟群：岩石组合形式与中祁连山相反，下部(狼牙山组)以镁质碳酸盐岩为主，夹硅质板岩、千枚岩，偶而出现中基性火山岩，与下伏地层为平行不整合。上部(丘吉东沟组)由碳硅质板岩夹白云岩组成。上、下部为平行不整合，上被奥陶纪地层不整合覆盖。碳硅质板岩含磷，碳酸盐岩含叠层石。总厚度近3 000 m，为准稳定类型沉积。以上说明其沉积环境处于浅海盆地边缘靠外侧。

---

① 武铁山，1979，山西的震旦系。山西区测(内刊)。

3. 活动陆缘盆地的地层

北秦岭宽坪(岩)群:主要由绿片岩-斜长角闪岩类;云母石英片岩-片麻岩类和大理岩类组成,夹浅粒岩、变粒岩和石英岩。未见与上覆、下伏地层直接关系,与周边地层均为断层。主变质期为绿片岩-角闪岩相,有三期变质、变形叠加,新生面理及韧性断裂发育,内部地层序列不易恢复。由三套岩石组合构成,即绿片岩-斜长角闪岩夹石英大理岩;云母石英片岩夹绿片岩大理岩;黑云片状大理岩,之间均被韧性剪切带分割。总体倾向于以绿片岩为主,在下,片状大理岩在上,石英片岩为主,居中,故陕西岩石地层研究成果将其划分为三个(岩)组。据原岩恢复,绿片岩及斜长角闪岩类为基性火山岩;石英片岩-片麻岩类为成熟度低的陆源碎屑岩;大理岩为浅水碳酸盐岩,少数浅粒岩、变粒岩类主要为酸性火山岩。个别块状基性火山岩残余有变余杏仁构造及变余斑状结构。基性火山岩地球化学特征为亚碱性拉斑玄武岩系列,岩浆来自亏损地幔母岩,与大洋拉斑玄武岩相似。共生的陆源碎屑岩地球化学特征类似于活动大陆边缘杂砂岩。因此认为其形成于活动大陆边缘裂陷型盆地。

北祁连山北缘海原群:由3个组组成,南华山组由绿片岩类、云母钠长(石英)片岩类夹白云大理岩;园河组为厚层状含云母、硅质大理岩、白云大理岩夹石英片岩;西华山组为钠长片岩夹大理岩、石英片岩及绿片岩。前两个组之间以断层或糜棱岩带分隔。宁夏岩石地层研究成果认为,上述三个组的顺序分别代表下、中、上。但内部糜棱岩化发育,特别是以片岩为主的地层内有若干韧性剪切带,未见底,故其层序关系还有待进一步研究。据原岩恢复,绿片岩类主要为基性火山岩,钠长片岩类,一部分为酸性火山岩,属火山岩-碎屑岩-碳酸盐岩组合。宏观总体特征与宽坪(岩)群相似,但具体组合特征略有不同。归为活动陆缘裂陷盆地。祁连山朱龙关(岩)群亦属此类盆地沉积组合。

柴达木盆地北缘万洞沟群和东昆仑山南万保沟群:此两地层单位均为混合结构泥质碎屑岩-火山岩-碳酸盐岩组合。未见与下伏地层直接关系,与上覆地层的关系不明。火山岩以基性为主,碳酸盐岩为白云岩、白云质灰岩。万保沟群上部以碳酸盐岩为主;中下部为碎屑岩夹基性火山岩,泥质碎屑岩为岩屑杂砂岩、粉砂岩、粉砂板岩、碳质板岩,总厚大于3 000 m。万洞沟群主要由绢云石英片岩、绢云千枚岩、板岩夹基性火山岩(斜长角闪片岩),总厚度大于2 200 m。碳酸盐岩均含叠层石,形成于活动大陆边缘浅海裂陷盆地,但万保沟群活动性更大。

上扬子台地北缘三花石群和火地垭群:分布于汉中南部属米仓山地层小区。这两地层单位均不整合于前长城纪后河杂岩之上,三花石群分布于北缘断裂带南侧,火地垭群分布于三花石群之南。三花石群属混合结构,下部为变杂砂岩、长石石英砂岩、含磁铁矿、赤铁矿硅质岩;中部变凝灰岩、云母石英片岩、变玄武岩及安山岩;上部为云母石英片岩、石英岩、变杂砂岩,夹绿片岩、凝灰岩。总体具复理石沉积特征,成熟度低的泥质碎屑岩-基性火山岩组合。厚度大于3 000 m。火地垭群具双层结构,下结构层(麻窝子组)主要由白云质大理岩夹黑云绿泥片岩、斜长角闪片岩及少数碳硅质板岩、云母石英片岩组成。总体为碳酸盐岩-基性火山岩组合,与神农架群特征有某些相似,厚度大于2 000 m。上结构层(上两组)为云母石英片岩、变砂岩夹大理岩,以碎屑岩为主,厚度大于300 m。

这两个地层单位的沉积同处于活动大陆边缘环境,三花石群处于边缘靠外侧,属活动类型沉积,缺少碳酸盐岩。火地垭群处于边缘内侧,碳酸盐岩较为发育。火山岩以基性玄武岩为主,缺少酸性,形成与断裂有关,但并未达裂陷的程度。

4. 陆间裂陷盆地的地层

分布于南秦岭-大别山地层区,均以火山岩为主的混合结构地层。

武当山(岩)群:以酸性火山岩为主,鄂西北划分为上、下两部分,下部(姚坪组)以酸性火山岩为主,其次为陆源碎屑岩,少数基性火山岩,韵律发育,每一韵律由基性-酸性-正常沉积岩组成,厚度大于 5 000 m;上部(杨坪组)以陆源泥质碎屑岩为主,夹酸性火山岩及甚少基性火山岩,部分石英片岩、钙质片岩含磷。陕西境内与其同物异名的郧西群,主要由变石英角斑岩、角斑岩、流纹岩及其同源凝灰岩、凝灰熔岩组成,夹少数绢云千枚岩。火山岩的地球化学成分表明,为以酸性为主的双峰组合。基性火山岩以拉斑系列为主,部分钙碱系列,少数碱性系列;酸性火山岩以碱性系列为主,部分钙碱系列。火山岩形成构造环境较为复杂,据各种图解的判别分析及地质分析,起始于硅铝壳基底上扩张裂陷,并向洋脊环境过渡,出现火山弧,但未达洋脊环境。在空间上,由北向南,有由大洋拉斑系列向岛弧钙碱和大陆碱性系列变化的趋势。说明在中元古代长达 800 Ma 时间内,其构造环境在时空上是多变的。

碧口(岩)群:是一个很复杂的地层单位,内部断裂构造、韧性剪切带发育,组成岩石在空间上变化大。以火山岩为主,其次为泥质碎屑岩,少数碳酸盐岩的复杂组合。火山岩岩类繁多,包含有熔岩、各种火山碎屑岩及沉凝灰岩类等多种岩石。依其出露的范围,初步划分为三个地段,各地段的岩石组合和沉积-构造环境略有不同。

平武—碧口地段,是一个宽约 30 km 的剪切应变带,由数条大致平行的糜棱岩带和其间的弱应变域组成的构造-岩石地层。弱应变域由云母石英片岩、钠长片岩等长英质岩石和变基性火山熔岩、凝灰岩及凝灰质岩石组成,局部地段有含铜磁铁石英岩(硅质岩)。

黑木林—勉县地段,为习称勉略三角地带,由数条韧-脆性断裂切割成若干条块镶嵌组合。主要由基性和酸性火山岩及其同源火山碎屑岩组成,夹泥钙质岩石,构成若干喷发-沉积旋回或韵律。火山岩保留杏仁、气孔、枕状、流纹等原生构造。基性火山岩以玄武岩、安山玄武岩为主,酸性火山岩主要为流纹岩、石英角斑岩,少数安山岩。

横丹—映田坝地段,由变杂砂岩、粉砂岩(板岩)、绢云板岩及凝灰砂岩组成,夹中酸性火山岩,岩石具条纹、条带、厚薄不等的韵律层、部分有递变层理及交错层理。具复理石特征。

前两地段火山岩地球化学特征有所不同。平武—碧口地段,以基性为主双峰组合,基性火山岩为拉斑玄武岩系列,少数钙碱岩系,阳平关地区为碱性岩系。构造环境判别图解主要投入洋脊玄武岩区,少数岛弧区。微量元素地球化学模式介于板内与洋脊拉斑-碱性玄武岩区之间,结合地质背景分析,认为形成于大陆边缘外侧大洋板内,起始于内硅铝裂陷,向洋脊转化,但未达真正的洋脊环境。并伴随与其有成因联系的超镁铁质岩、堆晶辉长岩及石英闪长岩的形成。因此具有由裂陷向洋脊过渡的色彩。

黑木林—勉县地段部分基性火山岩与平武—碧口地段相似,但多数为钙碱性系列,中性火山岩较多,以富钙质为特点。稀土元素模式与岛弧玄武岩近似,地球化学成分显示,基性和中酸性岩为上地幔同源岩浆衍生产物。总体具洋岛-水下不成熟岛弧特征。初步认为是在平武-碧口地段形成的背景上晚期叠加水下不成熟岛弧。

因此碧口(岩)群是一个形成于多种沉积-构造环境下复合型地层,后来就位于扬子台地北部。

(二)塔里木-南疆地层大区

本地层大区的地层主要形成于活动陆缘盆地,其次为被动陆缘盆地,喀喇昆仑地层区的甜水海群及中、南天山中元古代晚期可能形成于陆内坳陷盆地,柯坪地区形成于陆间裂陷盆地。

1. 被动陆缘盆地的地层

库鲁克塔格地区下结构层为波瓦姆群，上结构层为爱尔基干群。两地层单位为不整合接触，下结构层与前长城纪为不整合接触。

波瓦姆群：由石英岩、云母石英片岩、云母片岩、大理岩不等厚互层，构成具旋回特征的一套岩石组合。厚度近 2 000 m。下部旋回性明显，底部含石英砾岩，上部片岩含有暗色矿物斑点及类似于“豆状”，碎屑成分较复杂，原岩为火山碎屑岩。大理岩下部为镁质，上部为钙质。碎屑岩地球化学成分被动大陆边缘产物，旋回结构总体特征表明是浅海环境。分布于本群之北的扬吉布拉克群与波瓦姆群为相变关系，层位相当本群中—上部或上部，底部未出露，由杂砂岩、长石砂岩、粉砂岩夹片岩、千枚岩、大理岩组成，厚 2 000 m 左右。

爱尔基干群：为碳酸盐岩-火山岩组合。下部为大理岩、白云岩、白云质大理岩，含有硅质，夹石英岩、碳质板岩，产叠层石。上部为绿帘阳起片岩、绿帘绿泥片岩夹云母片岩，原岩为中酸性火山岩。根据碳酸盐岩原岩沉积构造含有叠层石礁等分析，当时水动力条件由早期强弱交替到晚期宁静的弱动力环境。总体为准稳定滨—浅海沉积。

总观上述两地层单位，虽然其间为不整合，代表在前长城纪塔里木地块固结基底上两个大的沉积旋回，形成于地块边缘，由成熟度不高的陆源碎屑向以碳酸盐为主的沉积，由准活动向准稳定演化。爱尔基干群中出现的中酸性火山岩可能与断裂有关，不具活动陆缘特征，故认为库鲁克塔格中元古代属被动陆缘沉积。

西天山地区下结构层为特克斯群，上结构层科克苏群，上、下结构层为整合接触，下结构层与前长城纪地层关系不明，上结构层与青白口纪地层不整合接触。

特克斯群：为泥质碎屑岩组合，下部为云母或绿泥石英片岩、大理岩夹石英岩、千枚岩；中部为石英片岩、千枚岩、含铁石英砂岩夹流纹岩、石英斑岩；上部为绢云或绿泥石英片岩、石英岩、千枚岩不等厚互层。总厚度大于 5 000 m。为成熟度低的碎屑岩、杂砂岩、夹少数酸性火山岩。属活动-准活动类型沉积。

科克苏群：为一套杂色调具泥硅质条纹（带）白云岩、灰岩夹粉砂岩和石英砂岩，以碳酸盐岩为主的组合。白云岩含叠层石，少数砂岩含凝灰质。与其相当的库松木切克群出现含磷白云岩。厚度在 1 800～4 000 m。具潮间带碳酸盐台地沉积特征。故在西天山早期具被动大陆边缘盆地特征，晚期向陆内坳陷盆地演化。

2. 活动陆缘盆地的地层

东天山地区下结构层由古硐井群和铅炉子沟群组成，上结构层为平头山组，其间为平行不整合。下与敦煌杂岩未见直接关系，上与青白口纪地层为平行不整合接触。

古硐井群：由杂色调变质细碎屑岩、石英岩及云母石英片岩夹大理岩组成。发育交错层理、波痕、雨痕等沉积构造。碳酸盐岩在上部主要以夹层产出。区域上碎屑岩含有长石、绿泥石等杂质，局部夹有中酸性火山岩类。厚度 2 000 m 左右。

铅炉子沟群：下部以中基性火山岩、玄武岩为主，火山碎屑岩夹少数粉砂质板岩。上部为粉砂岩、粉砂质板岩、石英杂砂岩。韵律结构发育，砂岩有小型交错层理。厚度 1 600 m 左右。

从东天山地区下结构层的组成特征及环境分析具复理石特点，属活动陆缘大陆斜坡浅海环境沉积。

平头山组：由灰至深灰色薄—中厚层状含叠层石白云岩、灰岩、大理岩组成，夹泥质板岩、细砂岩、石英岩等，以碳酸盐岩组合为特征，厚度 1 300～1 500 m。局部超覆于铅炉子沟群不同层位上，上部层位甚至可超覆于敦煌杂岩之上。总体为准稳定类型沉积。向西与其相当的卡瓦布克群碎屑岩增多，并出现绿片岩、含磷白云岩及含菱铁矿板岩，厚度达 8 000 m，具准活动沉积特征。

东天山中元古代沉积构造环境与库鲁克塔格有某些相似，由早期活动大陆斜坡至晚期东部转化为具陆内坳陷盆地性质，西部仍为活动大陆边缘。但总体仍处于活动大陆边缘地带。

阿尔金地区下结构层巴什库尔干群厚度更大，达 4 000 余米，火山岩分布于下部，与东天山地区相似；上结构层(塔昔达坂群)由巨厚浅海碎屑岩、碳酸盐岩不等厚互层，下、中部夹基性和酸性火山岩，为活动类型沉积。

塔南西昆仑地区下结构层为赛拉加兹塔格群，上结构层为阿拉玛斯群，两地层单位顶底关系不清。

赛拉加兹塔格群：以酸性为主的石英斑岩、石英角斑岩与细碧岩组成，夹砂岩、砂质千枚岩。总体为一套活动类型酸性-基性火山岩组合，厚近 3 000 m。

阿拉玛斯群：为活动类型泥质碎屑岩为主的组合，由绿泥、绢云、斜长片岩与变砂岩、粉砂岩呈不等厚互层，夹大理岩、千枚岩、变粒岩(变英安岩)组成。厚度 2 000～4 600 m 左右。碳酸盐岩含叠层石。

从塔南—西昆仑的组成特征分析，中元古代早期具陆间裂陷盆地性质，晚期为活动陆缘，总体属活动大陆边缘盆地。

3. 陆间裂陷盆地的地层

柯坪地区阿克苏(岩)群，此地层是一套分别含绿泥石、绿帘石、白云母、钠长石及绢云母的石英片岩和阳起或绿泥片岩，局部出现含磁铁矿硅质岩、钙质片岩及蓝闪石片岩，原岩以基性火山岩为主的火山岩-泥质碎屑岩组合，为混合结构。未见底，上被震旦纪地层不整合覆盖。总厚度大于 2 300 m。据肖序常等(1992)研究，阿克苏(岩)群是一套较厚的洋壳层，原岩为基性熔岩、硅质岩及复理石沉积，形成于早前寒武纪陆壳拉张环境，属“优地槽建造”。据此，阿克苏(岩)群应属陆间裂陷盆地，其拉张的规模比同期南秦岭大，与摩天岭地区平武—碧口地段的碧口(岩)群火山岩的形成环境有相似之处。塔南—西昆仑的赛拉加兹塔格群亦属此类。

第四节　晚元古代——青白口纪地层

青白口纪地层分布范围比中元古代地层小，以塔里木-南疆地层大区较为发育，其次为华南地层大区，华北地层大区主要分布于豫陕地层分区南缘及祁连山地区，选用群、组级地层单位 34 个，其组级 24 个，群级 10 个(含无组群 5 个)见表 3-2、表 3-3。

本断代地层与上覆震旦纪地层的关系，在塔里木-南疆地层大区及扬子地层区多数为不整合，华北地层区为平行不整合，内部未发现明显的沉积间断。均为成层有序地层类型。低级变质为主，变形简单，新生面理不发育。有活动、准活动和准稳定沉积类型，有火山岩、碎屑岩-碳酸盐岩及以碳酸盐岩为主等不同岩石组合。各地层大区组成特征见表 3-9。

一、岩石组合划分与形成环境分析

依组成岩类特征及组合形式划分为 4 种主要组合，4 种沉积-构造环境：①以火山岩为主的组合，进一步划分为以海相基性火山岩为主陆间裂陷火山盆地；以海—陆相中酸性岩为主火山弧。②泥质碎屑岩和碳酸盐岩呈不等厚互层，其形成环境有两种，一种为陆缘断陷盆地(有少

表 3-9　青白口纪地层各大区基本特征表

地层大区	地　区	岩石地层单位	基本岩石组合	沉积类型	沉积-构造环境
华　北	豫　陕	栾　川　群	泥质碎屑岩-碳酸盐岩	准活动	陆缘断陷盆地
	中祁连山	龚　岔　群	泥质碎屑岩-碳酸盐岩	准稳定	陆内坳陷盆地
华　南	南秦岭	耀岭河组	火山岩：以基性为主	活动	陆间裂陷
	米仓山	西乡群和铁船山组	火山岩：以中酸性为主	活动	陆缘弧(盆)
塔里木-南疆	北　山	大豁落山组、野马街组	上碳酸盐岩,下泥质碎屑岩	准稳定	陆内坳陷盆地(盆缘)
	库鲁克塔格	帕尔岗塔格群	上碳酸盐岩,下泥质碎屑岩	准稳定	陆内坳陷盆地(盆缘)
	天山西段	开尔塔斯群和库什台群	碳酸盐岩为主	准稳定	陆内坳陷盆地(盆内)
	塔南西昆仑	索尔库里群和丝路群	泥质碎屑岩-碳酸盐岩	准稳定	陆内坳陷盆地

数偏碱性火山岩)；另一种为陆内坳陷盆地，稳定性较小。③下为泥质碎屑岩，上为碳酸盐岩组合，形成于陆内坳陷盆地边缘。④碳酸盐岩为主，形成于陆内坳陷盆地内部。

(一)火山岩组合

出露于南秦岭和米仓山地区，覆于中元古代不同基底之上。划分为两种类型的火山岩组合，分别形成于两种沉积-构造环境。

1. 基性火山岩为主组合——陆间裂陷火山盆地

以耀岭河组为代表，主要由海相基性火山岩组成，其次为酸性火山岩及少数正常沉积岩。岩性、厚度变化大，一般在 2 000 m 以上。绿片岩相变质。与下伏武当山(岩)群一般为平行不整合接触，在武当山周边为不整合，西部外侧为整合。基性火山岩有细碧岩、细碧质角砾熔岩、细碧质凝灰岩等，变质后为各种绿片岩，但原岩杏仁、气孔、枕状等构造基本保留。酸性火山岩主要分布于武当山及周边，为流纹岩、少数安山岩、粗面岩及凝灰岩、火山角砾岩，变质后为长英钠长片岩、浅粒岩、变粒岩。正常沉积岩为云母片岩，石英片岩、碳硅质岩及变砂岩。这些岩石在时空上互变，或构成旋回、韵律层。在安康牛山、商南等地，有火山角砾岩、角砾熔岩或火山集块岩、凝灰砾岩等，具火山喷发中心的特征岩石。

火山岩地球化学特征表明具双峰组合，是一套从偏基性到偏中性海相火山喷发岩。以拉斑玄武岩系列为主，部分为钙碱和碱性玄武岩。其形成构造环境从各种图解判别较为复杂，常跨两种以上环境，有造山与非造山，大陆碱性与大洋碱性，板内与岛弧，洋脊与岛弧或其重叠区等等。结合地质分析，总体属大洋板内，洋岛到活动大陆边缘，北部活动性较强，具向洋脊转化性质，晚期具岛弧特征；南部活动性较弱，晚期具弧后裂谷显示。主体为大洋板内，由裂陷作用起始，向洋脊演化，但未发现洋脊的物质记录，推断在耀岭河组分布区的外(北)侧，在晚元古代存在有洋脊的可能。因此将其归为华北与华南之间的陆(硅铝基底上)间裂陷火山盆地。

2. 中酸性火山岩为主组合——陆缘火山弧

分布于米仓山及其北缘，出露于西乡(西乡群)、阳平关(刘家坪组)及米仓山(铁船山组)。为海—陆相火山岩，以紫红，灰绿等杂色色调为特征，分布局限，岩石类型复杂，成层性差，岩性、厚度变化迅速，厚者大于 3 000 m，薄者 100 m 左右。可建立火山岩机构，复原喷发中心。与下伏中元古代地层为平行不整合或不整合接触，与上覆震旦纪地层为不整合接触。

西乡群：为中酸性-基性火山岩组合，以熔岩为主，下部为流纹英安岩、流纹岩及凝灰岩夹安山玄武岩、玄武岩；上部为安山岩、流纹岩、玄武岩、粗安岩及粗面岩，上、下部均夹火山角砾岩或集块岩。上部出现泥球凝灰岩、熔结角砾岩，凝灰质岩石具大型交错层理等陆相火山沉积特征。

铁船山组（及刘家坪组）：为中酸性-酸性火山岩组合，由流纹岩、英安流纹岩、流纹质凝灰岩夹安山玄武岩、安山岩等。熔结角砾熔岩、熔结凝灰岩、角砾熔岩、凝灰砾岩等熔岩角砾岩、火山碎屑岩发育，局部出现珍珠状构造，陆相火山岩特征明显。

地球化学成分从刘家坪组→西乡群→铁船山组（从前缘至陆内自北向南）呈有规律变化。SiO_2 含量北部玄武岩 53%（偏中性），流纹岩大于 74%（酸性）；南部玄武岩 43%～49%．酸性岩 72%（分别属基性、超基性及中酸性），缺中性岩类；中部火山岩 SiO_2 含量介于南北之间。北部多数 K_2O/Na_2O 小于 1 为钠质火山岩，中部及南部流纹岩为钾质。Fe_2O_3 含量大于 FeO 含量，较本区中元古代火山岩特殊。其他特征参数值见表 3－10。在不同的图解上总体反映从北向南，表现由拉斑玄武岩系列—钙碱和碱性玄武岩系列—碱性玄武岩系列的变化趋势。其他微量元素地球化学分布型式也有以上规律。稀土元素的分布模式不同岩类具同源演化规律，与岛弧玄武岩特征相似。利用各种环境判别图解，结合地质特征、岩石组合，从北向南，从陆缘到陆内其形成环境由洋岛→岛弧→岛弧裂谷，总体以岛弧为主的弧-盆环境。

表 3－10　青白口纪陆缘弧-盆火山岩成分变化比较表　（w_B%）

特征值	基性岩（玄武岩类）			中酸性岩（流纹岩类）		
	刘家坪组	西乡群	铁船山组	刘家坪组	西乡群	铁船山组
TiO_2	1.99	1.18	2.46	0.20	0.28	0.30
K_2O	0.46	1.17	1.37	2.09	3.80	4.95
σ	1.02	2.62	3.80	1.16	1.76	2.39
A·R	1.37	1.48	1.50	2.77	2.80	2.97

（二）泥质碎屑岩和碳酸盐岩不等厚互层

分布于华北地层大区豫陕、中祁连地区和塔南、西昆仑地区。

1. 豫陕栾川群——陆缘断陷盆地

分布于华北地块南缘洛南—栾川地区。为浅海质相准活动类型泥质碎屑岩-碳酸盐岩组合，伴有同期（或略晚）正长斑岩、粗面岩等次火山岩。泥质碎屑岩所占比例较大，主要岩石为石英砂岩、石英岩、（含碳）千枚岩、绢云片岩等。碳酸盐岩以黑云母大理岩为主，少数白云质大理岩。依互层特征划分为 4 个组，各组间为整合。自下而上如下。

白术沟组：为含碳千枚岩与长石石英砂岩、石英岩、绢云石英片岩频繁互层，夹含碳大理岩，局部含菱铁矿。顶部以碳质千枚岩消失为界。厚 1 000 m 左右。

三川组：下为石英砂岩，上为云母大理岩，底部含细砾。以大理岩消失为界。厚 400 m 左右。

南泥湖组：下为石英砂岩，中为云母片岩（含碳），上为黑云母大理岩。以大理岩消失为顶界，厚度 250～500 m。

煤窑沟组：下为石英砂岩、云母片岩夹大理岩，上为含叠层石的白云质大理岩夹云母片岩（含磁铁矿）及石煤层。以大理岩消失为顶界。厚 1 000 m 左右。

栾川群总厚达3 000 m左右，比其北侧同期内陆坳陷盆地厚度大5～6倍，说明其活动性较大。与其伴生的正长岩—粗面岩类属铝质和钾质碱性岩，还共生有碱—偏碱辉长岩。这些岩浆岩均属高钛富碱岩石，据稀土元素含量特征分析，物源来自大陆壳基底深部，与拉张环境有关。综上特点，说明栾川群形成于陆缘断陷盆地。

2. 中祁连山龚岔群——陆内坳陷盆地

分布于中祁连山甘、青接壤地带。总体由厚度较大的泥质碎屑岩和碳酸盐岩互层组成，划分为4个组。泥质碎屑岩为灰、灰绿、灰紫等杂色调石英砂岩、粉砂岩、粉砂质板岩、钙质板岩，呈频繁韵律层出现，局部含凝灰质，碎屑成分总体成熟度较高。碳酸盐岩为角砾状灰岩、竹叶状灰岩、白云质灰岩，含叠层石。以碎屑岩的出现，碳酸盐岩的结束构成两个较大的沉积旋回。下旋回下部(其他大坂组)为泥质碎屑岩组合，石英砂岩以含砾为特征，由5个基本韵律层组成；上部(五个山组)角砾状灰岩，含石膏、钾盐等蒸发岩，部分地区具鲕状结构。上旋回下部(哈什哈尔组)杂色砂质板岩、粉砂岩夹少数泥灰岩及砾岩凸镜体；上部(窑洞沟组)灰、玫瑰色角砾、竹叶状灰岩夹紫色板岩。以上4个组之间均为整合接触。总厚3 000～4 000 m，据对沉积环境研究，下旋回为滨海干热—陆架潮间高能环境；上旋回为陆架浅水(潮坪)—陆架浅水潮间环境。总体以滨海为主环境，属于活动性较大的陆内坳陷盆地沉积。

3. 塔里木南缘索尔库里群和丝路群——陆内坳陷盆地

索尔库里群：分布于阿尔金山若羌地区。由4个组组成。上、下两个组以碎屑岩为主，中部两个组以碳酸盐岩为主。碳酸盐岩普遍含叠层石。各组间为整合接触。下与中元古代或太古宙地层为不整合接触，上被奥陶纪地层不整合覆盖。自下而上各组特征如下。

乱石山组：为石英砂岩、钙质砾岩、粉砂岩夹硅质灰岩、泥灰岩，底为紫红色砾岩，厚度300～400 m左右。

冰沟南组：为灰岩、鲕状灰岩、竹叶状等碎屑灰岩及白云质灰岩、白云岩等碳酸盐岩，含硅质条带或团块，局部夹石英砂岩、粉砂岩，以碎屑灰岩为特征，厚度600～2 200 m。

平洼沟组：为硅化灰岩、结晶灰岩、大理岩、白云岩夹少数千枚岩、砂质板岩，以灰白、玫瑰色为特点，区域上西部镁质较高，东部硅质较高。厚度130～1 500 m左右。

小泉达坂组：杂色调石英砂岩、细—粉砂岩、千枚岩、硅质板岩、硅质岩夹大理岩或结晶灰岩，西部以碎屑岩为主，东部碳酸盐岩增多。厚度3 000 m左右。

丝路群分布于塔南铁克力克、西昆仑山地区，由3个组组成，各组间以整合接触为主，本群不整合于早、中元古代不同层位之上，上被震旦纪地层不整合覆盖。自下而上各组特征如下。

博查特塔格组：由灰岩、白云质灰岩、白云岩、中基性火山岩及少量泥质碎屑岩组成，底部为含碳泥板岩、砂岩及砂砾岩。最大厚度3 000 m左右。东部以碳酸盐岩为主，西部出现较多的玄武岩。白云岩、白云质灰岩具条纹(带)构造，富含叠层石，下部为灰绿、紫红色，上部灰白色。下部碎屑岩含磷，中部夹含磷白云岩。

苏玛兰组：为紫色灰岩与细(粉)砂岩、不等厚互层。砂岩具水平纹层和平行层理，灰岩含叠层石，最大厚度525 m。

苏库罗克组：由杂色调石英细砂岩、粉砂岩夹粉砂质、钙质泥岩、硅质岩及灰岩组成。下部部分砂岩、硅质岩含磷，局部含菱铁矿，灰岩含叠层石。厚度大于1 000 m。

丝路群总体上是一套由碳酸盐岩到泥质碎屑岩组合序列，中、晚期以杂色调为主，夹有含磷碎屑岩、硅质岩及白云岩。反映由浅海—滨海强氧化环境。火山岩主要为玄武岩类，分布不广，受局部断裂控制。因此仍属活动性较大的陆内坳陷盆地沉积。

（三）下碎屑岩上碳酸盐岩组合——陆内坳陷盆地

分布于塔北库鲁克塔格的帕尔岗塔格群和北山的野马街组—大豁落山组属这类组合。

1. 帕尔岗塔格群

指整合于蓟县纪爱尔基干群之上，不整合伏于震旦纪地层之下。下部主要由石英状砂岩、粉砂岩、千枚岩或绿泥石英片岩和变质砂砾岩组成，厚度变化较大，由100～2 000 m左右。上部为厚层状大理岩、结晶灰岩、硅质灰岩、鲕状灰岩、白云质灰岩及白云岩，底部由少量粉砂岩组成，厚度750～4 000 m左右，富含叠层石、核形石等化石，东部一般含镁质较高。从叠层石特征及出现叠层石礁灰岩、碳酸盐岩局部为内碎屑白云岩、上部出现浅色—紫红色调等说明为准稳定浅水沉积环境，具陆内坳陷盆地（盆缘）沉积特征。

2. 野马街组—大豁落山组

属圆藻山群中、上两个组。平行不整合于蓟县纪平头山组之上，上被震旦纪不整合，两组之间为整合。野马街组以紫红等杂色调粉砂岩与页岩不等厚互层为主，夹细砂岩、钙质砂岩、泥灰岩及硅质岩，底为含铁、含砾砂岩。砂岩与页岩构成若干旋回层。区域上岩性变化较为明显。向西厚度变薄（40～100 m），向东以粉砂岩、细砂岩与板岩呈互层，厚度增大达3 000 m。泥灰岩含叠层石。为氧化环境陆架浅海沉积，向东延入内蒙古，具大陆坡复理石沉积特征。

大豁落山组：由灰白色含燧石条带白云岩、白云质大理岩（灰岩）及泥灰岩组成，区域上局部相变为碎屑状灰岩、角砾状灰岩。一般上、下部以含叠层石礁的硅质白云岩为主，中部以泥灰岩为主，反映具潮坪—浅海—潮坪环境的变化过程，总体为滨海环境沉积。

综上两地区这类岩石组合均形成于潮下至潮间氧化环境，具陆内坳陷盆地边缘浅水沉积特征，从其厚度说明坳陷幅度较大，晚期盆地有逐渐收缩的趋势。

（四）碳酸盐岩为主组合——陆内坳陷盆地

仅见于中、南天山西段，北部为开尔塔斯群，南部为库什台群。下与蓟县纪地层在北部未见直接关系，南部为不整合或平行不整合接触，上被震旦纪地层不整合覆盖。

这两个地层单位组成岩石基本相似，均由含叠层石灰岩、白云岩夹泥硅质碎屑岩组成，岩性总体较为稳定，但厚度较大。开尔塔斯群夹硅质岩、碳质泥灰岩、碳质页岩，厚度变化在1 400～2 400 m左右。库什台群以碎屑状碳酸盐岩为特点，出现竹叶状灰岩及鲕状灰岩，底部含赤铁矿石英砂岩、石英岩，厚度变化较北部大，在500～4 000 m左右。总体以浅海硅镁质碳酸盐岩为特征，泥质碎屑岩含碳、硅质，具还原环境某些特点，故其形成环境处于陆内坳陷盆地的内部。

总观西北研究区青白口纪地层的组成岩石、组合形式及变质、变形等特征较中元古代地层简单，但地层厚度仍然较大，一般都在2 000～3 000 m。华北、华南地层大区沉积—构造环境有陆内坳陷盆地、陆缘断陷盆地、陆间裂陷盆地及火山弧等，反映了由活动带到准稳定大陆边缘的组合特征。塔里木-南疆地层大区总体较为稳定，主要为陆内坳陷盆地环境，可初步划分出盆地边缘及内部沉积，青白口纪晚期盆地已逐步收缩。说明青白口纪西北研究区东、西部沉积-构造特征已有明显差异。

（五）碎屑岩为主组合——盆地边缘斜坡

指塔北阿克苏—乌什地区巧恩布拉克群。自下而上由砂岩（杂砂岩）、类冰碛岩（杂砾岩）、厚钙质砂岩和砂砾岩等 4 段组成，总厚达 2 000 余米，其中以砂岩段为主体，占 82%，属活动类型沉积。高振家等(1985[①]—1996)将这 4 段分别命名为 4 个组(见表 3-3)，并认为碎屑物成熟度低，属复理石沉积，对砂岩进行粒度分析具深海浊流沉积特征，其中，砂岩及砂砾岩段具以递变层 A 和水平层 B 为主的韵律结构，冰碛岩段宏观具有冰碛岩的部分特征，但从其具体岩石特征，与上、下岩段的组合关系综合分析，属下伏沉积砾岩在未固结(塑性)状态下滑塌下移的再沉积产物，因此认为这类碎屑岩组合总体形成于水下斜坡下部海下扇不同扇积部位；上部岩段为高密度碎屑物重力流沉积，巧恩布拉克群的形成时代有震旦纪和青白口纪，两种不同认识，本书采用高振家、陆松年等(1990、1993)研究成果归为青白口纪。前述野马街组和大豁落山组向东延入内蒙古，与此类组合及形成环境类似。

(六)松树沟角闪岩组

分布于陕西商南县北秦岭南缘，商丹断裂带北侧，一套以角闪岩类为主的岩石单位，与秦岭杂岩为构造接触(以剪切糜棱岩为界)。80 年代初在原秦岭群南侧商丹断裂带北缘解体出早古生代丹凤群之后，有些研究者则将其归为丹凤群的组成部分，并认为该套岩石与其共生的超镁铁质岩(松树沟等超基性岩)有成因联系，认为具蛇绿岩套组合特征。随着研究的不断深入，发现这套岩石组合的岩相学特征及地球化学成分与原秦岭群和丹凤群都不相同，而且与其共生的超基性岩体 Sm-Nd 等时线年龄值 983±140 Ma，模式年龄 1 089 Ma～1 252 Ma，说明既不属于早元古代秦岭杂岩，也不应归为早古生代丹凤群，而是中—晚元古代地质事件物质记录。1995 年西安地质学院区调队[②]首次将其划分出，作为一个构造岩石地层单位，时代归中元古代晚期。鉴于该岩石单位的组合特征、形成环境具有重要的岩石-构造-地层意义，故本书在序列表(表 3-2)中将其列出。

其岩性主要由斜长角闪岩和眼球状斜长角闪岩组成，夹榴闪岩、石榴辉石岩、角闪岩。其内有若干大小不等超基性岩体(纯橄榄岩、方辉橄榄岩、单辉橄榄岩及透辉岩等)，属亏损程度的地幔岩。超基性岩与角闪岩的关系众说纷纭，但二者间发生固态剪切作用是基本事实，并普遍认为两者具有相互成因联系，即属蛇绿岩组成部分。因此本书认为可能是中元古代晚期—晚元古代早期南、北秦岭间存在次级扩张洋盆的记录。

二、地质时代划分

青白口纪地层时代的划分主要依据各地层单位与下伏、上覆地层的关系，结合部分叠层石、微古植物化石及同位素年龄资料。

(一)华北、华南地层大区

豫陕地区栾川群：上与震旦纪地层关系不明，下与蓟县纪地层均为平行不整合，其所含叠层石及微古植物相当于我国华北青白口纪组合。陕西白术沟组上部碳质板岩 Rb-Sr 等时线年龄值 902±48 Ma。豫西侵入其中的橄榄辉石岩全岩 K-Ar 年龄 743 Ma、与其共生次火山岩(粗面岩)Sm-Nd 等时线年龄值 682±60 Ma。其形成时代应大于 750 Ma，小于 1 000 Ma，为

---

① 高振家，1985，新疆天山地区的前寒武系(内刊)。

② 西安地质学院区调队，1996，1∶5 万商南幅地质图说明书。

青白口纪。

祁连山地区龚岔群：含有丰富叠层石及微古植物化石。叠层石除其他大坂组外，其他三个组类型相近似，组合面貌与我国蓟县剖面第Ⅵ组合相似，微古植物有蓟县剖面青白口纪地层的特征分子（*Trachysphaeridium chihsienense*，*Trematosphaeridium holtedahlii*）及重要分子（*Trachysphaeridium cultum*，*T.* aff. *laminaritum*）。五个山组灰岩 Rb－Sr 等时线年龄值 850～700 Ma。故其时代应为青白口纪。

南秦岭地区耀岭河组：超覆于中元古代武当山（岩）群之上，上与震旦纪地层为滑脱面。牛山地基性火山岩 Sm－Nd 年龄 1 019±81 Ma。山阳地区中酸性火山岩 Rb－Sr 等时线年龄值 867.628 Ma。武当山地区火山岩锆石 Pb－Pb 年龄 796 Ma。淅川地区侵入其中闪长岩 K－Ar 年龄 796 Ma。其形成年龄应大于 800 Ma，考虑武当山（岩）群上部火山岩锆石 U－Pb 年龄为 1 044 Ma，故其主体形成时限为1 044～800 Ma，为青白口纪，但不排除部分地段上限延至早震旦世，可能是一个穿时的地层单位。

米仓山地区：刘家坪组火山岩 K－Ar 年龄 1 331 Ma、943 Ma、853 Ma。侵入西乡群的基性岩锆石 U－Pb 一致线年龄 773 Ma、花岗岩锆石 U－Pb 一致线年龄 868 Ma、Rb－Sr 等时线年龄值 800 Ma。火山岩地层上与震旦纪、下与中元古代地层为不整合；其形成时代主体为青白口纪。

（二）塔里木-南疆地层大区

本地层大区青白口纪地层时代的确定主要依据叠层石及微古植物化石。同位素年龄资料较少。其中以叠层石研究较为详细，高振家等（1993）将塔里木盆地北缘及天山前震旦纪地层中的叠层石组合划分为 A、B、C、D 4 个组合，青白口纪为 D 组合，相当于我国东部青白口纪地层Ⅵ、Ⅶ组合（表 3－8）。塔南—西昆仑山也含丰富叠层石，缪长泉（1993）称为丝路叠层石组合，以 *Linella*－*Gymnosolen* 为主体，与我国东部Ⅵ、Ⅶ组合相似，均产于青白口纪地层中。

此外，在库鲁克塔格的帕尔岗群含叠层石白云岩 Rb－Sr 等时线年龄值为 884 Ma。顶部碳酸盐岩 Pb－Pb 年龄为 912±28 Ma（高励，1995）。

从以上资料及这些地层单位上与震旦纪地层多数为不整合，下与蓟县纪地层界面较为清楚，为整合—不整合。因此主体属青白口纪沉积多数争议不大。

第五节　前震旦纪沉积-构造格局与地质演化

现今所见前震旦纪地层是漫长地质历史演化的综合终态。它经历不同期次、不同程度地变质、变形和分离、重组。目前出露的空间位置并非完全代表它的原始状态，但其相对位置大体可以作为当时的空间关系。现今恢复其原始沉积格局，探索其地质演化，只能据上述对各地区自然断代沉积-构造盆地的划分，进行综合分析和推断。

一、太古宙-早元古代阶段——陆壳形成

从华北豫陕地区和塔里木库鲁克塔格地区太古宙和早元古代的组成岩石及结构形式表明，早元古代的沉积-构造环境与太古宙已有显著不同，海陆已明显分异。

(一)太古宙时期——表壳形成

本区已确证存在晚太古代地层。在华北、华南、塔里木地层大区内,本期地层具高级片麻岩区和花岗-绿岩带的某些特征。虽然目前资料还不甚充分,已可初步说明,当时地热梯度高,初始表壳(陆核)处于全活动状态。初始表壳一方面遭受剥蚀,形成长英质碎屑、粘土沉积;另一方面因初始表壳薄,地热梯度高,广泛(全方位)产生破裂,岩浆沿破裂带以喷发和侵入两种形式堆积和充填,使初始表壳不断增厚,形成较为成熟的大陆地壳表壳岩。故太古宙时期是早前寒武纪早期表壳形成时期。经五台或辛格尔运动的改造,构成大陆地壳最古老基底。关于华北、华南、塔里木结晶基底的关系,它们原是一个超级表壳,以后分裂各自独立演化呢?还是原先就是各自独立的表壳体?地质界有不同认识,有待进一步研究。如果认为高级片麻岩区和花岗-绿岩带是早前寒武纪表壳的共同特征,则这三个地区的结晶基底应属同一沉积-构造环境的产物,否则需深入研究它们的差异,这类问题已属前寒武纪早期地质研究的专门课题。

(二)早元古代时期——大陆地壳形成和肢解

这时期沉积物以陆源碎屑岩为主,夹碳酸盐岩和火山岩,说明海陆已明显分异,出现较为开阔的海盆。在表壳岩(结晶基底)之上形成成熟度高和成熟度不高两种陆源碎屑岩夹碳酸盐岩和成熟度低的陆源碎屑岩-碳酸盐岩-火山岩等 3 种组合,分别代表活动表壳坳陷盆地和表壳裂陷(谷)盆地两种沉积-构造环境。以下分为两个地区对其沉积—构造格局的轮廓做简述。

1. 华北(南)—华南(北)沉积-构造格局

本区大体以北祁连山—北秦岭和米仓裂陷(谷)盆地为界,划为华北、柴达木-祁连和华南三个大小不等的表壳块体,在前两块体上分别形成豫陕、中祁连两个坳陷盆地和若干裂陷(谷)带,见图 3-1,表 3-11 为图 3-1 的说明。这些不同盆地都为活动类型,说明当时表壳仍处于较为活动的状态。这种格局持续至中元古代进一步加剧,故是秦祁昆活动带产生时期。北祁连山与龙首山之间未发现残存沉积记录,可能因构造消失,其位置大致相当北秦岭—豫陕地带。

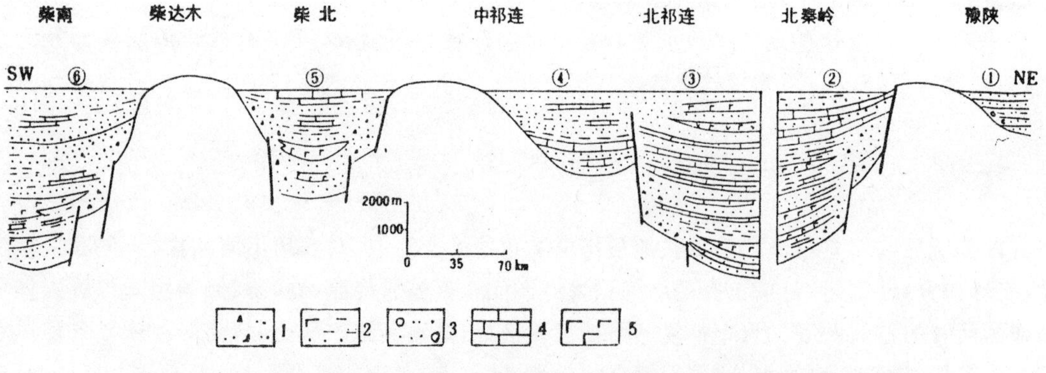

图 3-1　柴达木—祁连—北秦岭—豫陕早元古代沉积-构造格局综合剖面略图

1. 杂砂岩、砂岩、粉砂岩;2. 页岩、砂质页岩;3. 砾岩、砂砾岩;4. 灰岩、泥灰岩;5. 基性火山岩

2. 塔里木—南疆沉积-构造格局

在塔里木结晶基底上,形成塔里木两侧的坳陷盆地及裂谷—裂陷盆地。"南侧"坳陷盆地活动性较大,"北"侧的裂谷—裂陷盆地较发育(图 3-2,表 3-12 为图 3-12 的进一步说明)。坳陷盆地陆源碎屑岩成熟度不高,裂谷(陷)盆地火山岩较少,且以酸性岩类居多,不同于华北

(南)—华南(北),说明塔里木坳陷盆地处于边缘地带,活动性较大,但裂谷(陷)切割深度较浅,伸展规模较小。

表 3-11　图 3-1 中的内容补充说明

图上编号	⑥	⑤	④	③	②	①
地层单位名称	金水口(岩)群	达肯大坂(岩)群	湟源群	北大河(岩)群	秦岭杂岩	铁铜沟组
原始沉积组合	泥质碎屑杂砂岩-(火山岩)-碳酸盐岩		泥质碎屑岩-碳酸盐岩	泥质碎屑岩-碳酸盐岩-火山岩	泥质碎屑杂砂岩-火山岩-(碳酸盐岩)	成熟度高泥质碎屑岩(夹碳酸盐岩)
沉积-构造盆地类型	表壳裂谷盆地		表壳坳陷盆地	表壳裂陷盆地	表壳裂谷盆地	表壳坳陷盆地

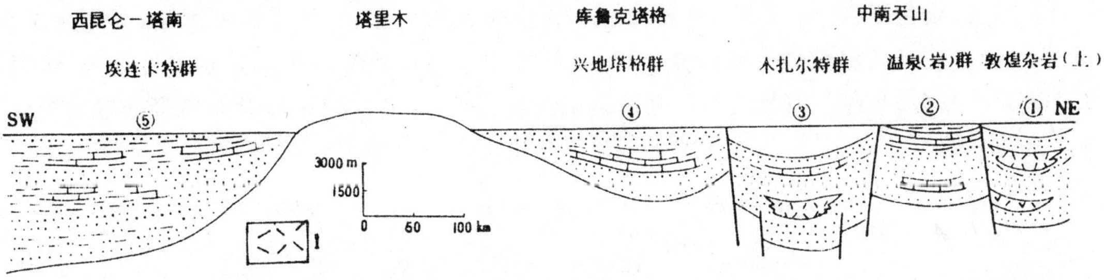

图 3-2　塔里木—南疆早元古代沉积-构造格局剖面略图

1. 酸性火山岩;2. 其他图例同图 3-1

表 3-12　图 3-2 中的内容补充说明

图上编号	⑤	④	③	②	①
原始沉积组合	成熟度低,泥质碎屑岩-(碳酸盐岩)	成熟度略低,泥质碎屑岩-(碳酸盐岩)	泥质碎屑杂砂岩-火山岩-(碳酸盐岩)	泥质碎屑岩-碳酸盐岩	泥质碎屑岩-火山岩
沉积-构造盆地类型	表壳坳陷盆地(活动边缘)	表壳坳陷盆地	表壳裂谷盆地	表壳坳陷盆地	表壳裂谷(陷)盆地

综观早元古代时期,沉积-构造格局与表壳的活动程度及活动方式有关。以伸展机制为主导,将已成熟的表壳肢解、分割为若干块体,块体内或其边缘内侧形成活动型的坳陷盆地,块体间形成裂谷-裂陷盆地。此时期的裂谷(陷)带虽然也较为发育,但其活动的范围与晚太古代时期的广泛破裂已大为不同,并具一定的方向性。这些裂谷(陷)带既有继承,也有新生,继承性包容有太古宙地层,新生一般未见下伏太古宙基底。吕梁或兴地运动,坳陷盆地沉积层褶皱上升,华北块体内基底最终固结与太古宙结晶基底奠定了华北稳定区的基础,形成大陆地壳;块体边缘如库鲁克塔格、上扬子米仓山等地仍处于活动状态。块体间的裂谷(陷)盆地有的并未(完全)闭合,仍持续活动,构成元古时期活动带的雏形。故早元古代是大陆地壳的形成和肢解时期。

二、中元古代阶段——陆壳加厚陆缘增生

在基底固结的大陆地壳基础上,陆壳加厚,陆缘增生,陆间侧向与垂向加积,稳定区与活动带分野。沉积类型以活动-准稳定为主,有陆内坳陷、被动陆缘、活动陆缘和陆间裂陷等多种沉

积-构造盆地。不同区域沉积-构造格局差异更为明显。

(一)华北(南)—华南(北)沉积-构造格局

本区域中元古代沉积-构造格局最为复杂。在稳定区内形成准稳定—稳定型陆内坳陷盆地,稳定区边缘形成以陆间裂陷盆地为“中轴”的活动和被动陆缘盆地,且东、西部盆地的分布格局略有不同。

1. 东部米仓山—豫陕地区

该区是一个不完全对称的陆间活动带,北为华北稳定区,形成豫陕准稳定-稳定的陆内坳陷盆地;南为华南准稳定区北缘,其间为新生南秦岭陆间裂陷带,两侧为活动大陆边缘盆地。此时华南早元古代基底仍处于活动状态,尚未最终固结,与华北区明显不同。陆间裂陷带主要由火山岩组成,岩类复杂,南秦岭北部是以酸性为主的双峰组合,南部有多种岩类,主体为基性-酸性组合,未见基底和较为典型的洋壳组合,仅碧口(岩)群局部已具洋壳某些特征,故认为是在硅铝壳基底上的裂陷,因此仍归为陆间裂陷盆地。活动大陆边缘盆地以成熟度低的陆源碎屑杂砂岩为主的组合,夹以基性为主的火山岩为特征(图 3-3,表 3-13 为图 3-3 说明)。

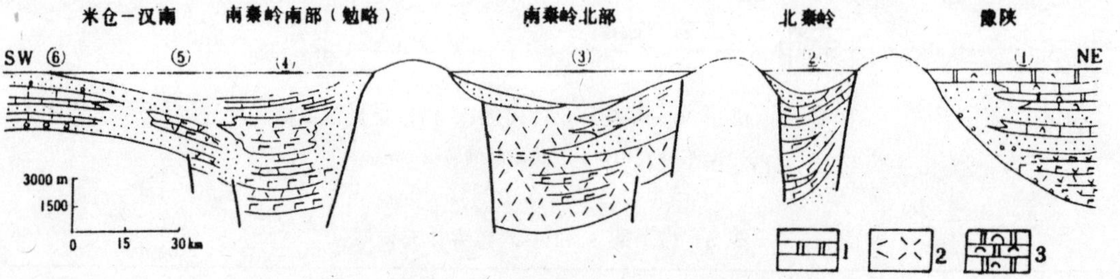

图 3-3 米仓山—豫陕中元古代沉积-构造格局剖面图略图

1. 白云岩;2. 酸性火山岩;3. 叠层石碳酸盐岩;其他图例同图 3-1

表 3-13 图 3-3 中的内容补充说明

图上编号	⑥	⑤	④	③	②	①
地层单位名称	火地垭群 {上两组 麻窝子组	三花石群	碧口(岩)群	武当山(岩)群	宽坪(岩)群	洛南群、高山河群、熊耳群
原始沉积组合	上为泥质碎屑岩下为碳酸盐岩-(火山岩)	泥质碎屑岩-火山岩	基性-酸性火山岩-(碎屑岩)	酸性为主,酸性-基性火山岩	泥质碎屑岩-火山岩-碳酸盐岩	上:碳酸盐岩 下:碎屑岩-火山岩
沉积-构造盆地类型	活动陆缘盆地(外侧)	活动性陆缘盆地(前缘)	陆间裂陷盆地	陆间裂陷盆地	活动陆缘盆地	陆内坳陷盆地

2. 西部东昆南—龙首山地区

宏观上主体属华北稳定区大陆边缘活动带。稳定区内形成稳定型陆内坳陷盆地。陆缘带内有中祁连、柴达木等规模较大的前长城纪地块,地块边缘形成若干被动和活动大陆边缘盆地,被动大陆边缘盆地未出现火山岩;活动大陆边缘盆地发育不等量火山岩,陆源碎屑岩成熟度低(图 3-4,表 3-14 为图 3-4 的进一步说明)。据以上沉积-构造盆地的分布格局,推测在北祁连山南侧及柴达木与中祁连山之间应有陆间裂陷火山盆地,虽然目前尚未发现这类盆地的岩石组合，但在柴达木及中祁连山北缘万洞沟群及朱龙关群已发现有以基性火山岩为主的夹层，故有待今后证实。

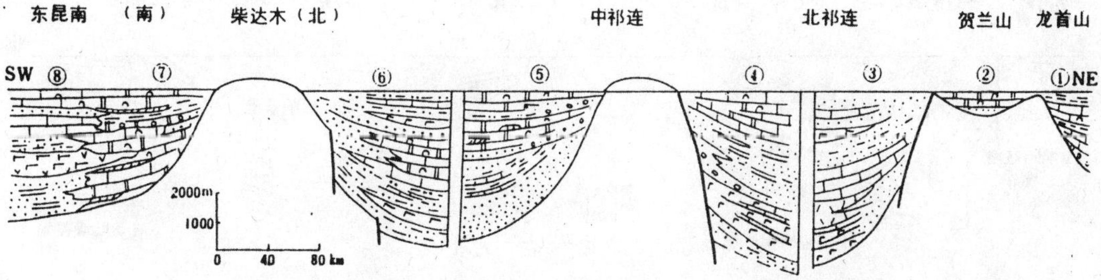

图 3-4　东昆南—龙首山中元古代沉积-构造格局剖面略图(图例同图 3-1、3)

表 3-14　图 3-4 说明的内容补充说明

图上编号	⑧	⑦	⑥	⑤	④	③	②	①
地层单位名称	万宝沟群	冰沟群	万洞沟群	花石山群 湟中群	托莱南山群 朱龙关群	海原群	王全口组 黄旗口组	墩子沟群
沉积组合	碳酸盐岩-火山岩-碎屑岩	泥质碎屑岩-碳酸盐岩	泥质碎屑岩-碳酸盐岩-火山岩	碳酸盐岩-泥质碎屑岩	碎屑岩-碳酸盐岩火山岩-碎屑岩	泥质碎屑岩-碳酸盐岩-火山岩	碎屑岩-碳酸盐岩	泥质碎屑岩-碳酸盐岩
沉积-构造盆地	活动陆缘盆地	被动陆缘盆地	活动陆缘盆地	被动陆缘盆地	被动陆缘—活动陆缘盆地	活动陆缘盆地	陆内坳陷盆地	被动陆缘盆地

综观华北—华南中元古代时期，除华北地块形成准稳定—稳定沉积盖层外，其他地区处于以裂陷体制为主的活动环境，长城纪与蓟县纪多数为连续沉积。中元古代晚期"芹峪"或四堡运动仅在南北地块有所表现。

(二)塔里木—南疆沉积-构造格局

本区中元古代阶段早、晚时期沉积一构造格局有所不同，早期较为复杂，晚期较为简单，反映由早至晚，由活动向稳定演化的总趋势。

(1)中元古代早期：以塔南—西昆仑和柯坪(阿克苏—乌什)两陆间裂陷盆地将南疆前长城纪地块分割为喀喇昆仑、塔里木、中天山(?)三块。喀喇昆仑地块上形成陆内坳陷盆地。在裂陷盆地的两侧分别为活动或被动陆缘盆地(图 3-5)。这两个陆间裂陷盆地，柯坪盆地为新生，以基性为主的基性-酸性火山岩组合，活动性较大，切割较深；西昆仑—塔南为继承性发展，由基性和酸性火山岩组成，这些火山岩组合均具双峰分布模式。从总体看，塔里木北部不同盆地类型的分布格局较塔南—西昆仑复杂。

(2)中元古代晚期：沉积-构造格局与早期显著不同，沉积物碳酸盐类较为发育。塔北主要由碳酸盐岩组成，除库鲁克塔格具被动陆缘特点外，几乎全为准稳定陆内坳陷盆地沉积。塔南由活动类型碳酸盐岩和泥质碎屑岩不等厚互层组成，夹少数火山岩，主要形成于被动陆缘盆地，说明塔南活动性比塔北大(图 3-6)。中元古代末期阿尔金运动在塔南—西昆仑表现较为明显，元古代基底基本固结，塔北地区表现微弱，元古代基底固结持续至青白口纪末。

以上说明，中元古代阶段塔里木—南疆地区从早期到晚期，由活动向稳定演化，但塔北与

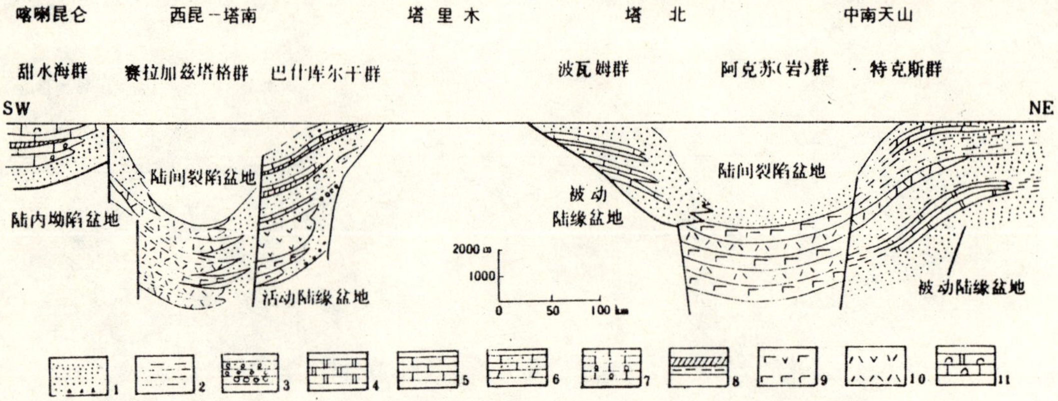

图 3-5　塔里木—南疆中元古代早期沉积-构造格局剖面图

1. 杂砂岩、砂岩、粉砂岩；2. 页岩、砂质页岩；3. 砾岩、砂砾岩；4. 白云岩、白云质灰岩；5. 灰岩、泥灰岩；6. 泥质灰岩、砂质灰岩；7. 碎屑灰岩、砾状灰岩、鲕状灰岩；8. 碳质页岩、硅质岩；9. 基性、中性火山岩；10. 酸性、中酸性火山岩；11. 叠层石碳酸盐岩

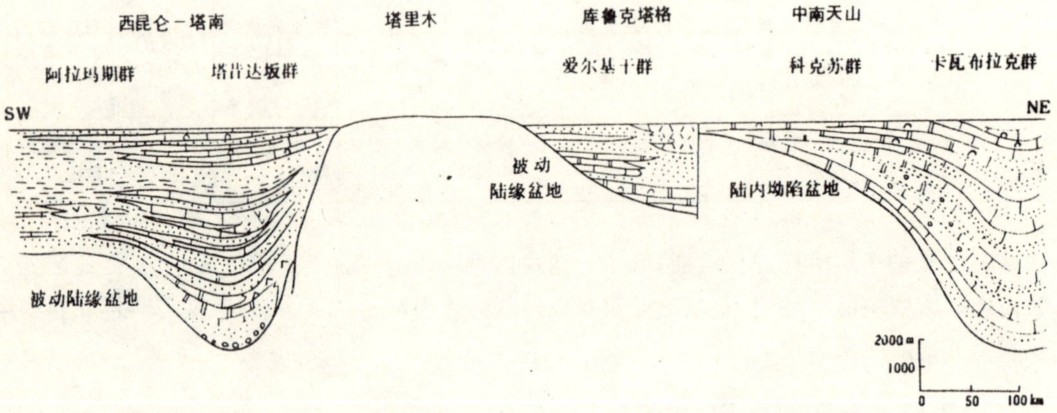

图 3-6　塔里木—南疆中元古代晚期沉积-构造格局剖面略图(图例同图 3-5)

塔南具体演化仍有差异。阿尔金运动后，塔南整体隆升，进入具盖层性质沉积，塔北以渐进式进入青白口纪沉积。这些特征与秦祁昆、南秦岭有明显不同。

三、晚元古代青白口纪时期——稳定区与活动带进一步分异

本时期沉积-构造格局进一步分化，秦岭仍处于活动带，其他地区先后以不同形式向稳定状态转化。南疆地区自南向北基底逐步固结。华北与华南之间在中元古代活动带的背景上，东部形成结构复杂的秦岭活动带，南、北侧为不同性质的陆缘带；西部仅中南祁连接受沉积。

(一)华北—华南沉积-构造格局

东部在中元古代陆间裂陷盆地基础上进一步发展，南秦岭北部形成以基性为主双峰火山岩组合，其前缘(北秦岭南缘)可能有一个次级扩张中心(小洋盆)，以此为界，南、北秦岭分属华南和华北大陆边缘。北大陆边缘仅残存华北地块南缘栾川陆缘断陷盆地；南大陆边缘主要由火

山弧组成，前弧（勉略地区）为水下弧、后弧（米仓山地区）在未完全固结基底上形成陆上弧（图3－7）。

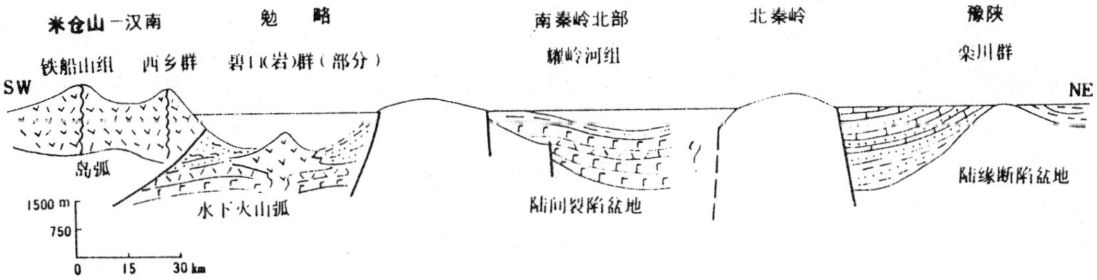

图3－7 米仓山—豫陕青白口纪沉积-构造格局剖面略图（图例同图3－5）

以上说明，这时期东部地块边缘仍然处于较为活动状态，秦岭带活动性不断增强，并有向板块构造体制演化趋势。

西部北祁连大部隆起，缺失沉积，中南祁连形成准稳定类型滨—浅海陆内坳陷盆地（龚岔群），柴达木南缘局部还有残余盆地。

上述东、西部的差异反映青白口纪时期沉积-构造格局产生了新的调整，东部秦岭活动带向西可能与东昆仑南活动带相连接。晋宁运动使华北地块进一步固化，华南基底最终固结，形成稳定区，南秦岭活动带自北向南隆升，结束了元古代阶段以活动状态为主的演化历程。

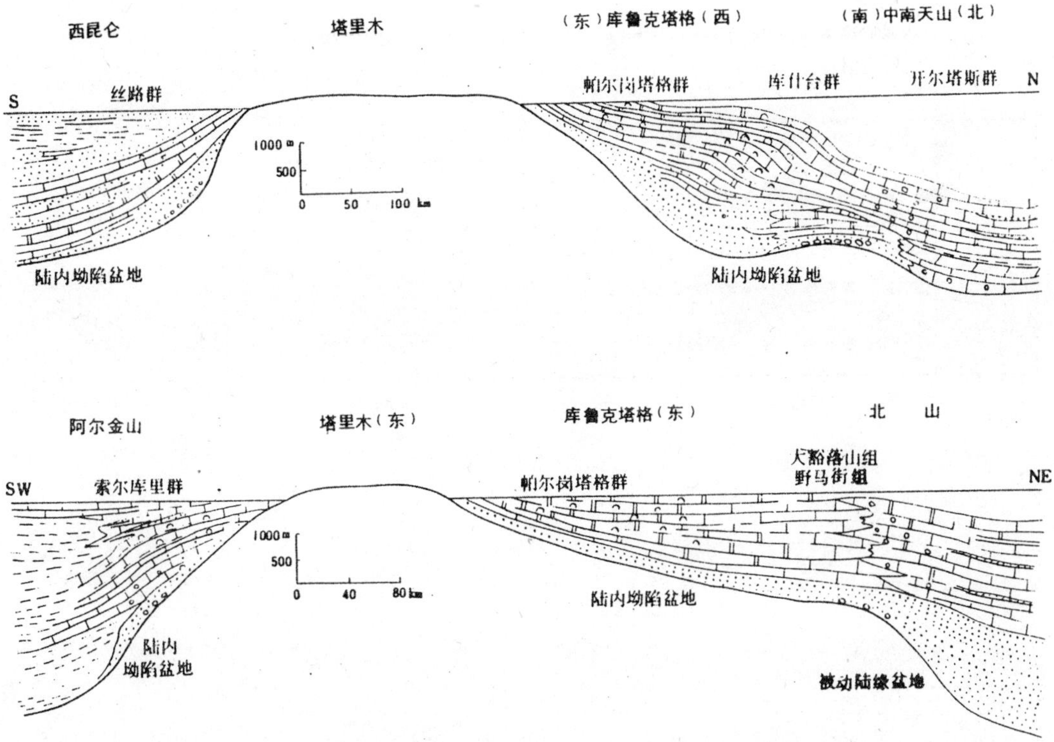

图3－8 塔里木—南疆青白口纪沉积构造格局剖面略图（图例同图3－5）

(二)塔里木—南疆沉积-构造格局

以塔里木地块为核心，南、北为陆内坳陷盆地，南部在初步固结的基底背景上，形成仍具一定活动性的滨—浅海坳陷盆地，以氧化环境紫红色、杂色泥质碎屑岩和碳酸盐岩不等厚互层为特征；北部自库鲁克塔格向北和东北，形成以准稳定类型为主的碎屑岩→碳酸盐岩和以碳酸盐岩为主的组合，库鲁克塔格向西(阿克苏—乌什地区)，北山向东在内蒙古过渡为活动类型碎屑流沉积(图 3-8)。塔里木运动最终固结，转入稳定状态。

第六节　小　结

现以表 3-15 作为本章小结。

表 3-15　前震旦纪沉积组合形成环境及演化简表

<table>
<tr><th>地质时代</th><th colspan="2">原岩组合</th><th>沉积-构造环境</th><th>演化趋势</th></tr>
<tr><td>青白口纪</td><td colspan="2">④碳酸盐岩为主
③下部泥质碎屑岩，上部碳酸盐岩
②泥质碎屑岩-碳酸盐岩不等厚互层
①火山岩{海陆相中酸性岩为主
海相基性岩—酸性岩</td><td>(4)陆内坳陷盆地
(3)陆缘断陷或被动陆缘盆地
(2)火山弧
(1)陆间裂陷火山盆地</td><td>稳定区与活动带分异阶段</td></tr>
<tr><td>中元古代</td><td colspan="2">⑥碳酸盐岩
⑤泥质碎屑岩
④碳酸盐岩-火山岩
③泥质碎屑岩-碳酸盐岩
②泥质碎屑岩-火山岩
①火山岩</td><td>(4)陆内坳陷盆地⑤—⑥组合为主
(3)被动陆缘盆地⑤—③—⑥组合
(2)活动陆缘盆地⑤—②—③或④组合
(1)陆间裂陷盆地①或②组合
每一种沉积-构造盆地一般都由两种以上组合组成</td><td>陆壳加厚陆缘增生阶段</td></tr>
<tr><td rowspan="3">早元古代—太古宙</td><td>中低级变质岩</td><td>⑥成熟度高泥质碎屑岩
⑤成熟度低泥质碎屑岩
④泥质碎屑岩-碳酸盐岩</td><td rowspan="3">(6)滨浅海坳陷盆地(内侧)
(5)浅海陆缘坳陷盆地(外侧)
(4)浅海陆架边缘坳陷盆地(内侧)
(3)浅海陆内-陆间裂陷盆地
(2)浅海陆坡-大陆边缘裂谷盆地
(1)初始表壳拉伸环境</td><td rowspan="3">陆壳形成阶段</td></tr>
<tr><td>中高级变质岩</td><td>③泥质碎屑岩-碳酸盐岩-火山岩
②泥质碎屑杂砂岩-火山岩</td></tr>
<tr><td colspan="2">①高级变质火山岩-泥质碎屑杂砂岩</td></tr>
</table>

第四章

震旦纪—志留纪

第一节 区域地层概述

西北区震旦纪—志留纪地层除藏滇地层大区外，其他4个地层大区均有分布，以塔北、中天山-北山地层分区及南秦岭-大别山和扬子地层区地层序列发育最为完整。

北疆—兴安地层大区(西段)震旦纪—志留纪地层，除阿尔泰外，一般出露较为零散，以奥陶纪—志留纪地层最为发育，但岩石组合变化较大，地层系统发育不全。震旦纪—寒武纪地层主要见于阿尔泰，由具陆坡性质泥碎屑复理石组成，西准噶尔局部有火山岩残余。奥陶纪地层，阿尔泰为活动类型泥质碎屑岩和中酸性火山岩所组成，西准噶尔从早期到晚期由泥质碎屑岩-具洋盆特征火山岩-泥质碎屑岩组成；东准噶尔以泥质碎屑岩为主夹火山岩，下部碳酸盐岩较为发育，为裂陷盆地沉积。志留纪地层，阿尔泰与东准噶尔特征近似，由浅海泥质碎屑岩、酸性火山岩组成，属上叠坳陷盆地沉积；西准噶尔由活动类型泥质碎屑岩、硅质岩及中基性火山岩组成，形成于裂陷-微洋盆环境。总体构成自北向南由被动陆缘坳陷盆地—活动陆缘盆地—扩张微洋盆的沉积构造格局，以奥陶纪活动最为强烈，志留纪晚期自北向南由东向西盆地逐渐收缩。

塔里木-南疆地层大区震旦纪—志留纪地层较为发育，地层序列完整，以塔北及中南天山—北山出露较好。震旦纪地层主要分布于塔北，以冰成岩为特征。寒武纪地层主要由稳定类型碳硅质岩、碳酸盐岩组成，底部普遍含磷。奥陶纪地层，各地层区岩石组合差异明显，塔北地层分区主要由泥质碎屑岩、碳酸盐岩组成，西段出现碳硅质岩夹层，总体为稳定—过渡类型沉积。中南天山—北山为活动类型泥质碎屑岩、碳硅质岩及火山岩和碳酸盐岩等不同组合。塔南至喀喇昆仑则由稳定类型碳酸盐岩-泥质碎屑岩组合过渡为活动类型，以夹火山岩为主要特征的组合。志留纪沉积差异更为明显，塔里木盆地南缘缺失，北缘主要由泥质碎屑岩组成，早期具类复理石沉积特征，中晚期为滨浅海环境。南天山至中天山、北山则由活动类型泥质碎屑岩、火山岩及碳硅质岩和少量碳酸盐岩以不同形式组合，构成具沟-弧-盆特征及裂陷盆地复杂的大陆边缘结构。喀喇昆仑沉积特征与奥陶纪近似。总之，本区震旦纪—志留纪的沉积是在晚元古代“古塔里木克拉通”背景上，经历震旦纪冰川作用和寒武纪的稳定发展之后，陆壳的活动性逐渐增强，在南天山出现次级扩张洋盆，塔里木南、北为被动陆缘，喀喇昆仑为裂陷-坳陷盆地。

华北地层大区(西、南地区)震旦纪—志留纪地层在晋冀鲁豫地层区(简称陆内区)和秦祁昆地层区(简称陆缘区)都有分布。震旦纪地层主要分布于陆内区的边缘地带，以及北祁连山、柴达木地区，以冰成岩为特征。寒武纪—奥陶纪地层最为发育，但普遍缺失早寒武世早—中期沉积，陆内区主要由碳酸盐岩组成，地层系统与我国华北稳定区相似，但在边缘地带晚寒武世—中、晚奥陶世出现活动—过渡类型泥质碎屑岩、碳酸盐岩组合；陆缘带为活动类型泥质碎屑岩、火山岩组合，仅柴达木盆地北缘碳酸盐岩较为发育。志留纪地层主要发育于祁连山，其次为柴达木地区，以早—中志留世地层为主，属残余盆地沉积。从本区早古生代地层的组成和分布反映，其沉积-构造格局自陆内区—陆缘带为陆内和陆缘盆地—被动和活动大陆边缘盆地—次级扩张洋盆。

华南地层大区（西北隅）震旦纪—志留纪地层在扬子地层区（简称陆内区）和南秦岭-大别山地层区（简称陆缘带）都很发育，各断代均为连续沉积，盆地边缘地带地层穿时明显。陆内区的地层系统总体与我国扬子地层区相似。陆缘带沉积较为复杂，沉积类型有活动、过渡和稳定，地层单位岩石组合类型繁多，有碳硅质岩、泥质碎屑岩、碳酸盐岩以及少数火山岩等不同岩类以不同形式组成，沉积类型、岩石组合类型、地层厚度往往与基底构造格局、断隆和断坳有关，构成复杂的沉积-构造盆地结构，扬子区为陆内坳陷盆地，南秦岭为被动陆缘盆地。

第二节　北疆-兴安地层大区（西段）

一、区域地层特征

本地层大区在西北为北疆地层区，区域上属西伯利亚板块南大陆边缘，其南为塔里木次级板块。震旦纪—志留纪是一个渐进演化、结构复杂的活动大陆边缘沉积区，自北向南，由东向西活动性逐步加强，地层序列及岩石组合特征既有南、北分异，又有东、西差异。这些地层由于受晚古生代沉积覆盖和构造改造、破坏，现今多数呈零散、孤立的露头分布。以奥陶纪、志留纪地层最为发育，主要分布于准噶尔地区。地层序列见表 2-1。

（一）震旦纪—寒武纪地层及形成环境

震旦纪—寒武纪地层主要出露于阿尔泰地层分区的西部，西准噶尔南部也发现有寒武纪火山岩，呈蛇绿混杂岩产出。

阿尔泰陆缘坳陷盆地沉积——哈巴河群①：为一套厚度巨大、成分单调、无明显标志层的细—中粒泥质碎屑岩组合。其中砂岩、粉砂岩与泥岩常组成中、小旋回和韵律，个别发育有斜层理和较多的冲刷构造，泥岩中富含黄铁矿。可见厚度达 7 000 余米。属浅海活动类型沉积，具复理石建造特征。未见与下伏地层关系，上覆地层时代有晚奥陶世和震旦纪—寒武纪两种不同意见，王广耀等（1984）据其中所含丰富微古植物化石（共 17 属 34 种），结合其上覆地层的关系划为震旦纪—寒武纪，并获得较多人的支持，故本书采用王氏的意见。据上述哈巴河群的组成特征结合区域资料分析，该群代表北疆元古宙克拉通上早期坳陷沉积，由于它处于准噶尔元古宙地块的北部边缘，故归为陆缘坳陷盆地沉积。

（二）奥陶纪地层及形成环境

奥陶纪沉积-构造格局进一步分化，为早古生代强盛活动期，自北向南，由东向西为裂陷盆

① 新疆岩石地层研究报告（1994）称喀纳斯群，指原哈巴河岩系中的浅变质岩系。鉴于哈巴河岩系命名于 1957 年，而喀纳斯群命名于 80 年代，按命名优先原则，本书采用哈巴河群。

地—扩张微洋盆。有三种地层序列，分别形成于三种沉积-构造盆地。

1. 阿尔泰初始裂陷盆地沉积

其代表性地层序列，下为海相中酸性火山岩为主的组合（东锡勒克组），上为浅海泥质碎屑岩-碳酸盐岩组合（白哈巴组），构成火山岩-沉积岩组合序列，时代为晚奥陶世。

东锡勒克组主要由霏细岩、安山岩、熔结凝灰岩、英安岩等安山岩-英安岩-流纹岩组合，夹少数细碎屑岩、硅质岩。底部为不稳定紫色砾岩，厚度近千米，具初始裂陷火山岩组合特征。

白哈巴组为一套钙泥质粉砂岩、砂岩与灰岩不等厚互层，厚 740～1 280 m，富含珊瑚、腕足类、三叶虫等化石，为浅海沉积。

上述组合序列与下伏震旦纪—寒武纪地层之间未直接发现早—中奥陶世地层，但在东部富蕴—青河地区有一套中级变质碎屑岩，新疆 1：20 万地质图（1985）归为早—中奥陶世，也许代表该盆地早期沉积的残余，因此，阿尔泰奥陶纪的组合序列可能为泥质碎屑岩-火山岩-泥质碎屑岩、碳酸盐岩，反映其沉积构造环境是在陆壳背景上，经历坳陷盆地—初始裂陷盆地—残余盆地演化，以初始裂陷盆地为主体。

2. 东准噶尔裂陷盆地沉积

发育中—晚奥陶世地层，由陆源碎屑岩、火山碎屑岩、火山岩及碳酸盐岩不等厚频繁交替组成，厚度 2 000～5 000 m 不等。与顶底邻接时代地层未见原始沉积关系。总体为泥质碎屑岩-碳酸盐岩-火山岩-泥质碎屑岩组合序列。

中奥陶世为杂色调的灰岩、生物灰岩夹凝灰砂岩和安山玢岩，厚 74～350 m（加波萨尔组）。中—晚奥陶世火山岩较为发育，厚度达 1 500～5 000 m，称荒草坡群。荒草坡群下部碎屑岩成熟度较低，含杂质，碳酸盐岩含硅质；中部以中酸性火山熔岩及同源凝灰岩为主，最厚达 2 328 m，岩性、厚度横向变化大；上部为砂岩、粉砂岩，不同程度含凝灰质，厚度 600～1 700 m。上述特征反映，东准噶尔奥陶纪沉积是在陆块上由坳陷盆地演化为裂陷盆地沉积，裂陷中的局部具初始洋的特征。下部代表裂陷初始阶段陆源碎屑沉积，中部火山岩为裂陷阶段沉积记录，上部代表裂陷衰弱阶段沉积。沉积演化总体与阿尔泰地区相似，但裂陷规模较阿尔泰大。

3. 西准噶尔扩张微洋盆沉积

地层发育较全，地层序列连续性较好，以西准噶尔西段为代表，自下而上为泥质碎屑岩、凝灰碎屑岩-火山岩-泥质碎屑岩组合序列。

早奥陶世为碎屑岩-泥质硅质岩组合，厚度 2 000～4 000 m，碎屑岩以粉砂岩、凝灰质砂岩为主，陆源碎屑岩成熟度低，变质后为黑云、绢云石英片岩、石英岩、绢云千枚岩、粉砂质板岩、片理化凝灰质砂岩等等。下部拉巴组以滨浅海碎屑岩为主，含钙质，厚 1 600 余米；上部图龙果依组为浅海的泥质岩为主，夹硅质岩、英安凝灰岩及少数杏仁状安山玢岩，厚度 1 200～3 100 m，属扩张洋盆早期坳陷盆地沉积。

中奥陶世科克沙依组，整合于早奥陶世地层之上，为厚度巨大的酸性和基性火山岩组合，岩性复杂，厚度变化迅速。下部以酸性火山熔岩、硅质岩、碧玉岩及各种凝灰岩不等厚交互组成，夹基性火山岩及少数薄层灰岩，厚度 2 000～3 500 m；上部为中酸性、基性熔岩及凝灰岩和硅质岩组成，厚度 780～1 600 m。基性火山岩主要为玄武岩、细碧岩，具枕状、杏仁等构造；酸性火山岩为流纹岩、霏细岩；中性火山岩为辉石安山岩，硅质岩含放射虫化石，具次级扩张洋盆组合特征。西准噶尔东北部同期沉积（布鲁克其组）主要由灰岩夹凝灰岩、凝灰砂岩及安山玢岩组成，与科克沙依组不同，而与东准噶尔加波萨尔组更为相似，属东、西准噶尔过渡区的沉积。

北疆唐巴勒蛇绿岩及洪古勒楞蛇绿岩为西准噶尔奥陶纪洋盆的残存沉积记录，形成时代前者略早，后者较晚，对这两套蛇绿岩前人已有较多的研究。据肖序常等(1992)资料，唐巴勒蛇绿岩形成于晚寒武世—早奥陶世，自上而下由4个相层组成：细碧质熔岩和放射虫硅质岩；非堆晶镁铁质杂岩；少量镁铁质堆晶岩；变质橄榄岩，未发现大量席状岩。洪古勒楞蛇绿岩据其上覆为中奥陶世布鲁克其组，故暂归为早—中奥陶世，由变质橄榄岩；超镁铁质-镁铁质堆晶岩等；安山岩类、玄武岩及其同源火山碎屑岩组成，构成火山-复理石组合。

晚奥陶世布龙果尔组分布局限，整合伏于早志留世地层之下，由杂色调凝灰质砂砾岩、砂岩、粉砂岩夹硅质岩、生物灰岩组成的泥质碎屑岩-碳酸盐岩组合，可见厚度300～380 m，属洋壳闭合后的残余盆地沉积。

上述，反映西准噶尔奥陶纪自北向南活动性逐渐加强，南部在晚寒武世扩张微洋盆背景上进一步向北扩张，故北部微洋盆出现较晚，晚奥陶世自北向南微洋盆逐渐衰弱闭合。

(三)志留纪地层及形成环境

在晚奥陶世活动性衰弱的背景上，志留纪地层主要由泥质碎屑岩组成，但西准噶尔南部火山岩仍很发育。东准噶尔地层序列与阿尔泰相近似，与西准噶尔有所差别。

1. 阿尔泰—东准噶尔上叠坳陷盆地沉积

主要由中—晚志留世地层组成。东准噶尔由粉砂岩、细砂岩、砂砾岩夹凝灰岩及少数生物灰岩组成，与下伏奥陶纪地层有超覆关系，与上覆泥盆纪地层整合，局部有超覆。依内部组成特征分为两个组级地层单位：下部白山包组为灰绿、灰黄色，碎屑物较粗，厚度150～675 m，含图瓦贝化石；上部红柳沟组为紫红等杂色调，碎屑物较细，具韵律和条带构造，局部夹含放射虫硅质岩及少数中基性火山岩，厚度400～600 m，局部直接超覆于奥陶纪地层之上。据所含化石，上部层位时代为晚志留世—早泥盆世早期。阿尔泰地区为一套厚度大的中级变质岩石组合(库鲁木提群)，多数地质工作者都将其归为中—晚志留世沉积。据上述特征分析，阿尔泰、东准噶尔志留纪地层形成于晚奥陶世裂陷盆地闭合隆升过程，属上叠盆地沉积，但各具体地段的活动性仍有差异，如在阿尔泰南部活动性仍然较大，并出现有酸性火山岩，局部坳陷较深处，出现含放射虫硅质岩。

2. 西准噶尔裂陷—微洋盆沉积

地层系统发育较全，自中志留世始，南、北有所不同。北部以泥质碎屑岩组合为主，南部为泥质碎屑岩-火山岩组合。

早志留世南、北部均由凝灰质粉砂岩、细砂岩组成，含有笔石、珊瑚等化石。北部(布龙组)碎屑物较细，偶有硅质条带或出现硅质岩，厚度200 m左右，与奥陶纪地层为整合。南部(恰尔尕也组)为杂色调，碎屑物较细，厚度1 000 m左右，与中奥陶世为平行不整合，反映南、北基底背景略有不同。

中—晚志留世，北部由陆源碎屑岩-火山碎屑岩夹少数火山熔岩和碳酸盐岩，普遍含珊瑚、腕足类和双壳类等化石。下部沙尔布尔组主要由灰、灰绿色安山质凝灰岩夹薄层或凸镜状生物灰岩，可见厚度400～700 m；上部克克雄库都克组以灰绿、紫红色的凝灰质砂岩、粉砂岩为主，具复理石沉积特征，可见厚度700～1 600 m。据所含化石，下部为中志留世，上部为晚志留世。

南部玛依拉山群呈断块产出，原始层序复杂。主要由灰、灰绿、紫绿色凝灰质砂岩、粉砂岩、细砂岩、长石杂砂岩及砂砾岩、凝灰岩不等厚交替组成，夹放射虫硅质岩(碧玉岩)、安山玢岩、玄武岩、细碧岩、辉绿岩及少数石英钠长斑岩，可见厚度达数千米。含有珊瑚、腕足类、笔石等化石。局部地区被早、中泥盆世地层超覆。据张良臣(1994)认为,位于唐巴勒蛇绿岩之北的玛依拉蛇绿岩由变质橄榄岩、枕状熔岩、放射虫硅质岩组成,侵位于中—上志留统,因此上述玛依拉山群主体可能属玛依拉蛇绿岩的上覆层位,其内可能卷入有玛依拉蛇绿岩成分。因此,西准噶尔志留纪在北部由残余盆地演化为裂陷盆地,南部则为微洋盆,代表早古生代本区第二次扩张作用,但其规模比奥陶纪小。

上述西准噶尔志留纪地层特征说明早期在晚奥陶世基底不一的背景上经历一段相对稳定时期,形成厚度不大,以氧化环境为主的残余盆地沉积;中—晚期活动性再次加强,南部出现缓慢拉张微洋盆,北部有微洋盆后缘裂陷海盆,在裂陷海盆之后为阿尔泰—东准噶尔上叠坳陷盆地,构成活动性向南递增的活动大陆边缘沉积区,这种格局持续到早泥盆世早—中期。

二、生物特征

北疆-兴安地层大区自震旦纪始,开始广泛接受海侵沉积物,其时本区又处在低纬度地带,有利于生物的衍生、发展,微古植物开始繁衍、发展。直至奥陶纪晚期各门类生物逐渐繁盛,到志留纪生物的门类和数量显著增多。由于生物地层的研究程度较低,奥陶纪—志留纪的化石组合和化石带尚未建立。现简述如下。

(一)各时代地层生物特征

震旦纪—寒武纪:此时未见真正的无脊椎动物,仅出现一些软躯体的后生动物似几丁虫。植物界中的微古植物以 *Leiopsophosphaera*,*Turuchanica*,*Micrhystridium* 等为代表。

奥陶纪:是笔石动物的繁盛时期,但本区的阿尔泰地层分区、北准噶尔地层分区却是壳相生物的珊瑚、腕足类、腹足类和三叶虫的大量繁盛,同时尚有头足类、棘皮类、藻类、层孔虫、苔藓虫,未见笔石动物出现。中奥陶世以三叶虫 *Remopleurides*,腹足类 *Maclurites* 为代表;晚奥陶世以产珊瑚 *Plasmoporella* 为特征。

志留纪:西准噶尔地层小区的早志留世以笔石 *Monograptus* - *Streptograptus* - *Demirastrites* 组合(带)为代表;中志留世则是珊瑚 *Halysites*,*Mesofavosites*,*Holmophyllum*,*Junggrophyllum* 等的大量繁盛,伴以三叶虫 *Encrinurus* 为特征;晚志留世为蕨类植物 *Zosterophyllum*,笔石 *Monograptus* 和腕足类、腹足类、头足类、双壳类、三叶虫、竹节石、珊瑚等混生是其特色。

东准噶尔地层小区中志留世属于图瓦贝生物地理区,以图瓦贝科和德姆贝科大量繁盛为主要特征,典型分子有 *Tuvaella gigantea*,*T. rackovskii*,*Leptostrophia*,晚志留世为介壳相,含特征性珊瑚 *Squameofavosites*。

(二)图瓦贝动物群在中国西北部的分布

图瓦贝(*Tuvaella*)地质历程短,分布范围有限,形态构造颇为特殊,与共生的腕足动物一起称为图瓦贝动物群。志留纪图瓦贝动物群为冷水型生物,属于西伯利亚生物大区。

1. 图瓦贝动物群的时空分布

根据 *Tuvaella* 产地的分布位置,可分为东区和西区。西区包括我国西北部的新疆东准噶尔白山包和红柳峡、俄罗斯罗德诺阿尔泰,阿尔泰-萨彦地区和图瓦盆地及蒙古西部湖区。东区包括我国内蒙古东乌旗、额尔古纳河东岸、大兴安岭中段和黑龙江省小兴安岭西北部以及蒙古东部,俄罗斯东外贝加尔、上阿穆尔和结雅河流域。两区都在北纬 45°～55°之间。

2. 图瓦贝在西北区产出层位及生态环境

西区 *Tuvaella* 主要产在北疆-兴安地层大区东准噶尔地区的中志留世白山包组，该组总厚 675 m。岩性为薄层至中厚层灰质、泥质粉砂岩、细砂岩及砂质灰岩的不均一互层，常含海绿石。*Tuvaella gigantea* 组合产于白山包组上部灰质、泥质粉砂岩、细砂岩和砂质灰岩，甚至砾岩的灰质胶结物中。说明 *Tuvaella* 动物群是代表一个近岸的海洋底栖生物群落，生活在富氧、水动力条件不稳定的浅水中。

三、沉积盆地分析

从更广泛的时空领域来看，北疆地区处于西伯利亚和塔里木两个规模不等地(板)块之间，属“古中亚洋盆”南缘的组成部分，内有若干规模更小的地块，主体属西伯利亚板块南大陆边缘区，经历多阶段沉积-构造演化。由于早古生代及更早的沉积记录保留较为零散，在众多的区域地质构造研究文献中，主要论述中—晚古生代以来的沉积构造演化史。现依本区震旦纪—志留纪地层组成特征及时空分布规律对沉积盆地的形成演化做概略分析。

(一)沉积盆地类型及时空关系

北疆地区震旦纪—志留纪沉积盆地有：陆缘坳陷盆地、裂陷盆地、残余盆地、上叠盆地、扩张早期坳陷盆地和微洋盆等 6 种类型。各类盆地时间上互为交替叠置，空间上既有突变又有渐变，总体上前 4 类分布于阿尔泰和东准噶尔，后两类分布于西准噶尔，基本反映本区活动大陆边缘沉积构造演化特点(图 4-1)。

(二)沉积盆地形成演化

虽然北疆地区目前未直接划分出前震旦纪地层，但在额尔齐斯构造混杂岩带中发现有前震旦纪物质记录。结合邻区资料分析，前震旦纪基底可能于中元古代早期固结，因此多数研究者普遍认为北疆震旦纪以来的沉积-构造演化是在“新疆古克拉通”背景上，经过不同时期多次裂解、聚合的过程。震旦纪—寒武纪地层厚数千米，具复理石特征的哈巴河群代表了“新疆古克拉通”北部显生宙活动带新生初始阶段的沉积，当时坳陷中心可能在阿尔泰以北，阿尔泰为坳陷中心南部活动边缘，阿尔泰以南可能仍处于稳定状态。

中寒武世以后，北疆古陆壳才真正开始裂解，中、晚寒武世—中奥陶世为裂解鼎盛期，北疆可能为“古中亚洋”的中间地块，在新疆境内，扩张中心起始于准噶尔南部，从晚寒武世—中奥陶世扩张范围逐渐扩大，自南向北扩张规模逐渐减弱，形成如下盆地组合：①唐巴勒洋盆蛇绿岩($\in_2$—O_1)-②科克沙依火山盆地(O_2)-③洪古勒楞洋盆蛇绿岩(O_1—O_2)-④东准噶尔、阿尔泰裂陷盆地，早期为活动—准活动类型碎屑岩、碳酸盐岩夹火山岩组合。其中，②、③盆地下部为 2 000 m 以上陆源泥碎屑岩(拉巴组)，向上逐渐出现凝灰质砂岩、凝灰岩及安山岩(图龙果依组)，向东、北出现碳酸盐岩(布鲁克其组及东准噶尔加波萨尔组)，代表了扩张早期初始坳陷盆地，证明扩张盆地是奠基于陆壳背景上产生的，而且自南向北(东)扩张规模减弱，南部为洋盆(早)，北、东部为裂陷盆地(晚)。

唐巴勒蛇绿岩的形成环境据肖序常等(1992)研究认为，不同于特提斯型蛇绿岩，而更像是经历初始岛弧的缓慢拉张而形成的有限洋盆，其形成宽度不大于 2 400 km，视为边缘洋盆或弧后洋盆更为确切，据此我们称为微洋盆。张良臣(1994)认为洪古勒楞蛇绿岩是弧后盆地扩张

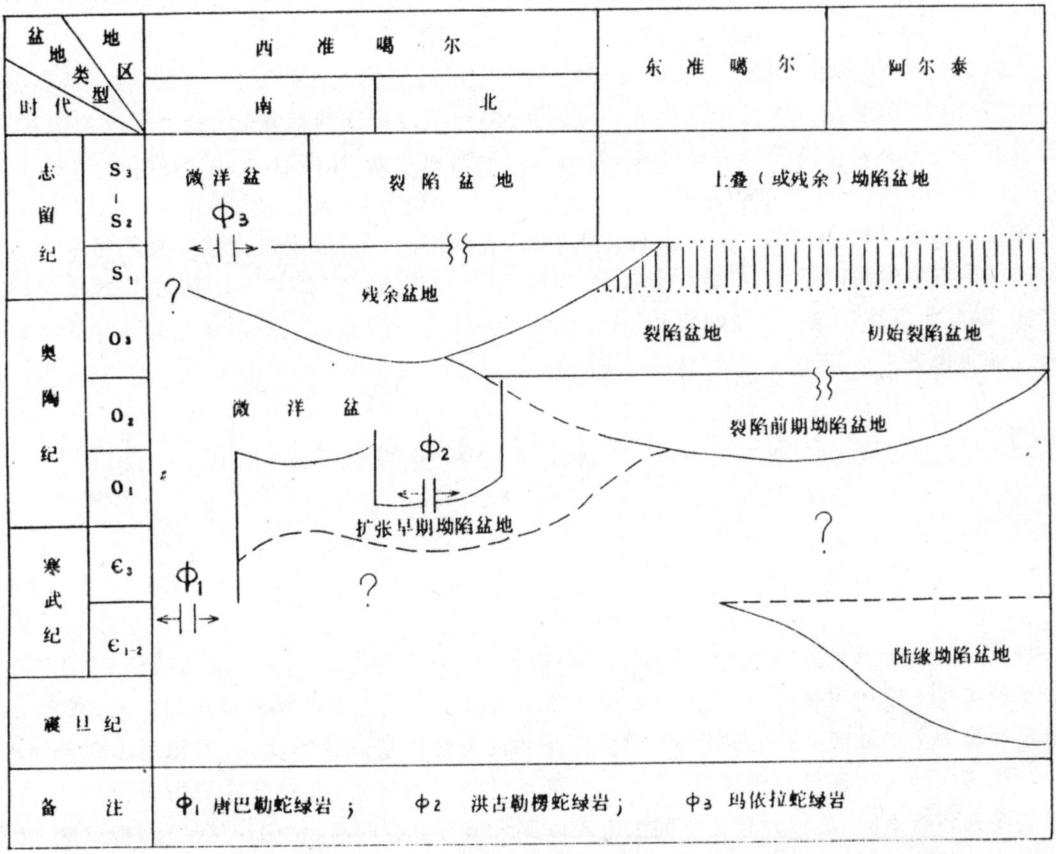

图 4－1　北疆震旦纪—志留纪沉积盆地类型及时空关系示意图

形成小洋盆，结合科克沙依组的特征分析其形成规模较唐巴勒蛇绿岩要小。因此晚寒武世—早奥陶世北疆陆壳拉张规模仅达微洋盆，属有限拉张环境。

晚奥陶世—早志留世，北疆陆壳的扩张规模出现转向，西准噶尔为残余盆地，形成一套由滨浅海—浅海泥质碎屑岩-碳酸盐岩组合，厚度不到 500 m，向南达 1 000 m，东准噶尔及阿尔泰则在前期坳陷盆地基础上发展为裂陷盆地，形成一套厚度达 5 000 m 杂陆源碎屑岩-中酸性火山岩组合，火山岩最厚达 2 000 余米。这种扩张转向可能是西准噶尔南部洋盆，在晚奥陶世衰减闭合过程向北（东）俯冲的效应，使其仰冲盘逐渐隆升而形成残余盆地，其后缘在仰冲过程拉张形成裂陷盆地，在裂陷中心处出现中酸性火山岩。但拉张时间很短，于晚奥陶世晚期即停止，并开始隆升，因此缺失早志留世沉积。在东准噶尔、阿尔泰隆升过程，其前缘的西准噶尔则继续坳陷，出现早志留世沉积，在泥质碎屑岩中夹有形成于较深水环境的硅质岩。

中—晚志留世，北疆产生第二次扩张，扩张规模较奥陶纪小，但仍表现由北向南活动性增强。西准噶尔南部形成玛依拉蛇绿岩，其北在残余盆地基础上形成陆源碎屑岩-火山碎屑岩-火山熔岩组合夹碳酸盐岩，具复理石建造组合特征。东准噶尔、阿尔泰在早志留世隆升背景上形成一套厚度 500～1 200 m 的浅海—次深水陆源细碎屑岩夹含放射虫硅质岩及少量中基性火山岩，自南向北（东）构成微洋盆—裂陷盆地—上叠坳陷盆地沉积—构造格局。这种格局持续到早泥盆世早期。据张良臣(1994)研究，玛依拉蛇绿岩基性火山岩为拉斑玄武岩系列，形成于深海和洋谷岛区—岛弧区，结合玛依拉山群组成特征分析，其形成环境与唐巴勒蛇绿岩有些类似，但岛弧特征似乎更为明显，因此它的扩张规模和持续时间比唐巴勒蛇绿岩小和短。

综上分析，将北疆震旦纪—志留纪沉积-构造盆地的演化概括如下：在前震旦纪“新疆古克拉通”背景上，震旦纪—寒武纪陆壳先后分裂解体，形成北疆次级陆块，陆块上形成坳陷盆地；晚寒武世—中奥陶世陆壳分裂达鼎盛，自南向北形成微洋盆-裂陷盆地；晚奥陶世—早志留世洋壳向北(东)俯冲，仰冲盘隆升形成残余盆地，后缘拉张形成裂陷盆地，随后隆升；中—晚志留世在相对稳定、隆升的背景上，产生第二次扩张，自南向北(东)形成微洋盆—裂陷盆地—上叠盆地。早古生代两次扩张，在时空上强弱、规模不同，出现强弱交替互为叠置，扩张规模仅达微洋盆。因此北疆震旦纪—志留纪沉积-构造演化是一个经历双阶段以有限洋盆为主导活动的大陆边缘演化史。

第三节　塔里木-南疆地层大区

一、区域地层特征

震旦纪—志留纪各时代地层都有分布，它是在晚元古代塔里木基底最终固结后的背景上主要沿塔里木地块周缘沉积。震旦纪地层主要由与冰成作用有关的泥质碎屑岩组成；寒武纪以稳定类型为主的陆表海—陆架沉积；自奥陶纪始陆壳开始新一轮活动，沉积作用出现分异；各次级地层区的地层逐渐出现差异；志留纪陆壳活动性最为强盛，沉积分异更为明显，各地区的地层序列各有不同。这种分异在空间上表现以南天山为中心向南、北侧迁移变化，构成南、北两个结构不同的大陆边缘沉积区，以北大陆边缘沉积最为复杂。地层序列见表2-1。

依各地层单位组成岩石的特征将其归纳为6种岩石组合类型：①含磷碳硅质岩组合、②碳酸盐岩组合、③泥质碎屑岩—碳酸盐岩组合、④泥质碎屑岩组合、⑤火山岩组合、⑥冰成岩组合。在②、③、④、⑥组合中，部分夹有火山岩。前3种组合一般为稳定和过渡类型沉积，后3种组合为过渡和活动类型沉积。

(一)震旦纪地层——大陆冰川和冰海沉积

主要分布于库鲁克塔格、伊犁、柯坪和铁克里克等地，其中以库鲁克塔格发育最为完整，久已驰名中外，前人已做了较多的研究。库鲁克塔格群由下到上为：早期见义西组、照壁山组、阿勒通沟组、特瑞爱肯组；晚期扎摩克提组、育肯沟组、水泉组、汉格尔乔克组。下与青白口纪帕尔岗塔格群不整合接触，上与早寒武世地层平行不整合。见义西组主要为滨海相泥质碎屑岩组合夹火山岩，下部为海相冰碛岩，厚度640～1 660 m；照壁山组为滨海相泥质碎屑岩组合，厚358～570 m，是库鲁克塔格地区冰期Ⅰ与冰期Ⅱ两者的良好间冰期沉积；阿勒通沟组以滨海—浅海相泥质碎屑岩组合为主，局部地区有火山岩，中部及下部有海相“冰碛岩”，总厚588～1 525 m，西部较薄，往东变厚；特瑞爱肯组为海相冰碛岩，上部碎屑岩夹层少见，厚690～1 845 m；扎摩克提组为一套较厚的碎屑岩、泥质岩薄层韵律的互层，并夹火山岩，整体为砂岩复理石沉积，与下伏特瑞爱肯组之间有沉积间断及不整合，厚559～923 m；育肯沟组为浅海相泥碎屑岩，厚80～583 m；水泉组为浅海碳酸盐岩-碎屑岩组合，中部含磷，厚135～307.5 m；汉格尔乔克组为大陆冰川型沉积，厚66～467 m；西部和中部较厚，在东库鲁克塔格厚度仅10多米，部分地区甚至缺失。柯坪地区震旦纪地层为乌什南山群①，早期尤尔美那克组为块状杂砾岩，属陆相冰川堆积，厚度数米至 80 m；晚期苏盖特布拉克组主要为一套强氧化环境的紫红色滨海—浅海相碎屑岩，顶部有碳酸盐岩，厚 61～894 m；其上奇格布拉克组为滨海—浅海相碳酸盐岩沉积，厚度变化不大，140～195 m。天山西段的凯拉克提群以泥质碎屑岩为主，夹冰碛岩。总厚 800 余米，由 6 个组组成（表 2－1），其中早期库鲁铁列克提组、别巴西套组和晚期塔里萨依组均为冰碛层位，塔南、西昆仑地区的震旦纪地层称恰克马克力克群，底部为粗碎屑岩，下部为冰碛岩夹硅质岩，中部为碎屑岩夹冰碛岩，上部以碎屑岩为主，总厚达 1 727 m，马世鹏等(1989)将这 4 部分分别命名为 4 个组②（表 2－1）。

据上述的沉积序列及组成岩石特征，一般以库鲁克塔格地区为代表，划分为三个冰期，两个间冰期，但北山、塔南和柯枰地区发育不全（表 4－1）。高振家等(1980)将库鲁克塔格冰成岩

表 4－1　塔里木—南疆震旦纪冰期划分对比简表

地质时代	塔南铁克力克	塔北阿克苏—乌什	塔北库鲁克塔格	天山西果子沟	北山罗雅楚山东
上覆地层	奇自拉夫组	玉尔吐斯组	西大山组	磷矿沟组	双鹰山组
晚震旦世	克孜苏胡木组	乌什南山群：奇格布拉克组	库鲁克塔格群：▲▲▲汉格尔乔克组	凯拉克提群：▲▲塔里萨依组	洗肠井群：▲▲▲ 上岩组
	库尔卡克组		水泉组	塔尔恰特组	中岩组
	恰克马克力克群：雨塘组	苏盖特布拉克组	育肯沟组		▲▲
	克里西组		扎摩克提组	喀英迪组	下岩组
早震旦世	▲▲	▲▲	▲▲特瑞爱肯组	▲▲别西巴斯套组	
	波龙组	尤尔美那克组	阿勒通沟组	吐拉苏组	
	牙拉克兹组		照壁山组	▲库鲁铁列克提组	
			▲见义西组		
下伏地层	苏库洛克组	巧恩布拉克群	帕尔岗塔群	开尔塔斯群	圆藻山群

▲早冰期　▲▲中冰期　▲▲▲晚冰期

划分为三种沉积类型并作了详细论述，这三种类型为：①冰川-海洋型（简称冰海），早冰期见义西组和中冰期阿勒通沟组—特瑞爱肯组（下部）属此类型；②大陆冰川型，以晚冰期汉格尔乔克组下中部为代表；③过渡型（大陆—海洋冰川）汉格尔乔克组上部及特瑞爱肯组上部属此类型。据此划分说明早冰期为冰海沉积，中冰期由冰海沉积向大陆冰川沉积过渡，晚冰期由大陆冰川沉积向冰海沉积过渡，冰川活动常伴有浊流沉积及滑塌等，反映了新疆震旦纪沉积环境变化特点。总体上早、中期以冰海沉积为主，晚期以大陆冰川为主。但从各冰期岩石组成特征，大陆冰川并非山岳冰川类型，而更接近于大陆冰盖类型，冰海沉积也较为复杂，包含了浮水所携带的冰川泥砾、冰水消融过程的落石与正常海相沉积物的混杂等等组合，如柯坪阿克苏—乌什地区乌什南山群则表现为由陆地、冰川向滨浅海沉积的序列组合，高振家等（1993、1995）曾指出，中冰期尤尔美那克组与下伏巧恩布拉克群之间不整合面上发现有冰溜面，是陆地冰川主要证据之一，其沉积相序自下而上为块状杂砾岩→微细层状含砾砂、粉砂岩相→块状杂砾岩相，反映

① 新疆岩石地层研究报告(1994)，乌什南山群包含巧恩布拉克组（群），且一并归为震旦纪，本书已将巧恩布拉克群归为青白口纪，详见本书青白口纪地层。

② 马世鹏等的恰克马克力克群未含底部的牙拉克孜组。现依沉积组合序列，将牙拉克孜组亦归恰克马克力克群。

了两次冰进和一次冰退过程。晚期碎屑岩-碳酸盐岩组合则为滨浅海沉积。中天山西段凯拉克提群虽然也有三套可与库鲁克塔格地区相对比的冰成岩，但厚度较薄、稳定性较差，与海相沉积互变，总体的冰海沉积为主，缺少陆上冰川的特征。塔南、西昆仑恰克马克力克群仅有两个冰成层位，下部波龙组为海相冰成岩和浊积岩，它平行不整合于底部牙拉克孜组山麓冲洪积相之上；上部雨塘组冰成岩特征与下部波龙组相似，它平行不整合于代表冰退冰融细碎屑岩-泥岩组成的克里西组之上（马世鹏等，1989），这两次冰期大致相当于塔北第二和第三冰期。

以上说明南疆震旦纪处于大陆冰川与冰海复杂交替变化环境，基底极不平坦，沉积物及厚度变化较大，除二次间冰期形成滨浅海碎屑岩及碳酸盐岩外，在冰海沉积岩层中也夹杂有正常海相沉积岩。此外在冰期和间冰期沉积层中如见义西组、阿勒通沟组和扎摩克提组、水泉组、库鲁铁列克提组中都夹有以基性为主的火山岩，这类火山岩主要与断裂构造关系较为密切，说明当时地壳仍具一定活动性，形成冰川交融、火山活动和海陆交替变化的复杂沉积环境。

（二）寒武纪地层——陆表海—陆架次深水沉积

在塔里木基底最终固结后，地壳逐渐转入稳定时期，经历震旦纪冰川作用，基底趋于较为平坦，寒武纪沉积几乎成被覆式覆盖全区，仅中天山北部目前尚未发现，塔里木以南由于被以后沉积覆盖和改造而出露零星。组成岩石空间上变化不大，主要为含磷碳硅质岩和碳酸盐岩两种组合，总体处于陆表海—陆架沉积。塔里木南部依残存少数沉积记录与库鲁克塔格近似，塔里木以北至中天山—北山为陆架浅海次深水环境，但沉积演化过程、盆地隆升和沉降有交替迁移变化。

西（南）部地层序列以柯坪地区为代表：早寒武世下部玉尔吐斯组① 为含磷、铀、黑色硅质岩、碳质页岩，向上为海绿石砂岩、粉砂岩、碳质、泥质页岩及灰岩、白云岩；上部肖尔布拉克组为灰岩夹白云质灰岩、白云岩，总厚度 12～247 m，含小壳化石、软舌螺、三叶虫及微古植物等多门类化石。据小壳化石组合，其时代为梅树村中—晚期。中寒武世阿瓦塔格组为岩性单一的白云岩、灰岩夹竹叶状灰岩，厚度 77～1 096 m，含三叶虫化石。晚寒武世—早奥陶世丘里塔格组为隧石条带灰岩、角砾状灰岩为主，夹白云岩、页岩和砂岩，厚度 106～351 m，含三叶虫化石。向东（北），库鲁克塔格地区地层序列与柯枰地区大致相似，其不同点如下：早寒武世西大山组局部夹有薄层玄武岩、凝灰岩，厚度较大，40～507 m，据所含三叶虫及古杯化石为沧浪铺中晚期；中寒武世莫合尔山组下部出现紫色钙质页岩、砂岩，角砾状灰岩较为发育，厚度略小，72～700 m；晚寒武世—早奥陶世突尔沙克塔格组区域上角砾状灰岩、白云岩较为发育，厚度变化在 103～2 620 m。上述可见，柯枰—库鲁克塔格一带寒武纪—早奥陶世地层序列及组成特征总体变化不大，早寒武世沉积向东略晚。

中部卡瓦布拉克地区地层序列与西（南）部略有差别，早寒武世黄山组为杂色调砂岩、凝灰砂岩夹灰岩、硅质岩组合。底部出现薄层砂砾岩，砂岩含磷，厚度小于 270 m，其时代缺乏古生物化石依据，依其不整合于元古代地层之上，整合覆于南灰山组之下，故暂归于早寒武世。中寒武世—早奥陶世南灰山组由暗色硅质岩与灰岩不等厚互层组成，夹钙硅质页岩，厚度变化大，30～984 m，含三叶虫化石。

东（北）部地层序列以北山地区为代表：早寒武世双鹰山组由含磷泥硅质板岩、硅质岩、千

---

① 高振家等（1985）在 1979、1982 年调查时，将肖尔布拉克组下部含三叶虫层位之下，以含磷碳质、硅质岩组合为特征的地层单独划分出，并建立玉尔吐斯组。该组的建立完全符合岩石地层单位的划分，故本书采用此名。

枚岩及生物灰岩组成，下部以硅质岩、板岩为主，底出现含砂砾的灰岩及重晶石凸镜体，上部灰岩较多，厚度100 m左右，向西最厚达700 m，含三叶虫、海绵骨针、软舌螺等化石，其时代为早寒武世—中寒武世早期。中晚寒武世西双鹰山组由黑色硅质岩与薄层灰岩不等厚互层，下部含磷、铀、钒，灰岩含三叶虫，厚度变化较大，北山一般100 m左右，向西最厚可达700 m左右，并超覆于震旦纪地层之上。西部中天山南坡果子沟地区与北山大体相似，早、中寒武世为砂岩、粉砂岩、黑色硅质岩夹灰岩，底部为不稳定砾岩，下部夹含磷砂岩、灰岩，中部夹含磷硅质岩，厚度小于100 m。早寒武世磷矿沟组含三叶虫、海绵骨针，时代为沧浪铺晚期。晚寒武世—早奥陶世早期果子沟组由岩性较为单一的灰岩及硅质条带灰岩组成，厚度小于50 m。上述寒武纪地层反映如下特点和规律，①早寒武世普遍以含磷碳硅质岩、泥质岩组合为特点，其时代由西(南)向东(北)从早寒武世早期到中寒武世早期，具明显穿时特征(图4-2)，东(北)部早期地层底部普遍有薄层不稳定砾岩；②中—晚寒武世自西(南)向东(北)由内碎屑碳酸盐岩组合-碳酸盐岩含磷硅质岩组合—含磷碳硅质岩夹互薄层灰岩组合；③地层厚度由西向东，从南向北变薄，以库鲁克塔格最厚；④与下伏震旦纪、上覆奥陶纪地层分别为平行不整合和整合关系。这些规律说明寒武纪塔里木以北处于稳定陆架环境，早期以次深水还原环境为主，当西(南)地区开始接受沉积时，东(北)地区还处于剥蚀状态，随后，西(南)地区坳陷与补给趋于平衡，形成厚度较大的滨浅海碳酸盐岩，而东(北)地区则缓慢下降，形成次深水非补偿性还原环境沉积(图4-2)，这种沉积格局并持续到中—晚寒武世。塔里木及其南缘为陆表海环境。

(三)奥陶纪地层及形成环境

奥陶纪时沉积-构造格局开始分化，各次级地层区的地层序列、沉积组合和沉积类型差异逐渐明显，将其划分为4个沉积区，分别形成于3种沉积构造环境。

(1)塔里木陆内坳陷盆地沉积：盆地范围与塔里木地层区基本一致，沉积记录主要见于塔南、塔北地层分区，塔里木盆地地层分区据石油钻井发现有沉积记录。主要由滨—浅海相过渡沉积类型泥质碎屑岩和碳酸盐岩组成，厚度变化较大，一般为数百米至两千米左右，富含珊瑚、腕足类、头足类等化石。

塔北地层分区早期为稳定型碳酸盐岩与寒武纪地层连续沉积．中—晚期库鲁克塔格地区却尔却克组为泥质碎屑岩组合，由粉(细)砂岩、长石石英砂岩、页岩夹薄层灰岩组成，厚度变化较大，一般600～1 300 m，最厚达2 300 m左右，富含笔石。向东以细碎屑岩为主，夹硅质岩及薄层灰岩。向西于柯枰地区，中—晚期沉积下部以黑色页岩夹薄层含硅质条带泥灰岩(萨尔干组)；中部为灰岩夹钙质砂岩和泥岩(其浪组)；上部为碳质、钙质、粉砂质页岩夹泥灰岩(印干组)，总厚仅200 m左右。

塔南地层分区主要为泥质碎屑岩-碳酸盐岩组合，沙东地区玛列兹肯群下部以泥质碎屑岩为主，底部以砂砾岩与青白口纪地层不整合；上部以碳酸盐岩为主，一般未见顶，厚度2 000 m左右，主要形成于滨—浅海环境。阿尔金地区与沙东地区相似，下部额兰塔格组砂岩偶含磷；上部环形山组由灰岩夹白云岩组成。

(2)南天山陆缘坳陷盆地沉积：位于塔里木盆地与中天山—北山之间，坳陷中心在南天山，盆地北部沉积保存较好，南部与塔北陆内坳陷盆地关系由于后期改造沉积记录少。

主要由千枚岩、板岩与灰岩、砾状灰岩不等厚互层组成，底部夹放射虫硅质岩(硫磺山群)，与顶底地层均为断层接触，可见厚度900 m左右，含头足类、珊瑚等化石。区域上岩相变化较大，灰岩与泥质碎屑岩互变，在西部哈尔克山地区岩石变质较深，主要由片岩、变粒岩、片麻岩

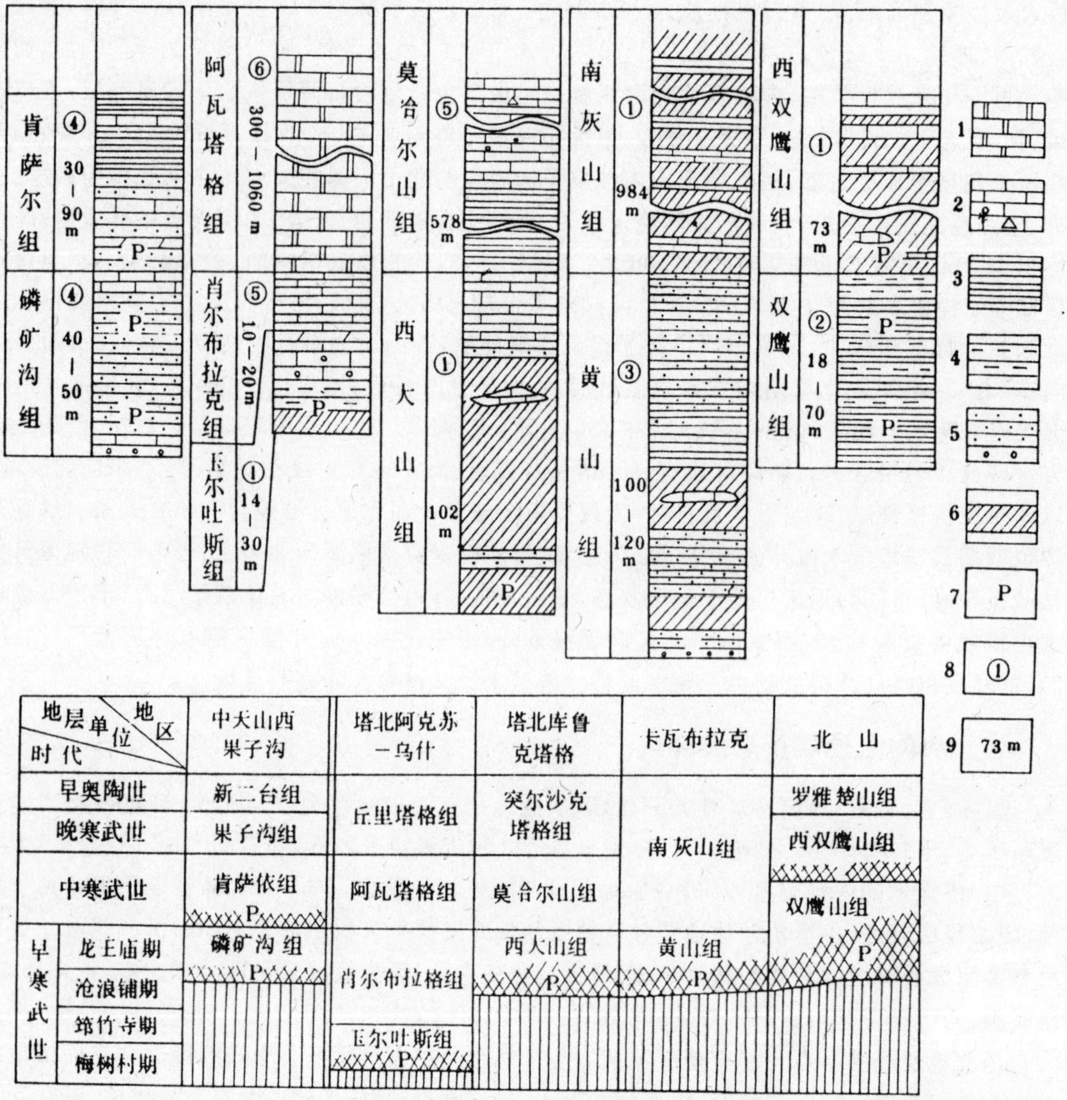

图 4-2 塔里木—南疆寒武纪含磷层时空分布略图

1. 白云岩；2. 灰岩、瘤状竹叶状灰岩；3. 页岩、千枚岩、板岩；4. 碳质板岩；5. 砂岩、砾岩；6. 碳质、硅质岩；7. 磷矿(化)层；8. 岩石组合类型划分编号；9. 地层厚度岩石组合类型：①碳质硅质岩、碳酸盐岩组合；②碳质泥质岩组合；③碎屑岩、泥质硅质岩组合；④泥质岩、碎屑岩、碳酸盐岩组合；⑤泥质岩、碳酸盐岩组合；⑥镁质碳酸盐岩组合

与大理岩组成(依南里克群)。其时代主要为中—晚奥陶世，与上覆早志留世地层连续沉积。从硫磺山群的特征为浅海—次深海复理石沉积，角砾状灰岩的出现说明活动性较大，沉降速度快。向东与中天山—北山裂陷盆地可能为过渡关系。

(3)中天山—北山裂陷盆地沉积：在中天山西段继晚寒武世果子沟组沉积之后，早—中奥陶世主要由碳质泥质碎屑岩夹硅质岩及火山岩组成，早奥陶世新二台组为碳硅质页岩、硅质岩和薄层灰岩互层，厚度 400～600 m，底部含三叶虫，中上部含笔石化石；中奥陶世在精河南为奈楞格勒达坂群，由泥硅质板岩、硅质岩夹灰岩，剖面上部碎屑岩夹安山玢岩、英安斑岩及基性火山岩，厚度 420～770 m，含腕足类化石。向南在霍城主要为钙质砂岩夹生物灰岩，厚度小于 500 m(科克萨雷溪组)。晚奥陶世呼独克达坂组由碳酸盐岩组成，岩性较为单一，但厚度变化较大，由数百米至2 000 m左右，富含三叶虫、腕足类等化石，局部泥质碎屑岩发育地段含有笔石化石。

北山地区与中天山西段近似，地层序列自下而上为：早期罗雅楚山组由石英砂岩、石英岩、硅质岩夹灰岩，底部为砂砾岩，上部硅质成分较高，砂岩局部含磷，厚度750～1 920 m，含笔石化石；中期锡林柯博组由黑色薄层硅质岩和灰岩不等厚互层夹砂岩，厚度小于260 m，含头足类、三叶虫等化石；晚期白云山组由杂色调砾状、竹叶状灰岩及碎屑灰岩组成，底部为砂砾岩，厚度280～1 200 m，含珊瑚、三叶虫、腕足类及腹足类等化石。在南部红柳园地区早—中期出现较多的安山玄武岩及玄武岩，砂岩含凝灰质（花牛山群），厚度一般1 600～1 800 m，花牛山厚达3 100 m，所含化石门类与北部相似。

从中天山—北山沉积序列反映，总体处于陆架沉积区，早—中期继晚寒武世次深水环境形成活动类型碳硅质岩-碎屑岩组合，具浊积岩特征（罗雅楚山组），属基底斜坡水下滑动环境沉积，据粒度分析离物源区较远。在坳陷中心出现具拉张环境的基性、中基性和酸性火山岩组合（花牛山群），玄武岩既有拉斑系列也有钙碱系列，稀土元素特征显示与大洋拉斑玄武岩系列不同，且火山岩系底部为陆源碎屑岩。北山东延内蒙古境内，同时代咸水湖组以安山岩为主，安山-玄武岩组合与花牛山群火山岩相近似，故认为北山奥陶纪火山岩形成于裂陷环境。晚期过渡为滨—浅海相碳酸盐岩沉积，代表裂陷盆地衰减阶段。因此中天山—北山地层序列组合特征与南天山有明显不同。

(4)喀喇昆仑初始裂陷盆地沉积：奥陶纪地层不整合于中元古代地层之上，以冬瓜山群为代表，为碳酸盐岩-泥质碎屑岩组合，夹基性、中性火山岩，厚度变化较大，530～2 200 m。碳酸盐岩以砂、泥质灰岩及生物碎屑灰岩为主，含腹足类、三叶虫、腕足类、头足类等化石，底为紫色砾岩、砂砾岩，上部火山岩较为发育，但不普遍。主要形成于活动性较大的滨—浅海环境，在活动中心地带如和田、喀喇昆仑河上游出现扩张裂陷，故暂归为初始裂陷盆地。

（四）志留纪地层及其形成环境

志留纪沉积构造格局在奥陶纪背景上既有继承也有新生，活动带与稳定区进一步分化。有5种沉积序列组合，5种盆地类型。除塔里木盆地及塔南地层分区外，普遍都有沉积，以中南天山—北山地层区最为复杂。

(1)塔北陆缘上叠坳陷盆地沉积：主要由泥质碎屑岩组成，下与晚奥陶世地层为平行不整合，上与泥盆纪地层整合过渡。早志留世地层由灰绿色砂岩、粉砂岩及笔石页岩组成，西部柯坪地区柯坪塔格组为浅海复理石沉积，砂岩有多种交错层理，厚度500 m左右；东部库鲁克塔格地区土什布拉克组出现较多凝灰质砂岩，局部夹酸性火山岩，厚度大于700 m，最厚达2 000余米。中—晚志留世地层（塔塔埃尔塔格组和树沟子组）主要由砂岩、粉砂岩夹页岩组成，以紫红色为特征，厚度100～400 m，含腕足类、腹足类化石，局部出现植物化石，主要形成于滨海氧化环境。考虑其与寒武纪地层有沉积间断，早期活动性仍然较大，因此归为上叠坳陷盆地沉积，中晚期盆地开始收缩。

(2)南天山次级扩张微洋盆沉积：目前所见地层为盆地边部扩张初期沉积，代表微洋盆沉积的蛇绿岩呈零星出露。早—中志留世地层为一套变质程度不一的泥质碎屑岩、碳酸盐岩组合。盆地北部巴仑台地区由杂砂岩、粉砂岩及粉砂质板岩不等厚互层组成，下部米什沟组为深灰、黄灰、紫红等杂色调，底部为紫红色砂砾岩，以含丰富笔石为特征，厚度近1 000 m；上部塔勒布拉克组以灰、灰绿色，含大量腕足类化石为特点，厚度1 500 m左右。向南，自西段哈尔克山到东段库米什地区则由片岩和大理岩等变质岩组成，东段柯尔克孜塔格组主要由含绢云母、绿泥石的石英片岩、大理岩组成；西段伊契克巴什组则以大理岩为主夹片岩，其下的依南里克群甚至出现片麻岩。据大理岩中所含珊瑚化石为早—中志留世。

晚志留世地层在盆地北部那拉提山地区巴音布鲁克组由安山玢岩、安山质火山角砾岩及其凝灰岩组成，下部夹杂砂岩，上部夹钙质砂岩及少量灰岩，未见顶底，可见厚度 2 000 m 以上，灰岩含珊瑚化石。其南哈尔克山地区科克铁克达坂组主要为暗灰、灰黑色灰岩夹碎屑岩和火山碎屑岩，厚度一般 1 000 m 左右，含珊瑚、腕足类等化石。据区域资料，科克铁克达坂组有玄武安山岩、安山岩、辉绿岩及角砾熔岩、凝灰岩，上部以熔岩为主，肖序常等(1992)认为相伴有蛇纹石化斜辉橄榄岩及硅质岩，组成蛇绿混杂体。向东为阿尔皮什麦布拉克组则以碎屑岩为主夹碳酸盐岩及中酸性火山岩，据所含化石，时代为晚志留世—早泥盆世。

据王作勋等(1990)研究，在南天山存在晚志留世—早泥盆世蛇绿岩，西段称米期布拉克蛇绿岩，出露于哈尔克山南、北两侧；东段称古洛沟-库米什蛇绿岩，出露于开都河以东。西段蛇绿岩由超基性岩、层状辉长岩、辉长辉绿岩、基性火山岩及放射虫硅质岩组成，但各处均缺乏完整剖面。在黑鹰山阿尔腾卡什河剖面自下而上为：下部为碳酸盐岩-硅质岩组合；中部为紫红色含放射虫硅质岩-基性火山岩组合；上部为同源辉绿岩及枕状玄武岩。王作勋等认为辉长岩、辉长辉绿岩形成于基性火山岩及岩墙之后，超基性岩形成最晚。蛇绿岩之上为复理石沉积，东段蛇绿岩从额尔宾山北坡古洛沟向东延至克孜勒塔格山，在古洛沟基性超基性岩与中基性火山岩、硅质岩共生，所含放射虫与西段蛇绿岩相同，但出露更为零散。上述西段蛇绿岩分为南、北两段，张良臣等(1994)将北支称为拉那提蛇绿岩套，南支称哈尔克蛇绿岩套，时代为晚志留世—早泥盆世。

据上述南天山地层组成、分布特点及蛇绿岩剖面序列，南天山志留纪沉积经历早、中期扩张、初期坳陷和晚期微洋盆的产生互为连续的两个时期，故王作勋等将南天山蛇绿岩划为陆壳扩张型蛇绿岩。

(3)北山裂陷盆地沉积：早志留世黑尖山组由黑色、深灰色碳硅质板(页)岩、硅质岩、石英岩、粉砂岩不等厚互层组成，可见厚度 420 m 左右，上部板岩含早志留世笔石，下与早奥陶世地层为断层接触，上与公婆泉群整合接触。中志留世公婆泉群由安山岩、流纹岩、辉绿玢岩及其火山角砾岩、凝灰岩夹少量砂砾岩、生物灰岩组成，岩性厚度横向变化较大，一般为 760～2 075 m，含珊瑚化石。晚志留世碎石山组，出露于黑鹰山地区，由杂色砂、泥质板岩、砂岩夹凸镜状灰岩组成，厚度 238 m，下与公婆泉群火山岩整合，上被晚古生代地层不整合覆盖，含晚志留世珊瑚化石。

上述北山志留纪地层，总体反映，由下到上，是从浅海深水碳硅质岩-浅海中酸性火山岩-滨浅海泥碎屑岩序列组合。火山岩具韵律结构，据研究由爆发-喷溢-正常沉积，熔岩及凝灰岩中夹有生物灰岩，以中酸性为主，因此属于拉张环境产物，故归为裂陷盆地。

(4)中天山西段残余盆地沉积：在晚奥陶世裂陷盆地衰减后，志留纪主要形成泥质碎屑岩组合。早志留世尼勒克河组为暗色粉砂岩、碳泥质页岩，笔石页岩，未见底，可见厚度小于 200 m。中志留世基夫克组为一套厚度大于 200 m 的灰岩，含丰富珊瑚化石。晚志留世(早期)库茹尔组—(晚期)博罗霍洛山组为一套厚 1 800～2 300 m 砂岩、粉砂岩，下部以深灰、灰绿色为主，夹少数灰岩；上部以紫红色为主，含晚志留世腕足类、珊瑚等化石。形成于活动性较大的滨浅海环境，坳陷与堆积基本互为补偿。

(5)西昆仑—喀喇昆仑陆缘坳陷盆地沉积：主要由一套厚度巨大浅海相泥质碎屑岩-碳酸盐岩地层。早志留世温泉沟群由钙质粉砂岩夹千枚岩、板岩组成，轻微变质，厚度 800～

2 200 m，与下伏地层关系不明。中—晚志留世达坂沟群，整合于温泉沟群之上，由生物灰岩、竹叶状灰岩及鲕状灰岩组成，局部夹火山岩，厚度 940～1 644 m，含头足类、腹足类、三叶虫等化石。上被中泥盆世地层不整合，局部超覆于中奥陶世地层之上，说明中—晚志留世海盆范围有扩大趋势。

二、生物特征

震旦纪虽然受冰期的影响，但低等植物的藻类仍有发展，种类丰富，并开始出现软体类后生动物。直至寒武纪初，以多门类小壳动物的繁衍为标志进入显生宙。此后，各门类生物大量繁盛。近几十年来，本区多为国内外古生物学家所瞩目，生物地层的研究程度相对较高。寒武纪、奥陶纪地层局部地区已建有化石组合和带。现简述于下。

(一)震旦纪生物特征

植物界以微古植物的大量发育为特征，代表性分子有 *Asperatopsophosphaera* - *Leiopsophosphaera* - Prismatomorphaitae 等。在晚震旦世晚期，藻类中结构比较复杂的大型褐藻如文德带藻(*Vedotaenia*)也有发现。就形态特征而言，早震旦世微古植物膜壳圆形，表面纹饰以粗面、糙面及光面为主，个体直径通常在 30～70 μm 之间，个别大于 100 μm。晚震旦世微古植物的形态特征是：膜壳轮廓以圆形为主，个体普遍较大，50 μm 以上者占优势，表面纹饰复杂，除粗面、糙面外，还有瘤面、穴面、蜂巢形等。表 4-2 反映了主要的微古植物在本区地史中的垂直分布。

表 4-2 塔里木-南疆地层大区震旦纪微古植物产出层位简表(据高振家等，1985，略加修改)

微古植物名称	库鲁克塔格								柯坪		
	震旦系								震旦系		
	下统				上统				下统	上统	
	见义西组	照壁山组	阿勒通沟组	特瑞爱肯组	扎摩克提组	育肯沟组	水泉组	汉格尔乔克组	巧恩布拉克组	苏盖特布拉克组	奇格布拉克组
Asperatopsophosphaera	—	—	—			—					—
Favososphaeridium							—				
Fuchunshania							—				—
Hubeisphaera				—				—		—	
Leiopsophosphaera	—										
Lophosphaeridium							—				—
Microconcentrica							—				
Monotrematosphaeridium								—			—
Polyporata							—				—
Pseudodiacrodium							—				
Pseudozonosphaera	—	—	—	—	—	—	—	—		—	—
Quadratimorpha	—			—			—				—
Synsphaeridium							—	—			
Trachysphaeridium	—	—	—	—	—	—	—	—		—	—
Trematosphaeridium								—			
Triangumorpha					—		—				

(二)寒武纪生物特点

寒武纪是三叶虫最盛时期,被称为“三叶虫时代”,三叶虫在整个生物界中约占85%以上。表4-3反映了本区生物组合和分带特点。本区早寒武世时,三叶虫属太平洋动物区,产*Redlichia*动物群为特征;柯坪及库鲁克塔格具以峡东—滇东型动物群特点,为宁静浅海及具底栖和漂浮浮游生活方式的生物类型,并以出现较多的盘虫、原油栉虫科的代表和古杯类为特征。其特有的三叶虫属有:*Tsunyidiscus*,*Hupeidiscus*,*Neocobboldia*,*Dipharus*,*Kueichowia*;博罗科努山及北山一带具天山型动物群特点,除偶见*Redlichia*外,出现特殊的*Calodiscus*,*Serrodiscus*,*Tannudiscus*,*Erbia*,*Proerbia*,*Inouyia*等三叶虫;中、晚寒武世时,柯坪地区为华北型动物群,以底栖爬泳类三叶虫为主,尚有腕足类、腹足类、古介形类、软舌螺、藻类等,中寒武世最典型的三叶虫有:*Kunmingaspis*,*Chittidilla*,*Kootenia*,*Probowmania*,*Shantungaspis*等;晚寒武世有*Blackwelderia*,*Drepanura*,*Bergeronites*,*Chuangia*,*Parochuangia*等。天山、库鲁克塔格、北山均具江南型动物群特征,此类型主要是营漂浮方式的三叶虫、小型腕足类和海绵骨针。中、晚寒武世发育丰富的各类球接子和盘虫,如*Ptychagnostus*,*Linguagnostus*,*Dipllagnostus*,*Oidalagnostus*等。

表4-3 塔里木-南疆地层大区寒武纪含三叶虫地层对比简表(据高振家等,1984,成守德,1990,略加修改)

	柯坪	库鲁克塔格	北山	博罗科努山
晚寒武世	丘里塔格组 (Є$_3$—O$_1$)	突尔沙克塔格组 (Є$_3$—O$_1$) *Lotagnostus* *Charchaqia* *Hedinaspis* *Pseudagnostus* *Proceratopyge* *Westergaardites* *Glyptagnostus*	西双鹰山组 *Lotagnostus* *Hedinaspis* *Proceratopyge* *Homagnostus* *Glypttagnostus*	果子沟组 *Lotagnostus* *Pseudagnostus* *Charchaqia* *Hedinaspis* *Proceratopyge* *Diceratiopyge*
中寒武世	阿瓦塔格组 *Chittidilla* *Kunminaspis*	莫合尔山组 *Lejopyge* *Hypagnostus* *Ptychagnostus* *Hyolithes* *Protospongia*	*Ptychagnostus* *Centropleura* *Galahetes*	肯萨依组 *Lejopyge* *Peronopsis* *Centropleura* *Ptychagnostus* *Xystridura*
早寒武世	肖尔布拉克组 *Paokannia* *Kepingaspis* *Metaredlichioides* *Shizhudiscus* *Lophotheca* *Zhijinites* *Turcutheca*	西大山组 *Metaredlichioides* *Metaredlichia* *Chengkouia* *Coscinocyathus* *Ajacyathus*	双鹰山组 *Kootenia* *Erbia* *Calodiscus* *Serrodiscus* *Bergeroniellus*	磷矿沟组 *Kootenia* *Calodiscus* *Protospongia* *Hyolithes*

(三)奥陶纪生物面貌

本区奥陶纪生存着底栖、游泳、漂浮以及造礁生物,包括三叶虫、头足类、笔石、珊瑚、腕足类、腹足类、双壳类、棘皮类、层孔虫、苔藓虫及牙形石等。按各门类生物生态组合特征分为笔石相、壳相及混合相三种类型。表4-4、5、6反映了本区三种类型化石组合面貌及其产出层位。其中笔石相的生物组合属太平洋笔石动物地理区，典型代表 *Didymograptus deflexus* 等；壳相生物组合总貌属华南型(即北大西洋型牙形石动物地理区)，但亦含北方型分子，*Cameroceras*, *Stereoplasmocerina* 是东北和华北地区马家沟期的重要成员；混合相生物组合总体属华南型，如 *Oepikodus evae* 是扬子区大湾期分子，*Michelinoceras yui*, *Ancistroceras fengxiangense*, *Sinoceras chinense* 等都是宝塔期常见分子。

表4-4 塔里木—南疆早奥陶世生物相及生物组合简表(据肖兵，1990，略加修改)

壳相	混合相	笔石相
柯坪地区	博罗科努山地区	
丘里塔格组($\in_3$—O_1) *Dideroceras wahlenbergi* - *Aphetoceras* - *Stereoplasmocerina* - *Eosoptychopyge xinjiangensis* Ass.	新二台组下部 *Tetragraptus fruticosus* Z. *Etagraptus appro ximatus* Z. *Adelograptus* Z. *Hysterolenus* Z.	新二台组上部 *Oncograptus upsilon* - *Cardiograptus morsus* Z. *Didymograptus deflexus* Z.

表4-5 塔里木—南疆中奥陶世生物相及生物组合简表(据肖兵，1990，略加修改)

笔石相	混合相	壳相
柯坪地区		
萨尔干组 *Nemagraptus gracilis* Z. *Glossograptus hincksii* Z. *Pterograptus elegas* Z. *Isograptus armatus* Z.	其浪组上部 *Neseuretus yinganensis* - *Corynoides* - *Dicranograptus ramosus* Ass.	其浪组下部 *Trilacinoceras xinjiangensis* - *Sinoceras chinense* *Discoceras* Ass.

表4-6 塔里木—南疆晚奥陶世生物相及生物组合简表(据肖兵，1990，略加修改)

壳相	混合相	
博罗科努山地区	柯坪地区	库鲁克塔格地区
呼独克达坂组 *Agetolites* - *Plasmoporella* Ass. *Rhabdotetradium* - *Catenipora* - *Eofletcheria* Ass.	印干组 *Orthograptus quadri* - *mucronatus* - *Dicellograptus angulatus* *Ampyxinella circulare* Ass.	却尔却克组 *Dicellograptus complanatus* - *Plasmoporella* - *Nankinolithus* Ass.

(四)志留纪生物特征

本区除昆仑地区属扬子动物地理区外，大区的中天山—北山、南天山、塔北和塔南均属西藏—滇西动物地理区(林宝玉等，1984)。早志留世龙马溪期—石牛栏期属笔石砂岩、泥岩、页岩相，*Glyptograptus persculptus* - *Akidograptus* 组合和 *Demirastrites* - *Monograptus sedgwickii* 组合是柯坪、库鲁克塔格、中天山、北山等地区特征。腕足类 *Pentamerus* - *Eospirifer* 组合是中天山和南天山地区特点。四射珊瑚 *Crassilasma* - *Yassia* 组合和 *Hedstroemophyllum* - *Ketophyllum* 组合分布特点与上述腕足类组合相同。而床板珊瑚的组合在中天山、南天山地区的中、晚志留世(见表 4-7)也较发育。

表 4-7 塔里木—南疆中、晚志留世珊瑚、腕足类组合简表(据王务严,1990,略加修改)

	中天山地区	南天山地区
晚志留世		珊瑚:*Microplasma* - *Dinophyllum* Ass. *Striatopora* - *Taxopora* Ass. 腕足类:*Atrypa* - *Camarotoechia* Ass.
中志留世	珊瑚:*Crassilasma* - *Yassia* Ass. *Multisolenia* - *Subalveolites* - *Halysites* Ass. *Ningqiangolites* - *Visbylites* - *Propora* Ass. 腕足类:*Pentamerus* - *Eospirifer* Ass.	珊瑚:*Hedstremophyllum* - *Ketophyllum* Ass. *Multisolenia* - *Subalveolites* - *Halysites* Ass. *Fletcheriella* - *Moyerolites* Ass. *Ningqiangolites* - *Visbylites* - *Propora* Ass. 腕足类:*Pentamerus* - *Eospirifer* Ass. *Conchidium* - *Protoreticularia* Ass.

三、沉积盆地分析

塔里木—南疆地区震旦纪—志留纪沉积盆地是以塔里木晚元古代克拉通(地块)为核心演化形成。北以中天山北缘断裂带与北疆沉积区分界,包含中天山、伊犁元古宙次级地块。前震旦纪时期它与北疆及华北是否为一个统一的更大克拉通,目前尚有不同的认识,据古地磁资料及元古宙地层的组成特征,似乎与华南更为相似(高振家等,1993),由于涉及更广泛的区域地质构造问题,这里不做讨论。现仅从区域地层的角度对本区沉积盆地做简要分析。

(一)沉积盆地类型及时空关系

本区震旦纪—志留纪沉积-构造盆地有 7 种类型,即①冰海-大陆冰川沉积;②陆内坳陷盆地;③陆缘坳陷盆地;④残余盆地;⑤上叠盆地;⑥裂陷盆地;⑦微洋盆。前 5 类盆地基本上反映相对稳定区及其被动陆缘的沉积演化过程,后两类与陆壳拉扩张有关,既可出现在陆内区,也可出现于陆缘带,构成以活动大陆边缘为主的沉积-构造格局。在时间上,从早到晚随着陆壳活动性的增大,沉积盆地的类型和结构越显复杂,如寒武纪全区基本为同一类型盆地,奥陶纪有 3 类盆地,志留纪为 5 类盆地,反映了此阶段总体由稳定—活动的沉积演化过程(图 4-3)。

(二)沉积盆地形成演化

经塔里木运动本区元古宙基底最终固结,地势高低不平,随着全球性气候转冷,区域性冰期到来,形成我国著名的冰碛岩序列。从震旦纪沉积序列组合,说明当时处于冷暖气候交替,在一些地区出现三次冰期,两次间冰期,如库鲁克塔格、西天山果子沟一带。早期本区位于区域上大陆冰川前缘,以冰海沉积为主,在塔北缘西部并出现深海环境,形成冰成-深海水下重力流;中期由冰海向大陆冰川过渡;晚期随着冰期的结束,由大陆冰川向冰海过渡,但这三次冰期的沉积及其环境并非各地一致,说明当时基底极不平坦,冰海沉积与大陆冰川堆积在时空上互有交替。在间冰期出现种类丰富的低等植物藻类,并开始出现软体类后生动物。

经震旦纪冰川刨蚀,地壳趋于平坦,陆壳进入相对稳定时期,在此背景上,寒武纪全区基本

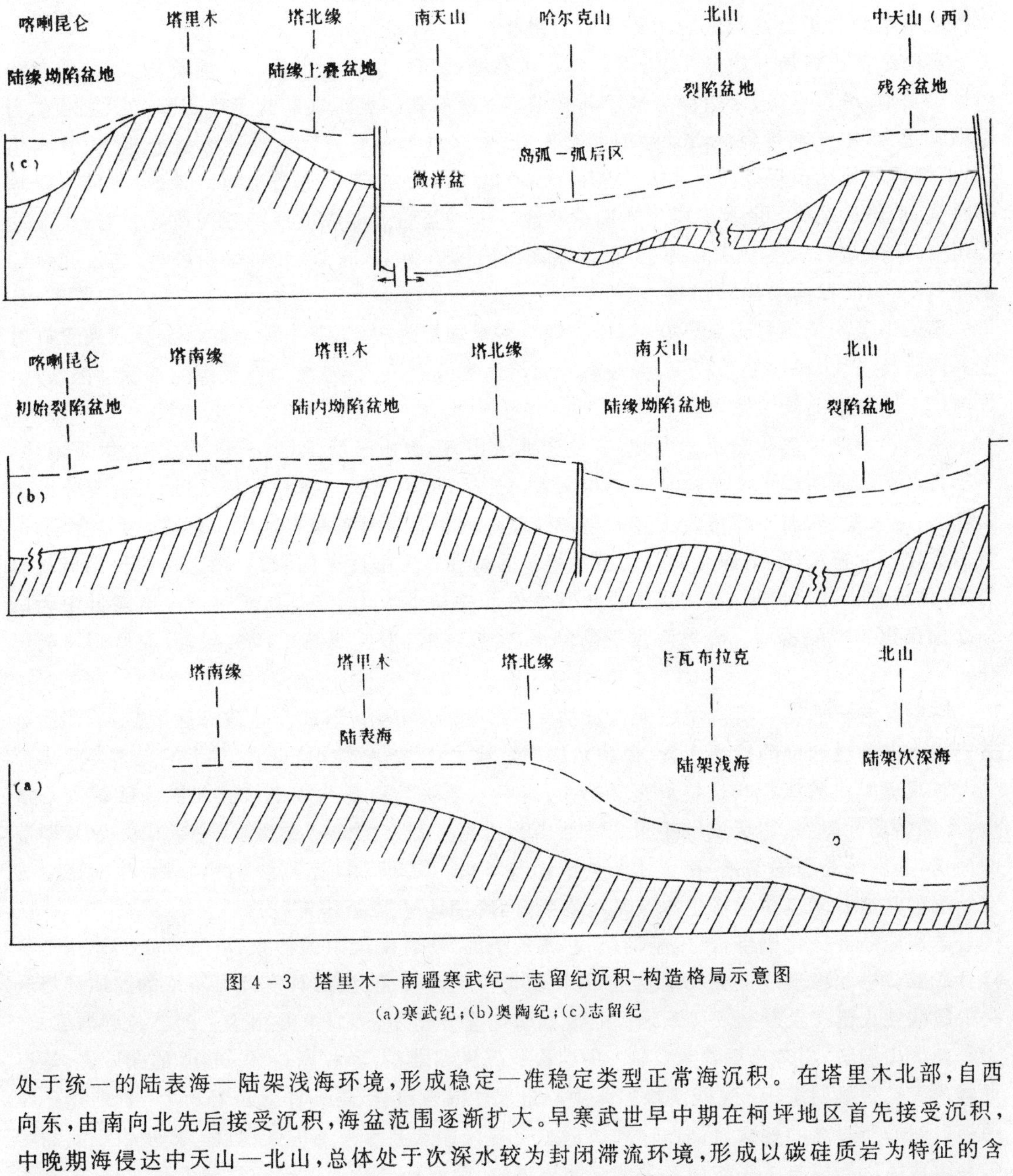

图 4-3　塔里木—南疆寒武纪—志留纪沉积-构造格局示意图

(a)寒武纪;(b)奥陶纪;(c)志留纪

处于统一的陆表海—陆架浅海环境，形成稳定—准稳定类型正常海沉积。在塔里木北部，自西向东，由南向北先后接受沉积，海盆范围逐渐扩大。早寒武世早中期在柯坪地区首先接受沉积，中晚期海侵达中天山—北山，总体处于次深水较为封闭滞流环境，形成以碳硅质岩为特征的含磷建造。中—晚寒武世，西(南)地区柯坪—库鲁克塔格一带逐渐隆升形成稳定型台地相碳酸盐岩组合，东(北)地区于中天山南缘、北山继早寒武世仍处于较为深水环境，形成含磷碳硅质岩-碳酸盐岩组合，随着海侵范围的扩大，海水波及塔里木及其以南地区，形成与柯坪—库鲁克塔格地区相似的组合。从寒武纪的沉积厚度可见，以库鲁克塔格坳陷幅度最大，而且坳陷与沉积基本互为补偿，形成厚达 2 000 余米浅海相碳酸盐岩，东(北)部虽然处于次深水环境，但补偿不足，因此仅形成 200 余米厚以碳硅质岩为特征的组合，说明当时陆壳的活动并不均一。自寒武纪始气候转暖，给生物进化提供了条件，壳类生物开始出现，由于沉积区的分异及环境的差别，生物群落的组合也略有不同，天山西部以营漂浮生活方式的球接子类三叶虫为主(属天山动物群)，塔里木及以南以营底栖生活方式的褶夹虫为主(属东方动物群，与扬子动物群相似)，库鲁克塔格则处于上述两区之间的混生动物群。

奥陶纪沉积格局开始分化。塔里木地层区在寒武纪稳定背景上活动性略有增大，总体属陆内坳陷盆地，塔里木南、北边缘为被动陆缘带。北缘早奥陶世继晚寒武世稳定型沉积之后仍为碳酸盐地台，中—晚奥陶世活动性明显增大，形成以泥质碎屑岩为主夹碳酸盐岩组合，富含笔石，西部柯坪地区出现碳质页岩及少数硅质岩，以浅海为主，东部库鲁克塔克地区，具陆坡复理石特征，最厚达 2 000 余米。塔里木南缘在晚元古代基底上形成滨浅海相泥质碎屑岩-碳酸盐岩组合，碳酸盐岩以生物灰岩为主，下部以泥质碎屑岩为主，局部含磷，说明塔里木南、北缘环境略有不同，北缘活动比较强烈。

南天山奥陶纪沉积记录不全，以中—晚奥陶世地层为主，主要由泥质碎屑岩组成夹含放射虫硅质岩及灰岩，局部变质较深。为浅海—次深海复理石沉积，属活动性较强的陆缘坳陷盆地，其与塔里木盆地北缘关系不清。

中天山—北山奥陶纪沉积盆地，其北为北天山、黑鹰山隆起地区；其南，西段为伊犁地块，东段自红柳园向西经卡瓦布拉克可能与南天山连接。继晚寒武世沉积环境之后，陆壳有逐渐上隆趋势，海水变浅，泥质碎屑岩增多。早—中奥陶世在北山为浅海—次深水环境，形成含笔石、腕足类化石浊流沉积，南部红柳园则出现较多的基性和中基性火山岩；在中天山西段则以浅海为主，形成含碳泥质碎屑岩，中奥陶世出现基性和中酸性火山岩夹层，故早—中奥陶世中天山—北山沉积属裂陷盆地。晚奥陶世裂陷停止，盆地收缩，形成浅海相碳酸盐岩、泥质碎屑岩组合。

喀喇昆仑—西昆仑奥陶纪在元古宙基底上产生新的活动，形成滨—浅海碳酸盐岩-泥质碎屑岩组合夹基性和中酸性火山岩，属初始裂陷盆地。

总观奥陶纪的沉积构造格局可概括为：塔里木地块为稳定陆表海，南、北缘为陆缘坳陷盆地，北缘活动性略大；南天山—中天山—北山为塔里木地块北大陆边缘区，中天山为分裂型前缘岛链，其南缘为裂陷盆地，南天山为中天山与塔里木之间活动型陆缘坳陷盆地；喀喇昆仑为初始裂陷盆地。晚奥陶世塔里木及其以南隆升，晚期地层发育不全。

志留纪陆壳分化改组，产生新的沉积-构造格局。随着南天山的扩张，塔里木及其以南地区隆升成陆。塔北缘形成上叠坳陷盆地，早期活动性仍然较大，沉积具复理石特征的泥质碎屑岩夹少数酸性火山岩及凝灰质碎屑岩；中、晚期盆地隆升萎缩，形成滨海相为主的红色碎屑岩。

南天山裂解，出现有限洋盆。早—中期快速沉降和堆积，形成厚达 2 500 m 的杂砂岩、笔石页岩代表扩张早期沉积。晚期南缘扩张中心出现蛇绿岩组合，说明洋盆已经产生。据前述王作勋等(1990)所总结的蛇绿岩剖面序列属奠基于陆壳背景上的有限扩张洋盆。扩张中心北侧哈尔克山地区所形成与扩张作用有关的泥质碎屑岩、碳酸盐岩及火山岩的复杂组合，据肖序常等(1992)研究，自南向北存在有岛弧和弧后盆地，现以构造混杂岩带形式残留。因此，南天山在志留纪时自南向北构成沟-弧-盆体系沉积格局。

由于南天山的扩张，中天山—马鬃山裂解北移，成为塔里木板块北大陆边缘前缘分裂型地块(岛链)。地块的南部边缘早期为活动浅海盆地，形成含碳泥质碎屑岩-硅质岩组合。中期，东西环境有所差异，东段产生裂陷形成中、基性火山岩；西段为残余盆地。晚期盆地收缩，形成氧化环境紫红色碎屑岩。地块北侧为北天山-南准噶尔洋盆。按照板块构造观点，从严格意义上分析，志留纪晚期—泥盆纪早期中天山—马鬃山属微型板块，其南、北分别被南天山和南准噶尔微洋盆所围限，南天山洋盆闭合后，再次归为塔里木板块北部大陆边缘，晚古生代则形成新的沉积-构造格局。

综上所述，志留纪沉积-构造格局是以塔里木地块为中心，地块南、北缘为陆缘（上叠）坳陷盆地，北陆缘盆地以北为结构复杂的活动大陆边缘，自南向北依次为南天山微洋盆、哈尔克山弧盆（?）、中天山—北山南缘裂陷盆地、中天山裂解地块，其北为南准噶尔洋盆。

（三）小结

塔里木-南疆地层大区震旦纪—志留纪的沉积构造演化经历四个时期，两种构造体制，由稳定向活动演化的复杂过程。

震旦纪在晚元古代塔里木运动后的褶皱基底上，形成以冰成岩为特征的特殊磨拉石沉积，对不平坦的基底进行"填平补齐"。

寒武纪以稳定为主导的演化时期，形成陆表海—陆架浅海和次深水沉积，以含磷碳硅质岩-碳酸盐岩组合为特征，构成前震旦纪基底的第一盖层。

奥陶纪由稳定向活动演化时期，以坳陷和裂陷体制为主导，沉积-构造格局开始分化，陆缘活动带新生。

志留纪稳定区与活动带进一步分化，随着板块构造体制的产生，形成新的沉积-构造格局，出现多种沉积组合和多种盆地类型。

整个沉积演化过程以塔里木地块为中心沿其周边形成和发展，以北大陆边缘最为复杂，早古生代晚期至早泥盆世曾发生过分离和重组。在其演化过程，各地区（次级地层区）各时期的起始时间、盆地类型及其时空组合和叠置关系并非一致和相同，反映了陆壳演化过程的非等时性和非均一性的普遍规律。

第四节　华南地层大区

一、区域地层特征

研究区仅涉及该大区西北隅，其中宁强、阳平关—西乡茶镇—紫阳麻柳坝一线以南为扬子大陆区（即扬子地层区）；以北为这个大陆外侧的陆缘区（即南秦岭—大别山地层区）。地层序列见表 4-8。

（一）扬子地层区

扬子大陆是一个规模广阔的中间地块，而上扬子地区又是这个中间地块的中心部分，本书所涉及地区虽在这个分区北缘，但是就地层而言[①]，仍属稳定型沉积，其中震旦纪地层一般均可与标准地点鄂西三峡进行对比。如下部为晋宁运动后堆积的陆相磨拉石建造，其上为华南大冰期形成的冰碛（局部为冰水沉积），再上则为这一分区广泛分布的碳酸盐沉积和浅海泥砂质沉积。总厚 24～2 500 m。地层具体划分见表 4-8。从图 4-4 可见，在汉南隆起东、西两侧镇

① 本文年代地层划分以邢裕盛、刘桂芝、乔秀夫、高振家等 1982 年确定的方案为准，即层型为湖北峡东剖面，下限为 800±50 Ma，上限为 615±20 Ma，震旦系可分两统、四阶，下统包括莲沱组和南沱组，时限在 800±50 Ma～700±30 Ma 之间。上统分为灯影峡阶和陡山沱阶，两个阶的时限相同于灯影组和陡山沱组垂直分布时间。

表 4-8 华南地层大区震旦纪—志留纪岩石地层序列表

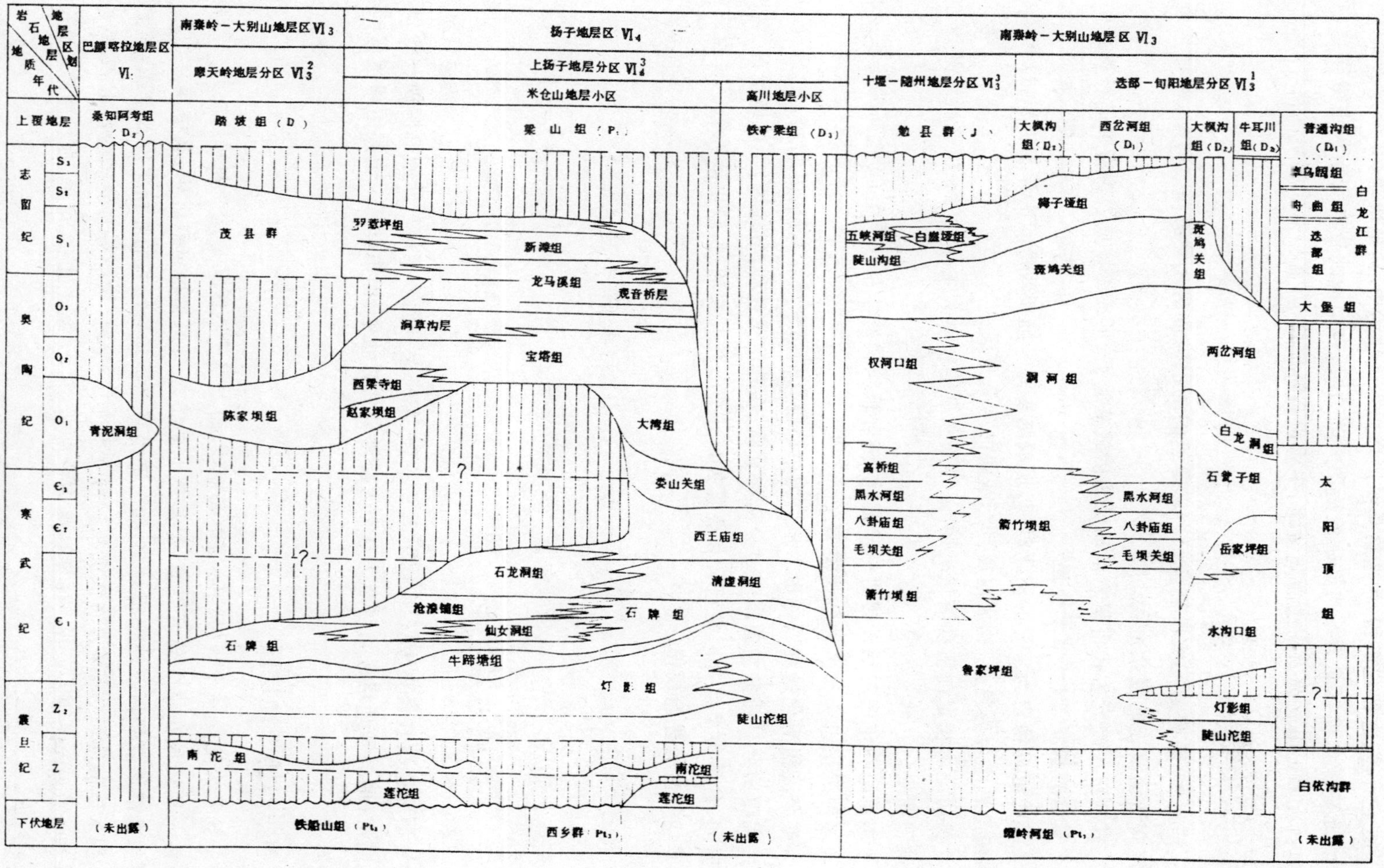

巴、宁强地区地层序列发育完整，而在南郑、南江一带晚震旦世灯影组直接超覆于早震旦世及前震旦纪地层之上，缺失早震旦世沉积，说明早震旦世沉积时基底极不平坦，晚震旦世才基本处于统一的盆地。

寒武纪地层仅镇巴县城的东侧至紫阳的紫黄一带发育完整，其他地区均有不同程度的缺失，地层总厚 200～1 700 m。其中，早寒武世早期为含磷并产小壳化石的灰岩或白云岩，与原灯影组为连续沉积，岩石宏观特征相同，故归入修订后的灯影组(时代为晚震旦世—早寒武世早期)，灯影组白云岩之上，早寒武世地层由碎屑岩和碳酸盐岩组成，底部尚见磷结核，局部尚赋存钒和石煤等。中寒武世地层以灰、红、暗红色灰岩和少量浅灰绿色白云岩、白云质碎屑岩为主，普遍发育石盐假晶、黄铁矿结核和泥裂等。晚寒武世地层均由含泥质和燧石结核的白云岩、白云质灰岩组成。此碳酸盐岩层上延可至早奥陶世的早期，构成晚寒武世至早奥陶世的跨时地层单位(娄山关组)。

以上地层垂直变化迅速、横向延伸稳定，所含生物化石以早寒武世地层最为丰富，中寒武世地层化石较少，晚寒武世地层未见生物遗迹。就早、中寒武世地层所见生物类型而言，可划分为滇东型和峡东型两大类，前者分布在镇巴断裂以西；后者见于其东。依据上述差异和岩性、岩相方面的不同可划分二个小区其特征见表 4-9。

奥陶纪地层仅在镇巴西乡司上至紫阳紫黄一带发育较全，总厚 31～70 m。底部为娄山关组顶部的白云岩，下部是大湾组，该组由页岩、粉砂岩和含锰泥质灰岩组成，中部宝塔组除顶部涧草沟层发育黄绿色页岩之外，均为泥质灰岩(龟裂纹灰岩)和瘤状灰岩，上部为龙马溪组的底部层位，分别由下部的碳硅质页岩(原五峰组)和上部的含砂质泥灰岩(风化后似钙质砂岩)(观音桥层)组成。

高川地层小区仅镇巴大市川以南保留极少白云岩地层(娄山关组顶部)，其他地区未接受沉积。

表 4-9　上扬子地层分区内不同地区寒武纪地层差异表

地层区划		岩性及层序	地层发育程度	与震旦系关系	与上覆地层关系	沉积矿产	生物群性质
米仓山地层小区	汉南地区	碎屑岩和碳酸盐岩间互有之，下部发育少量黑色页岩，中部发育古杯灰岩和含砾砂岩	东南部缺失晚寒武世和中寒武世中、晚期沉积，西北部仅沉积早寒武世早期地层	连续沉积，界线在灯影组灰岩或白云岩中通过	与早、中奥陶世的不同地层单位呈平行不整合接触	磷、稀土、黄铁矿、菱镁矿	滇东型
	司上地区	底部和上部发育白云岩，中部以红色白云质碎屑岩为主，下部页岩、古杯灰岩和极少的黑色页岩	早、中、晚寒武世地层发育完整		与奥陶纪地层连续沉积，界线在娄山关组白云岩中通过	磷、白云石、卤水	峡东型
高川地层小区		上部发育白云岩，中部以红色白云质碎屑岩为主，下部为黑色、深灰色灰岩、粉砂岩和碳质页岩	南部地层发育完整，但自南向北逐渐缺失晚寒武世—中寒武世的大部地层	连续沉积，界线在牛蹄塘组黑色页岩夹硅质白云岩中通过	晚泥盆世地层超覆在寒武纪的不同地层单位之上	石煤、钒、钼、白云石	

在镇巴以西的米仓山地层小区，地层自西向东的超覆现象极为明显，如宁强一带自红花园早期开始接受海侵，到早奥陶世末期，自下而上沉积了笔石页岩相和混合岩相地层，分别称赵家坝组和西梁寺组。中奥陶世海水淹没了除高川地层小区以外的整个上扬子地层分区，沉积碳酸盐缓坡相的龟裂纹灰岩(宝塔组)。晚奥陶世地层仅见于南郑、南江(四川)、西乡一带，下部为

黄绿色页岩(宝塔组涧草沟层),其上依次发育碳硅质页岩、灰—灰绿色含碎屑灰岩(观音桥层),统归跨时的龙马溪组底部,见图 4 - 4 左下图。上述地层总厚 54～224 m,一般西部厚,东部较薄。生物化石丰富,为扬子类型。晚期地层赋存钴矿层。

志留纪只在米仓山地层小区分布。早志留世自下而上沉积了黑色页岩—灰绿色粉砂岩、页岩—灰绿色粉砂岩夹灰岩薄层或凸镜体,分别称龙马溪组、新滩组和罗惹坪组,厚度分别为 20～50 m、111～621 m、100～800 m。产丰富的笔石、腕足类、珊瑚、头足类等化石。中、晚志留世地层缺失。

(二)南秦岭-大别山地层区

震旦纪—志留纪地层广泛分布于留坝以东,以西出露零星。沉积分异明显,沉积类型和岩石组合类型复杂,在时、空上互为叠置或交替变化,因此各时代都有不同的序列组合,反映了基底构造属性或陆壳活动性的差异。

1. 震旦纪地层

扬子序列组合:分布于旬阳以东,河南省内乡以西,武当山隆起西北部。基底为中—晚元古代海相火山岩,缺失早期沉积,晚期沉积与扬子地层区陡山沱组—灯影组相似,底部偶见少数粗碎屑岩。摩天岭地层分区基本上亦属此类序列组合,但发育有早震旦世晚期南沱组沉积,唯地层厚度变化较大(262～2 913 m),碎屑岩普遍色暗,含有火山碎屑成分。

若尔盖序列组合:分布于若尔盖地块北缘,仅发育早震旦世地层,由陆相火山碎屑岩组成,称白依沟群。其平行不整合于早寒武世太阳顶群之下,下伏地层未露。据其组成岩性可划分为上、下两段,下段为流纹质凝灰岩与含凝灰质粉砂岩、板岩组成,上段为砂岩、板岩等,底部发育凝灰质砾岩,总厚 2 000 余米。自下而上火山碎屑依次渐少,碎屑粒度逐渐变细,而且相变交替频繁,并见晶屑凝灰与砂粒状陆源碎屑构成的双晶结构,显示出间歇性火山喷发,下段流英质凝灰岩全岩 Rb - Sr 等时线年龄为 737.6 Ma,时代相当早震旦世。火山活动时间与文县、宁强、镇巴一带的莲沱组、南沱组中所含凝灰质成分形成明显的对应关系。

南秦岭序列组合:主要分布于留坝以东,为本地层区震旦纪主要序列组合类型。主要由碳质板岩夹多层灰岩、泥灰岩和黑色硅质岩组成,局部含重晶石、毒石及磷、铀、铂、钼等元素,厚度 40～260 m(鲁家坪组下部)。下与青白口纪地层有间断,上与寒武纪地层连续过渡。属槽盆相次深水滞流环境沉积。

2. 寒武纪地层

寒武纪沉积基本继承晚震旦世沉积构造格局,以南部和东部地层序列发育较为完整,沉积分异较震旦纪明显,但与其早、晚时代的地层普遍为连续过渡关系。据其地层组成特征归纳为 4 种序列组合,代表 4 种沉积-构造环境(图 4 - 4)。

北大巴山序列组合:分布于紫阳红椿坝断裂以南,属紫阳-高滩地层小区。自下而上由鲁家坪组(上部)—黑水河组 5 个岩石地层单位组成,代表早寒武世—晚寒武世连续沉积变化(见表 4 - 8),底部为碳质板岩、硅质岩,下部为板岩夹灰岩,中部为灰岩、泥灰岩,上部为砾状泥灰岩。其沉积相特征见图 4 - 5,三叶虫动物群为华北型和东南型混生过渡类型,处于台地边缘与深水之间环境,总体属外陆架—斜坡区沉积。

南秦岭序列组合:分布于北大巴山以北的南秦岭广大地区,由碳质页岩、硅质岩夹灰岩(鲁家坪组上部)及泥碳质页岩夹(互)灰岩(箭竹坝组)所组成,后者中部含 *Niobella* 等晚寒武世化石。厚度及岩性变化较大,一般大于 1 000 m 左右,往往表现以断裂为边界发生明显变化,反映基底具断隆与断坳结构，总体属外陆架坳陷区的深水滞流环境，不适于生物繁衍，化石稀少。西部若尔盖的太阳顶组组成特征与鲁家坪组相似，厚 1 200 m 左右。上部板岩含笔石 *Didymograptus* cf. *hirundo*，*Tetragraptus pendens*，下部位于含 Tremadocian 的笔石之下，故推测属寒武纪。

商南序列组合：分布于武当山周边以及山阳等地。超覆于灯影组之上，下部由碳硅质岩-杂色泥灰岩组成（水沟口组），中—上部由白云岩（岳家坪组）-燧石白云岩（石瓮子组下部）组成。总体属台地相沉积。由于该序列组合与鄂西三峡地区相似，因此河南地矿局（1989）曾将其与三峡地层对比、命名。

后龙门山序列组合：分布于西南部摩天岭地层分区及宁强宽川铺以北。属南秦岭与扬子地层区的过渡区。其主要特征，仅有早寒武世沉积，最高层位不超过沧浪铺期；底部产小壳化石、含磷的白云岩、灰岩（夹少数硅质岩）与震旦纪连续沉积，故已归入修正后的灯影组，其上分布零散，产海绵骨针暗色碳硅质岩、千枚岩，局部含重晶石及磷结核的地层，各具体地区以往单位名称繁多，如选将坪组、邱家河组、铁笼堡组、临江组、干沟组等等，应属同物异名；上覆分别被奥陶纪、志留纪或泥盆纪地层超覆。从其沉积组合特征和所含海绵骨针及软舌螺化石，说明处于水体深、浅，还原、氧化交替变化环境，总体属陆缘坳陷盆地沉积。

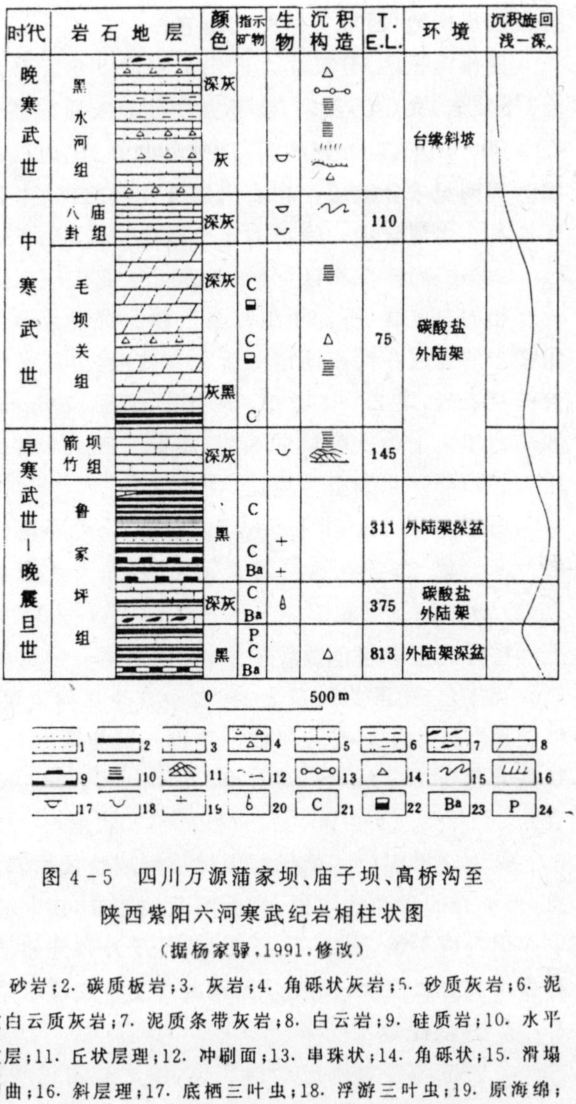

图 4-5 四川万源蒲家坝、庙子坝、高桥沟至陕西紫阳六河寒武纪岩相柱状图

（据杨家騄，1991，修改）

1. 砂岩；2. 碳质板岩；3. 灰岩；4. 角砾状灰岩；5. 砂质灰岩；6. 泥质白云质灰岩；7. 泥质条带灰岩；8. 白云岩；9. 硅质岩；10. 水平纹层；11. 丘状层理；12. 冲刷面；13. 串珠状；14. 角砾状；15. 滑塌褶曲；16. 斜层理；17. 底栖三叶虫；18. 浮游三叶虫；19. 原海绵；20. 小壳化石；21. 石煤；22. 黄铁矿；23. 毒重石；24. 磷结核；

T.E.L. 微量元素水深指数

上述 4 种序列组合基本反映本地层区寒武纪沉积-构造格局，南部为陆缘过渡区（后龙门山）和外陆架斜坡区（北大巴山），北部隆起区周边为台地区（商南、山阳），中部广大地区为外陆架断隆、断坳区（南秦岭）。

3. 奥陶纪地层

分布基本与寒武纪一致，佛坪以东较为发育。其组成物质除北部山阳、商南外，与寒武纪比较泥碎屑成分增多，碳酸盐成分减少，内部可分性不明显。下与寒武纪，上与志留纪地层大多数为整合关系。南部北大巴山地区活动性较强，出现有火山—次火山活动。依其沉积特征大致可分为 4 个沉积区，但它们之间并无绝然的界线，仅反映沉积环境的空间变化。

北大巴山沉积区：分布范围与寒武纪北大巴山序列组合分布区一致。与顶、底时代地层均为整合关系。早期高桥组为暗色泥质板岩、钙质板岩夹薄层泥灰岩，厚1 000 m左右，中—晚期权河口组由碳质板岩、砂岩组成，厚度90～265 m。含有笔石、三叶虫、腕足类化石，发育水平层理及纹层构造，西部夹碱性火山岩。

安康沉积区：分布北大巴山沉积区以北紫阳、安康一带。主要由泥质、钙质、砂质及碳质板岩（千枚岩）夹（互）灰岩，南部夹少数凝灰质碎屑岩和火山碎屑岩及熔岩，厚度变化较大，一般在2 000 m左右，统称洞河组，据其与顶、底时代地层为整合接触，在紫阳含有奥陶纪笔石，故归为奥陶纪未分地层。在安康以北变质较深，主要由石英片岩类夹板岩及厚度不等灰岩组成，于洋县金水河含中—晚奥陶世头足类(*Mysterioceras*)。

山阳—商南沉积区：分布与寒武纪商南序列组合一致。主要由碳酸盐岩组成。早期地层为地台相的白云岩（石瓮子组），其上白龙洞组为中、薄层灰岩，其中产早奥陶世头足类。与白龙洞组相当的地层在河南淅川一带称乍曲组，由灰绿色玄武玢岩、紫灰色凝灰岩、火山角砾岩组成，夹薄层灰岩，厚25～340 m。产牙形石 *Serratognathus diversus*，时代为红花园期。在白龙洞组和乍曲组之上为浅变质的泥岩、粉砂岩和灰岩等组成的潮坪相沉积，称为两岔口组（或蛮子营组），生物群以北方型为主。

西南部沉积区：分布于迭部、宁强、广元等地，出露较为零散。主要由含碳泥质碎屑岩、硅质岩及灰岩组成，各地地层发育不完整，摩天岭南缘陈家坝组产笔石 *Didymograptus deflexus*，*D. hirundo* 和三叶虫 *Ptychopyge* sp. 等，最大厚度达2 600 m。向南延入四川广元西部地区，其上还整合有宝塔组龟裂纹灰岩，时代为早—中奥陶世。在康县—略阳大堡组中、上部夹多层变流纹英安岩、中酸性凝灰岩，板岩中含晚奥陶世笔石，未见底，顶与志留纪地层整合，故其时代以晚奥陶世为主。在若尔盖—迭部地区奥陶纪与寒武纪为一个地层单位，称太阳顶组，在迭部拉路含笔石 *Didymograptus* cf. *hirundo*，*Tetragraptus pendens* 等，上与志留纪地层平行不整合。

从上述奥陶纪4个沉积区地层组成特征反映，其基本沉积-构造格局具有继承寒武纪的特点，但陆壳的活动性增强，具断陷盆地特征，在北高南低的地貌背景上，中部及西南部坳陷幅度较大但补偿不足，南部（安康以南）处于外陆架斜坡，坳陷与补偿基本平衡。在南北部部分基底断裂带具拉张性质，出现以偏碱质为主中酸性岩浆喷溢。生物群以南、北型混生为特点。

4. 志留纪地层

分布范围较奥陶纪地层广泛，组成岩石以泥碎屑岩为主，岩性较为单调，可分性差，厚度大，变化明显，与上覆泥盆纪地层普遍有沉积间断。中南部继奥陶纪之后夹有更多的火山岩，说明志留纪的沉积全区基本处于较为统一的活动环境，但各具体地区的活动性仍有差异。

石泉—安康以南的广大地区，早志留世的早期普遍沉积一套贫氧的碳、硅质页岩，局部夹有粗面岩，角砾熔岩或凝灰岩，厚135～1600 m，称斑鸠关组。早志留世中期随着火山活动的加强、沉积明显的分异，如紫阳瓦房店至岚皋以南，发育厚100～1 070 m的陆源碎屑浊积岩，称陡山沟组。在火山穹窿的两侧，水体温暖形成大量的造礁灰岩，厚200～400 m的白崖垭组，早志留世晚期至中志留世，火山活动逐渐减弱，海盆基底相对平缓，沉积物主要由泥、碳质板岩和细砂岩等组成，厚130～350 m。与陡山沟组、白崖垭组和五峡河组相当的地层，在瓦房店以北，沉积一套以泥质板岩（千枚岩）为主夹碳质板岩和少量泥质条带的灰岩、粗面质火山岩等，厚1 000～2 311 m，称梅子垭组，时代自早志留世中期至中志留世早期。该区地层的显著特点是以岩墙或岩脉形式出现的辉绿岩和以块状、层状形式分布的粗面岩、粗面质凝灰岩极为发育，构成沉积-火山岩分布区。

石泉—安康以北广大地区地层经变质，主要由云母石英片岩、千枚岩夹含碳板岩及结晶灰岩组成，火山岩夹层较少，岩层变形较复杂，厚度一般达 2 000 m 以上，化石较为稀少。近几年 1：5 万区调，多数依岩石组合分别与大贵坪组和梅子垭组对比。

西部，迭部—凤县一带志留纪地层统称为白龙江群，上与泥盆纪地层整合，多数下伏地层未露，可见厚 441～6 744 m。下部的碳硅质板岩，中部的含碳粉砂岩和上部的长石砂岩、硅质岩、灰岩等，分别称为迭部组、舟曲组和卓乌阔组。后龙门山茂县群总体特征与白龙江群相似，整合在泥盆纪地层之下，平行不整合在奥陶纪地层之上，下部为灰绿色千枚岩、板岩夹粉砂岩、晶屑层凝灰岩；底部发育碳质板岩，产笔石 *Pristiograptus cyphus*，*Streptograptus* cf. *crispus*，厚 200～390 m；中部为灰岩夹板岩、千枚岩、长石砂岩，厚 500～1 500 m，产珊瑚、腕足类等，时代为中志留世；上部为板岩夹灰岩、砂岩等，厚 450～2 500 m，产珊瑚、腕足类，时代为晚志留世。

北部山阳、商南和河南的淅川、内乡一带，仅见早志留世沉积（称张湾组），岩性为褐黄色、黄绿色粉砂质千枚岩，夹粉砂岩、泥灰岩。向西岩石渐变为灰绿色或灰黑色，砂岩逐减。产少量笔石、三叶虫和腕足类等，总厚 237～2 247 m。上述地层在淅川、商南一带为浅水相沉积，似为滨海相带，山阳一带水体加深，但仍不超出浅海相。

从上述志留纪地层序列及组成特征基本说明总体形成于陆缘裂陷盆地，陆缘带北部为水下隆起带；南部在安康以南裂陷较深，除出现以偏碱中酸性火山岩外还有偏碱质基性及超基性岩浆活动，具裂谷性质，在裂谷带西侧为斜坡相沉积；中部为裂陷盆地的主体，早期水体较深，晚期以浅水环境为主。

二、生物群特征

（一）震旦纪生物组合

可靠的震旦纪生物群落仅见于陕西的宁强、勉县等地的晚震旦世地层中，下部为庙河生物群，上部为高家山生物群，现分述如下。

1. 庙河生物群

在陕西见于略阳金家河、勉县茶店、汉中天台山的陡山沱组磷矿层中，为红藻类的 *Solenopora* sp.，*Meghyst richosphaeridium chadianensis*。上述化石属高级藻类组合，或称后生植物组合，这一组合取代了自太古宙以来微生物群落的统治地位，它不但为鄂西三峡、黔中瓮安、开阳与陕西之间的地层对比提供了依据，而且对探讨震旦纪大冰期后的全球气温上升，磷、锰富集和海陆自然环境有重要意义。

2. 高家山生物群

为张录易 1986 年命名，命名地点在陕西宁强县东北胡家坝乡的玉带河两岸，这一生物群产于灯影组的上部陆源碎屑岩层中（前人称高家山段），主要有蠕虫动物、球壳类、似水母类的 *Conotubus*，*Gaojiashania*，*Ningqiangella*，*Intrites*，*Helminthopsis*，*Planolites*，*Bucerusichnus*，*Skolithos* *Protolagena*，*Sieylagena*，*Sinotubulites*，*Cloudina*，*Qinella*，*Annuluschnus*，*Shaanxilithes*，*Neonereites*，*Vondotaenia*，? *Chuaria* 等。时限 650 Ma，与鄂西三峡的西陵峡生物群可直接对比，与滇东晋宁梅树村、王家湾、江川侯家山等地渔户村组旧城段发现的宏观藻类化石（罗惠麟，1984）亦可对比。在国外可资比较的就是著名的埃迪卡拉（Edicara）动物群。

(二)寒武纪动物群

华南地层大区寒武纪的生物化石较为丰富,计有三叶虫、小壳动物、软舌螺、金臂虫、古杯、腕足类、海绵、笔石、头足类、牙形石等,其影响最大的莫过于三叶虫,现就这一门类的分布试述如下。

1. 上扬子地层分区

这一地区早寒武世繁衍的三叶虫,大体以镇巴断裂为界,以西为滇东型;其东属于峡东型。这一划分意见已被绝大多数古生物学者接受,而且未见重大分歧。但应提及的是,在镇巴断裂以东的大巴山区,早寒武世 *Eoredlichia*、*Yunnanocephalus*、*Kunyangia* 等滇东型三叶虫的出现无疑说明:①该区处于滇东型与峡东型三叶虫的过渡地带;②滇东型三叶虫动物群一般生活在滇东古陆东侧近岸的海湾环境中,属浅水底栖群落,大巴山区镇巴、镇坪一带滇东型三叶虫的出现,说明该区距离古陆不应太远。中寒武世全分区被华北型三叶虫占据。晚寒武世可能因为环境闭塞,至今未见生物遗骸。

2. 南秦岭—大别山地层区

这一地区寒武纪动物群杨家騄(1991)已有较详的论述,总体属于过渡类型动物群。同时将漂游群落,底栖群落以及这两者之间的混合群落的出现时间、分布范围做了进一步的划分。另外前人将陕西镇安至河南淅川一带的三叶虫动物群一并归入过渡类型值得商榷。这一地区寒武纪的沉积物主要为台地相,与此伴生的三叶虫在早寒武世的早期为盘虫类组成的 *Hupeidiscus*-*Sinodiscus* 群落,其生活范围均在较深的浅水区域,营漂游生活,无远距离的游泳能力。其上为 *Ichangia*-*Neocobboldia* 群落,系漂游与底栖三叶虫的混生群体,水体仍为浅盆区,但其深度比早期要浅得多。早寒武世的中、晚期除有大量的游泳型三叶虫 *Kootenia* 之外,主要是底栖类型三叶虫,可称 *Redlichia*-*Megapalaeolenus* 群落,为正常浅海生活类型。近年在中寒武世地层中发现的 *Kunmingaspis*-*Chittidilla* 群落,完全是底栖类型,属于华北型重要成员。上述地区寒武纪的三叶虫群落除底部缺少 *Tsunyidiscus*-*Zhenbaspis*? 群落之外,其他均可与鄂西地区对比,均系台地相区的生物类型。

(三)奥陶纪动物群

奥陶纪是全球生物大发展的时期,其门类和数量远较寒武纪丰富,现就几个主要的门类加以介绍。

1. 笔石

该类动物分布广、演化快,一般被视为划分对比地层的重要依据。笔石多保存在页岩之中,也是重要的指相化石。在生物类型方面,一般划分为华北型、扬子型、江南型、华南型四个群类,其生活环境和伴生的沉积物类型也依上述排列由浅入深,由稳定到活动。

上扬子地层分区:以发育扬子型笔石群为特征,主要有 *Didymograptus*,*Tetragraptus*,*Phyllograptus*,*Azygograptus* 等,其生活环境既不是标准的地台地区,也非地槽区,带有一定程度的过渡特点(汪啸风,1982)。

南秦岭-大别山地层区:奥陶纪的笔石化石见于陕西紫阳以南的高桥组、权河口组和斑鸠关组的底部,另在甘肃南部的太阳顶组上部和大堡组尚有见及。笔石群类型除早期东南型 *Clonograptus* 与扬子型的 *Dictyonema* 共生,显示混生特点外,其后均系由 *Etagraptus approximatus*,*Tetragraptus fruticosus*,*Didymograptus abnormis*,*Nicholsonograptus fasciculatus* 等组成的华南型笔石动物群，生活环境为地壳较活动的区域。

2. 头足类和牙形石动物群

在上扬子地层分区，头足类以 *Lituites*，*Sinoceras* 为代表，显示了南方型色彩，而南秦岭-大别山地层区以 *Armenoceras*，*Sactoceras* 为代表的头足类动物群，总体上显示了北方型的特点，但其中有南方型头足类的混入。

牙形石动物的性质，据安太庠(1986)、裴放(1987)、赖才根(1994)研究，与头足类情况相同。在上扬子地层分区为南方型动物群，而南秦岭区奥陶纪早期以南方型为主，中、晚期以北方型为主，说明在奥陶纪华北板块与华南板块可能有一次对接。

3. 珊瑚动物群

仅见于陕西山阳东部和河南淅川一带的晚奥陶世地层中，据阎国顺(1983)、邓占球(1987)、刘印环等(1991)研究，可划分两个组合：

上组合：*Favistella* - *Calapoecia* - *Plasmoporella* 组合

下组合：*Agetolites* - *Agetolitoides* - *Agetolitella* 组合

上述组合在我国中部的陕西陇县、耀县、甘肃两当、北祁连和南方的浙西、赣东北均有分布，可以构成一个生物地理区，邓占球(1984)称"中亚—华南珊瑚海区"。林宝玉(1977)称中国南部动物地理区。

4. 三叶虫动物群

据卢衍豪(1976)研究，我国奥陶纪三叶虫仍可划分为华北型、扬子型、东南型和过渡型四类。在上扬子地层分区的三叶虫当属扬子型。主要特点是既有全球性的属种，又有欧洲常见的分子，还有相当一部分本地区的特有成员。南秦岭区的情况比较复杂，如在紫阳、平利一带，早奥陶世繁衍的 *Niobella*，*Hysterolenus*，*Geragnostus*，*Apatokephalus*，*Emmrichops*，*Heterocyclopyge*，*Caputrotundum* 等，显示东南型特点。而晚奥陶世在山阳、淅川一带分布的三叶虫 *Neseuretus*，*Pliomerina*，*Dulanaspis* 等，与珊瑚情况相似，具有过渡类型色彩。

(四)志留纪动物群

上扬子地层分区龙马溪期以笔石动物为主，其面貌以正笔石类的大量繁衍为特征，而且分异度和丰度极大。石牛栏期仍以笔石动物为主，但此时已有少量的腕足类、三叶虫介入，显示了水体渐浅的生态环境。白沙期的笔石极少，而且出现礁灰岩等，生态组合以大量的底栖介壳类生物取代笔石为特点，说明海水深度明显变浅。南秦岭区情况复杂，在紫阳、平利一带，早、中志留世发育有属种繁多、系统演化较为连续的笔石序列，其中尚有大量头足类繁衍(因被后期沉积压扁，一般难于鉴定)。不过在火山穹窿的两侧，仍有底栖类型的珊瑚生活，而且局部可成礁体，说明该区地势并非平坦。迭部、白河一带情况比较复杂，这里志留纪地层发育齐全，但笔石甚少，以珊瑚、腕足类为主，三叶虫、腹足类、层孔虫、海百合茎亦有之，但分布极不均一，其中除偶然于碳质板岩中发现笔石之外，其他均在凸镜状灰岩中形成，这可能与前述的地壳上拱，使局部水体变浅有关。山阳、淅川一带分布的张湾组，目前仅有少量笔石发现，主要以底栖的腕足类、三叶虫为主，生物群面貌相似于华南地区，属极浅水环境。

综合本地层大区生物群的分布特点，可以明显的看出，上扬子地层分区的生物类型与扬子大陆区极为相似，属于典型的扬子类型动物群。生物分子除本地特有分子之外，还有大量大西洋型生物分子的混入。南秦岭-大别山地层区生物群面貌总体显示过渡特点，局部在个别时期有东南类型动物混入。

三、沉积盆地分析

研究区所涉及华南地层大区，其区域构造属性属华南板块西北部，扬子地层区属该板块陆内区，秦岭-大别山地层区（南秦岭）为北陆缘带，北与祁连-北秦岭地层区毗邻，以早古生代次级扩张洋盆为界。

依沉积特征、地壳类型及盆地形成的动力机制，以主活动期为主，划分为陆内坳陷盆地、陆缘裂陷盆地及陆缘裂谷盆地（表4-10）。

表4-10 华南地层大区震旦纪—志留纪沉积盆地划分表

构造位置	盆地类型	地壳类型	时代	活动机制	沉积类型及沉积组合	地层区划
板块陆内区	上扬子陆内坳陷盆地	陆壳	S_1—Z_1	差异升降伴拉张、挤压	稳定类型，以浅水为主泥质碎屑岩-碳酸盐岩组合	上扬子地层分区
板块陆内区边缘	摩天岭裂陷盆地	陆壳	S_3—Z_1	断陷-裂陷	过渡—活动类型，浅海为主，碳硅质岩-泥质碎屑岩组合夹少数碳酸盐岩、火山碎屑岩。	摩天岭地层分区
大陆边缘	南秦岭裂陷盆地	过渡壳	S_3—Z_2	断陷-裂陷（裂谷）	过渡—活动类型，深水-浅水碳硅质岩—泥质碎屑岩为主组合夹偏碱性火山岩	迭部-旬阳地层分区
大陆边缘	北大巴山裂谷盆地	过渡壳	S_3—Z_1	裂陷-裂谷	过渡—活动类型，深水—浅水碳硅质岩-碳酸盐岩-泥质碎屑岩组合，夹基性、中酸性火山岩，伴生超基性岩	紫阳-高滩地层小区

（一）上扬子克拉通陆内坳陷盆地

在陕西南部的米仓山、星子山和大巴山南坡，晋宁运动之后全区上升成陆（汉南古陆）。早震旦世在基底不平的背景上形成磨拉石沉积，早期为河湖相（莲沱组），晚期受全球性寒冷气候影响形成冰碛或冰水沉积（南沱组）。晚震旦世冰水消融、海平面上升、海水沿汉南古陆的东西两侧缓缓侵入，早期在大巴山南侧和米仓山西缘的浅海海湾中沉积了碳酸盐岩和碎屑岩及磷、锰矿层（陡山沱组）。晚期汉南古陆的大部分被夷平，加之海侵进一步扩大，各地普遍接受碳酸盐台地相沉积（灯影组）。

刚固结的克拉通基底刚性程度不大，其中早震旦世地层中的火山物质为重要的记录之一。各地地壳活动强弱不一，加之地形参差不齐，多数地区地层发育不完整、沉积物厚度相差悬殊，如：城固—西乡以北始终处于风化剥蚀下的古陆状态；西乡、南郑与四川南江之间的广大区域至灯影期才接受沉积，地层厚度自南而北从391 m减至24 m；除陡山沱组与灯影组之间为连续沉积之外，其他地层单位间均系平行不整合接触，而且灯影组内暴露构造极其发育，说明盆地并非一次性的升、降过程，即使在普遍接受海侵的灯影期，仍然不时地出现陆地状态。

寒武纪梅树村期继承了灯影期的碳酸盐台地环境。筇竹寺期随着全球海平面上升和缺氧事件的影响，区内普遍接受黑色细粒碎屑沉积，淹没地台，其后西部逐渐抬升，基底开始向东倾斜，产生差异升降。沧浪铺早期，西部宁强、南郑一带为近源碎屑沉积；米仓山区为海水清澈、藻丘发育的碳酸盐台地；东部星子山、大巴山区则为浅水混积型缓坡环境，只有邻近南秦岭大陆边缘的高川地区水体较深、碳质含量稍高。沧浪铺晚期，西部上升成陆，陆缘浅滩向东推进到米仓山区，向东水体加深，形成浅水混积型缓坡（石牌组）。龙王庙期差异升降趋缓，陆源补给减少，自西而东形成局限台地碳酸盐缓坡，分别沉积石龙洞组、清虚洞组。中、晚寒武世镇巴以西相继升出海面；以东，早期接受超补偿陆源碎屑沉积；晚期为非补偿的局限台地。

纵观寒武纪各时期的沉积特点可以看出，盆地基底自西向东逐渐抬升，海水由西向东撤出，最终使海水退居星子山、大巴山一带。

奥陶纪沉积，早期基本继承晚寒武世的古地理格局，在星子山、大巴山区仍维持局限台地环境，早奥陶世中、晚期，海水沿川滇古陆的东西两侧悄然而至，在汉南古陆西缘的海湾中形成潮坪和泻湖相沉积（赵家坝组、西梁寺组）；汉南古陆以东，由于高川地区上升成陆与汉南古陆连为一体，因此星子山西麓处于群山环抱的海湾之中，接受潮坪环境的含锰碳酸盐和泥质碎屑沉积（大湾组）。中奥陶世除高川地区仍保留小范围的海岛之外，其他地区均被海水淹没，接受较深水的碳酸盐缓坡沉积（宝塔组），晚期在宁强一带虽有小区域的抬升，但盆地总体面貌并未改变。晚奥陶世的古地貌形态基本不变，唯米仓山区和星子山东麓进一步沉降，形成陆架边缘深盆相的碎屑沉积（涧草沟层和龙马溪组底部层位）。晚期古地理格局虽未改变，但受全球变冷事件侵袭，对本区可能有所影响，转为潮坪相沉积（观音桥层）。

综上，奥陶纪的沉积格局，早期东、西部首先接受沉积为海湾环境，中、晚期随着海侵范围扩大，全区处于统一的深水盆地，仅高川地区上升成陆。

加里东运动末期（志留纪），在华南板块进入整体抬升的大趋势下，上扬子盆地虽在志留纪早期有所扩大，但是到龙马溪末期迅速收缩，形成一套向上变浅的陆架深盆相→潮坪相沉积。早志留世末期上升成陆，结束了本阶段盆地演化史。

综合上述各时期特点有如下认识：①汉南古陆的升降始终影响着各地区沉积物的性质；②沉积组合形式的区域分割性较为显著，而且具有较强的继承性，其形成除受控于华南板块的总体构造格局之外，还与区域性的基底活动性的差异以及其北大陆边缘的活动方式有关，区内差异升降的动力机制可能与周边活动带的张裂、拉伸应力有联系；③生物类型的带状分布和自西向东有规律的变化较为清晰，其特点与区域性的古地理布局有关。

（二）摩天岭裂陷盆地

分布范围与摩天岭地层分区一致，向南可抵四川茂汶、木里一带。晋宁运动之后，本区上升成陆，并且构成华南古大陆的一部分。早震旦世晚期（南沱期），海水自南而入，并迅速与上扬子海盆勾通，使本区成为上扬子克拉通盆地西北部的重要组成部分。早震旦世晚期至寒武纪早期，沉积物与前述上扬子克拉通盆地西部（宁强一带）颇似，所不同的是：①岩石普遍色暗；②碳酸盐岩自东而西逐渐减少，碎屑岩明显增多；③发育于南沱组的火山碎屑物或火山碎屑岩夹层大量增加；④地层厚度最厚可达 2 913 m；⑤矿产丰富，主要赋存有磷、锰、赤铁矿、菱铁矿等；⑥筇竹寺晚期，在盆地西南部发育有火山碎屑岩；⑦沧浪铺早期盆地各处相继上升成陆，并与其后露出水面的汉南古陆连为一体，在陕、甘、川交界地区形成规模庞大的摩天岭古陆。

早奥陶世中期海水再次侵入，并与汉南古陆西缘海湾贯通。在摩天岭古陆的南侧或东南侧形成一条北东—东西向海槽，沉积厚达 400 余米的碳质页岩和硅质砂岩（陈家坝组下段）。早奥陶世中期至中奥陶世，海槽继续向北、西扩展，沉积一套厚度近千米，向上变浅的浅水深盆相→潮坪相→碳酸盐缓坡相地层，其后海槽闭合，古陆复出。

早志留世早期，海水重新布满摩天岭古陆的东南缘，海槽又一次与上扬子海盆融为一体，接受厚度超过 4 000 m 的浅海深盆→陆架→潮坪相陆源碎屑和少量碳酸盐岩，火山碎屑岩等活动类型沉积。早志留世晚期至晚志留世，海盆由北向南收缩，到志留纪末期，除四川北川以南尚有残留海盆之外，其他地区相继露出水面。

综上所述归纳为三点认识：

①在志留纪之前盆地两次沉降（震旦纪—早寒武世中期和奥陶纪早—中期）与上扬子盆地勾通，两次上升成陆（早寒武世中期—早奥陶世早期和中奥陶世中期）与汉南古陆连为一体，说明本盆地主体仍属上扬子盆地边缘组成部分。自志留纪始两盆地才明显的分异。因此其沉积特征及生物群性质在震旦纪—奥陶纪具过渡色彩，如地层厚度大，碎屑物增多、岩石色调暗等，而志留纪沉积在本区为活动类型，上扬子盆地为稳定类型；

②摩天岭地块以及若尔盖地块在前志留纪属扬子地块的组成部分，自志留纪始才真正从扬子地块裂解而出，成为扬子板块北大陆边缘的中间地块（体）；

③震旦纪到志留纪盆地形成演化过程，基底的活动性较陆内区强烈，这与边缘断裂有关，从其出现不稳定火山岩夹层说明活动机制具有一定拉张性质。

（三）南秦岭裂陷盆地

指分布于康县至旬阳一带，与迭部-旬阳地层分区基本一致，南与北大巴山裂谷盆地并无绝然分界，北为山阳-商南断续隆起带。它与摩天岭裂陷盆地的不同如下：①基底为青白口纪陆间裂陷火山盆地，固化程度极低；②地层系统发育连续齐全；③沉积类型由过渡—活动；④经历3个时期发展演化；⑤基底基本属过渡地壳类型。

晋宁运动后，在晚震旦世平稳沉积的背景上，寒武纪为断隆、断坳沉积。奥陶纪活动性略为增强，以断陷盆地占主导。志留纪在断陷背景上，陆壳具有明显的拉张性质，以裂陷作用为主，形成裂陷盆地。整个演化过程受基底构造格局和动力机制的活动方式所制约。

自寒武纪始其基底构造格局由一系列大致呈东西方向雁行排列的堑、垒① 所组成，显示出受控于右行走滑的古构造格局（刘宝珺，1993）。如在留坝以东，自南而北可划分出平利地垒、紫阳地堑、安康地垒、宁陕-旬阳地堑、山阳-商南地垒等。在地垒上及边部一般以灰—灰绿色浅水碎屑岩和碳酸盐岩组合为主，生物以多门类底栖为特征，以过渡—稳定类型沉积为主，局部为碳酸盐台地相沉积，如山阳-商南地垒。在地堑（或槽盆）内为深盆砂泥质岩相、浊积相、硅泥质岩相等以泥质碎屑岩为主的组合，夹碳酸盐岩和火山岩，以活动类型沉积为主，生物以浮游或漂浮类型为多，局部化石甚少。火山活动主要形成于志留纪、奥陶纪，规模一般不大，沿线性断裂构造带断续分布，岩石特征以基性和中酸性为主，安康旬阳地区由玄武岩和英安-流纹岩组成，向西在康县、南坪、迭部等地奥陶纪或志留纪都有呈点群分布的基性或中酸性火山一次火山活动。一般基性岩为钙碱—偏碱系列，中酸性火山岩为钙碱—钙性系列，地球化学特征显示其形成于稳定区靠近造山带，板内或大洋岛环境，既非大洋火山岩也与大陆裂谷型火山岩不同，属裂陷盆地，与断裂深切有关，对此盆地性质《陕西省区域地质志》（1989）、张二朋等（1993）都做过详细论述。

（四）紫阳-平利裂谷盆地

位于扬子克拉通的陆缘南带。裂谷带奠基在晋宁期陆缘弧的外带（陶洪祥，1985）。控制裂谷带的主要断裂为紫阳的红椿坝断裂、城口-房县断裂和石泉-安康断裂，并由这些断裂分割着

① 或称断隆、断坳或槽盆、槽块。

升、降幅度不同的地堑、地垒带，在石泉-安康断裂以南的地堑带是裂谷活动的主要区域，1992年黄月华等认为：①该裂谷带的火成岩组合为碱性辉绿岩-碱性粗面岩、碱性镁铁质熔岩-金伯利岩-粗面岩组成的双模式火山岩套；②侵入岩多呈岩床状整合侵入体，岩浆分异较好，有少量的火成堆积岩发育，显示了在稳定拉张环境下，岩浆的充分分离作用；③在ΣREE-(La/Yb)图解中，高滩辉绿岩的成分全部落在洋脊和裂谷玄武岩区。岩浆源为碱性钾质岩浆系列。结合本区火山岩的矿物特征及地球化学研究，它们应是大陆裂谷岩浆活动产物，④裂谷活动的主要时间在奥陶纪—早志留世。

综上所述，紫阳一带的岩浆活动显示了典型的裂谷特征。早寒武世的晚期至晚寒武世相对平静，沉积了厚度巨大的碳酸盐岩地层。奥陶纪—早志留世为裂谷强烈活动期，也是地壳拉张最大时期。紫阳、安康地区处于水体较深的盆地相区，并在震旦纪—寒武纪较浅水沉积的陆缘残块上，广泛繁衍东南类型生物群落。中志留世裂谷活动进入晚期，虽有小规模的火山喷发，但范围极小，中志留世中期裂谷关闭，随即上升成陆，成为扬子古大陆的一部分。

第五节　华北地层大区

一、区域地层特征

本地层大区震旦纪—志留纪地层以华北西缘地层分区及柴达木北缘地层序列发育较为完整，其次为南、北祁连山。秦祁昆地层区的地层不同程度经历变质、变形和变位，空间分布的连续性较差，时间上不同地层单位的相互关系较为复杂。北秦岭早古生代地层目前尚未进一步划分。地层序列见表4-11。

震旦纪地层主要发育在华北地块的西、南缘和北祁连山的永登—肃南一带，在柴达木地块的西北部亦有少量分布。各地岩性均以冰碛和冰水沉积为主，顶部发育正常浅海沉积，形成由冰川相→冰水相→正常浅海相逐渐过渡的地层序列。其中华北地块西、南缘和柴达木地块北部的地层厚度一般不足百米，岩性以冰碛砾岩、含砾板岩和粉砂岩为主。而北祁连山和陕西洛南的东部地层厚度一般在千米以上，岩性以含砾千枚岩为主，夹灰岩凸镜体和砂岩，冰碛砾岩一般较少。具体划分见表4-11、图4-6。

寒武纪地层出露在华北地块的西、南缘、贺兰山西南部、河西走廊、柴达木北部和南、北祁连山区。华北地块西、南缘，一般缺失梅树村期、筇竹寺期沉积。岩性主要由碳酸盐岩组成，底部发育含磷碎屑岩或含磷砾岩，中部多见紫红色页岩、粉砂岩。在贺兰山北段中、上部灰岩多以薄层为主，中、下部碎屑岩颜色深暗。可能与邻近华北地台边缘有关。而陕西洛南县城北部发育的寒武纪地层，上、下部全为碳酸盐岩；中部为灰绿色千枚岩，总厚近千米；在宁夏香山和甘肃河西走廊地区，以发育陆原碎屑复理石为主，夹凸镜状灰岩、硅质岩。在邻近华北地台的东部边缘地带，尚可见分布范围较大的滑塌砾岩等，厚度均在3 000 m以上。柴达木地块北缘的寒武纪地层，上部以灰岩为主夹白云岩；中部为白云岩夹紫红色、黄绿色碎屑岩、硅质岩；下部为紫红色砂岩、厚层白云岩等，所含三叶虫动物群系华北类型，厚千米以上。南、北祁连山区的寒武纪地层为活动类型沉积，岩性除有灰岩、千枚岩之外，主要发育火山熔岩、火山碎屑岩，还有与热水活动有关的硅质岩等，生物群为过渡类型，地层厚度变化较大，多在千米至数千米之间。

奥陶纪地层分布范围远较寒武纪为广，在北秦岭和柴达木盆地西南部也有分布。在陕西韩城、铜川、礼泉一带钻孔资料揭示其北仍有分布，岩性主要为碳酸盐岩，局部夹少量笔石页岩，多数地区化石稀少，局部有头足类、牙形石、腕足类、三叶虫、珊瑚和笔石等，厚300～1 600 m。陕西富平、陇县、甘肃平凉、环县、宁夏香山、贺兰山等地，早期地层相似于韩城、铜川地区，而中、晚期岩性复杂，主要为灰、深灰色砂岩、含砾砂岩、笔石页岩和灰岩等，局部发育薄层灰岩，主要特点是其中夹有浊积岩，局部可见凝灰岩，产笔石、三叶虫、腕足类、珊瑚和头足类等，厚度千米至数千米。而柴达木盆地北缘上部为碳酸盐岩夹砂岩，含砾砂岩，产头足类、腹足类、腕足类化石，厚1 829 m；中部以碎屑岩为主，产笔石，厚33～502 m；下部为碳酸盐岩和黑色粉砂质板岩，产笔石、头足类、腹足类、三叶虫等，厚50～300 m。

祁连山、北秦岭和柴达木盆地以南地区，以发育各种类型的火山岩、火山碎屑岩为特征，另有灰岩、硅质岩、浊积岩、石英砂岩等，生物群具南、北型过渡色彩，地层厚度多在数千米。

志留纪地层在北祁连山发育较全，中、南祁连山和柴达木盆地北缘仅有早志留世沉积，以发育洋盆闭合后的前陆盆地沉积为主。岩性有各类砂岩、长石砂岩、含砾砂岩和少量页岩、灰岩等，生物化石有珊瑚、腕足类、腹足类、双壳类、笔石等。厚度80～5 190 m。

二、典型岩石地层单位和相关地层特征及形成环境分析

这里所指典型地层单位系指在本大区内具有较大的普遍意义，在本区沉积-构造历史中占有关键性地位。但由于本区沉积-构造相当复杂，加之篇幅所限，仅在序列表中选出7个地层单位作为重点，带动其他相关地层单位。

（一）罗圈组—大陆冰川-陆缘海沉积

1. 罗圈组层型特征

正层型在河南省临汝县蟒川罗圈村。该剖面二元结构极为明显，下部主要为无层理或似层理紫红色、灰色的泥砾岩、夹少量砂砾岩、含砾板岩等，上部为灰绿色、紫红色粉砂质页岩，夹少量页岩及海绿石粉砂岩，底部发育含砾板岩。总厚295.5 m。下与汝阳群、上与辛集组为平行不整合接触。其形成环境下部为陆上冰川，上部为外陆架沉积。总体上为由陆→海；由浅→深的沉积序列。依据微古植物和同位素年龄资料，多被置于震旦纪。

在豫西地区广泛分布在嵩山、乐山、东山等地，向北延入中条山区；向西在陕西的小秦岭、岐山和甘、陕交界的景福山均有出露。但上、下部在区域上并非完全属上、下关系，在时、空上出现部分重叠和互变关系。

2. 关于罗圈组的成因

该组下部及其相当的沉积物保存着冰川环境中常见的冰蚀槽、冰川擦痕、压裂、压坑、冰溜面、磨蚀面、羊背石等固态运动所造成的特殊标志，区别于重力流、洪积、山麓堆积、滑积等环境形成的沉积。此外，砾石的形态、分布特点以及用正常沉积难以解释的纹层泥广泛出现，说明下部为冰川成因。至于其中相伴的重力流沉积物，其成因也可导源于冰川作用，它本身就是冰成岩的一部分（吴瑞棠、关保德，1988，1992；刘鸿允等，1991）。

罗圈组在前述区域内分布稳定、岩性相似，剖面结构相同，沉积序列均由冰进阶段的底砾岩向冰退阶段的冰水沉积和海相沉积过渡，缺少山岳冰川最典型的面碛和侧碛，依据磨蚀构造和破裂构造所确定的冰川运动总方向分析，都是由北向南的单向运移。因此、高振家等（1980）、吴瑞棠等（1992）均将罗圈组冰碛层归属于大陆冰川。

3. 罗圈组的时代

豫西地区的冰碛层在被发现的初期均被置于震旦纪(杨志坚,1958;王曰伦,1963)。有关罗圈组的时代始终存在着不同的认识,大体有五种看法:震旦纪南沱期;震旦纪陡山沱期;震旦纪灯影期;早寒武世;灯影期至早寒武世。其中主流观点是灯影期和早寒武世两种。本书考虑到:①罗圈组与辛集组之间普遍存在着平行不整合,而且这个界面之下的上段在各地发育不均一,其间可能有较多缺失(关保德,1980,1985;陆松年等,1985;李钦仲等,1985;吴瑞棠等,1988,1992);②不整合面之上生物化石极其丰富,之下未见有说服力的生物遗痕,这与我国其他地区寒武系与震旦系界线两侧的情况非常相似;③罗圈组的岩性极为特殊,它与我国有时代依据的早寒武世的沉积迥然不同;④寒武纪的早、中期全球曾经出现过一次较大的海侵,与此同时伴随着缺氧事件的产生,造成这一事件的主要原因除气候变暖之外,就是海平面的升高,而海平面升高与冰期似乎不能同日而语;⑤从古地磁所反映华北大陆区早寒武世的早期在南纬,显然不是大陆冰盖形成的场所;⑥在豫西和陕西的洛南一带,罗圈组超覆在太古宙—青白口纪的不同地层之上,在豫西的鲁山、叶县、舞阳一带,不整合在震旦纪的董家组之上(关保德等,1985),这可能是罗圈组下伏地层中的最高层位。董家组的同位素年龄数据为650±33 Ma(K-Ar、四个海绿石样品的平均值)和727 Ma(Rb-Sr、一个海绿石样)大体相当我国南方的南沱期与陡山沱期之间。董家组发育大量的紫红色白云质灰岩等,其形成环境显然不是冰期产物,因此一般被视为陡山沱期的沉积。如果说董家组为陡山沱期,那么位于董家组之上的罗圈组如果不是寒武纪地层,只能归属于震旦纪的灯影期。但是,有关罗圈组的时代仍需进一步查证:其一是关保德等(1987)测得上段的同位素年龄值为528±23 Ma(Rb-Sr 等时线);其二,罗圈组的上覆辛集组的底部所获 Protolenid(类)三叶虫在世界各地产出环境为较深水和还原环境,时代均在早寒武世的中期,相当我国的沧浪铺中期(张文堂,1979;项礼文,1981)。如果说辛集组为较深水相沉积,那么必然与罗圈组和上段(外陆架沉积)构成连续的相序,其间不应该有沉积间断。事实上,辛集组与罗圈组之间一般只存在厚度不等的褐铁矿(类似赤铁矿)层,有的地点尚可见2~3层,其间缺少有说服力的剥蚀面。而辛集组与老于罗圈组的地层接触时,一般均可在辛集组的底部见到比较发育的底砾岩。加之辛集组与罗圈组在区域分布上形影相随,这就很容易使人们用罗圈组去填补沧浪铺中期以前的寒武纪沉积。其三,1965年张尔道等报导,在洛南"麻坪街北熊耳沟内东支家沟剖面"和"下纸房—上河坝剖面"的猴家山组底部(相当本书的罗圈组上段)产腕足类化石 *Obolus*①。这些资料都可以说明罗圈组上段有可能属于寒武纪。鉴于上述事实的存在,本文暂将罗圈组置于震旦纪晚期。

4. 罗圈组及其相当地层在区域上的展布

从目前掌握的资料看,这一冰期的产物在华北地台的南缘断续分布,唯各地使用的名称不同。如宁夏贺兰山区称正目观组,陕西境内曾称上张湾组、时家沟组。张文堂(1979)、赵祥生等(1980)、李钦仲等(1983)、关保德等(1980,1985)、斗守初等(1985)、吴瑞棠等(1992)均认为上述地层一致性可以直接对比。因此本书建议将罗圈组作为华北地台南缘上述地层的区域性命名。具体划分如下(表4-12):

据赵祥生等(1980)、陆松年等(1985)研究,本地层大区与罗圈组相当的地层还有阿拉善地层区南缘的韩母山群、北祁连山的白杨沟群和柴达木全吉群的红铁沟组(表4-11)。韩母山群

---

① 张尔道、陆岩、冯益民等,1965,陕西洛南路家街—石门一带寒武系下界及其与震旦系的接触关系。见:地质部华北地质科学研究所编著,蓟县震旦系现场学术讨论会会议论文汇编。

表 4-12　罗圈组的命名及区域对比表

区域性命名		地方性命名				说明
华北地台南缘		陕西洛南		宁夏贺兰山		据 1990 年关保德将正层型上部命名为东坡段。据 1958 年杨志坚将豫西冰碛岩命名为“临汝冰碛层”
罗圈组	东坡段	罗圈组	时家沟段	正目观组	上段(板岩)	
	临汝段		上张湾段		下段(砾岩)	

下部由冰碛岩、含砾千枚岩、纹层状板岩夹灰岩、白云质灰岩等组成，最大厚度 1 883 m，称烧火筒沟组，形成于海陆交替、冰水交融环境；上部以灰岩为主，夹钙质千枚岩，底部尚见磷矿层，称草大板组，属于浅海沉积，但其中含有海绵骨针化石，形成环境似较深。千枚岩全岩 Rb-Sr 等时线年龄为 593±39 Ma，时代应早于寒武纪，可能也是震旦纪晚期沉积。白杨沟群分上、下两部分，下部为冰碛岩夹少量灰岩(厚度 330～440 m)，上部为泥质灰岩与钙质、砂质板岩互层，夹细砂岩和薄层铁锰矿(厚 360～630 m)。该群东延，在永登附近下部岩性与甘肃肃南地区相似，而上部则渐变为灰岩，总厚不足 650 m。白杨沟群不整合在龚岔群之上，下部岩性特征与烧火筒组相似，为冰水交融条件下的沉积。上部在永登一带可能处在正常的浅海环境，向西至肃南各地逐渐变为类复理石沉积。说明自东向西不但水体逐渐加深，而且地壳的活动性也相对加强(图 4-7)。

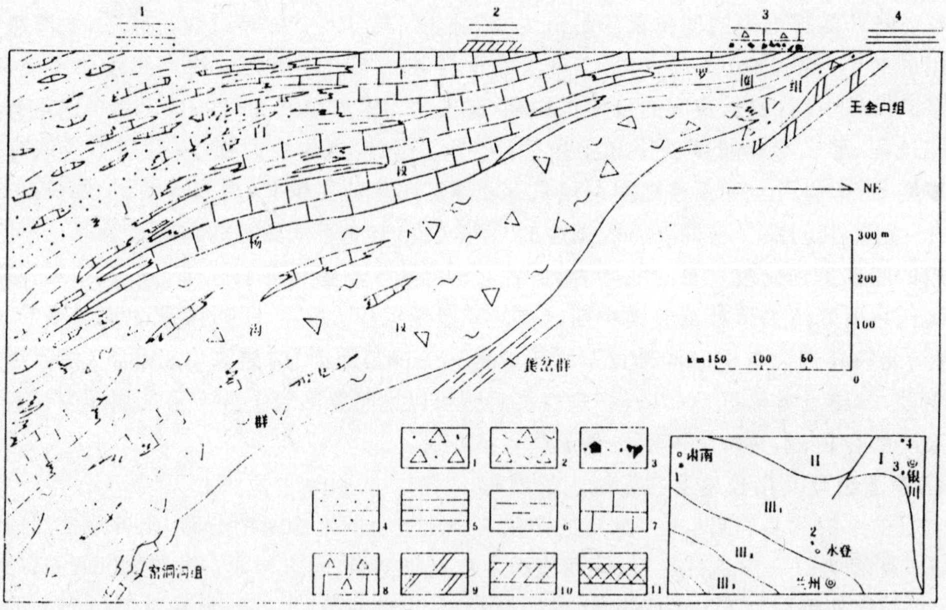

图 4-7　北祁连山—贺兰山震旦纪地层示意横剖面图

1. 冰碛岩；2. 片状冰碛岩；3. 含磷砂岩；4. 砂岩；5. 页岩；6. 泥质岩；7. 灰岩；8. 角砾状灰岩；9. 白云岩；10. 磷矿层；11. 铁锰矿层；Ⅰ. 华北西缘地层分区；Ⅱ. 阿拉善地层区；Ⅲ. 祁连-北秦岭地层分区；$Ⅲ_1$. 北祁连-终南山地层小区；$Ⅲ_2$. 中祁连-太白山地层小区；$Ⅲ_3$. 南祁连-丹凤地层小区

青海柴达木北缘的冰成岩系，早在 50 年代孙殿卿等提出，但并未进行具体划分，1978 年王云山等自上而下分别命名为皱节山组、红铁沟组和黑土坡组，归属于全吉群上部。其中黑土

表 4-11 华北地层大区震旦纪—

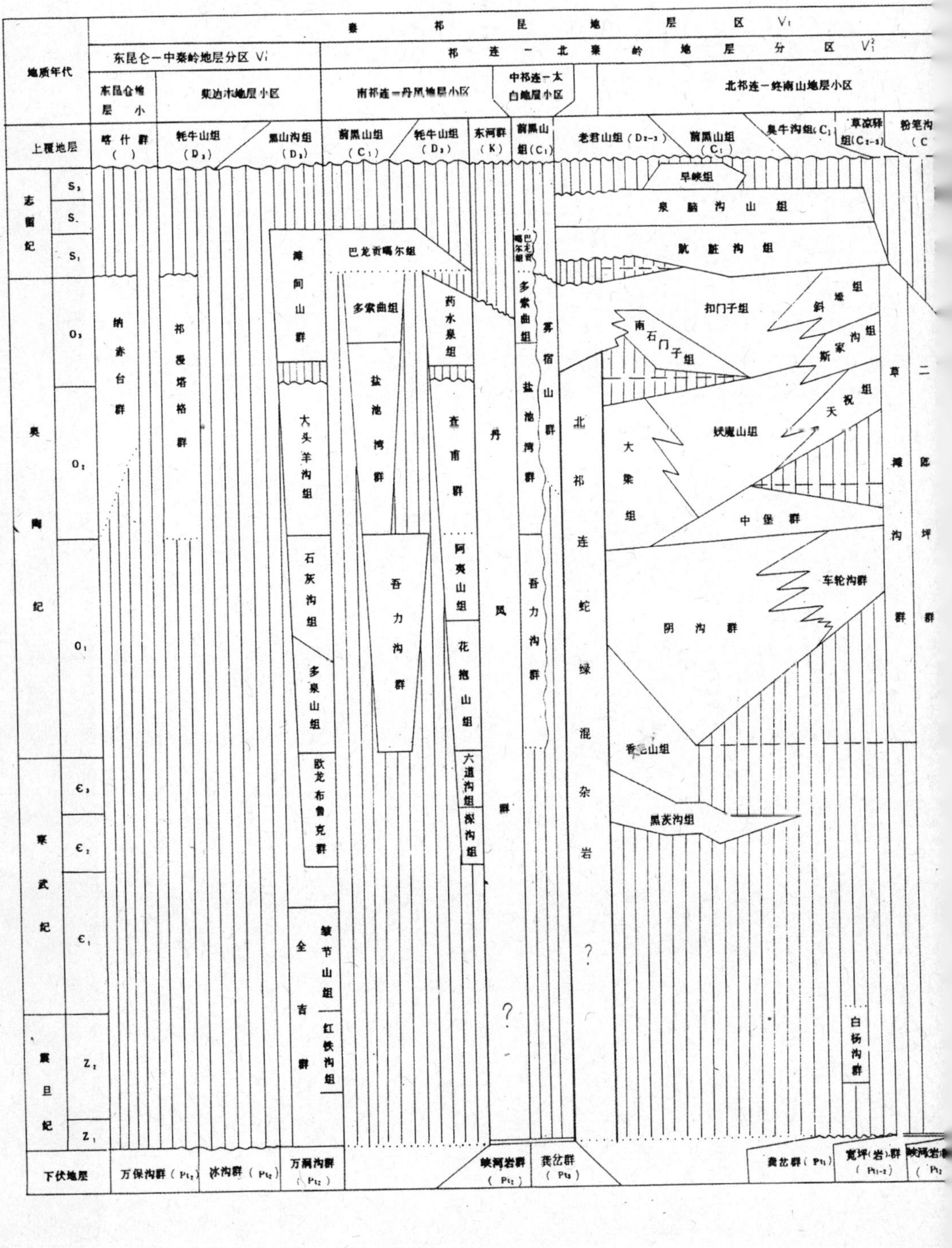

志留纪岩石地层序列表

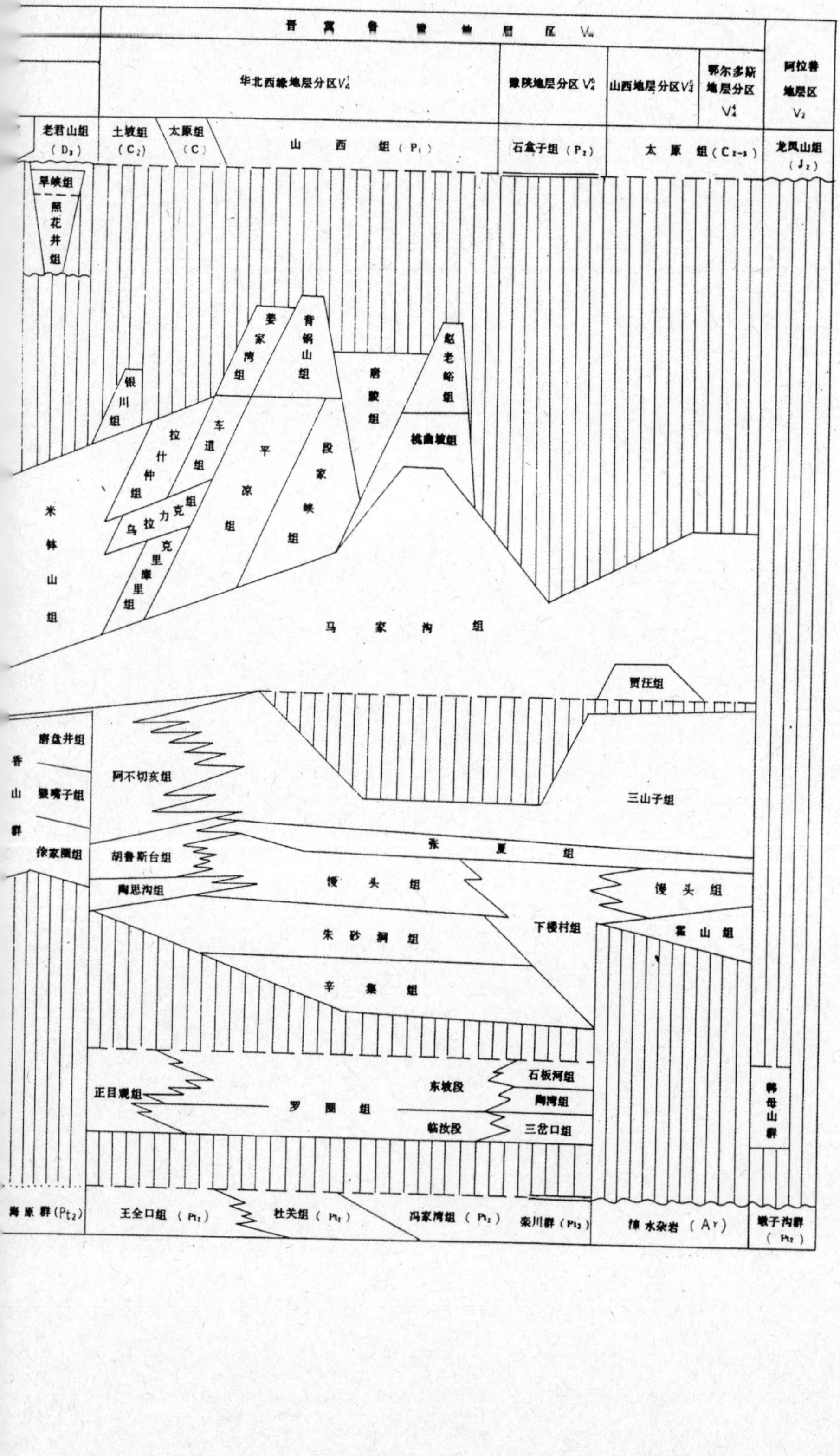

晋冀鲁豫地层区 V₄
华北西缘地层分区 V_4^1
豫陕地层分区 V_4^2
山西地层分区 V_4^3
鄂尔多斯地层分区 V_4^4
阿拉善地层区 V_2
老君山组（D_3）
土坡组（C_2）
太原组（C）
山西组（P_1）
石盒子组（P_2）
太原组（C_{2-3}）
龙凤山组（J_2）
旱峡组
照花井组
银川组
姜家湾组
青铜山组
磨盘组
赵老峪组
桃曲坡组
拉什仲组
车道组
平凉组
段家峡组
乌拉力克组
米钵山组
克里摩里组
马家沟组
贾汪组
磨盘井组
香山群
狼嘴子组
徐家圈组
阿不切亥组
三山子组
胡鲁斯台组
张夏组
陶思沟组
馒头组
朱砂洞组
下楼村组
霍山组
辛集组
石板河组
东坡段
正目观组
罗圈组
陶湾组
临汝段
三岔口组
韩母山群
海原群（P_{t2}）
王全口组（P_{t2}）
杜关组（P_{t2}）
冯家湾组（P_{t2}）
栾川群（P_{t3}）
涑水杂岩（Ar）
墩子沟群（P_{t2}）

坡组以碳质页岩为主，厚 33～124 m。红铁沟组为泥砾岩、含砾粉砂岩组成的冰成地层，厚 17.5～110 m。皱节山组底部有厚 0.5～1 m 的含砾白云岩，其上则为薄层粉砂岩，厚 56 m，并认为黑土坡组相当陕西洛南地区的大庄组（现称栾川群白术沟组），红铁沟组和皱节山组相似于罗圈组。1985 年陆松年等认为红铁沟组属于罗圈冰期的产物，时代早于寒武纪。看来红铁沟组的形成时代属于罗圈冰期似无较大问题。因此本书仍将皱节山组置于寒武纪。

另外，在豫、陕交界地区的商县、洛南、卢氏一带发育一套低绿片岩相的地层，前人曾称陶湾群，经过近十余年来的研究，其层序自下而上大体可划分为三岔口组、陶湾组、石板河组、垢神庙组①。在洛南白沟、茶洒山等地千枚岩中的大理岩凸镜体产相似于辛集组的软舌螺 *Actinoceras mirus*，*Cupitheca* cf. *mirus*，*Barskovia simplex* 等，故有人认为相当于垢神庙组的层位。三岔口组以发育变质含砾灰岩、钙质砾岩和碳质含砾千枚岩为主。1989 年王宗起用 Rb-Sr 法测得该组等时年龄为 569～682 Ma 之间，证实三岔口组与罗圈组的临汝段基本为同时代产物。陶湾组以发育片理化大理岩为特征，夹条纹状大理岩、千枚岩。由于上述地层处在两个大地构造单元相互演变的过渡地带，其应变强度明显高于相邻地区。因此本群各组之间一般均被后期剪切构造分隔，对于其间的接触关系和上、下层序争议较大。本书依据多数地质工作者的认识，将陶湾组置于三岔口组之上、石板河组之下。鉴于垢神庙组所产软舌螺组合的时代为寒武纪的沧浪铺期（王宗起，1990；王振东，1987；张维吉，1989），那么，在普遍缺失寒武纪早期沉积的华北地块南缘，无疑可以将陶湾组置于震旦纪，与三岔口组同属于罗圈冰期的岩系。上述地层的总体面貌反映出形成于陆架边缘较深水环境的特点，但三岔口组的砾岩既有滨海浅水盆地形成的底砾岩，又有环陆架的钙屑角砾或大陆斜坡的滑塌沉积，是一个成因比较复杂的地层单位。从这套砾岩与罗圈组时空变化关系分析，三岔口组属碎屑流沉积是可以理解的，陶湾组作为形成于外陆架的广海沉积在理论上也是行得通的。

综合上述不难看出，在华北地层大区的南缘，晚震旦世的晚期普遍发育一套冰成岩或与其有联系的深水沉积，其共同特点：自下而上由陆相向海相过渡；由冰碛向冰海至半深海浊积沉积演变；在区域上，冰成岩仅见于古陆的外缘，呈带状分布于陆地边缘或滨海，陆架外侧逐渐伸向大陆斜坡，构成陆相带→内陆架相带→外陆架相带，地层厚度也由内带向外带逐渐增厚。

5. 罗圈组及其相当地层的地质意义

①冰期及与其相关的沉积物作为地质历史中的一次“事件”或事件地层单位在全球一般应为等时的，因此地质工作者都以此作为各大陆之间的对比标志。华北地层大区震旦纪晚期冰成岩可以认为是同时形成的同一年代地层单位，这就为探讨其他地质问题提供了有利条件。

②罗圈冰期的沉积物在华北地层大区南缘呈条带状分布，宽度有限，这可能与此期西伯利亚地块快速向南移动有关，造成华北大陆相对升高，其南缘形成阶梯状断块带。如果这一分析可取，对于探讨板块之间运移无疑具重要意义。

③祁连-北秦岭晚震旦世沉积，下部是冰水交融相沉积，上部既有浅海相的碳酸盐岩沉积，又有大陆斜坡区形成的类复理式沉积（图 4-8），厚度较大。说明在经过了晋宁运动之后，华北地块的陆缘带亦发育有大陆冰碛，只不过由于地壳的频繁升降，使海水不断地侵入。后期浊积岩的出现，不但证实这一陆缘带的南部下降幅度较大，也能使人联想到在它的南侧可能有一个深度更大、更为广阔的海域。

④柴达木地块上发育一套与罗圈组极为相似的地层，不但冰成岩相似于罗圈组，而且它的

① 依 1993 年 9 月华北大区平顶山会议关于“秦岭—大别造山带地层清理研讨会议记要”的精神。

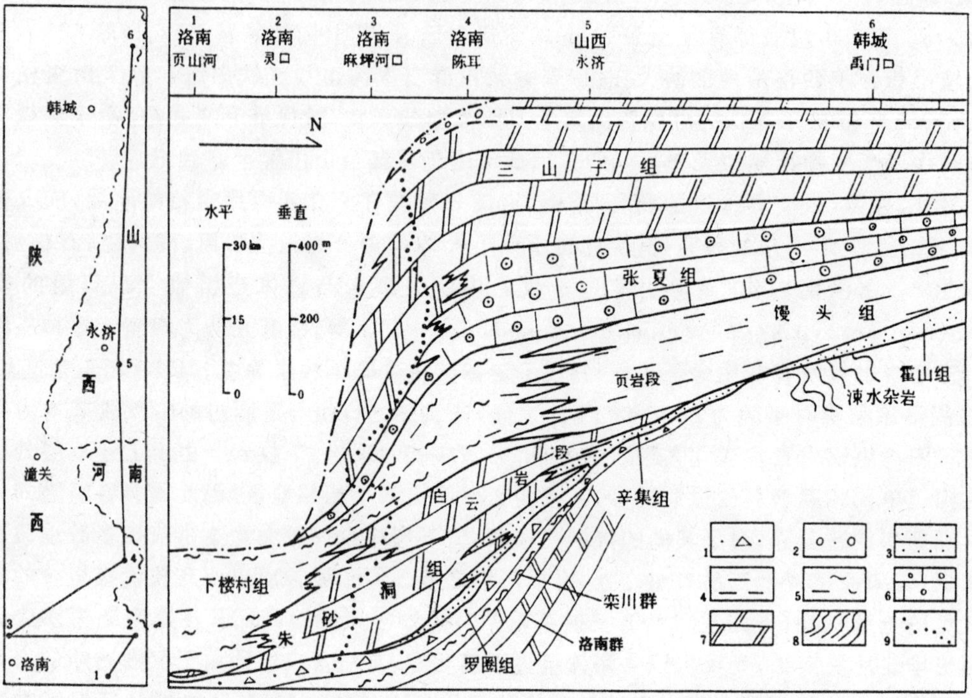

图 4-8　华北地台南缘(陕西韩城—洛南)寒武纪岩石地层格架图

1. 冰碛岩;2. 砂砾岩;3. 砂岩;4. 页岩;5. 千枚岩;6. 鲕状灰岩;7. 白云岩;8. 片麻岩;9. 变质相界线

上覆、下伏地层与华北地块的西南缘有可比性,这就使人进一步推测华北陆块和柴达木地块在震旦纪晚期曾处于同一大陆。

(二)馒头组——华北稳定区早古生代第一盖层

1. 馒头组的含义

Blackwelder(1907)创名于山东省长清县张夏镇的馒头山,原称馒头层(页岩)。原始定义为“馒头层主要是一套红和棕色页岩,夹有灰色或浅灰色石灰岩,石灰岩经常含泥质成分。”1953 年卢衍豪、董南庭依据生物化石将“馒头层”自下而上分别命名为馒头组、毛庄组和徐庄组。此后各地所划分的上述三个组几乎不考虑岩性,其界线是年代地层界线或是生物地层界线。1995 年恢复了馒头组的原始含义,定义为:以紫(砖)红色页岩为主,夹云泥岩、白云岩、灰岩和砂岩。底部以灰或灰白色灰岩或白云岩结束,以红色为主的杂色页岩或云泥岩出现与朱砂洞组划界;顶部以页岩或砂岩的结束和大套灰岩或鲕状灰岩的出现与张夏组分界。层型厚 215.22 m。时代属早—中寒武世。

2. 馒头组的对比

定义后的馒头组在陕西的渭河南、北和陇东平凉、环县一带均有分布。在陕西韩城东北部,该组整合在以长石石英砂岩为主的霍山组之上,下部为厚 20 m 的紫红色或黄灰色泥质白云岩、白云岩夹钙质页岩、粉砂岩,具泥裂、虫穴和石盐假晶,产三叶虫 *Redlichia chinensis*;中、上部为厚达 100 m 的紫红色、灰紫色页岩、泥岩夹灰、深灰色灰岩、鲕状灰岩,交错层理和波痕较发育,并含三叶虫 *Probowmania*, *Shantungaspis*, *Sunaspis* 等。时代自龙王庙期至徐庄中期。整合其上的地层为张夏组中层深灰色鲕状灰岩。在陇县景福山，该组整合在朱砂洞组灰色含藻白云岩之上，下部为厚 27 m 的紫红色白云质页岩、白云岩和石英砂岩；中、上部为暗紫色、紫红色页岩，夹同色或深灰色泥质灰岩、鲕状灰岩、石英砂岩等，含三叶虫 *Shantungaspis*，*Sunaspis*，*Metagraulos* 和形态特化的 *Sunaspidella* 等，厚 224.8 m。其上与张夏组的灰岩夹竹叶状灰岩、鲕状灰岩整合接触。甘肃平凉、环县一带的馒头组岩性与陕西陇县相似，唯顶部层位较高，达 *Crepicephalina* 带，厚 120～195 m。与馒头组大体相当的地层在宁夏同心和贺兰山中、北段下部为浅灰、灰白色，局部为肉红色细粒石英砂岩、白云岩、薄层灰岩、灰绿色页岩，含三叶虫 *Probowmania*，厚 70～374 m；上部为灰绿色夹少量紫红色页岩与薄层灰岩互层，间夹鲕状灰岩、竹叶状灰岩，厚 145～204 m，含三叶虫 *Bailiella*，*Sunaspis*，*Parachittidilla* 等，前人曾分别命名为陶思沟组和胡鲁斯台组。在石门镇以南与馒头组大体相当的地层仅在麻坪河口的南侧发育玫瑰色的厚层白云岩，其上为发育灰绿色千枚岩或片岩称下楼村组，之上则为含 *Fuchouia*，*Inouyia*，*Liopeishania*，*Plebiellus*，*Honania*，*Luonanocephalus* 的张夏组（原称上楼村组），两者之间成整合接触。

综合上述，在华北地块西南缘的韩城至陇县一带发育的馒头组大体可与山东馒头山剖面对比，唯其顶界时代偏低，仅相当徐庄中期。向西在陇东各地，馒头组下部未见紫红色的碳酸盐岩地层，而且底界时限上升到毛庄期；顶界则到达张夏早、中期。再向西延至宁夏同心一带，与馒头组相当的陶思沟组和胡鲁斯台组仍然整合在朱砂洞组之上，但岩性已相变为以灰色薄层灰岩、石英砂岩为主。而且在贺兰山的中段和北段，未见朱砂洞组和辛集组的沉积，陶思沟组不整合在前震旦纪的王全口组之上。在陕西洛南到商县一带，馒头组仅发育相当层型下部的碳酸盐岩地层，在石门以北尚可见极少量的紫红色页岩，以南相变为下楼村组的灰绿色碎屑岩（图 4-8，图 4-9），时代仅为龙王庙期。由此可见，馒头组自华北地块的西南缘和西缘，向南、向西呈尖灭之势，在西缘尖灭于中寒武世的中、晚期，南缘尖灭于早寒武世的龙王庙期。

（三）马家沟组——由陆内伸入陆缘早奥陶世稳定类型沉积

1. 马家沟组的含义

该组在命名地（河北唐山）为灰色厚层—巨厚层灰岩夹白云岩、角砾状灰岩、角砾状白云岩，下部以平行不整合与亮甲山组灰岩接触，上部平行不整合在本溪组碎屑岩之下。前人在这一范围内划分为上、下马家沟组、峰峰组、八陡组、耀县组等地层单位。

2. 马家沟组的对比

依上述含义的马家沟组分布在陕西韩城、铜川、陇县，甘肃平凉、环县，宁夏青龙山和贺兰山等地。在韩城，马家沟组厚 267.54 m，特征与太行山以东的马家沟组别无两样。铜川、耀县一带，马家沟组位于桃曲坡组含笔石页岩之下，下伏地层未见出露，岩性主要为厚层、块状灰岩、含腕足类、三叶虫、头足类和藻类等，属潮间—潮下环境沉积，厚 145.3 m。陇县、平凉、青龙山等地的马家沟组可分两部分：上部为厚层灰岩夹豹皮状灰岩或泥质斑纹状灰岩，产腹足类、头足类、腕足类等；下部为厚层灰岩夹白云岩、白云质灰岩，产头足类、腕足类、三叶虫等。总厚 478～709 m。在宁夏香山、贺兰山区，顾其昌等（1996）依据岩石特征和所在层位，将前人划分的天景山组、麻川组、水泉岭组、下岭南沟组、前中梁子组、中梁子组、大南池组一并归入马家沟组。顾等划分的马家沟组，下部为白云岩夹白云质灰岩，上部渐变为灰、深灰色厚层灰岩、泥质灰岩，夹少量白云质灰岩，产头足类、腹足类、牙形石等，总厚 385.27～685.5 m。

综合上述，马家沟组在铜川以东地层厚度薄，且白云岩较多，白云岩一般与灰岩、白云质灰

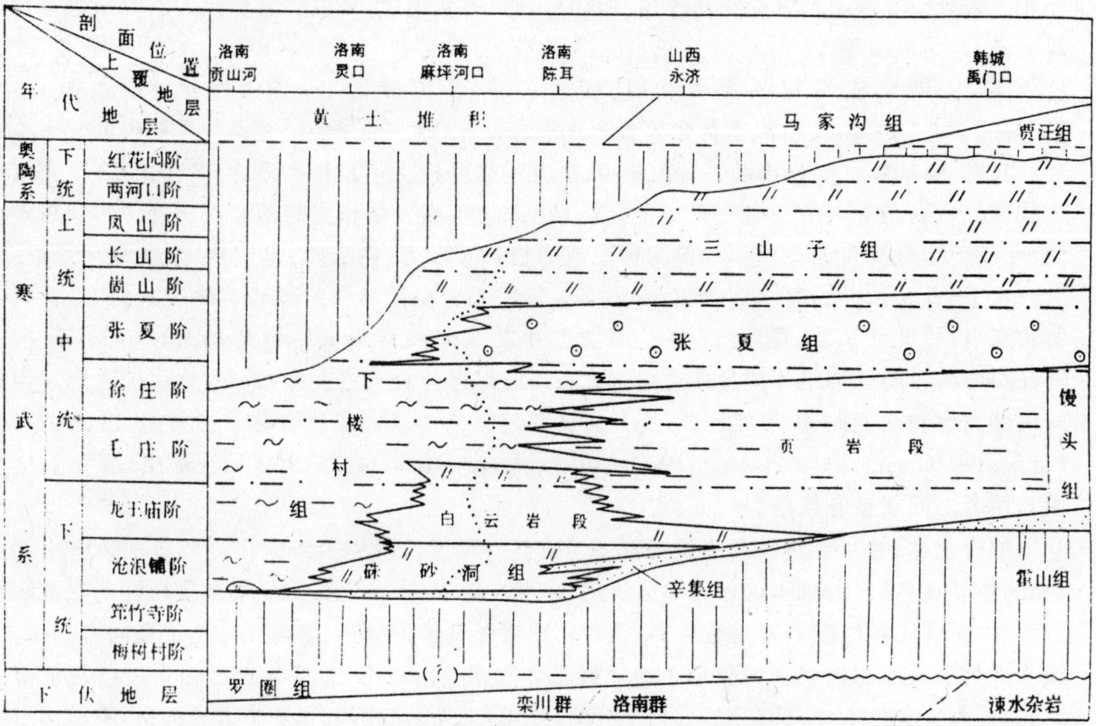

图 4-9 华北地台南缘(陕西韩城—洛南)寒武纪年代地层格架图

····变质相带界线 .—·—·年代地层单位界线

岩呈不等厚互层产出,其中仅见牙形石化石;铜川以西灰岩较多,厚度相对较大,化石丰富,并夹较多的燧石条带或团块,反映出海水有加深之趋势。

3. 马家沟组的时代

在韩城一带马家沟组在牙形石 *Tangshanodus tangshanensis* 带至 *Scandodus handanensis* 带之间,时代大体相当大湾期—庙坡早期。铜川一带顶界较高,可达牙形石 *Tasmanognatnusn multidentatus* - *T. gracilis* 带,时代相当宝塔早期。陇县、平凉、青龙山一带,上覆地层平凉组底部一般为笔石 *Glyptograptus teretiusculus* 带,马家沟组的顶界一般不超过牯牛潭期。贺兰山地区底界因奥陶纪地层与寒武纪地层呈连续沉积,目前只能以厚层白云岩的下界划分马家沟组与阿不切亥组之间的界线,时代相当两河口期。

从上述顶、底界线的变化情况看,马家沟组上界以铜川地区最高,陇县地区较低。下界在贺兰山、香山地区位于两河口期,向东均在大湾期与红花园期之间,马家沟组的时代大体为早—中奥陶世。

4. 马家沟组的地质意义

本书划分的马家沟组位于华北和北祁连两大构造单元之内,构成联系华北大陆区与陆缘区的纽带,为探讨华北地层大区奥陶纪的地质发展史奠定了有利基础。

(四)香山群——陆缘斜坡浊流沉积

1. 香山群分布和组成

分布于北祁连走廊地区,主要见于贺兰山南段,向西断续分布在甘肃的景泰、山丹、武威和嘉峪关等地，标准地点在宁夏的香山、米钵山、天景山一带。大体可分为三大部分(图4－6)。下部徐家圈组以灰绿、黄绿色变质中—厚层长石石英砂岩为主夹板岩，底部发育以灰岩、砾岩为主要成分的角砾岩，顶部见有60～200 m厚的薄层灰岩，总厚1 558～2 602 m；中部狼嘴子组为灰绿色板岩、千枚岩、长石石英砂岩，底部常见灰岩凸镜体，顶部发育燧石岩、硅质白云岩，最大厚度达2 050 m，一般厚545～910 m；上部磨盘井组为绿、黄绿色中—厚层长石石英砂岩，夹少量板岩、千枚状板岩，厚度一般在1 000～1 500 m之间，最大厚度2 533 m。上述地层为一套巨厚的浅变质岩地层，其中见有沟模、槽模、冲刷模、拖皱模等浊积岩中常见的沉积构造，并在灰岩凸镜体或砾石中见有三叶虫 *Metagraulos*，*Anomocarella*，*Inouyia* 等；灰岩透镜体中产腕足类 *Homotreta*，*Linnarsonella*，*Acrothele*，牙形石 *Cordylodus proavus*，*Furnishina furnishi*，*F. asymmetrica*，*Hertzina* sp. 等。

2. 香山群的时代

香山群不整合在早、中志留世的照花井组之下，未见下伏地层，所产三叶虫多在灰岩砾石之中，因此该群时代长期不得定论。目前大体有4种认识：①中奥陶世，主要认为该群为米钵山组的相变产物；②下部徐家圈组据其所含三叶虫化石应置中寒武世，而中、上部因紧伏于照花井组之下，归为中、晚寒武世；③置于寒武纪，依其所含三叶虫和牙形石化石应归寒武纪；④晚寒武世，因三叶虫等均产于灰岩砾石之中，不足以说明时代归属，而牙形石则产于徐家圈组顶部的薄层灰岩中，可视为原地埋藏，代表香山群的时代。

综上可见，争论的焦点是所含化石的埋藏类型，本书认为：①香山群在甘肃等地均见有海绵骨针化石 *Protospongia*，而且数量较多。该类化石一般视为深水或较深水盆地中还原环境的特有生物，而上述三叶虫就其总的面貌，为浅水类型的生物群落，两者在生成环境方面矛盾较大，因此前人将三叶虫等归入异地产物，显然是有一定依据的。但是香山群中至今未见可靠的中、晚奥陶世生物化石，这与华北西缘中、晚奥陶世地层含有丰富化石显然不同，因此推论，香山群的形成时代不会晚于早奥陶世。②香山群的化石主要见于徐家圈组，而被认为是原地埋藏的牙形石化石也只产在这个组的顶部灰岩中，其中 *Cordylodus proavus* 是全球型的牙形石，在世界各地的产出层位是晚寒武世晚期的 *Saukia* 带的 *Corbinia apopsis* 亚带或与其相当的层位。1990年安太庠等曾用此化石的系统演化来划分寒武系与奥陶系的界线。*Furnishina furnishi* 也是世界性的牙形石，已见于欧、亚、北美和澳大利亚。在亚洲除中国外，尚见于朝鲜、伊朗、土耳其和俄罗斯的东部地区，是长山期到凤山期或与之相当地层中常见化石，但主要产出时间集中于长山期。鉴于上述事实的存在，徐家圈组的顶部大体可以认为是晚寒武世，中、下部无疑应该归属晚寒武世的早期或者是中寒武世的中期，从北祁连区接受寒武纪的海侵的时间(中寒武世)来看，徐家圈组最早的形成时代也不会与这一次海侵的时间相距太远。而徐家圈组以上的狼嘴子组和磨盘井组显然应为早奥陶世的地层。因此香山群的时代大体在中寒武世中期至早奥陶世之间。

3. 香山群的沉积特征

在宁夏同心和内蒙古阿拉善左旗新井一带，香山群为一套板岩-砂岩-灰岩组合，夹硅质岩、碧玉岩、砾岩等。板岩为深灰色—灰绿色，具水平纹层；灰岩、鲕状灰岩、硅质灰岩、灰泥石灰岩多呈薄层状、凸镜状夹于板岩中；石英砂岩成熟度低；砾岩多以夹层出现，并呈凸镜状分布，从其中发育的牵引构造和砾石的“穿层”现象看，属塌积沉积，其古地理位置一般在台地边缘的斜坡带上。在甘肃河西走廊，香山群中所夹砾岩渐少，以砂岩、板岩组成的韵律层序为主，砂岩成分的成熟度及结构的成熟度均较低。板岩硅质含量高，为板岩与砂岩组成的单调二元结构，每个粒序一般由下部的中粒长石石英砂岩、长石石英杂砂岩与上部的板岩组成。砂岩底部略具冲刷，局部具泥岩的同生角砾，为下粗上细的正粒序。上部板岩具水平纹层，与砂岩一般为突变接触，但少数地点在两者之间可见不稳定的粉砂岩。狼嘴子组单个浊积层序厚 0.4～1.3 m，砂岩与泥质岩之比为 1∶3；磨盘井组单个浊积层序厚 3.7～5.7 m，砂岩与泥质岩之比为 1∶3；属于近基浊流沉积。其中的硅质岩代表内源碎屑，而灰岩或白云岩可能为悬浮降落沉积，也可能是盆地基底高低不平，因障壁围限形成的封闭泻湖沉积。总之，上述沉积物的形成区域总体上属于陆缘活动海盆环境。

4. 香山群的形成机制分析

香山群分布于祁连-北秦岭地层分区西段北缘，构造上处于秦祁活动带与华北稳定区的接壤地带，据上述沉积特征形成于陆缘活动海盆斜坡带，以泥碎屑浊流沉积为主。其形成机制显然与中寒武世—早奥陶世区域的扩张环境有关。自中寒武世始，北祁连出现初始裂谷，进而发展为次级扩张洋盆，在扩张应力作用下华北稳定区逐渐抬升，在稳定区与活动带交接部位于走廊地带形成陆缘裂陷斜坡带沉积；在华北西缘形成陆缘内侧坳(断)陷盆地沉积(陶思沟组—阿不切亥组)。因此，香山群的形成环境主要与扩张机制有关，可作为在扩张机制应力作用下稳定区与活动带划分标志。

(五)黑茨沟组——北祁连早期裂谷沉积记录

分布于北祁连，命名于甘肃天祝县西部的下黑茨沟。岩性为一套火山碎屑岩、中基性火山熔岩，夹细碎屑岩及少许含海生动物化石的碳酸盐岩凸镜体。上与香毛山组整合接触，下伏地层未见出露。其中上段含三叶虫 *Amphoton*，*Triplagnostus*，*Taitzuia*，*Ptychagnostus*. *Anomocarella*，*Solenoparia*，*Datongites*，*Damesella*，*Hypagnostus* 等。最大出露厚度达 1 367～3 200 m。

1. 黑茨沟组的层序特征

主要见于甘、青交界北祁连山西段，最东到白银市。其中西段发育较好，地层连续；东段则断续出露，剖面出露不完整。在天祝县小黑茨沟的向前山一带，本组下段主要由细碧岩和角斑岩组成，夹少量碎屑岩、硅质岩和结晶灰岩；上段为角斑岩、含石英角斑岩(包括同质火山碎屑岩)，夹砂岩、硅质板岩、硅质岩和灰岩。总厚大于 1 300 m。灰岩中含较为丰富的三叶虫(图 4-10)。整个剖面火山岩可划分三个大的喷发旋回，结合正常沉积岩综合分析可划分出多个不完整的喷发间歇期。保存较好的喷发旋回中，一般由早期的细碧岩开始，逐渐向角斑岩过渡，剖面的顶部偶有较少量石英角斑岩，因此夏林圻等(1991)将该剖面的火山岩称为细碧岩—角斑岩组合。其中的基性火山岩夏祖春(1995)，属拉斑玄武岩系列，为陆壳早期拉张的溢出岩系。随着基性岩浆上涌引起下地壳的重熔，产生中性、乃至酸性深熔岩浆喷发，完成了每个喷发旋回的全过程。但是从图 4-10 上可以看出，每个大的喷发旋回并非完全如此。小黑茨沟剖面自下而上，火山岩逐渐减少减薄，而灰岩和碎屑岩则相对增多增厚；生物化石也开始增多；中基性火山岩逐渐减少，中酸性火山岩相对增多。上述说明在黑茨沟中寒武世不但有火山活动也存在着正常碎屑沉积和生物沉积，在时间上，火山活动逐渐减弱，而且每次喷发和间歇时间有限，所形成的沉积物或溢出物的序列均不完整。生物沉积的出现和底栖类与浮游类三叶虫的共存，反映该地海水深度不大，为陆缘区或岛弧区。

2. 黑茨沟组的对比

黑茨沟组分布在甘肃省白银市的灰土涝池、胜家梁，永登石青硐，天祝小黑茨沟，甘肃南部

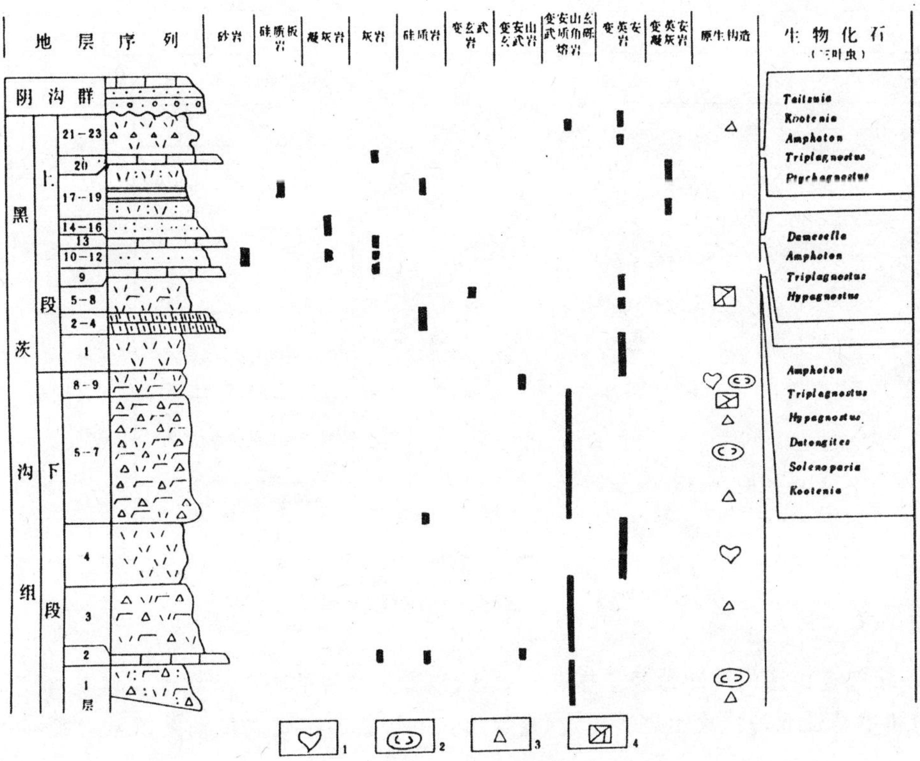

图 4-10　甘肃省天祝小黑茨沟黑茨沟组地层序列图

1. 杏仁状构造；2. 气孔；3. 火山角砾；4. 碎裂构造

大野河口，甘肃北部鹰嘴山，青海省托来南山的天宝河、大通毛家沟、互助石湾、五峰寺一带。

在白银市一带仅出露该组的上段，岩性主要为深灰、褐灰色凝灰质千枚岩、石英角斑岩、细碧角斑岩，夹硅质岩、凸镜状大理岩，产三叶虫 *Peronopsis*，*Bailiella*，*Solenoparia*，*Kootenia* 等，厚 1 810 m。甘肃北部一带上部以灰绿色夹紫红色中酸性凝灰岩为主，夹凝灰质板岩及少量结晶灰岩；下部为凝灰质砂岩，总厚 2 233 m，灰岩含三叶虫 *Hypagnostus*，*Laleimbatus*，*Huzhuia* aff. *typica*，*Liopeishania* sp. 等。在青海托来南山呈断续出露，下部岩性为灰绿色玄武岩、辉石安山玄武岩、蚀变安山岩、橄榄玄武岩为主，夹角砾状熔岩；上部以中基性火山碎屑岩，夹条带状硅质岩，总厚 3 128 m。青海大通、互助一带，前人称为毛家沟群，现已归于黑茨沟组。在互助一带，下部以玄武岩、安山玄武岩为主；上部为灰岩、硅质条带灰岩、含碳硅质板岩，总厚 244.25 m。下部所夹灰岩中含三叶虫 *Chittidilla*（*Diandongaspis*），*Goniagnostus*，*Diplagnostus*，*Linguagnostus*，*Amphoton* 等。

黑茨沟组在区域上虽然分布零散，但多数地点均可划分上、下两段，变质程度均在低绿片岩相之内。所含生物化石底栖型与浮游型三叶虫的混生。此类型生物群落据卢衍豪（1975）、张全（1987）研究，均在地台边缘或大陆斜坡区域。

黑茨沟组形成时代由徐庄中期至张夏期，它的顶、底界线据甘肃地矿局研究，具有穿时性（图 4-11）。

3. 黑茨沟组的地质意义

①黑茨沟组大面积富钠质酸性海相火山岩及其以铜、铅锌为主的多金属硫化物矿产的存

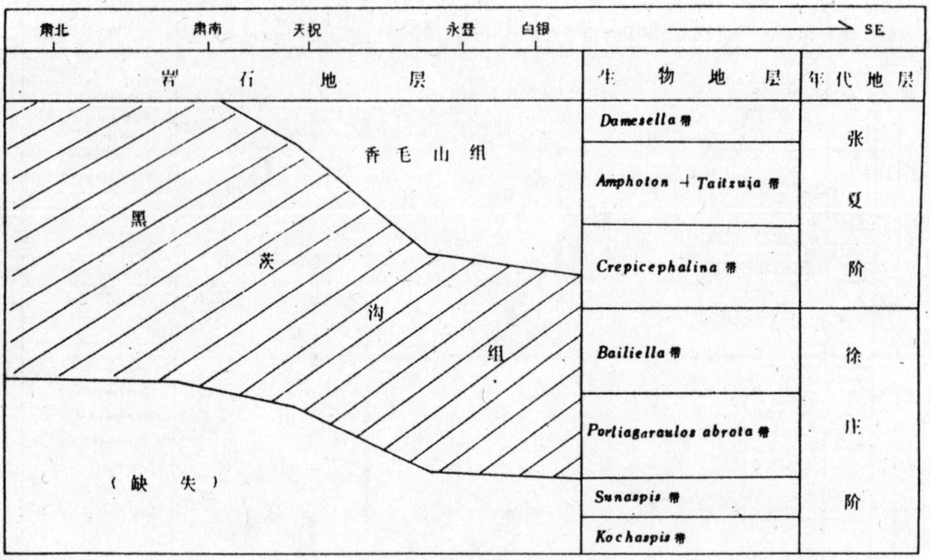

图 4-11 黑茨沟组穿时示意图

在，证实了北祁连山区的南带曾经是热点活动区，或者是裂谷的轴心所在地。黑茨沟组以硅泥质沉积物和中基性双峰式火山岩所组成（夏林圻，1991）证实了这次活动是以陆内裂谷的方式进行。

②黑茨沟组的生物组合说明它形成于大陆斜坡。其南侧托莱山混杂蛇绿岩带（肖序常等，1978）中有中寒武世地层，说明在北祁连山的南侧有洋壳；而北侧属于阿拉善地块向南的陆坡区。

③从黑茨沟组中细碧—角斑岩组合特征说明北祁连存在初始岛弧，而该组上部正常沉积物的陆续出现，又进一步证实此期裂谷时间并非很长。其原因可能与南侧洋壳强烈向北俯冲有关。

（六）阴沟群——北祁连洋盆沉积记录

1. 阴沟群含义

原称阴沟统，岩性以中基性火山熔岩及火山碎屑岩为主，夹薄层灰岩和页岩，局部为蛇绿杂岩。可分上火山岩段（枕状熔岩居多）、下火山岩段（偏基性、超基性）和中碎屑岩段。各段中均富含笔石、三叶虫、腕足类等。杨雨等（1997）将甘肃第二区测队（1969）依据生物化石增添的奥陶纪硅质岩夹砂、板岩地层剔出，同时依据岩石地层划分原则，将原中堡群下部火山岩地层归入阴沟群。从而恢复了阴沟群的原始含义。

2. 阴沟群组成及分布特征

阴沟群层型可划分三段，下段为厚 400 m 的基性火山岩，霏细岩及火山角砾岩，具双峰近火山口相特征；中段为页岩、灰岩及凝灰质砂岩等，厚 390 m；上段为火山角砾岩，厚度大于 200 m。在灰岩和页岩中产笔石、三叶虫、腕足类及海百合茎等。在北祁连山区东西延伸 800 余公里，可见最大厚度可达 5 000 m，最小厚度不及千米（如阴沟），未测得过该群的完整剖面，几乎所有的剖面均被巨大的逆冲断层所截切，只能依据残缺的岩片初步对比。以其发育火山岩，乃至蛇绿杂岩而闻名于世。在区域上可分两大系列，其一为洋脊-洋岛型；其二为沟、弧、盆型。

①洋脊-洋岛型：此种类型的火山岩分布在托来南山的玉石沟、川刺沟，向北西可追索至吊大板，向东南断续延至天祝大克岔一带，它们以仰冲岩片形式被保存在北祁连造山带中。在发育较好的川刺沟（不完整）、玉石沟（较完整）一带，底部为超基性岩（斜辉橄榄岩、辉橄岩夹纯橄岩），向上为辉长岩，上部为枕状细碧岩及辉绿岩墙，顶部为硅质岩和少量凝灰岩。在大克岔，下部见有酸性石英角斑质火山岩。

②沟、弧、盆型：海沟俯冲杂岩的有两条。一条规模较大，西起玉门镇南昌马地区（吴汉泉等，1991），向东至石油沟、边马沟—清水沟—百经寺，直至景阳岭（吴汉泉，1982，1984）。位于前述洋脊-洋岛型火山岩带的东北侧，东西延伸达 400 km，是大洋板块俯冲、刮落，并在弧前形成增生楔，其中包括蓝片岩带（两条）、基性—超基性岩块、火山岩岩片、混杂堆积岩、放射虫硅质岩岩片，以及由滑塌、浊流沉积等组成的增生体。第二条俯冲杂岩带规模很小，仅出露在白泉门至九个泉一带（丁宝元等，1982）①。

北祁连区岛弧火山岩系发育在东起景泰老虎山，经永登石灰沟直抵祁连县边马沟以西，呈南东-北西向展布，长度超过 800 km。该岛弧链东窄西宽，并伴生有弧后拉伸盆地或边缘盆地，在东部，上述盆地发育在岛弧火山前峰向大陆的一侧，如老虎山；在西部，从边马沟向北，保留下来的弧后盆地较多，而且呈平行排列，称“多弧构造”。岛弧型火山岩系发育最完整的地点是永登石灰沟，但仅代表早期的基性熔岩和少量硅质岩。其中的基性熔岩据夏林圻等（1991）研究，具岛弧拉斑玄武岩特点，其微量元素分配呈“先隆后凹”的型式，表现为 Sr、K、Rb、Ba、Th 的选择性富集，以及从 Ta 到 Yb 所有元素（Zr 除外）的亏损。硅质岩据张瑞林（1995）研究为浅水型，而且常与火山岩相伴出现，这种情况亦可说明此区火山岩的岛弧型特点。

3. 阴沟群时代

依据目前资料，在玉门一带阴沟群上部产笔石 *Cardiograptus yini*，*Glossograptus acanthus*，*Climacograptus* cf. *antiquus*；下部产三叶虫 *Shumardis*，*Symphysurus*，*Apatokephalus*，*Ceratopyge*，*Parabolinella*，*Harpides* 等，时代大体相当两河口期至大湾期。武威、永登一带上部发现笔石 *Didymograptus hirundo*，*D.* cf. *abnormis*，三叶虫 *Ceratopyge*，*Triarthrus* 等，时代可延入牯牛潭期。因此阴沟群的顶界时限有自西向东逐渐变新的趋向。

4. 阴沟群地质意义

该岩系发育巨厚火山岩是研究华北板块南大陆边缘早古生代地质构造和壳幔物质运动的重要窗口；祁连山是我国大陆中部重要造山带，而阴沟群是研究此造山带早古生代地层的关键地层单位；阴沟群赋存多种金属和非金属矿产，特别是多矿种的硫化物矿床，因此对阴沟群的研究具有重要的地质意义。

（七）泉脑沟山组——祁连早古生代残余海沉积

1. 泉脑沟山组含义

泉脑沟山组由泉脑沟系演变而来。岩性主要为绿、灰绿、褐黄、紫红色砂岩、粉砂岩、板岩等，夹泥灰岩、灰岩扁豆体，局部发育火山岩，含丰富的腕足类、珊瑚、苔藓虫、头足类、海百合茎等，上与旱峡组、下与肮脏沟组均呈整合接触。以该组发育介壳相沉积区别于笔石页岩相的肮脏沟组；以多种环境形成的“杂色层”区别于仅为滨海相沉积的旱峡组。总厚 305～2 109 m。

---

① 丁宝元等，1982，肃南九个泉一带发现蓝片岩及混杂堆积。

2. 泉脑沟山组对比

泉脑沟山组分布在甘肃安西县的红口子、玉门泉脑沟山、肃南水关河、民乐老君山、庄浪王家高原一带。在泉脑沟山该组细粒碎屑岩较多，而且未见火山岩和火山碎屑岩，向东粗粒碎屑岩、火山岩逐渐增多，而且随着火山岩的增加，硅质岩也相应增多。火山岩主要发育在红口子及以南的石油河和东部的庄浪王家高原。红口子主要由酸性熔岩和再沉积的火山碎屑岩组成，而王家高原一带，主要由安山玢岩、安山凝灰岩和英安凝灰岩组成。其中前者位于剖面下部，后者发育在上部。

3. 泉脑沟山组时代

该组下伏的肮脏沟组顶部含早志留世晚期带化石 *Oktavites spiralis*，泉脑沟山组底部产我国扬子、准噶尔、秦岭地区常见的珊瑚 *Mesosolenia*，*Syringopora*，*Subalveolites*，*Nanshanophyllum*，*Dinophyllum*，*Kyphophyllum* 等，证实泉脑沟山组的下界为早、中志留世之间的界线。上界一般不易确定，但是其中绝无晚志留世的珊瑚，因此这一界线大体上被限制在中志留世。故泉脑沟山组的时代属于中志留世问题不大，这与该组中的三叶虫 *Encrinurus*、腕足类 *Eospirifer*，*Howellella* 所反映的时代大体相同。

4. 泉脑沟山组地质意义

在普遍缺失加里东晚期沉积的华北地层大区，凡志留纪地层的存在均有其重要的意义。该组及与其特点相似的其他志留纪地层，形成于活动大陆边缘的演化后期，属洋盆闭合后的残留海或大陆造山的初始阶段，这就为建立我国自己的“板块发展后期”模式提供研究对象。志留纪地层和古生物在我国早古生代地层中研究程度相对较低，而介壳相地层的研究又逊色于笔石页岩相地层。而北祁连山志留纪地层生物化石丰富，对其研究在提高我国志留纪壳相地层的研究水平具有重要意义。

三、生物群特征

华北地层大区的震旦纪地层，目前还未发现可靠的生物化石，即使前人分析出一些诸如微古植物等，但用于生物群分析尚有一定困难，因此这一大区的生物繁衍始于寒武纪。

(一)寒武纪三叶虫分布特征

华北地层大区寒武纪的生物化石有三叶虫、腕足类、软舌螺、牙形石、藻类等，其中最常见的是三叶虫，现就这一门类做一简单的介绍。据卢衍豪(1974)、项礼文(1981)、杨家騄(1991)等可归纳为四种类型，即华北型、东南型、过渡型和珠江型。

早寒武世三叶虫仅见于晋冀鲁豫地层区，大体以内蒙古桌子山和陕西韩城西侧的黄龙山为界，划分两个亚型动物群，其东为华北腹地亚型；以西为华北南缘亚型，前者以发育 *Redlichia* 为特征，后者以 *Bergeroniellus* 的广泛分布最为突出。*Redlichia* 属于大型底栖类型三叶虫，它生活的区域一般水体较浅。而 *Bergeroniellus* 为 *Protolenid* 中稍具漂浮能力的三叶虫，这类三叶虫的分布特点据张文堂(1979)研究，为深水凹陷区域，而且不是标准的底栖三叶虫动物群。因此，贺兰山、香山、岐山和陕西华山南侧的小秦岭地区其古地理位置大体在华北克拉通的西、南部边缘上。

中、晚寒武世也是华北地层大区三叶虫强烈分异时期，仅属就多达两百余个，其中主要为底栖类型，游泳和漂游的三叶虫一般较少，但在北祁连山区数量较多。依据三叶虫的组合特点可划分两大类型，即华北型和过渡型。

华北型动物群：见于晋冀鲁豫地层区和秦祁昆地层区的柴达木地层小区，该动物群中除有极少地方性的属之外，主要以繁衍 *Damesella*，*Crepicephalina*，*Liaoyangaspis*，*Taitzuia*，*Sunaspis*，*Lorenzella*，*Drepanura*，*Blackwelderia*，*Stephanocare*，*Bergeroniellus*，*Ptychaspis*，*Quadraticephalus*，*Changshania* 等为特征，总体面貌与太行山以东的华北腹地没有区别，但中寒武世在贺兰山、岐山一带以广泛分布野营虫科分子 *Paragraulos*，*Poriagraulos*，*Metagraulos*，*Megagraulos*，*Plesiagraulos*，*Inouyops*，*Lorenzella* 等而区别于吕梁山以东的华北东部区和柴达木区，这可能也因这一带水体稍深，适于上述三叶虫活动有关。

过渡型动物群：这一类型三叶虫动物群见于祁连山区（包括拉脊山区），有关三叶虫的分布特征和动物群性质项礼文（1982）、周志强等（1996）已有较全面的论述，本书不再赘述。

（二）奥陶纪生物特征

奥陶纪的生物门类繁多，类型复杂，现分华北地台西缘或西南缘、祁连山区和柴达木三个区域叙述。

1. 华北地台西缘和西南缘

早奥陶世两河口期和红花园期化石较少，仅在宁夏天景山一带马家沟组底部发育有华北类型的牙形石 *Rossodus manitouensis*，*Glyptoconus quadraplicatus*，*Scolopodus sunanensis* 等。大湾期这一地区生物门类增多，总体面貌仍为华北类型，但有少量华南类型的生物分子混入，如马家沟组下部的头足类 *Ordosoceras*，*Polydesmia*，*Wutinoceras*，*Ormoceras* 和牙形石 *Aurilobodus leptosomatus*，*Loxodus dissectus*，*Scolopodus eburnus*，*S. flexilis* 多为吕梁山以东马家沟组下部常见的化石，而牙形石 *Nasusgnathus dolonus*，*Juanognathus variabilis*，*Oistodus lanceolatus* 等又为华南大湾组常见的分子，说明此期开始出现生物群的过渡现象。中、晚奥陶世本区生物极为丰富，生物群的区域性分异也明显，其中大体以内蒙古东胜至陕西的铜川为界。划分两大区，东部为华北类型分布区；西部为华北类型与华南类型的过渡区。

东部区中、晚奥陶世地层中有笔石、三叶虫、腕足类和牙形石等，其中除牙形石的分区特点比较明显之外，其他均系太平洋区和大西洋区均可出现的属种，如笔石 *Climacograptus bicornis*，腕足类 *Taugupospira* 等。牙形石 *Aurilobodus aurilobus*，*Plectodina onychodonta*，*Tasmanognathus sishuiensis* 等均系华北中奥陶世的典型分子。

西部区的生物群落以华南类型为主体，但仍有华北型混入。如在马家沟组的上部出现华南类型的头足类 *Dideroceras*，*Meitanoceras*，*Michelinoceras*，牙形石 *Protopanderodus gradatus*，*Juanognathus variabilis*、三叶虫 *Hammatocnemis*，*Tangyaia*，*Lonchodomas* 等与华北型的头足类 *Wennanoceras*，*Stereoplasmocerina* 共生。庙坡期开始，该区所产笔石除全球性的属种之外，均系东南类型（汪啸风，1982）。头足类的 *Sinoceras* 为典型的扬子类型，而 *Aluveroceras*，*Kotoceras*，*Tofangocerina*，*Tofangoceras* 等均为华北型分子。珊瑚类北方型的 *Lichenaria*，*Favistella* 与南方型的 *Agetolites*，*Wormsipora* 共生。三叶虫计有 *Birmanites*，*Brontocephalus*，*Lonchodomas*，*Dulanaspis*，*Illaenus*，*Nileus*，*Remopleurides*，*Parisoceraurus*，*Pliomerina*，*Hammatocnemis*，*Tangyaia* 等，其中除后两属为大西洋型动物群的分子之外，其他均系全球广布的类型。总体面貌具过渡类型色彩。关于牙形石，安太庠（1990）有比较全面的论述，与大化石的情况相似，以华南型为主，但也混有华北或北美—澳大利亚的典型属种。上述可见，西部区的生物群以华北、华南类型混生为特点，但以华南类型为主，而且自东向西此种特点愈趋明显。

2. 祁连山区

这一地区奥陶纪的生物门类亦较丰富，其中笔石类见于武威一带的车轮沟组、天祝组、斯家沟组、斜壕组、肃南地区的阴沟群、中堡群、妖魔山组、南石门子组等。上述地层单位中的笔石经汪啸风(1982、1994)研究，均属东南类型。祁连山区的珊瑚显示了混合类型特点，动物群的总貌与鄂尔多斯西缘或西南缘极为相似，而且这一动物群在甘肃秦安、两当，陕西山阳和湖北随州一带均有分布，说明古秦岭海此时的宽度有限。头足类的资料较少，而且近年缺少这一门类的研究资料。三叶虫动物群见于玉门附近的阴沟群、妖魔山组，靖远屈吴山的中堡群，肃南地区的南石门子组等，上述地区的三叶虫动物群中，除有少量地方型的属种(如 *Hemiarges*，*Nanshanaspis*，*Ternguistia* 等)之外，其总貌与鄂尔多斯西缘相近，均属过渡类型。腕足类的情况比较特殊，如阴沟群所产 *Archaeorthis*，*Clarkella*，吾力沟群的 *Finkelaburgia*，*Toguimia*，*Sytrophinella*，*Anomalorthis*，雾宿山群中的 *Idiospira*，*Ancistrophyncha* 等，均系北方类型，而正形贝类在盐池湾群，中堡群和两当草滩沟群中的大量出现意义重大，此类扬子区的特产在祁连山区出现，除说明祁连山区的腕足类具有过渡特点外，亦显示我国南、北两大板块在奥陶纪有一次对接过程。

3. 柴达木区

该区奥陶纪的生物门类比较单调，发现数量有限，其中的头足类见于多泉山组，1984 年赖才根等建立三个头足类组合，自上而下为：*Armenoceras* 组合；*Hopeioceras* - *Manchuroceras* 组合；*Dakeoceras* - *Walcottoceras* 组合。上述三个组合为典型的北方类型，与华北腹地极为相似。三叶虫亦产在多泉山组中，并由赖才根等(1982)划分两个组合，上部为 *Cybelopsis shihuigouensis* 组合；下部为 *Megalaspidella*(*Tsaidamaspis*)*diarmatus* 组合。

柴达木区所产笔石经穆恩之(1962、1964)、许杰(1959)研究，可分 5 个带，自上而下为 *Didymograptus hirundo* 带；*Paraglossograptus typicalis* 带；*Cardiograptus yini* 带；*Amplexograptus confertus* 带；*Pterograptus elegans* 带。上述 5 个带为东南类型似无问题。

另外在滩间山群产北方型的珊瑚 *Rhabdotetradium* 和南方型的 *Agetolites*，*Plasmoporella*，具混生特点。

(三)志留纪生物特征

有依据的志留纪地层仅在南、北祁连山区和拉脊山有所见及，其中早志留世地层以笔石页岩相为主，中、晚志留世以浅海—滨海相的陆源碎屑岩为主。上述地层中有笔石、珊瑚、腕足类、双壳类、层孔虫、三叶虫等多门类化石，其中区域色彩比较明显的为珊瑚。

中志留世在泉脑沟山组和照花井组有丰富的珊瑚产出，泉脑沟山组在前文中已有介绍，其类型与扬子区或南秦岭地区极为相似。照花井组的珊瑚有 *Palaeofauosites*，*Mesofavosites*，*Multisolenia*，*Propora*，*Catenipora*，*Halysites*，*Brachyelasma*，*Favosites*，*Kyphophyllum*，*Streptelasma*，*Tungussophyllum*，*Dinophyllum*，*Protopilophyllum*，*Pilophyllum*，*Phaulactis* 等，其中 *Kyphophyllum* 是哈萨克斯坦、新疆准噶尔和扬子区常见的属。*Protopilophyllum*，*Tungussophyllum* 见于蒙古、准噶尔和西伯利亚。*Streptelasma* 在中亚、西伯利亚和扬子区分布。*Dinophyllum* 见于中亚、西伯利亚。其他珊瑚则主要见于扬子区的罗惹坪组或南秦岭的舟曲组、白崖垭组。因此，北祁连山区的珊瑚具混生特点。晚志留世的珊瑚仅见于旱峡组的上部，主要有 *Mesofavosites* 等，其类型接近于扬子区或南秦岭区。

志留纪的笔石动物可以肮脏沟组为代表，自下而上可划分 5 个带，即 *Demirastrites trian-*

gulatus 带;*Spirograptus turriculatus* 带;*Streptograptus crispus* 带;*Monoclimacis griestoniensis* 带;*Oktavites spiralis* 带。这5个带与我国南方早志留世常见的组合完全相同,属相同的笔石地理区。

腕足类在肮脏沟组有 *Clintonella*,*Protatrypa*,*Schizoramma* 等欧、亚、北美分布的属种和仅见于中亚区的 *Nalivkinia*。照花井组繁衍 *Harpidium*,*Eospirifer*,*Tannuspirifer*,*Striispirifer*,其中 *Tannuspirifer* 是北方兴安区 *Tuvaella* 动物群常见的属,其他分布范围较广。晚志留世在旱峡组有 *Whitfieldella*。上述腕足类的总貌反映出混生特点,但重要属似乎更接近北方型,特别是准噶尔区,其中也有相当的属见于扬子区。

四、沉积盆地分析

从大量的研究资料表明,华北地层大区震旦纪—志留纪已属板块构造体制演化阶段。沉积盆地的形成演化与这一区域性的构造体制息息相关。华北板块主体(华北地台)历来被视为中国最古老的陆块,其大陆边缘由若干大小不等的次一级地块和其间的活动带所组成。据对中元古代地层的研究,柴达木、中祁连等都可能是由华北母体大陆分离出,其间被加里东裂谷型地槽褶皱带分隔,有一定稳定程度的整体(王鸿祯,1990)。据本课题的研究,结合前述构造格架轮廓,将本地层大区划分为5种盆地类型9个盆地(表4-13)。

除陆内坳陷盆地以外,其他4种盆地类型都与拉张机制有关,拉张初期一般以断陷或裂陷盆地形式表现,进一步发展当切穿下地壳或岩石圈则出现裂谷型火山岩乃至洋盆火山岩组合。因此上述盆地类型的划分主要依据该盆地演化过程最强活动期的性质,但它们起始的构造背景都属统一的大陆壳,只是基底的固化程度不同而已。

(一)鄂尔多斯陆内坳陷盆地

该盆地奠基于前震旦纪固结基底上,虽未出露基底地层,但从地球物理资料分析,有古老基底结晶变质岩系,震旦纪为古陆剥蚀区。自早寒武世至早奥陶世海水自南入侵,海盆逐渐扩大,早期海盆南界大致为秦岭古陆,包含了华北西缘地层区,晚期(早奥陶世)海盆范围最大,已达北祁连走廊地带东侧。据地层分布及沉积相特征,自沧浪铺早期至晚寒武世早期地层自南向北逐渐超覆(张嘉琦,1959;张文堂,1977;张守信,1980;张抗,1983),沉积相自南向北由滨海潮坪-滨浅海台地,说明当时古地貌为北高南低,晚寒武世—早奥陶世则以局限台地为主。

沉积具明显三元结构,下部为陆源碎屑岩(霍山组),分布不广泛,属盆地初始滨海平原;中部为滨浅海泥质碎屑岩夹碳酸盐岩(馒头组);上部为台地碳酸盐岩(三山子组和马家沟组)代表了已具较为开阔的陆表海。地层厚度除南部较大之外,其他广大地区多数在1 000 m左右,局部(甘肃环县以东)仅300 m左右,这可能与西侧陇东隆起有关。生物群的区域性变化极小,早期以多门类底栖类型为主,晚期逐渐向门类单一的浅水浮游型或游泳型过渡,形成华北型或北方型动物群。早奥陶世晚期盆地开始萎缩,中奥陶世早期隆升成陆,进入准平原化阶段。

以上基本反映了与我国广大华北板块克拉通早古生代陆内盆地相近似,总体形成于克拉通上的陆表海环境,因此归为陆内坳陷盆地。

(二)陆内区边缘裂(断)陷盆地

主要分布于华北西缘地层分区。震旦纪—志留纪的形成演化与上述陆内坳陷盆地既有相

表 4-13　华北地层大区震旦纪—志留纪主要沉积盆地特征简表

构造位置		盆地类型	地壳类型	演化时代	活动机制	强活动时间及其沉积类型和沉积组合	分布范围（地区）	备注
华北板块陆内区	陆内区本部	鄂尔多斯陆内坳陷盆地	陆壳	O_2—$\in_1$	差异升降	中寒武世—中奥陶世早期，稳定类型沉积，碳酸盐岩组合	鄂尔多斯、山西地层分区及华山地层小区	
	陆内区边缘	华北西缘断陷盆地		O_2—Z_2	坳陷-断陷	奥陶纪，过渡类型沉积，浅水碳酸盐岩-深水泥质碎屑岩组合，夹火山凝灰岩，重力流、浊积沉积	华北西缘地层分区	属北祁连裂谷系插入陆内区的分支
		华北南缘裂陷盆地		$\in_3$—Z_2	断陷-裂陷	晚震旦世—早寒武世，过渡-活动类型沉积，冰海-陆坡泥质碎屑岩-碳酸盐岩组合，伴少数偏碱中-基性火山岩	豫西地层分区内弧山村小区	
华北板块南大陆边缘区	祁连山扩张带	北祁连陆缘裂陷盆地	过渡壳	S_2—$\in_2$	扩张裂陷	中寒武世—中奥陶世，活动类型沉积，泥质碎屑岩-碳酸盐岩组合，以浊积岩为特征	北祁连-终南山小区西段，走廊过渡带	
		北祁连洋盆	洋壳	S_3—$\in_2$	地幔热柱上升—地幔对流—洋底扩张	中寒武世—中奥陶世，活动类型沉积，泥质碎屑岩-火山岩组合，出现洋壳蛇绿岩	北祁连-终南山小区西段，走廊南山	东延相当北秦岭弧后盆地
		南祁连裂谷盆地	过渡壳	S_1—O		中寒武世—晚奥陶世，活动类型沉积，火山-沉积组合局部出现蛇绿岩	南祁连-丹凤地层小区西段含拉脊山	东延相当北秦岭丹凤岛弧带
	柴达木裂陷带	柴北缘裂陷盆地	陆壳	S_1—Z	陆缘扩张裂陷	晚奥陶世—早志留世，活动类型沉积，泥质碎屑岩-中酸性火山岩组合（滩间山群）	柴达木盆地地层小区北缘	
		柴南缘裂陷盆地		O_3—O_2		晚奥陶世，活动类型沉积，泥质碎屑岩-火山岩组合，火山岩为中基和中酸性（祁漫塔格群）	柴达木盆地地层小区南缘	裂陷中心局部（清水泉）出现蛇绿岩
		东昆南裂陷盆地	陆壳—过渡壳	O_3—O_2		晚奥陶世，活动类型沉积，泥质碎屑岩-火山岩组合（纳赤台群）	东昆南地层小区	

似性又有不同点。其相似性，盆地均奠基于已固结的前震旦纪基底上，缺失志留纪沉积，寒武纪—早奥陶世沉积大部分处于同一盆地，中、晚奥陶世出现明显沉积分异。其不同点如下。

晚震旦世处于陆内坳陷盆地基底大陆的边缘沉降带，形成大陆冰川-冰海沉积，此沉降带可能与基底开始拉张有关。

早寒武世—早奥陶世早期，盆地的南部及西部东侧基本与陆内坳陷盆地处于同一环境，而盆地西部的西侧则显示具一定活动性。如早、中寒武世出现较多的粗碎屑岩（陶思沟组）、竹叶状灰岩、砾状灰岩（胡鲁斯台组），而且组成岩性、厚度变化较大。中寒武世—早奥陶世早期以具深水特征泥质条带薄层灰岩夹竹叶状灰岩、鲕状灰岩及页岩（阿不切亥组），与三山子组白云岩显著不同，厚度变化较大，最厚达 871 m，薄者小于 100 m。这些特点都说明盆地西侧的活动性比东侧陆内坳陷盆地明显增强。盆地外侧为紧邻北祁连走廊裂陷盆地（即香山群沉积区）。

中、晚奥陶世是该盆地强烈活动时期，其中除在陕西富平、陇县和内蒙古桌子山区（平凉组、段家峡组、赵老峪组、拉什仲组等）发育中性火山凝灰岩之外，尚见碳酸盐岩重力流堆积（克里摩里组、背锅山组等）、钙屑浊积（赵老峪组等）、碎屑浊积（拉什仲组、平凉组等）、深水纹层碳酸盐岩沉积（桃曲坡组、赵老峪组等）和黑色笔石页岩相沉积（平凉组、乌拉力克组等）。另外还有代表浅水环境的滩礁或藻礁沉积（车道组、桃曲坡组等）。反映盆地在下降过程中出现的复杂古地理面貌。

地层在横向分布上变化较大，如出露在陕西富平至铜川一带的赵老峪组以发育钙屑浊积岩和纹层灰岩为主，而相邻的唐陵组几乎全由陆源碎屑岩组成。厚度相差悬殊，如在甘肃平凉一带，此期全部地层总厚不足400 m，而相邻的宁夏彭阳仅拉什仲组的厚度竟达540 m。又如陕西陇县的段家峡组厚920 m，相邻的平凉组与背锅山组的总厚只有449 m。

生物群类型复杂：既有代表中国北方型的生物群落，又有南方型的集群，以及两者共生或交替出现的混生组合。

综上所述，震旦纪华北地块处于抬升、剥蚀，其西、南缘沉降形成罗圈组沉积。早寒武世至早奥陶世早期，陆内坳陷盆地西侧产生断裂、断陷，随着活动性的增强，沉积开始分异，自东向西由稳定类型沉积向过渡类型沉积变化。早奥陶世早期，以马家沟组沉积为标志全区处于统一稳定时期。早奥陶世晚期始，在陆内区西、南边缘，自西向东，由南向北产生裂陷，形成以浊积岩、重力流沉积为特征活动-准活动类型沉积，随着裂陷机制产生，西、南部扩张下沉，东部陆内坳陷盆地抬升成陆缺失沉积，因此中—晚奥陶世是陆内区边缘与本部两种盆地类型分异的主要时期。陆内区边缘裂陷盆地自早到晚经历由断裂、断陷-裂陷的过程，这个裂陷带实际上是北祁连裂陷系的一个分支插入陆内区的边缘地带，加之陆内区基底刚性程度较大，因此规模不大，故以正常海相沉积为主。

（三）祁连山扩张带

祁连山扩张带由北祁连山北部陆缘裂陷盆地、北祁连山洋盆及南祁连山裂谷盆地组成。各盆地的岩石地层序列见表4－11，其组成见图4－6，但对确定扩张带盆地类型重要标志的蛇绿岩由于已成为蛇绿混杂岩残块，在上述的图、表中并未完全体现。

北祁连山洋盆在地层区划中为北祁连-终南山地层小区的西段。对北祁连山地质构造特征前人已做了许多研究，自70年代以来运用板块构造理论进行研究（肖序常，1978；左国朝等，1987；夏林圻等，1991、1995；冯益民等，1992、1995；许志琴等，1994；周志强等，1996）获得了许多新进展、新认识，证实北祁连早古生代是在元古代古克拉通基础上，经过初始裂谷→有限洋盆→洋盆收缩→碰撞造山等阶段的复杂形成演化过程。现以岩石地层划分研究为基础，结合前人的研究成果将北祁连洋盆的形成演化归纳如下。

1. 盆地早期（震旦纪）沉积

早期为冰成沉积，自东（永登）向西（肃南），为大陆冰川-冰海、滑塌。晚期以正常海沉积为主，自东向西为陆架浅海碳酸盐岩→陆缘泥碎屑复理石沉积。说明震旦纪由冰成到浅海沉积演化，而且东西地壳活动性有差异变化，其上未发现早寒武世沉积，这些特征与华北克拉通南部总体特征相似，说明陆壳尚未发生裂解，可能有一定裂陷作用，是否为北祁连洋盆的起始，还有待研究。

2. 中—晚寒武世—中奥陶世早期初始裂谷-局限洋盆沉积

中寒武世陆壳处于引张初期，在白银、祁连和肃北三个泉发育大陆玄武岩系，岩浆在缓慢上升中导致地壳深熔，产生酸性岩浆，形成双峰式火山岩组合，表明这里曾是裂谷轴心所在。轴心以外的火山-沉积组合以硅质岩、中性火山岩、火山碎屑岩和少量灰岩组成（黑茨沟组），构成范围有限的早期裂谷盆地。

中寒武世中、晚期裂谷盆地逐渐扩大，向小型洋盆演化。但尚缺少代表洋壳沉积记录，说明裂谷仍在陆壳基础上扩展，如果联系到北祁连南带此时尚存的斜坡相沉积（祁连县玉石沟）、浅海相沉积(大通)和玉门、肃南一带发育的台地相沉积等,可以看出此时的北祁连为小型洋盆、盆缘斜坡与浅海台地并存的古地理景观。

晚寒武世在北祁连南带的绝大部分地区未保存沉积记录,仅在祁连山西部的玉门、祁连、门源一带出露陆源碎屑岩(香毛山组一部分),局部发育基性火山岩,因此该期的构造环境属于裂谷间歇期的残留海盆。

自早奥陶世开始,地壳再次拉张,促使北祁连海盆逐渐发展成沟、弧、盆体系。洋脊、洋岛区分布在托来南山的祁连玉石沟、川刺沟至天祝大克岔一带,自下而上由超基性岩、辉长岩、枕状细碧岩、辉绿岩墙、硅质岩和凝灰岩组成蛇绿岩层序。上述洋壳的形成经夏林圻(1995)研究,系地幔物质上涌,并在地幔流体的参与下,由于绝热、减压形成玄武岩浆,后经侵入喷发产生洋壳层。而新生洋壳连续推动较老的壳层离开轴背,导致洋盆扩张。

由俯冲杂岩所代表的深海沟堆积,在北祁连地区已发现两条,其一分布在玉门昌马至祁连景阳岭一带(吴汉泉等,1991),包括有蓝闪片岩带、基性-超基性岩块、火山岩岩片、混杂堆积、放射虫硅质岩残片,以及滑塌堆积、浊流沉积等(许志琴,1994),时代贯穿奥陶纪始末(夏林圻等,1995)。另一条出露于肃南九个泉、大隆等地(丁宝元等,1982)①,时代为早、中奥陶世(冯益民等,1992)。

伴随洋盆扩张、洋板块冷却和俯冲,在深海沟北东方向产生岛弧和相应的弧间、弧后盆地。该类弧、盆分布在白银、永登、民乐、祁连一线,呈 SE－NW 向展布,长度超过 800 km,其中最完整的是永登县石灰沟地区。该地岛弧火山岩发育在阴沟群上部和中堡群,形成火山-沉积组合。下部为拉斑玄武岩夹凝灰岩;中部为钙碱性火山岩系夹凝灰岩、硅质岩;上部为藻礁灰岩夹板岩、凝灰岩;顶部为碱性橄榄玄武岩系、凝灰岩、板岩夹少许砂屑灰岩。上述岩系由下部的初始岛弧演变为晚期的成熟岛弧,构成一个比较完整的岛弧发展过程。其中所夹沉积岩与火山岩交替出现,说明伴随火山喷发,仍有升、降(张瑞林,1995)。

弧后盆地分布在前述岛弧以北地区,主要特点是发育弧后扩张脊蛇绿岩、陆源碎屑岩和弧缘浊积岩。组成地层为阴沟群和中堡群。由于区内见有前震旦纪地层和煌斑岩墙分布,故可推测盆地是在陆壳基底上演化,此类盆地中比较典型的是景泰老虎山和肃南塔墩沟等地(冯益民等,1992,1995)。

3. 中奥陶世晚期—晚奥陶世——洋盆闭合-残余盆地沉积

本阶段北祁连海盆急剧缩小,部分地区已上升成陆。除大梁组发育少量火山岩和深水浊积岩之外,以浅水沉积为主,其中有碳酸盐台地相沉积(妖魔山组)、滨—浅海相沉积(天祝组)等。标志着自裂谷盆地形成以来首次出现的相对稳定时期。之后,北祁连海盆进一步缩小,大部地区接受陆源碎屑沉积(南石门子组、斜壕组)和少许台地相沉积(斯家沟组),属残余盆地沉积,仅西部玉门以南局部再次扩张出现钙碱性系列中基性和中酸性火山岩组合。

4. 志留纪——前陆盆地沉积

志留纪沉积主要沿北祁连南带的南、北侧呈带状分布,沉积物主体为陆源浊积,局部夹少量灰岩,钙碱性系列火山岩、火山碎屑岩。一般下部较粗,向上逐渐变细,构成由深到浅沉积的地层序列,其特征相似于前陆盆地沉积。

综上所述,北祁连洋盆在早古生代经历了中寒武世、早—中奥陶世早期及晚奥陶世三次不同规模的扩张,以早—中奥陶世扩张规模最大,出现具一定规模的洋盆及与之互有联系的岛弧

---

① 丁宝元等,1982,肃南九个泉一带发现蓝片岩及混杂堆积。

和弧后盆地，构成较复杂的活动大陆边缘结构。中寒武世仅代表以裂谷为主的初始阶段，晚奥陶世属尾声。每次扩张在区域上东、西的规模不完全相同。据前人研究，尽管北祁连早—中奥陶世出现具一定规模的洋盆，但仍属于有限洋盆，并未达真正的大洋盆阶段即闭合。以上说明，北祁连乃至整个祁连山，早古生代壳幔虽然经历过热状态的调整，地幔上涌对流，壳幔圈层互为运动，但地幔热状态的活动规模并不很大，而是呈较短的周期性活动。

北祁连北部陆缘裂陷盆地，主要指北祁连山北侧走廊过渡带。中寒武世—中奥陶世主要由香山群及米钵山组组成。香山群为一套厚达数千米斜坡重力流沉积（前已述及），米钵山组为一套活动类型深水泥质碎屑岩及薄层灰岩，厚度近 2 800 m，主体分布于陆内边缘区。说明该区在中寒武世—中奥陶世处于快速沉降补偿性盆地，未见火山岩，因此归为陆缘过渡壳裂陷盆地。

南祁连山裂谷盆地（包含拉脊山地区）。在西段肃北地区，主要为奥陶纪—早志留世沉积，由两个火山喷发-沉积旋回组成，每个旋回下部为火山岩，上部为泥质碎屑岩。早期旋回火山岩为基性和中酸性组合，厚达 3 000 m 以上；晚期旋回火山岩以中性和中酸性为主，厚 1 000～2 000 m。泥质碎屑岩组合具复理石沉积特征，厚度一般 3 000～4 000 m。东段拉脊山则以中寒武世—奥陶纪沉积为主，由巨厚的火山岩夹泥质碎屑岩及灰岩组成若干喷发旋回，火山岩以中基性和中酸性为主，其次为基性。

以上可见，南祁连早古生代处于快速沉降火山喷发和陆源补偿活动型盆地，据火山岩组合特征是在过渡壳背景上产生的裂谷型盆地。东段拉脊山经历中寒武世、晚寒武世及早—中奥陶世三次拉开，局部具蛇绿岩组合特征，故左国朝（1996）称为裂谷型蛇绿岩。西段主要拉张期亦为早—中奥陶世。晚奥陶世—早志留世裂谷由东向西逐渐闭合，志留纪沉积区已具造山前期磨拉石特征。

（四）柴达木裂陷带

属华北板块南大陆边缘组成部分，划分为柴达木盆地北缘、柴达木盆地南缘及东昆南 3 个裂陷盆地。各盆地地层序列及组合见表 4-11 及图 4-6。从图、表可见，除柴达木盆地北缘发育震旦纪—志留纪沉积以外，其他两个盆地发育中—晚奥陶世沉积。

柴达木北缘基本属被动陆缘裂陷盆地，基底为震旦纪—中奥陶世稳定类型沉积，属元古代沉积盖层，晚奥陶世—早志留世为裂陷阶段，形成活动类型泥质碎屑岩-火山岩组合（滩间山群），厚度最大达 3 000 m 以上，火山岩以中—基性为主。

柴达木南缘裂陷盆地未见基底地层，中—晚奥陶世形成泥质碎屑岩-火山岩组合（祁漫塔格群），早期形成活动型砂泥质复理石和中酸性、基性火山岩组合；晚期过渡为浅海碳酸盐岩，总厚 3 000 m 以上。在火山岩发育地段由 3 个基性—中酸性喷发旋回组成。

东昆南裂陷盆地特征与柴达木南缘裂陷盆地相似其间以东昆中地块分隔。早期由碳酸盐岩夹火山岩组成；晚期形成以泥质碎屑岩为主夹凝灰碎屑岩，总厚达数千米（纳赤台群）。

以上可见柴达木裂陷带 3 个沉积盆地基底以陆壳型为主，中—晚奥陶世为强活动期，沉积厚度最大，火山岩呈夹层产出，以中、基性为主，因此属陆壳上的裂陷盆地。但值得指出，在柴达木南缘与东昆南衔接地带香日德东南清水泉，高延林等（1988）曾指出存在早古生代蛇绿岩，因此在裂陷中心地带不排除出现裂谷或微洋盆。柴达木早古生代裂陷带是“短命”的，晚志留世之后即闭合上升，其上被晚泥盆世磨拉石不整合覆盖。

第五章

泥盆纪—三叠纪

第一节 区域地层概述

一、北疆-兴安地层大区(西段)

泥盆纪—三叠纪地层发育齐全，沉积类型复杂，岩石组合类型多样，集中分布于北准噶尔地层分区和南准噶尔-北天山地层分区。区内泥盆纪、石炭纪地层以北准噶尔地层分区发育最完全，剖面连续性好，其沉积类型既有正常海相沉积海相火山岩，也有陆相火山岩、火山碎屑岩。沉积厚度大且岩相变化剧烈。古生物群属北极太平洋型。二叠纪早期地层以中酸性陆相火山岩为主，部分地段中—基性火山岩发育，局部为陆相、海陆交互相碎屑岩。所产植物属安加拉植物区系；二叠纪晚期沉积范围缩小，多为一些小型山间盆地，岩性差异明显，为山麓河湖相沉积，含煤。三叠纪早期岩石地层单位普遍由红色砾岩夹泥岩构成，中晚期为灰、灰黄、灰绿色及灰黑色的砂岩、粉砂岩、泥岩夹砾岩和薄层灰岩以及煤线、碳质页岩、菱铁矿层、叠锥灰岩等，其中小泉沟群是新疆北部的重要油层。

二、塔里木-南疆地层大区

塔里木-南疆地层大区的泥盆纪地层主要分布在南、北天山周缘及昆仑山和喀喇昆仑山。其中，中南天山-北山地层区的中天山-北山地层分区泥盆纪早中期地层几乎全由火山岩和火山碎屑岩组成，晚期为陆相、海陆交互相碎屑岩沉积；南天山地层分区的泥盆纪地层中碳酸盐岩极为发育，次为海相碎屑岩，局部见有火山岩或火山碎屑岩，含*Yunnanella*、*Yunnanellina*和*Stringocephalus*等南型动物群分子；塔里木盆地周缘，泥盆纪地层岩性单一，均为陆相、海陆交互相碎屑岩；昆仑山、喀喇昆仑山以碎屑岩为主，夹火山岩和碳酸盐岩。石炭纪地层的分布较泥盆纪更为广泛，在天山、塔里木西南缘、昆仑山、喀喇昆仑山均有大面积分布。中天山-北山地层分区岩性复杂、海相火山岩极为发育，南天山及塔南地层分区西南，组成各岩石地层单位的岩性主要为碳酸盐岩，次为碎屑岩，火山岩极为罕见。二叠纪地层分布于天山、塔里木盆地及其以南广大地区，其中早二叠世天山地区以陆相火山岩为主；北山地区为海相火山岩夹碎屑岩；塔里木盆地及其周缘岩石组合类型较多，以海相碳酸盐岩居多，次为细碎屑岩和分布面积广泛的陆相玄武岩；昆仑山和喀喇昆仑山地区以碎屑岩和碳酸盐岩为主。晚二叠世晚期地层分布局限，岩性单一，几乎均为陆相红层。三叠纪地层陆相沉积区，下部以红色粗碎屑岩为主，上部为湖相细碎屑岩夹碳质页岩和煤层；海相沉积区以碎屑岩和碳酸盐岩最为常见。

三、华北及华南地层大区

（一）晋冀鲁豫地层区

隶属华北地层大区，该区以缺失晚奥陶世—早石炭世沉积为其特征。晚石炭世至早二叠世早期为海陆交互相含煤沉积，层位稳定，分布广泛。早二叠世晚期至中三叠世为陆相红色碎屑岩和粗碎屑岩组合。该地层区为我国陆相二叠纪—三叠纪地层典型分布区。

（二）秦祁昆地层区-华南地层大区

属华北板块的南大陆边缘和华南板块北大陆的北缘地区，晚加里东运动秦祁昆洋的闭合使秦祁昆地层区（属华北地层大区）与巴颜喀拉地层区及南秦岭-大别山地层区（属华南地层大区）已基本统一，其沉积盆地均处在硅铝壳背景之上，但各断代沉积盆地的范围、控制沉积盆地的构造背景各有不同，因此出现不同的沉积区、沉积组合及沉积类型。

1. 祁连-北秦岭地层分区

泥盆纪地层在祁连山地区缺失早泥盆世沉积，中—晚泥盆世地层以陆相红色砂砾岩沉积为主，宁夏中宁地区夹海相层。石炭纪地层自下而上由滨浅海碎屑岩-碳酸盐岩组合向海陆交替相含煤碎屑岩组合过渡。二叠纪—三叠纪地层主要分布在西部。下部为浅海相碎屑岩-碳酸盐岩组合和海陆交替相含煤碎屑岩组合；上部以陆相碎屑岩组合为主，局部含煤。

2. 东昆仑-中秦岭地层分区

该分区沉积类型较多，既有活动型沉积，亦有稳定型和过渡型沉积，岩石组合复杂，既有火山岩、碎屑岩组合，又有火山岩、碎屑岩、碳酸盐岩组合及火山岩、碳酸盐岩组合和碎屑岩组合等。依据地层发育特征，进一步划分为柴达木小区、宗务隆山-山阳小区和东昆仑南三个地层小区。

在柴达木地层小区泥盆纪地层仅有晚泥盆世沉积，为陆相粗碎屑岩或（西南部）海陆交互相碎屑岩、火山岩组合。石炭纪地层在柴达木地层小区为稳定型海相碎屑、碳酸盐岩沉积的近海含煤碎屑沉积；二叠纪—中三叠世地层缺失，晚三叠世以陆相火山岩、碎屑岩组合为特征。

宗务隆山-山阳地层小区的早泥盆世地层在西部鱼卡河下游为浅变质的碎屑岩、碳酸盐岩、火山岩组合，产珊瑚等，东部则缺失早泥盆世沉积。中晚泥盆世沉积较为复杂，在礼县—柞水一线，中泥盆世沉积厚度巨大，近万米，为碎屑岩沉积，晚泥盆世自东而西普遍转为滨海（岸）海陆交替-陆相沉积；在西和—镇安一线其沉积岩石组合与礼县—柞水一线有所不同，出现较多的碳酸盐成分，厚度亦偏小。宗务隆山-山阳地层小区，石炭纪—二叠纪地层西部宗务隆山以活动型-过渡型沉积类型为特征，为碎屑岩、碳酸盐岩、火山岩组合和碎屑岩、碳酸盐岩组合，东部中秦岭地区以活动型碎屑沉积为主，局部出现斜坡相及滑塌作用产生的砾状碳酸盐岩组合。三叠纪沉积早—中期为活动型类复理石沉积，以砂岩、板岩、碳酸盐岩组合为特征。生物群以特提斯型菊石、双壳类为代表；晚期为陆相碎屑岩、火山岩组合，产南方型植物群。

东昆仑南地层小区的地层发育状况与宗务隆山地区基本一致，但东昆仑东段泥盆纪地层因浅变质，出现片岩等，又西段在新疆境内缺失三叠纪沉积。

3. 南秦岭-大别山地层区

仅包含迭部-旬阳地层分区和摩天岭地层分区。迭部—旬阳地层分区晚古生代—三叠纪地层基本属浅海沉积，早泥盆世—二叠纪为浅海碳酸盐岩、碎屑岩组合，横向上东段以碎屑岩组合为主夹碳酸盐岩；西段以碳酸盐岩组合为主夹碎屑岩。本地层区生物群属南方生物区系。

摩天岭地层分区出现活动型—过渡型早—中泥盆世沉积，晚泥盆世—早石炭世为碳酸盐岩组合，晚石炭世及其以后地层缺失。三叠纪地层为类复理石碎屑岩夹碳酸盐岩沉积。

第二节　北疆-兴安地层大区(西段)

一、区域地层岩石组合特征

(一)泥盆纪岩石组合

(1)火山岩为主夹碎屑岩组合：康布铁堡组、马拉苏组、齐也组等属这一组合，特点是以火山岩(酸性、中酸性及中性)为主夹碎屑岩。部分岩石受强烈的变质作用，其沉积环境主要为浅海环境并伴有火山喷发。

(2)火山碎屑岩为主夹火山岩组合：组合包括阿舍勒组、萨吾尔山组，主要为基-酸性火山碎屑岩，夹中酸性、酸性火山岩，基性火山岩较少，可能属滨—浅海动荡沉积环境。

(3)碎屑岩为主夹火山岩组合：组合包括阿勒泰组、塔尔巴哈台组、洪古勒楞组、托让格库都克组、忙代恰群和库马苏组等，它们的特征是正常碎屑岩占多数，火山岩以中酸性为主，局部为中基性火山岩，部分岩石变质。其沉积环境似为不稳定的滨-浅海环境。

(4)碎屑岩组合：和布克赛尔组、卓木巴斯套组、卡拉麦里组、克安库都克组均属这一组合，以碎屑岩为主，局部地区钙质成分较高，为滨—浅海沉积环境。

(5)火山碎屑岩组合：查干山组、乌鲁苏巴斯套组属这一组合，火山碎屑岩达70%左右，生物碎屑灰岩及正常沉积碎屑岩呈夹层出现，为浅海沉积环境。

(6)陆相碎屑岩组合：呼吉尔斯特组、朱鲁木特组等属此组合，岩石中火山碎屑物质含量甚高，粒度较粗，富含植物，属大陆沉积环境。

(二)石炭纪岩石组合

(1)碎屑岩组合：那林卡拉组、恰其海组、奥尔吐组等属这一组合，为不含火山物质的正常碎屑沉积，其沉积环境是海陆交互相。

(2)变质岩组合：喀喇额尔齐斯群是本组合的代表，全由各种片岩及浅变质岩石组成。

(3)火山碎屑岩夹火山岩组合：黑山头组、红山嘴组、姜巴斯套组、包古图组、太勒古拉组、杨吉布拉克组、沙玛尔沙依组等属这一组合，其特点是岩石的火山物质含量高，火山岩为中酸性或中基性，沉积环境为槽盆相，古地理环境复杂多变。

(4)碎屑岩为主夹火山碎屑岩：组合包括石钱滩组、祁家沟组、奇尔古斯套组，岩石中钙质泥质含量较高，壳相生物丰富，属火山活动间歇期局部浅水沉积环境。

(5)陆相火山岩组合：巴塔玛依内山组、二道沟组为该组合代表，特点是火山岩为基性、中性、酸性(前者)，后者中基性为主，含植物及煤线，属大陆沉积相。

(6)陆相碎屑岩：组合包括塔木岗组、山梁砾石组、弧形梁组，其特点是碎屑岩夹煤线，含植物、属滨海沼泽及河流相沉积。

(7)蛇绿混杂岩组合：沙大王组是该组合的代表，为基性、超基性岩，属深槽盆相区的深海沉积环境。

(三)二叠纪岩石组合

(1)陆相火山岩组合：哈尔加乌组、卡拉岗组、三塘湖组属这一组合，岩性特点是中一酸性火山岩为主，含煤线，为陆相火山岩喷发-含煤沼泽沉积。

(2)陆相火山岩为主夹碎屑岩组合：组合代表乌郎组，火山岩以中酸性为主夹基性，含植物，属陆相喷发沉积。

(3)陆相火山碎屑岩组合：哈米斯特组、石人子沟组、井井子沟组、扎河坝组等为这一类组合，火山碎屑含量多少不一，局部含煤层或煤线，属陆相含煤沉积。

(4)陆相碎屑岩组合：该组合分布较广，以乌拉泊组、芦草沟组、红雁池组、泉子街组、梧桐沟组、锅底坑组、胜利沟组、将军庙组、平地泉组、黄梁沟组、铁木里克组、晓山萨依组、巴斯尔干组、乌尔禾群、塔尔朗组等，岩石的粒度粗细不一，有砾岩、含砾砂岩、砂岩、粉砂岩、泥质粉砂岩、泥岩、页岩等，个别层位含生油层。其沉积环境有湖相沉积、河流相沉积、山麓洪积相、河流沼泽相。

(四)三叠纪岩石组合

(1)砾岩夹泥岩组合：尖山沟组是该组合的代表，岩石的颜色紫红、棕红色为主，属河流相磨拉石建造。

(2)泥岩、砂岩、砾岩不等厚互层组合：组合包括韭菜园组、烧房沟组，克拉玛依组、黄山街组，岩石亦以紫红、灰红色调占主导，局部夹煤线，为河流相沉积环境(前两组)；后两组的岩石颜色以黄绿、灰绿色调为主，属河流、河湖相沉积。

二、生物组合特征

加里东晚期构造运动之后，博罗科努褶皱带形成，该褶皱带与由前寒武系组成的中天山联接一起，成为北天山—准噶尔海和南天山海的分水岭，从而形成两个不同的生物地理区。自泥盆纪以来，各门类生物大量繁盛，是进入显生宙以来无脊椎动物的类型、属种、数量达到鼎盛的时期，同时植物界也逐渐繁盛起来，为国内外地层古生物学家所瞩目，生物地层的研究程度相对也较高。现将泥盆纪—二叠纪生物组合(带)特征简述如下。

(一)泥盆纪生物组合特征

本区泥盆纪生物种类繁多，包括珊瑚、三叶虫、腕足类、笔石和植物等。其中以珊瑚类分布最广，研究较详，植物群研究较系统，兹分述于后。

1. 四射珊瑚组合带

北疆-兴安地层大区(西段)泥盆纪的四射珊瑚无论从属种上还是从数量上均居新疆泥盆纪珊瑚之首位。兹将各地所建珊瑚组合带分述于下:

Syringaxon siluriense 组合带:产于北准噶尔地层分区西准噶尔地层小区下泥盆统和布克赛尔组下部。其特征为属种单调,分异度低,几乎全部为微型的单体珊瑚。

Syringaxon - *Barrandeophyllum* 组合带:产于东准噶尔地层小区卓木巴斯套组下部。该组合的特点是小型圆锥、弯锥及角锥状单体为主,尤以具轴管类型居多。

Syringaxon - *Orthopaterophyllum shapburense* 组合带:发育于北准噶尔地层分区西准噶尔地层小区和布克赛尔组上部,其特征是全为单体珊瑚。

Endophyllum zhifangense - *Prismatophyllum xinjiangense* 组合带:产于北准噶尔地层分区西准噶尔地层小区中泥盆统查干山组和东准噶尔地层小区的乌鲁苏巴斯套组。

Nalivkinella - *profunde* - *Metriophyllum omhaense* 组合带:产于北准噶尔地层分区西准噶尔地层小区上泥盆统洪古勒楞组。该组合中的珊瑚全部为小型单体,内部构造比较简单,以单带型和双带型的数量最多,构成了一个独特的珊瑚群落。

2. 床板珊瑚和日射珊瑚组合带

北疆-兴安地层大区(西段)泥盆纪床板珊瑚和日射珊瑚相当发育,属种繁多,数量丰富,分布广泛,根据王宝瑜(1994)研究自下而上分为以下几个组合带:

Aulocystis - *Steatothamnopora* - *Pleurodictyum* 组合带:见于北准噶尔地层分区的东、西准噶尔地层小区和布克赛尔组下部、卓木巴斯套组下部,床板珊瑚属种繁多,数量丰富,已描述18属48种。

Squameofavosites—*Planocoenites* - *Pseudofavosites* 组合带:分布相当广泛,东、西准噶尔、北天山均有产出。西准噶尔主要见于沙尔布尔提山,塔尔巴哈台山南坡及托里、额敏等地和布克赛尔组上部、马拉苏组。

Pachyfavosites polymorphus - *Tyrganolite* - *Xinjiangolites* 组合带:分布十分广泛,层位稳定,主要见于阿尔泰地层分区的阿勒泰组,北准噶尔地层分区西准噶尔地层小区的库鲁木迪组、萨吾尔山组、查干山组,东准噶尔地层小区的乌鲁苏巴斯套组,北塔山地层小区的北塔山组,南准噶尔-北天山地层分区的头苏泉组、汗吉尕组。这一组合包括37属129种。

Alveolites - *Trachypora* 组合带:主要见于东准噶尔地层小区乌鲁苏巴斯套组上部和蕴都喀拉。

Aulopora - *Striatopora* 组合带:仅见于西准噶尔地层小区的沙尔布尔提山及布龙果尔地区洪古勒楞组,东准噶尔的考克塞尔盖地区克安库都克组和富蕴地区卡希翁组。组合中床板珊瑚属种单调,数量少。

3. 泥盆纪植物群

根据李星学、蔡重阳(1979),窦亚伟、孙苗华(1985)的研究,可分为三个植物群,自下而上为工蕨植物群、原始鳞木植物群、薄皮木植物群。又可进一步分出不同的植物组合。

工蕨植物群中 *Zosterophyllum* - *Junggaria* 组合:见于西准噶尔沙尔布尔提山和布克赛尔组下部,为工蕨植物群早期组合。其时代为早泥盆世早期。

原始鳞木植物群下部组合称 *Protolepidodendron scharyanum* - *Psilophyton* 组合:发育于呼吉尔斯特组下部和乌鲁苏巴斯套组。该组合时代为中泥盆世早期。

原始鳞木植物群上部组合称 *Protolepidodendron* - *Barandeina* 组合:发育于呼吉尔斯特

组的上部和乌鲁苏巴斯套组上部，该组合时代为中泥盆世晚期。

薄皮木植物群下部组合称 *Leptophloeum rhombicum* - *Lepidosigillaria* 组合：分布时代为晚泥盆世早期，朱鲁木特组、克安库都克组下部均产该组合。

薄皮木植物群上部组合称 *Leptophloeum rhombicum* - *Sublepidodendron* 组合：繁盛于晚泥盆世晚期，克安库都克组上部产有。

（二）石炭纪生物组合特征

早石炭世生物门类繁多，属种多样，以腕足类居首位，珊瑚次之，早石炭世晚期古植物也相当发育。

1. 腕足类

早石炭世早—中期 *Syringothyris hannibalensis* - *Spirifer subgrandis* 组合，分布于黑山头组，仍以石燕类为主，长身贝类的种类明显增多。

2. 四射珊瑚

早石炭世早—中期黑山头组 *Neozaphrentis xinjiangense* - *Meniscophyllum irregulare* 组合。产于黑山头组内。

早石炭世中—晚期 *Siphonophyllia* - *Palaeosmilia* - *Gangamophyllum* 组合，共包含 25 属 23 种，见于姜巴斯套组上部 。

那林卡拉组含 *Amplexus*，*Pentaphyllum*，*Cryptophyllum*，*Paralleynia*，*Plerophyllum*，*Zaphrentoides*，产于泥质和砂质的灰岩和泥岩内，尤以紫红色的泥岩及灰岩中更为丰富。

晚石炭世早期可建立 *Cystodendropora* - *Caninophyllum* - *Pseudotimania* - *Syringaxoinoides* 组合，包含 20 属，见于石钱滩组。

3. 植物

Lepidodendropsis - *Mesocalamites* 组合：见于黑山头组、塔木岗组和滴水泉组、姜巴斯套组，相当于早石炭世早、中期，包含 *Lepidodendropsis*，*Lepidodendron*，*Sublepidodendron*，*Prolepidodendron*，*Archaeocalamites*，*Mesocalamites*，*Chacassopteris*，*Asterocalamites* 等。

Angaropteridium - *Noeggerathiopsis* 组合：见于巴塔玛依内山组、吉木乃组和那林卡拉组上部，包含 *Angaropteridium*，*Noeggerathiopsis*，*Angaridium*，*Carpolithus*，*Neuropteris*，*Mesocalamites* 等属。这些都是安加拉植物群的重要成员。

（三）二叠纪生物组合特征

植物以安加拉植物群为主，混入少量华夏-欧美区系的植物。

产于哈尔加乌组和卡拉岗组植物 *Angaropteridium* - *Zamiopteris* 组合：该组合中安加拉区系早期的重要植物仍相当繁盛，常见的有 *Angaropteridium*，*Angaridium*，*Cardioneura*，*Noeggerathiopsis* 和 *Ginkgophyllum* 等。并且增加了安加拉区系二叠纪某些特征分子，如 *Zamiopteris* cf. *glossopteroides*，*Z.* cf. *tailuganensis*，*Noeggerathiopsis derzavinii* 等。同时混入华夏—欧美区系的某些分子，如 *Taeniopteris*，*Sphenophyllum thonii* 等。

在准噶尔盆地东缘，奇台将军庙、西大沟一带芨芨槽群上部产 *Cordaites principalis*，*C. borassifolia*，*Ullmannia* sp.，*Psygmophyllum* sp.，*Noeggerathiopsis latifolia*。代表安加拉植物区系的晚二叠世早期组合面貌，但有华夏植物群分子混生。

晚二叠世中—晚期植物组合为 *Callipteris* - *Comia* - *Iniopteris* 组合，*Callipteris*，*Za-*

miopteris, *Pursongia* 等分布广泛。该组合包括了泉子街组、梧桐沟组所产植物。

此外,在吉木萨尔—乌鲁木齐及吐鲁番等的泉子街组、梧桐沟组和锅底坑组还以产二齿兽组合著称于世,其分子包括二齿兽科的 *Kunpania*, *Jimusaria*, *Turfanodon*, *Dicynodon*, *Striodon* 等,其时代属晚二叠世。

(四)安加拉植物群在中国西北区的分布及意义

在泥盆纪植物群基础上发展起来的早石炭世早—中期植物,属欧美式植物群。至早石炭世晚期(Visean 期—Namurian 期早期)其植物组合 *Angaropteridium* - *Noeggerathiopsis* 则属安加拉植物群,从这一植物组合的地理分布上看,在西准噶尔的那林卡拉组上部有: *Angaropteridium cardiopteroides*, *Chacassopteris concinna*, *Noeggerathiopsis batschatensis*, *N. subangusta*;东准噶尔的巴塔玛依内山组除含上述类似的分子外,尚有 *Mesocalamites cistiformis*, *Neuropteris* cf. *pulchera* 等少量欧美植物群分子混生。据现有的化石采集记录,它们分布的南界,没有越过艾比湖—梧桐大泉一线以南(亦即北疆地层区的南界)。

二叠纪的植物,在北疆地层区准噶尔盆地东缘、南缘早二叠世晚期—晚二叠世早期芨芨槽群中下部产: *Cordaianthus volkmannii*, *C. curtus*, *Noeggerathiopsis* sp. 等,并有少量 *Walchia*, *Ullmannia* 等华夏植物分子混生;芨芨槽群上部—仓房沟群下部有以 *Comia* - *Iniopteris* 组合为代表安加拉植物群,分布非常广泛,其中华夏植物群分子时有少量混入。可见,北疆地层区二叠纪植物分区方面仍属安加拉植物区。

在新疆的中天山地区,石炭纪为欧美华夏植物群,但至二叠纪即有安加拉植物群分子与华夏植物群混生,如:伊宁以东的阿吾拉勒山的晚二叠世早期地层中产 *Noeggerathiopsis* cf. *derzavinii*, *N.* cf. *latifolia*, *Paracalamites* cf. *stenocostatus* 等安加拉植物群分子,并有 *Walchia* sp., *Cordaites* sp. 等华夏植物群分子混生;说明二叠纪安加拉植物群在新疆已扩展到艾比湖—梧桐大泉一线以南,抵达中天山地区,而在南天山相关的二叠纪陆相地层中则为华夏植物群,安加拉植物群分子则少见及。

如果从更大范围来看,在甘肃北山地区早二叠世海侵结束后,晚二叠世沉积的方山口组、红岩井组即产 *Iniopteris*, *Zamiopteris*, *Noeggerathiopsis*, *Prynaeopsis* 等安加拉植物组合,并有 *Sphenophyllum*, *Tingia*, *Gondwanidium* 等华夏植物群分子混生。北祁连山地区早二叠世植物群组合面貌与华北本部一致,属华夏植物群,但到晚二叠世红泉组、大泉组所产植物,则为安加拉植物群分子与华夏植物群分子混生的植物群,这里在西部大黄沟洪水坝上(即羊露河)、大青沟一带,二叠纪植物群最早为柏克塞尔(Bexell,1935)、赫勒(Halle,1935)等人发现研究,确立为安加拉植物群;建国以后,经甘肃区调队与沈光隆、张弘等研究(1980)① 有了新的突破,认为是一个安加拉植物群与华夏植物群混生的组合,包括 *Zamiopteris*, *Iniopteris*, *Comia*, *Prynadaeopteris*, *Lobatannularia*, *Pecopteris*, *Psygmophyllum*, *Protoblechnum* 等属。类似的组合还发现于甘肃龙首山地区,这里的晚二叠世红泉组产安加拉植物群分子: *Zamiopteris glossopteroides*, *Noeggerathiopsis* sp., *Crassinervia*? sp,并有 *Pecopteris lativenosa* *P. tenuicostata* 等华夏植物群分子混生;大泉组则以属安加拉植物群的 *Zamiopteris glossopteroides*, *Paracalamites* 最为发育,同时有 *Annularia* sp., *Taeniopteris* sp., *Pecopteris* sp., *Protoblechnum wongii* 等华夏植物群分子混生。北祁连东段(武威—同心一带)的晚二叠世地层中,至今未发

① 甘肃省地质局区域地质调查队,1980,甘肃的二叠系(未刊稿)。

现有安加拉植物群分子，值得今后进一步工作。

综上所述，中国西北部安加拉植物的分布有一定规律性(图 5－1)，在早石炭世晚期至晚

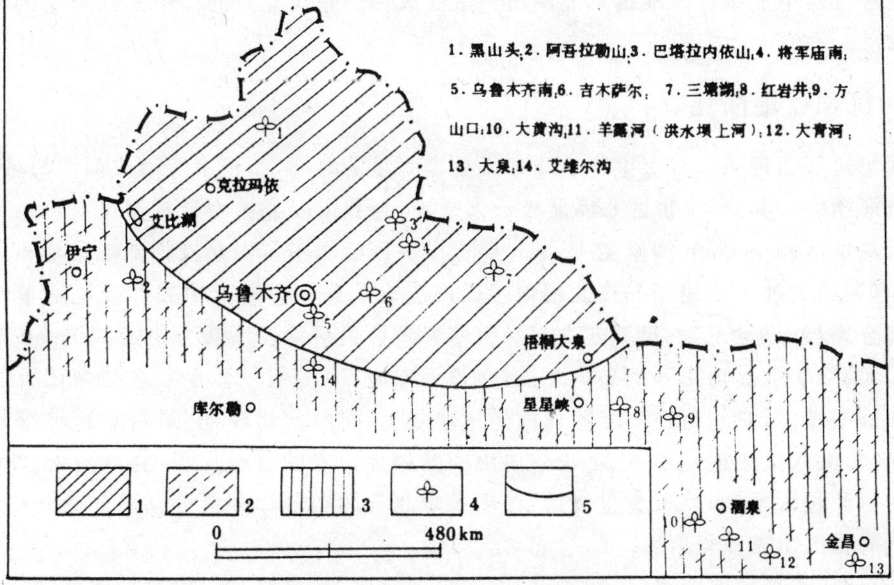

图 5－1　中国西北区石炭纪—二叠纪植物群分布略图

1. 石炭纪、二叠纪安加拉植物群分布区;2. 晚二叠世安加拉植物群分布区;3. 二叠纪华夏植物群分布区;
4. 主要植物化石点及编号;5. 哈萨克斯坦-准噶尔板块与塔里木板块分界线

石炭世的分布限于北疆地层区，它的南界没能越过艾比湖—梧桐大泉一线以南地区。但至晚二叠世，安加拉植物群即扩展到中天山、甘肃北山和北祁连西段。此等现象说明，沿艾比湖—梧桐大泉一线在地质构造上它是哈萨克斯坦-准噶尔板块与塔里木板块的缝合线。在早石炭世、早二叠世尚未拼合为统一陆块，致使安加拉植物群不能由北向南扩展，及至早二叠世末期闭合后，方使安加拉植物群在中天山、北山地区得以繁演。自然，在晚二叠世北祁连与北山地区已拼合为统一陆块，造成了这里红泉组、大泉组所含植物组合为安加拉、华夏植物群混生。所以不同植物群的分布情况为地质构造单元的划分提供了生物方面的佐证。

三、盆地分析

(一)沉积盆地特征及其演变

本区在完成早古生代第一次开合旋回演变以后，形成了基本统一陆壳，泥盆纪开始发生了新的拉张。早泥盆世地壳开始下沉，中泥盆世地壳迅速扩张，海侵范围扩大，达到极盛。这时期的准噶尔海槽是由一系列微型陆块和小洋壳组成的复杂的古构造格局，其中广泛发育的蛇绿岩带就是这些海槽和小洋壳的佐证。这些洋盆或深海槽之间是被分割的有加里东陆壳基底的岛弧或弧间、弧后盆地，它们的沉积序列变化很大。在火山岛弧上沉积了由安山质火山岩、火山碎屑岩和火山复理石组成的活动型沉积序列，在弧间、弧后盆地沉积了由正常碎屑岩、碳酸盐

岩及少量中酸性火山岩组成的次活动型沉积序列。中泥盆世后期准噶尔洋壳开始消减，各岛弧和加里东的陆壳地体依次向西伯利亚板块(陆块)和塔里木板块(陆块)边缘拼贴。中泥盆世末准噶尔洋槽基本闭合，晚泥盆世准噶尔北部进入陆表海或陆相沉积环境。但是从位于塔城以北的塔尔巴哈台山南北缘和东准噶尔北塔山一带形成一个晚泥盆世的以中酸性为主的大陆边缘火山岩带。

(二)沉积盆地演化

泥盆纪是新疆地质历史上生物地理分区是最明显的时期，新疆南北形成两大海域，本区属兴安蒙古海槽的一部分，生物区系属北极—太平洋，与我国北方生物群相似。

早石炭世 Tournaisian 期末至 Visean 期初沿伊连哈比尔尕山北坡强烈拉张堆积了一套蛇绿混杂岩(即所谓沙大王组)，并在北疆地层区内造成了这一时期内相关岩石地层单位之间的普遍不整合。这次运动之后，准噶尔北部和阿尔泰地区由活动逐渐转为稳定。Visean 期海侵范围迅速扩大，除少数露出海面的岛屿之外，全被海水淹没，沉积一套含丰富动物化石的浅海相碎屑岩和碳酸盐岩，它超覆在不同时代的老地层之上；早石炭世晚期，阿尔泰和准噶尔北部全面褶皱隆起，海水大规模退出，巴塔玛依内山的陆相火山岩的普遍出现，并伴随着发生大规模造山期的岩浆侵入活动；晚石炭世以后，在准噶尔北部的布尔津和额齐斯挤压带还有残留海，沉积了浅海相火山岩和碎屑岩。

石炭纪时，本区气候温暖、生物繁盛，生物群多与北美、西欧和哈萨克斯坦相似，属北型生物群。

早二叠世时，本区大部分褶皱隆起，海水大面积退出，陆地面积扩大，各大山系的雏形开始形成，大型内陆盆地开始萌芽，但海水尚未退尽。此时在觉罗塔格到乌鲁木齐一带为残余海盆，沉积物以稳定型的滨—浅海相及海陆交互相的碎屑岩为主，南湖戈壁一带有基性火山熔岩喷溢。早二叠世在东、西准噶尔的隆起区发生了大规模地陆相火山喷发，形成了额敏-吉木乃、三台一三塘湖等大型火山盆地，沉积了数百米至数千米的陆相火山岩系，早期以中基性为主，晚期以中酸性为主，并夹有含煤沉积；这时准噶尔盆地处于由泻湖海湾状态向三角洲及湖泊相的转化时期。早二叠世末期发生大规模地造山运动，各大山系急剧隆起，海水从全境退出，山前坳陷、山间盆地和大型内陆盆地形成。晚二叠世末，区内沉积了以砾岩、粗砂岩为主的磨拉石建造。

二叠纪时，由于陆地面积的扩大，形成广阔的湖泊、沼泽和草原，植物、淡水双壳类、鱼类、两栖类和爬行类得到很快发展。本区植物群以安加拉植物区系为主。二齿兽动物群的发现说明亚洲古陆和冈瓦纳古陆早二叠世末期曾聚合到一起，形成了“联合古陆”，三叠纪以后又重新拉开。

早三叠世初期刚刚褶皱隆起的各个山系地势起伏还很大，在准噶尔、吐鲁番等盆地的边缘沉积了以河流相为主的紫红色粗碎屑岩。中三叠世随着地壳稳定性增强，地形不断被夷平，盆地范围向外扩张，沉积物逐渐变细，以杂色泥砂质沉积为主，含少量灰质。博格达山北麓和准噶尔盆地西缘还有火山活动。

三叠纪初期气候炎热干燥，适应性较强的爬行动物得到发展，以水龙兽和肯氏兽动物群为主。中三叠世晚期到晚三叠世气候比较温暖湿润，植物比较茂盛，形成丹尼蕨-贝尔瑙蕨植物群，并在局部地区形成煤层。同时鱼类、两栖类、爬行类等进一步发展，形成以假鳄类为主体的阜康鳄动物群。

第三节　塔里木-南疆地层大区

一、区域地层岩石组合特征

(一)泥盆纪岩石组合

(1)碳酸盐岩组合:托格买堤组、萨阿尔明组属这一组合,其特点是几乎全由碳酸盐岩组成,富含腕足类、珊瑚化石,为浅海相沉积环境。

(2)碳酸盐岩夹碎屑岩组合:该组合包括落石沟组、亦格尔达坂组、津丹苏组,岩石以各种灰岩为主夹数量不等的砂岩、粉砂岩为其特征,含珊瑚、层孔虫化石,属滨、浅海相沉积环境。

(3)碎屑岩夹碳酸盐岩组合:阿尔皮什麦布拉克组、阿拉塔格组为该组合代表,其特点是碎屑岩为主夹各种灰岩,但数量不等,为浅海—半深海沉积环境。

(4)碎屑岩组合:属这一组合的有吐乎拉苏组、依木干他乌组,全组由粒度不等的碎屑岩组成为其特征,属河流-湖泊相堆积。

(5)海相火山岩夹火山碎屑岩组合:坎苏组、墩墩山群、破城子组属该组合,它的特点是火山岩所占比例大,火山碎屑岩含量较少,含腕足类等化石,为浅海火山喷发沉积环境。

(6)碎屑岩夹火山岩组合:这一组合包括汗吉尕组、托斯库尔他乌组、艾尔肯组、三个井组,其特点是以火山碎屑岩、正常碎屑岩为主,火山熔岩次之,属海陆交互相沉积,局部为浅海相沉积环境。

(7)富含石膏的碳酸盐岩组合:坦盖塔尔组为该组合代表,富含石膏是组合的重要特征,属滨海—泻湖相沉积环境。

(8)红色碎屑岩组合:奇自拉夫组是其唯一代表,其特点是岩性单一,主要由紫红色、灰紫色为主的碎屑岩组成,属陆相磨拉石。

(二)石炭纪岩石组合

(1)海相火山岩组合:大哈拉军山组、伊什基里克组、小热泉子组、干泉组属于这一组合,特点是各种火山熔岩为主,夹一些碎屑岩、灰岩,属浅海相火山喷发沉积环境。

(2)碳酸盐岩组合:阿克沙克组、库山河组、罕铁热克组、和什拉甫组、康克林组、野云沟组、阿衣里河组、塔哈奇组、帕斯群、恰提尔群、巴什索贡组等属这一组合,其特点是碳酸盐岩占多数,且泥质成分较高,碳酸盐岩有时集中在剖面的上部或下部,也可以夹碎屑岩,为浅海相或台地相沉积环境。

(3)碎屑岩为主组合:科古琴山组、别根他乌组、喀拉治尔金组、因格布拉克组为这一组合代表,以陆源碎屑岩为主,夹少量生物碎屑灰岩。属滨—浅海相沉积环境。

(4)碎屑岩为主夹火山岩、火山碎屑岩和碳酸盐岩组合:雅满苏组、甘草湖组、红柳园组、他龙群、石板山组等属这一组合,其特点是以正常碎屑岩占主导,火山碎屑岩、火山岩和灰岩呈夹层出现,但多少不一,属滨海—浅海相沉积环境。

(5)变质碎屑岩组合:库尔良群属这一组合,为一套浅变质岩石组成,是滨—浅海相沉积环境。

(6)碳酸盐岩与碎屑岩互层组合：卡拉乌衣组是该组合的唯一代表，碎屑岩与灰岩呈不均匀互层，页岩、泥岩较多，属滨—浅海沉积环境。

(7)膏泥岩组合：包括巴楚组、卡拉沙依组，含膏泥岩和石膏是这一组合的特点，为潮间—泻湖相沉积环境。

(三)二叠纪岩石组合

(1)海相火山岩组合：红柳河组是该组合的代表，为暗色火山岩系，厚度巨大，主要为基性、中基性熔岩，枕状构造发育，属浅海相沉积环境。

(2)海相火山岩夹碎屑岩组合：小提坎力克组为其代表，特点是火山岩岩性变化极大，有时以安山玢岩、玄武安山岩为主，有时以石英斑岩为主，有时凝灰岩、凝灰砾岩特别发育，属浅海相沉积环境。

(3)碎屑岩组合：组合包括巴勒迪尔塔格组、库尔干组、比尤勒包谷孜组、卡伦达尔组、沙井子组、棋盘组、达里约尔组等，为陆相杂色砂岩，含植物化石，属陆相沉积。

(4)碳酸盐岩、碎屑岩组合：空喀山口组属这一组合，其特点为灰岩和碎屑岩比例各地差别大，有时灰岩多，碎屑岩少；有时灰岩少，碎屑岩多，含䗴类动物群。是浅海相沉积环境。

(5)陆相碎屑岩夹碳酸盐岩组合：普司格组是该组合代表，特点是含植物化石的碎屑岩中，局部有海相夹层。总体属陆相沉积，局部可能为海陆交互相沉积。

(四)三叠纪岩石组合

(1)粉砂岩、砂岩、砂砾岩、砾岩互层组合：俄霍布拉克群为该组合的代表，特点是四种岩石呈不等厚的互层，夹泥岩、页岩，属河流相、河湖相沉积环境。

(2)粉砂岩、砂岩、粗砂岩、泥岩、砾岩互层组合：塔里奇克组为该组合的代表，并夹有碳质页岩和煤层，属河流或河湖相沉积环境。

(3)细碎屑岩组合：乌尊萨依群是其代表，粉砂质泥岩、泥质粉砂岩上部居多，砂岩下部占优，属陆相湖盆沉积环境。

(4)碳酸盐岩、碎屑岩互层组合：河尾滩群是该组合代表，两者呈不均匀的互层，含六射珊瑚等化石，属浅海—滨海相沉积环境。

(5)浅变质细碎屑岩组合：该组合代表为克勒青河群，特点是岩石变质程度因地而异，不变质—浅变质—较深变质，含拐杖贝化石。属次深海—深海相沉积环境。

二、生物组合特征

(一)泥盆纪生物组合

区内泥盆纪生物群以腕足类和珊瑚为主，其中腕足类 *Stringocephalus*，*Yunnanella*，*Yunnanellina*，珊瑚：*Australophyllum*，*Xystriphyllum* 是其典型代表，并有层孔虫 *Amphipora* 等大量发育，它们均属华南型生物群分子。

以南天山为例：早泥盆世地层可能在吐鲁番县阿尔皮什麦布拉克东有少量沉积，所含化石为珊瑚：*Sinkiangophyllum*，*Pseudomicroplasma*，*Rhizophyllum*，*Tryplasma*，*Thamnopora*，*Favosites*，*Pachyfavosites*，*Agishaphyllum xinjiangense*；腕足类：*Grunewaldtia*，*Uncinulus* 等。中

泥盆世化石丰富，属种多。早期计有腕足类：*Atrypa*，*Gypidula*，*Spinatrypa*，*Productella*，*Pentamerus?*，*Desquamatia*，*Indospirifer*。珊瑚：*Xystriphyllum*，*Cyathophyllum*，*Pseudomicroplasma*，*Disphyllum*，*Sinospongophyllum*，*Pachyfavosites*，*Striatopora*，*Thamnopora*，*Heliolites*，*Squameofavosites*，*Syringopora*。晚期有腕足类：*Stringocephalus obesus*，*Atrypa desquamata*，*Pentamerus*，*Spinatrypa*，*Undispirifer*，*Eoreticularis*，*Cyrtina*，*Bornhardtina*，*Geranocephalus*；珊瑚：*Temnophyllum*，*Neospongophyllum*，*Neostringophyllum*，*Disphyllum*，*Pseudomicroplasma*，*Wedekindophyllum*，*Digonophyllum*，*Grypophyllum*，*Thamnopora*，*Caliapora*，*Heliolites*；层孔虫：*Amphipora ramosa*。

晚泥盆世以腕足类数量最多，计有 *Tenticospirifer*，*Yunnanellina*，*Yunnanella*，*Cyrtospirifer*，*Schuchertella*，*Gypidulla*，*Hypothyridina*，*Undispirifer*；珊瑚：*Phillipsastraea*，*Tabulophyllum*。

（二）石炭纪生物组合

在塔南地层分区的库山河组，含丰富的腕足类和珊瑚，其中珊瑚有：*Beichuanophyllum*，*Neobeichuanophyllum*，*Pseudouralinia*，*Dematophyllum*，*Kueichoupora*，*Cystomichelinia*；腕足类有：*Cyrtospirifer*，*Composita*，*Rugauris*，*Chonetipustula*，它们为区内早石炭世早期生物组合的代表。早石炭世晚期生物组合珊瑚有：*Carcinophyllum*，*Arachnolasma*，*Clisiophyllum*，*Hexaphyllia*，*Lithostrotion*，*Siphonodendron*，*Yuanophyllum*，*Palaeosmilia*，*Neoclisiophyllum*，*Kueichouphyllum*，*Siphonophyllia*，*Gangamophyllum*，*Diphyphyllum*，*Aulina*，*Heterophyllia* 等；腕足类：*Gigantoproductus giganteus*，*Striatifera*，*Balakhonia*，*Guizhouella*，*Syringothyris*；菊石：*Dombarites*，*Goniatites* 等；䗴：*Eostaffella mirabilis*，*E. mosquensis*。晚石炭世早期计有珊瑚：*Bothrophyllum*，*Lithostrotionella*，*Gshelia*，*Caninia*，*Caninophyllum*；腕足类：*Choristites*，*Dictyoclostus*，*Martinia*；䗴：*Pseudostaffella* cf. *sphaeroidea*，*Profusulinella*，*Fusulina*，*Fusulinella*，*Eostaffella*，*Millerella*。晚石炭世晚期含丰富的䗴：*Triticites*，*Rugosofusulina*，*Pseudoschwagerina*，*Pseudofusulina*，*Schwagerina*，*Eoparafusulina*，*Quasifusulina*，*Hemifusulina*，*Montiparus*；珊瑚：*Carinthiaphyllum*，*Duplophyllum*，*Donophyllum*；腕足类：*Choristites*，*Notothyris*，*Marginifera*，*Schellwienella*，*Phricodothyris*，，*Cancrinella*。

（三）二叠纪生物组合

二叠纪生物以䗴、腕足类为主，植物次之，其中䗴有下列三个组合（自下而上）：

Schwagerina chihsiaensis - *Nankinella hunanensis* 组合：见于昆克拉契组和巴立克立克组，主要分子有 *Schwagerina*，*Pseudofusulina*，*Nankinella*，*Eoparafusulina*，*Robustoschwagerina*。

Monodiexodina 组合：见于空喀山口北侧加温达坂一带的加温达坂组①。其特征是 *Monodiexodina* 发育，主要分子为 *M. caracorumensis*，*M. wanneri*，*Pseudofusulina*，*Parafusulina*，*Darvasites*。

Polydiexodina - *Neoschwagerina* 组合：见于空喀山口组，巴勒迪尔塔格组上部。主要分子为 *Neoschwagerina*，*Verbeekina*，*Parafusulina*，*Chusenella*，*Yangchienia*，*Yabeina*，*Neomiselli-*

① 为滇藏地层大区（空喀山口地层分区）的一个岩石地层单位。

na，*Pseudodoliolina*，*Sumatrina*，*Afghanella*，*Polydiexodina*，等。

以上 *Mono.* 和 *Poly.-Neo.* 两个䗴类组合地质时代基本一致，它们在空喀山口地区，前者限于“空喀山口大断裂”以南，属冈瓦纳古陆边缘的冷水型动物群；后者分布于“大断裂”以北地区，为暖水型动物群，属华夏特提斯生物地理区。

二叠纪的腕足类以柯坪，棋盘，哈密以南等地研究较为系统，自下而上分为三个组合：

Liraplecta aspera - *Choristites tarimensis* 组合：该组合分布于柯坪地区、西昆仑山前。其特点是 *Liraplecta* 普遍发育，并有较多的 *Choristites*。时代属早二叠世早期。

Dielasma elongatum - *Notothyris mongoliensis* 组合：该组合产于昆克拉契塔克，以小型个体的穿孔贝类及石燕类占主导地位，从数量来说以穿孔贝类居多，其分子为 *Ella*，*Eliva*，*Uncinunellina*，*Enteletes*，*Notothyris*。该组合相当于栖霞阶下部。

Spiriferella - *Marginifera* 组合：该组合主要分布于哈密以南磁海一带和北山地区，其特征是个体较小的长身贝类和石燕类比较发育。主要分子有：*Spiriferella*，*Marginifera*，*Spinomarginifera*，*Uncinunellina*，*Punctospirifer*，*Waagenoconcha*，*Neospirifer* 等。该组合中冷水型的腕足类动物 *Spiriferella* 发育，与北方哲斯动物群相似，分布层位相当。

陆相二叠纪地层在柯坪地区的库普兹满组、开派兹雷克组产植物 *Sphenophyllum*，*Annularia*，*Emplectopteris triangularis*，*Pecoptetris orientalis* 等，显然属华夏植物群，其时代为早二叠世。

晚二叠世植物群组合，见于塔南地层分区的叶城—杜瓦一带的杜瓦组中，有：*Callipteris* sp.，*Cordaites principalis*，*Compsopteris wongii*，*Taeniopteris multinervis*，它们亦为华夏植物群分子，与这一植物组合共生的还有双壳类 *Anthraconauta*，*Palaconodonta*，*Palaeomutella* 等属；介形类：*Darwinula*，*Darwinuloides*；叶肢介：*Polygrapta* 等。

三、盆地分析

(一)盆地的类型和展布

按照现代板块构造理论，塔里木-南疆地层大区由哈萨克斯坦-准噶尔板块中的伊犁地块和塔里木板块组成。前者包括赛里木隆起、博尔塔拉晚古生代活动大陆边缘、博罗科努早古生代非火山型被动陆缘、伊犁石炭纪裂谷、巩乃斯二叠纪陆内裂谷和那拉提隆起；塔里木板块则由塔里木北部大陆边缘、觉罗塔格石炭纪火山型被动陆缘、巴仑台-星星峡中间地块、南天山古生代非火山型被动陆缘、库米什-梧柚沟志留纪非火山型被动陆缘、哈尔克志留纪非火山型被动陆缘、克孜尔塔格泥盆纪非火山型被动陆缘、托云中-新生代断陷盆地、塔里木地块、库鲁克塔格隆起、北山古生代裂谷、柯坪晚古生代隆起、塔里木坳陷、铁克里克隆起、阿尔金隆起、北阿尔金太古宙地块、塔里木南部大陆边缘、西昆仑北缘泥盆纪—石炭纪裂谷、西昆仑隆起和萨特曼古生代非火山型被动陆缘组成。

伊犁盆地本身为前寒武纪古陆基底上直接覆以巨厚层的早石炭世裂谷型中酸性火山磨拉石(大哈拉军山组)，以安山岩、流纹岩为主，下部夹少量玄武岩。代表陆内裂谷拉张初期阶段(图 5-2)。早石炭世后期的阿克沙克组碳酸盐岩-复理石建造平行不整合于其上，反映拉张已渐趋停止，晚石炭世初转入汇聚，沉积东图津河组砂岩夹灰岩、中酸性火山岩，代表汇聚作用达到高峰。早二叠世在中北部重新发生裂谷作用，沿巩乃斯一线堆积巨厚的陆相橄榄玄武岩-橄榄粗安岩-英安岩-流纹岩建造，不整合于石炭系之上，晚二叠世转为陆相磨拉石，顶部出现含煤建造，进入稳定内陆盆地阶段。

塔里木北大陆边缘的觉罗塔格早石炭世起成为火山型被动陆缘，其沉积-火山岩建造显示由拉张初期至后期，是近陆的外带至近洋的内带的特征和变化，表明它是星星峡地块北侧的大陆边缘，大陆斜坡倾向北。晚石炭世初转入汇聚，晚石炭世中后期固结，二叠纪起稳定。南天山为塔里木地块中西部北缘的大陆边缘，博斯腾湖以北在中泥盆统阿拉塔格组始出现蛇绿岩建造。转入汇聚时间各地不一，汇聚阶段沉积在库车—轮台(南线)早泥盆世为半深海—浅海碎屑岩夹灰岩、硅质岩、中酸性火山岩；萨阿尔明(北线)一带为中泥盆世末期灰岩夹碎屑岩。南天山于石炭纪初固结，并在克孜勒塔格和阔克沙勒岭保留较多的残余海盆，沉积碳酸盐岩建造，早二叠世起稳定。

北山奥陶纪起开始拉张型过渡壳阶段沉积，大约北带拉张阶段于中泥盆世初结束，以后出现海陆交互相及较多中、酸性火山岩，说明已转入汇聚；南带转入汇聚的时间可能为石炭纪中期。晚石炭世大约均已固结，二叠纪初重新进入陆内裂谷作用，有巨厚拉斑质双峰式火山岩建造堆积。晚二叠世后期转入汇聚，堆积海陆交互酸性火山岩及陆屑建造，三叠纪起为陆内阶段，局部堆积磨拉石。

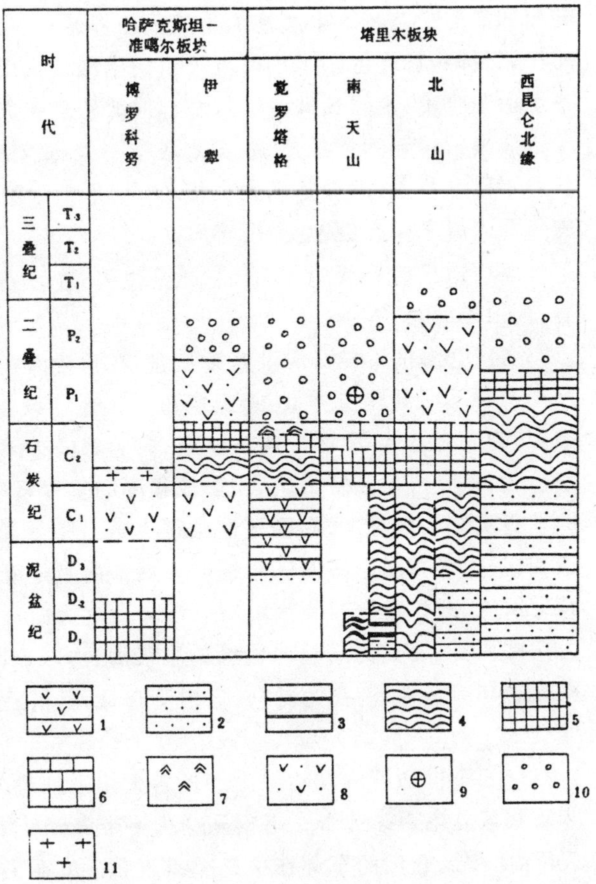

图 5-2 塔里木-南疆地层大区泥盆纪—三叠纪主要构造单元演化柱状示意图

1.拉张型过渡壳阶段火山型被动陆缘建造；2.拉张型过渡阶段非火山型被动陆缘建造；3.洋壳阶段建造；4.汇聚型过渡壳阶段建造；5.固结期建造；6.碳酸盐建造；7.弛张期镁铁-超镁铁岩建造；8.陆内裂谷建造；9.非造山花岗岩建造；10.磨拉石建造；11.活化花岗岩

塔里木南大陆边缘介于铁克里克隆起与西昆仑地块之间，为狭长的西昆仑北缘泥盆纪—石炭纪裂谷，为非火山型陆源碎屑岩-碳酸盐岩建造堆积，该裂谷于二叠纪末闭合。

(二)盆地特征及其演变

塔里木-南疆地层大区在泥盆纪时地壳比较稳定，主要表现为海水的进退。整个塔里木、阿尔金、昆仑和喀喇昆仑山地区，海水在志留纪末都已退出。早泥盆世为广阔的大陆，哈尔克洋槽在志留纪末—早泥盆世初闭合，局部褶皱隆起；中泥盆世海侵范围扩大，淹没了塔里木地块的边缘及昆仑山、喀喇昆仑山地区，为广阔的陆表海，沉积正常的碎屑岩和碳酸盐岩，但南天山的局部地带仍有较强的中基性火山活动。

早石炭世 Tournaisian 期大部分地区继续晚泥盆世的挤压隆起状态，只在塔里木西南有残余陆表海的沉积。伊犁地块大约在这一时期开始裂陷，在前震旦纪基底上沉积了厚度较大的陆相和海陆交互相以中酸性为主的火山岩系(大哈拉军山组)。在觉罗塔格一喧于早石炭世开始拉张裂陷，首先沉积了小热泉子组的中酸性火山岩。早石炭世 Visean 期扩张中心在觉罗塔格至伊犁一带，晚石炭世初扩张中心向北移到伊连哈比尔尕-康古拉塔格一带。晚石炭世早期，天山海槽沿伊连哈比尔尕-康古尔塔格一线碰撞闭合，褶皱隆起，其上被晚石炭世晚期浅海碎屑岩不整合覆盖，海域范围大大缩小，沉降中心进一步北移至博格达山一带，形成厚达数千米的陆源碎屑岩和火山岩、火山碎屑岩。

北山地区晚石炭世早、中期开始拉张，在晚石炭世堆积了厚达 3 000 多米的中基性火山岩、火山碎屑岩。

西昆仑海槽于早石炭世开始拉张，在盖孜河至阿克萨依巴什山一带，早石炭世—晚石炭世出现两种不同的建造类型：靠近塔里木地台边缘为非火山型被动陆缘建造，靠近布伦口“深断裂带”为一套基性-中酸性火山建造，向上部以中酸性火山岩为主，晚石炭世西昆仑海槽进入晚期阶段，地壳由拉张转为聚合，形成很厚的复理石建造，石炭纪末褶皱隆起。

石炭纪末塔里木-南疆地层大区大部分褶皱隆起，陆地面积迅速扩大，早二叠世北山裂陷槽和昆仑、喀喇昆仑海槽还在继续发展。前者是继承晚石炭世海槽并继续扩张，出现大量的枕状玄武岩、细碧角斑岩和火山质杂砂岩。南天山—塔里木海域是古特提斯海槽的东延部分，分为南北两支：北支为塔里木西缘的陆表海，海域比晚石炭世大大缩小，连续沉积了一套海相碳酸盐岩和碎屑岩；南支为昆仑-喀喇昆仑海，沉积了巨厚的碳酸盐岩和碎屑岩，火山活动十分微弱。

早三叠世初期刚刚褶皱隆起的各大山系地势起伏还很大，在塔里木盆地的边缘沉积了一套陆相紫红色粗碎屑岩。喀喇昆仑山一带海侵从中三叠世开始，随着松潘-甘孜海槽的裂陷和沉降，喀喇昆仑山的东部在中三叠世沉积一套碳酸盐岩-碎屑岩，晚三叠世海侵范围进一步扩大，越过阿克赛钦隆起，直达康西瓦断裂南侧，超覆到元古界及古生界之上，沉积一套深海—次深海相的细复理石建造，局部有中基性、中酸性火山岩，厚度巨大，达 4 800 m。晚三叠世末，强烈的印支运动使喀喇昆仑山地区的印支期海槽与松潘-甘孜海槽一起褶皱隆起，普遍发生了强烈的揉褶变形，并发生区域变质作用。

第四节　晋冀鲁豫地层区

西北区仅涉及晋冀鲁豫地层区的西南部，包括鄂尔多斯地层分区、华北西缘地层分区及山西地层分区、豫陕地层分区的各一部分。区内共选用岩石地层单位 14 个(其中群级单位 3 个，段级单位 1 个)，组级单位 12 个。

一、区域地层特征

区内缺失泥盆纪—早石炭世地层，晚石炭世—三叠纪地层发育。晚石炭世—二叠纪地层主要分布在鄂尔多斯地层分区及山西地层分区的西部；三叠纪地层主要分布在鄂尔多斯地层分区内。

(一)岩石地层沉积特征

晚石炭世至三叠纪为稳定型海陆交互相—陆相沉积，岩石组合自下而上依次为铁铝岩组合(湖田组)，含煤碎屑岩夹碳酸盐岩组合(太原组、土坡组)；含煤碎屑岩组合(山西组)及碎屑岩组合(石盒子组、二马营组、石千峰群等)。它们之间无区域性不整合或平行不整合面。

(二)岩石地层序列

区内晚石炭世—三叠纪岩石地层序列以鄂尔多斯地层分区发育较为齐全，自下而上可划分为：

湖田组平行不整合覆于马家沟组之上，由一套厚度较大的铝土页岩、铝土矿组成，最底部常见鸡窝状、团块状赤—褐铁矿，因而本段俗称铁铝岩组。其顶部在河北、山西中部及本区内均与太原组连续沉积，但在盆地边缘地区(如：豫陕地层分区、甘肃平凉的银洞官庄等地)，它们则与山西组，甚至石盒子组连续沉积。在时间上则明显的穿时性，它在辽宁南部为晚石炭世早期；河北、山西中部及鄂尔多斯地层分区为晚石炭世中—晚期；豫陕地区及鄂尔多斯盆地南缘则为早二叠世，实际上它是华北陆台晚古生代海侵初期的产物，其时代随所在地海水到达的早晚而有所不同。

太原组为一套含煤碎屑岩夹碳酸盐岩组合。与下伏(湖田组)、上覆(山西组)地层均连续沉积。以灰—灰黑色页岩为主，与灰白色砂岩、灰岩形成韵律性互层，并夹若干可采煤层，其灰岩含䗴类、腕足类、珊瑚类等化石。单层厚度一般不大于 2m，在一定区域内分布相对稳定，可作为标志层。

山西组是一套含煤碎屑岩组合，由灰黄—灰白色砂岩、灰—灰黑色泥(页)岩、粉砂岩夹煤层、煤线组成，产丰富的植物，横向上与太原组展布一致，边缘地区可以平行不整合—不整合超覆于奥陶纪地层之上，一般厚度 50～181 m。

以上湖田组、太原组、山西组合称月门沟群。

石盒子组为陆相碎屑岩，下部以黄绿色、灰绿色砂岩为主，夹灰绿—灰黑色泥岩或粉砂岩；上部则为杂色(灰绿、紫红)砂岩、粉砂岩及泥岩，为内陆河湖相沉积。整合于山西组之上，厚度 300～400 m，分布范围与山西组基本一致。

石千峰群由一套以红色为特征的泥岩和长石砂岩组合而成的地层，自下而上包含孙家沟组、刘家沟组及和尚沟组。

其中孙家沟组连续沉积于石盒子组之上，其岩性为红—砖红色泥岩、粉砂质泥岩夹长石砂岩组成，上部常夹泥灰岩凸镜体。值得注意的是，本组自 50 年代以来，在岐山、麟游一带泥灰岩透镜体中产腕足类和海相双壳类化石，后经杨遵仪等(1979)、殷鸿福等(1979)、程政武等(1983)等研究，双壳类自下而上可划分为两个组合：*Eumorphotis multiformis* 组合；*Pteria murchisoni* 组合，时代为早三叠世。在山西宁武地区孙家沟组已据脊椎动物化石组合确定其时代为晚二叠世晚期，所以从大区域来看，本组是一个穿时的岩石地层单位。

二马营组为灰紫—灰绿色陆相碎屑岩组合；延长组为陕北油田的主要生油层，为碎屑岩夹油页岩组合；瓦窑堡组为晚三叠世陆相含煤碎屑沉积，分布于沉积盆地的中部，为含煤碎屑岩组合。

鄂尔多斯西缘地层分区的石炭纪—三叠纪地层，基本与鄂尔多斯地层分区一致，但在晚石炭世早期地层为一套厚百余米至千米的砂岩夹灰黑色页岩及泥灰岩、生物灰岩薄层，称土坡组，它的特征与甘肃的羊虎沟组中、下部类似，是祁连山区石炭纪海侵初期的产物，下部无铁铝岩组，与奥陶纪或更老地层呈不整合一平行不整合接触。晚石炭世晚期，华北海水方进入鄂尔多斯西缘，故在贺兰山北段及宁夏东部分布的太原组不论从岩石组合及含煤性均与鄂尔多斯地层分区无多大差异。山西组、石盒子组、石千峰群、二马营组等划分及岩石组合与鄂尔多斯地层分区亦趋于一致。唯晚三叠世地层，与鄂尔多斯地层分区的延长组和瓦窑堡组相当的岩石地层单位称白芨芨沟群，该群下部以砾岩、砂砾岩等粗碎屑岩和厚层具大型板状斜层理的砂岩为主(大风沟组)；上部则为厚层砂岩-页岩组合，在贺兰山的汝箕沟鼓鼓台等地顶部还见有玄武岩层(上田组)。

二、生物组合特征

区内晚石炭世—三叠纪的所含生物以植物为最普遍，海相动物化石腕足类，䗴类、珊瑚等主要发育于晚石炭世，海相双壳类以早三叠世研究较详，非海相双壳类、叶肢介、介形类等亦常发育于三叠纪的地层的某些层位，三叠纪脊椎动物化石组合在我国北方占有重要地位。

(一)石炭纪—二叠纪植物群及相关动物组合

区内植物群自老而新可分为：*Neuropteris gigantea* - *Linopteris brongniartii* 植物群，又称欧式植物群，其时代属 Westphalian 期，在区内它分布于鄂尔多斯地层分区的太原组下部，鄂尔多斯西缘的土坡组等。陕西韩城涺水河产本植物群，灰色泥岩的灰岩夹层中产 *Fusulina konnoi*，*Hemifusulina nataliae* 等䗴类，在贺兰山北段呼鲁斯台等地的土坡组中、下部与本植物群共生的䗴类以 *Profusulinella*，*Ozawainella* 种群为主的 *Profusulinella* 带。

Neuropteris ovata - *Lepidodendron posthumi* 植物群，又称早期华夏植物群，其时代为 Stephanian 期。它分布于韩城涺水河的太原组中—上部，在该地太原组所夹灰岩中除产 *Triticites bashkiricus* 等䗴类外，尚产腕足类：*Dictyoclostus taiyuanfuensis*，*Chonetes carbonifera*；珊瑚类 *Lophocarinophyllum* sp. 等。在贺兰山北部太原组产植物群的泥岩的上部生物灰岩夹层见有 *Sphaeroschwagerina*，*Schwagerina* 为主的䗴类动物群。

Emplectopteris triangularis - *Emplectopteridium alatum* 植物群，又称中期华夏植物群 A 组合，时代为早二叠世晚期。常见于区内石盒子组下部。

Gigantopteris nicotianaefolia - *Lobatannularia heianensis* 植物群，又称晚期华夏植物群 A 组合，时代为晚二叠世早期。多分布区内石盒子组上部。

(二)三叠纪生物组合特征

前已述及，在鄂尔多斯盆地南部陕西岐山后周公庙—麟游紫石崖—铜川漆水河—韩城一带的孙家沟组中上部，泥灰岩夹层中所产海相双壳类自下而上可分 *Eumorphotis multiformis* 组合；*Pteria* cf. *murchisoni* 组合，其时代属 Indian 期中、晚时至 Olenekian 期，亦即早三叠世。与前一组合共生的孢粉组合称 *Lundbladispora* - *Taeniaesporites* - *Cycadopites* 组合，这一孢粉组合时代意见与海相双壳类组合一致。

在山西交城刘家沟组分布的 *Pleuromeia* 植物群区内尚未发现。府谷麻镇、高石崖的和尚沟组中产 Capitosauridae(大头龙)、Benthosuchidae(底栖鳄)及 *Fuqusuchus hejiapanensis*(贺家畔府谷鳄)等脊椎动物化石，时代属早三叠世晚期。府谷的和尚沟组还含孢粉组合，称

Lundbladispora - *Verrucosisporites* - *Taeniaesporites* 组合，时代与上述脊椎动物组合一致。

陕西神木、府谷等地的二马营组产脊椎动物：*Shansisuchus*，*Parakannemeyeria*，*Shanbeikannemeyeria*，*Shansiodon* 等，属肯氏兽动物群，时代为中三叠世。在铜川的二马营组孢粉组合称 *Punctatisporites* - *Plicatisporites* - *Chordasporites* 组合，亦被认为属中三叠世。

延长组及瓦窑堡组以产延长植物群而著称于世，依杨遵仪等(1982)意见可划分为以下两个组合：

Annalepis - *Tongchuanophyllum* 组合：分布于铜川一带延长组下部和宁夏灵武白芨芨沟群下部，大致相当于"铜川植物群"(中国地质科学院地质研究所，1980)。时代属晚三叠世早期。

Danaeopsis - *Bernoullia* 组合：分布于陕西延长组上部及瓦窑堡组和宁夏贺兰山北段白芨芨沟群中—上部，时代为晚三叠世晚期。

以上两个组合之间存在一定差异，但它们之间组合分子的混生现象普遍，且关系密切，保持了一个植物群(下部延长植物群)的整体性。

鄂尔多斯地层分区的三叠纪与上述生物组合共生的还有丰富非海相双壳类、介形类、叶肢介、昆虫等动物组合，有关专著(中国地质科学院地质研究所，1980)已做全面系统的论述，在此不再赘述。

三、沉积盆地分析

自晚奥陶世至早石炭世，华北陆块长期处于上升—剥蚀状态，直至晚石炭世初期海水始从辽宁南部由东北向西南逐渐推进，于晚石炭世中期海水方淹没鄂尔多斯地层分区的大部分地区。作为海侵初期沉积的湖田组，受古地形影响，沉积厚度变化大，具有"填平补齐"性质，并在一些平缓凹地沉积了鲕状铝土矿层，它是我国北方重要含矿层位。对于华北大部分地区来说，覆于铁铝岩组之上的太原组，是在海侵不断扩大的基础上，发育起来的一套近海含煤盆地沉积，特别是晚石炭世晚期，滨海沼泽进入了极盛期，所形成煤层厚度大、煤质好、分布广、规模大，是我国含煤建造的重要组成部分。

应该指出，上述来自华北、东北部的海侵约在晚石炭世早—中期(即 Namurian 期—Westphalian 期)，并未抵达鄂尔多斯西缘，在这里沉积的土坡组是西部祁连区自早石炭世开始海侵向东扩展的产物。土坡组多以不整合覆于早古生代地层之上，沉积厚度较大，碎屑岩发育，生物灰岩夹层不稳定，且底部无铁铝岩组，这些均有别于华北地区的太原组下部；而与羊虎沟组中、下部类同。分隔祁连与华北海的隆起在内蒙古桌子山—同心罗山、六盘山一线以东，大致在东经 107°左右的近南北向隆起(图 5-3)。

晚石炭世晚期，华北海的海侵继续扩大，漫过前述南北向隆起而与祁连海沟通，故在贺兰山北段一带覆于土坡组之上的太原组不论从岩石组合特征、含煤性及与上覆地层的对比关系等均与晋冀鲁豫地层区基本一致，而与秦祁昆地层区有一定差异。

由陆源碎屑岩、粘土岩、煤层(煤线)组成的山西组就其沉积相来说属三角洲相，以三角洲前缘亚相—三角洲平原亚相为主，时代为早二叠世早期，为我国北方的又一重要聚煤期。其沉积范围在边缘地区稍有扩大，它标志着沉积盆地已由海陆交互相转化为以陆相为主的沉积。

始于早二叠世晚期至晚二叠世沉积的石盒子组代表盆地内以河、湖相为主的另一堆积序列，其沉积的古气候由温湿向湿热环境转化。

以"红层"为主的石千峰群代表盆地内另一沉积序列，为晚二叠世晚期—早三叠世在干旱气候条件下的河湖相沉积。但在鄂尔多斯地层分区的南缘，陕西岐山后周公庙一韩城一带的孙家沟组中上部夹含海相泥灰岩夹层，此足以证明盆地的南缘在早三叠世曾发生过海侵，同时表明石千峰群下部的孙家沟组在华北大区域内为一晚二叠世晚期一早三叠世早一中期的穿时岩石地层单位。

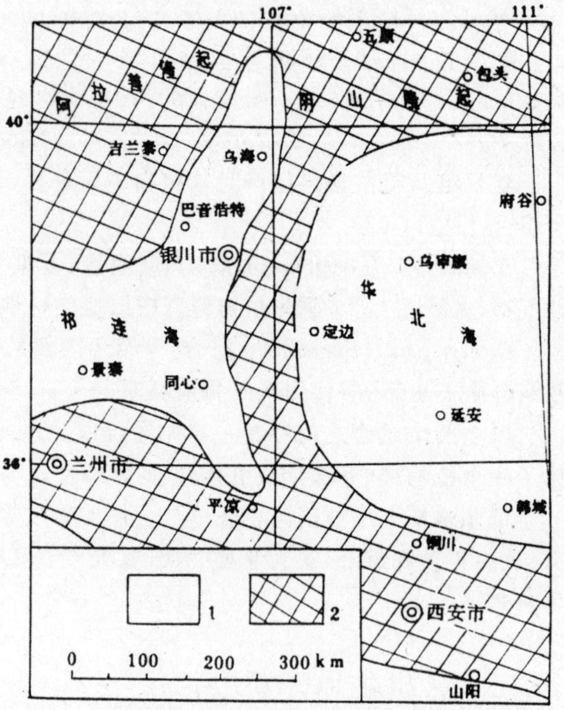

图 5-3　陕甘宁蒙地区晚石炭世中期古地理略图

1. 海区；2. 隆起剥蚀区

由灰绿一灰黄、肉红色砂岩、紫红色粉砂质泥岩组成的二马营组，反映了盆地内中三叠世由河流相-河湖相的堆积过程。

延长组和瓦窑堡组分别代表了盆地内晚三叠世由河湖相为主的碎屑岩组合和以湖相为主的泥岩一细碎屑岩组合，它们以往曾统称“延长群”，基本上反映一个由粗一细的堆积序列。在鄂尔多斯西缘与之相当的岩石地层单位称白芨芨沟群，沉积相分析表明，其下部砾岩、砂砾岩具板状、楔状层理为一套扇积物（筛积物、泥石流、辫状河等）；上部碎屑岩泥（页）岩夹细砂岩为河湖相一湖相沉积，顶部有玄武岩喷发，此等实际上是盆地西部边缘粗粒沉积，特别是贺兰山西麓，巴音浩特东北部的哈拉乌沟一水磨沟一带，下部出现厚达 500 m 以上的砾岩（多为泥石流），表明已接近盆地最西部的边界。

第五节　秦祁昆地层区及华南地层大区

该节包含华北地层大区的秦祁昆地层区及华南地层大区的巴颜喀拉地层区、南秦岭-大别山地层区及扬子地层区西北部。区内选用岩石地层单位 137 个。其中群级单位 16 个（含组级单位的群 11 个）、组级单位 120 个、段级单位 1 个，构造地层单位 1 个。

一、区域地层特征

早古生代晚期本区区域构造格局及海陆分布状况发生了新的变化，晚古生代一三叠纪地层的分布、组成与早古生代地层有着显著的不同。其中海相沉积以裂陷型盆地占主导地位，沉积类型与岩石组合复杂多变，受基底构造格局的控制和影响，不同沉积盆地的范围及沉积类型、岩石组合特征各异，兹按地层区（或分区）分述于后。

（一）秦祁昆地层区

1. 祁连-北秦岭地层分区

本地层分区缺失早泥盆世沉积，中泥盆世仅在甘肃景泰雪山一沙流水地区和宁夏中宁牛首山地区见有，前者称雪山组，不整合覆于早古生代地层之上，为一套山麓堆积的紫红色砾岩，上部为河流相的紫红色砂砾岩、砂岩等，厚数千米至万米。后一地区称石峡沟组，不整合于寒武纪香山群之上，由灰白—紫红色砂岩、粉砂岩组成，厚约 250～500 m 左右。

晚泥盆世称老君山组，广布于祁连山北麓的走廊南山—乌鞘岭—景泰沙流水地区，以及宁夏中宁—中卫—同心地区，在走廊南山—乌鞘岭一带，以巨厚的紫红色角砾岩、砾岩为主，夹中基性火山岩、火山碎屑岩，顶部为紫红色砂砾岩、砂岩；乌鞘岭以东其下部为紫红色角砾岩、砾岩；中—上部为紫红色砂岩、粉砂岩，中宁—中卫地区为另一沉积盆地，其岩石组合情况下部与乌鞘岭以东基本类似，但上部则为紫红—灰绿色钙质粉砂岩夹砂岩、泥灰岩、灰岩等，泥灰岩、灰岩中见海相介形类化石。老君山组与下伏地层的接触关系，在有石峡沟组（或雪山组）分布的地区，前者则以明显的不整合覆于后者之上；其余地区老君山组则以不整合超覆于早古生代地层之上。

综上所述，北祁连地区的泥盆纪岩石地层单位自下而上可分为石峡沟组（或雪山组）、老君山组。然而由于对区内泥盆纪地层研究的不断深入，对于它们的划分和命名曾产生过各种不同的方案（甘肃地质局区域地质测量队，1973；甘肃地层表编写小组，1980；宁夏计委地质局区域地质调查队，1976；宁夏地矿局，1990），这些方案均基于区内泥盆纪内部不整合的发现，放弃使用创建最早的“老君山砾岩”一名，而另立新名。此次地层清理研究过程中，有关省（区）对此问题取得一些共识，认为老君山砾岩（组、群）一名不仅创建早，而且国内外知名度较高，应予采用。但这一名称用于不整合面以上紫红色砾岩、砂岩？还是不整合面以下那套地层呢？意见仍不一致。我们认为，黄汲清（1946）创名的老君山砾岩其创名地老君山（在冷龙岭地区）及其附近，其内部并未发现有不整合面，且其上部砂岩中发现有 *Archaeocalamites* sp.，*Leptophloeum rhombicam*（沈光隆，1994 年面告），王德旭亦曾报导该地产 *Archaeocalamites* sp.（《地质科技通报》1981 年，第 8 期），此足以证明黄氏命名地的这套砾岩、砂岩层位，应相当于景泰、中宁等地区泥盆纪内部不整合面以上的那套地层，因此从北祁连山泥盆纪地层的总体地质特征出发，将泥盆纪内部不整合面以上及其相当的地层称老君山组是较为合理的选择。

早期本分区的石炭纪地层一般以不整合—平行不整合覆于晚泥盆世或更老地层之上，在北祁连山地区，早石炭世地层下部称前黑山组，为粗碎屑岩、粉砂岩夹灰岩、白云岩、含石膏质泥岩、石膏岩等。中、南祁连山地区与前黑山组相当的地层下部称阿木尼克组（岩性为碎屑岩夹粉砂岩少量灰岩、白云岩）；上部称党河南山组（岩性为碳酸盐岩、石膏泥岩、泥岩等）。早石炭世地层上部称臭牛沟组，为滨浅海碎屑岩、泥岩夹碳酸盐岩，偶夹煤层及菱铁矿，晚石炭世为海陆交互相含煤碎屑岩、粉砂岩、泥岩沉积，产腕足类、头足类等，它整合或平行不整合于臭牛沟组之上，称羊虎沟组①。东延至宁夏南部，石炭纪地层具有向晋冀鲁豫地层区逐渐过渡的性质。这里与甘肃地区的羊虎沟组相当层位的晚石炭世地层下部称土坡组；上部称太原组，它们在中卫香山地区与早石炭世地层连续沉积，但向北、向东进入鄂尔多斯西缘地层分区（贺兰山中、北段、中宁牛首山地区等），早石炭世地层则逐渐由部分缺失—全部缺失，土坡组直接以不整合超覆于早古生代地层之上，及至陕西、宁夏交界地区（银川以东）仅见太原组与下伏马家沟组呈不整合接触（图 5-4）。

羊虎沟组之上，在北祁连山地区为陆相碎屑岩组合，仅分布于北祁连山地区，下部称大黄沟组；上部称窑沟群，其沉积时代从早二叠世延续到早三叠世晚期。窑沟群自下而上分为红泉

---

① 在这一地区以往被称为太原组的一套含煤地层已划归本组上部。

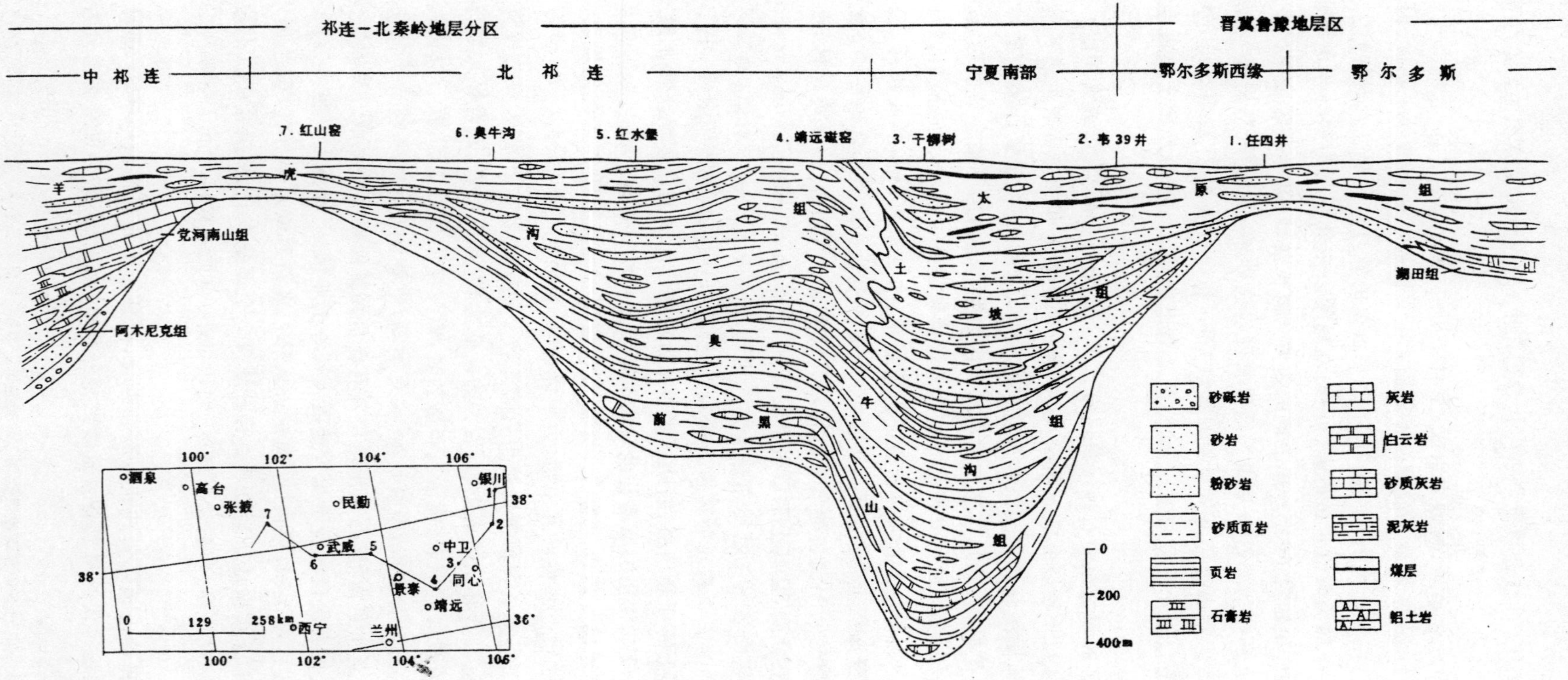

图 5-4　祁连—鄂尔多斯地区石炭纪岩石地层横剖面图

(据顾其昌,1994)

组、大泉组和五佛寺组，大黄沟组以黄绿色砂岩夹粉砂岩、泥岩为主，横向上岩性变化较大，各地沉积时代不一，北祁连山北坡从早二叠世晚期延续至早三叠世晚期，北祁连山南坡为晚二叠世，其上为西大沟组不整合覆盖。

中祁连山和南祁连山二叠纪地层称巴音河群，分布于中、南祁连山中部，总的为一套碎屑岩、碳酸盐岩组合，横向上岩性稳定，动、植物化石丰富。该套地层为古特提斯海向北延伸的海湾沉积。

北祁连山地区的西大沟组由灰、浅灰色石英砂岩（底部夹有砾岩）、页岩互层，岩性、厚度变化较大，含植物、叶肢介、昆虫和鱼类化石等，沉积时代各地不一，北祁连山西段为早三叠世—晚三叠世早期；东段南部为晚三叠世早期；北部为中三叠世晚期，其上与晚三叠世沉积的南营儿组（细碎屑岩为主，夹煤线、菱铁矿）呈整合接触。

中、南祁连山阳康一带早—中三叠世，属中特提斯海湾浅海碎屑岩、碳酸盐岩组合，称郡子河群，自下而上由碎屑岩组合（下环仓组）、碎屑岩、碳酸盐岩组合（江河组）、碳酸盐岩组合（大加连组）、碎屑岩夹碳酸盐岩组合（切尔玛沟组）组成一较为完整的沉积旋回，这一沉积盆地向东南至天峻以南及青海湖南山一带过渡为斜坡相巨厚层碎屑沉积，晚三叠世为海陆交互相—陆相碎屑沉积，平行不整合或整合在郡子河群之上，称默勒群，下部阿塔寺组以粗—中粒陆相碎屑岩组合为特征，夹海相层，产双壳类及植物（阿塔寺组）；上部尕勒得寺组以含碳细碎屑岩为特征，属陆相沼泽环境沉积，产植物及非海相双壳类。

2. 东昆仑-中秦岭地层分区

本分区晚古生代—三叠纪地层可分为东、西两部分，它们的地层发育情况有一定差异。西部地区包括自新疆—青海境内的东昆仑山地区及柴达木周缘草地；东部大体自西起甘肃夏河完尕滩向东经陕西到河南省境内，兹分述如下。

西部的宗务隆山、东昆仑南泥盆纪地层多为断块出露。宗务隆山西北部鱼卡河下游一带为一套浅变质的碎屑岩、碳酸盐岩夹火山岩组合，产枝状复体床板珊瑚、苔藓虫、海百合茎、腹足类等化石（待建组）。东昆仑南，东段加鲁河及昆仑河一带为一套变火山岩、片岩、千枚岩夹结晶灰岩，与上覆哈拉郭勒组、下伏滩间山群均为平行不整合接触，下部碎屑岩 Rb - Sr 同位素年龄值为 395 Ma，似应为早泥盆世产物（待建组）（青海省地矿局，1991）。西段新疆境内阿克塔格、阿其克库勒湖一带为一套碎屑岩、碳酸盐岩夹中基性火山岩组合，含珊瑚，称布拉克巴什组，时代为中泥盆世，以上均为裂陷海槽活动型沉积。

柴达木地块周缘的牦牛山组基本上为一套中—粗碎屑岩、火山岩组成的磨拉石堆积。石炭纪—早二叠世地层在宗务隆山、东昆仑南为继承泥盆纪裂陷海槽的活动型沉积，以碎屑岩、碳酸盐岩、火山岩组合为特征，宗务隆山地区称中吾农山群，东昆仑南石炭纪—二叠纪地层下部称哈拉郭勒组，不整合于泥盆纪地层之上，为一套碎屑岩、碳酸盐岩、火山岩组合，属早石炭世晚期沉积。中、下部称浩特洛哇组，平行不整合于哈拉郭勒组之上，为碎屑岩、火山岩夹碳酸盐岩组合，时代为晚石炭世。布青山群上部为碳酸盐岩夹碎屑岩、火山岩、硅质岩组合，时代为晚石炭世—早二叠世。整合于布青山群之上的格曲组下部为碎屑岩夹碳酸盐岩、火山岩组合；上部为碳酸盐岩夹碎屑岩、火山岩组合，时代为晚二叠世。

本地层分区西部早、中三叠世地层为海相沉积，晚三叠世为陆相，宗务隆山早—中三叠世为一套巨厚的碎屑岩、碳酸盐岩夹火山岩组合，亦称郡子河群，岩相变化大，在其东段茶卡北山一带夹有多层火山岩，具斜坡相沉积特征。东昆仑南早、中三叠世沉积，下部称洪水川组，不整合于格曲组之上，为碎屑岩夹中酸性火山岩，产双壳类及菊石，时代为早三叠世；中部闹仓坚沟组为碳酸盐岩、碎屑岩组合，局部夹火山碎屑岩，产头足类、双壳类、腕足类、腹足类及菊石等，时代为早三叠世晚期—中三叠世；上部希里可特组，为碎屑岩夹火山岩，产双壳类，时代为中三叠世晚期。晚三叠世为陆相碎屑岩夹火山岩组合，除广泛分布于本区（八宝岭）外尚见于柴达木南缘（鄂拉山组）。

柴达木地块仅有晚泥盆世沉积，除具磨拉石建造特征的牦牛山组外，在其西南部尚有海陆交互相碎屑岩、火山岩组合（哈尔扎组、黑山组）。石炭纪—早二叠世地层为稳定类型滨海、近海碎屑岩、碳酸盐岩沉积。

东昆仑-中秦岭地层分区的东部，泥盆纪地层广布于中秦岭地区。该区为早古生代末华北板块、华南板块的对接拼合地带，至晚古生代仍具一定活动性，不论沉积厚度、岩性、岩相变化均较大。在西秦岭（石峡-岩湾断裂以西）北缘的大草滩地区称大草滩群，为厚达数千米的海陆交互相碎屑岩夹少量碳酸盐岩组合，它平行不整合覆于早古生代地层或舒家坝组之上。它的下部层位产 *Leptophloeum rhombicum* 等植物化石，其时代为晚泥盆世，上部层位所夹灰岩、泥灰岩中据所产珊瑚、腕足类化石，表明其时代属晚泥盆世—早石炭世（杨雨等，1996），故这是一个跨晚泥盆世—早石炭世的岩石地层单位。舒家坝组平行不整合伏于大草滩群之下，一套浅变质的碎屑岩及少量碳酸盐岩组合，分布于岷县锁龙口—天水娘娘坝及两当太阳寺至凤县一带，据该组底部所产珊瑚化石组合时代属中泥盆世晚期（杨雨等，1996）。中秦岭东部柞水—山阳一带泥盆纪地层称刘岭群，基本上为一套浅变质细碎屑岩夹少量碳酸盐岩组成，依其岩石组合特征自下而上分为牛耳川组、池沟组、青石垭组和铜峪寺组，总厚度达万米左右，是该区铁、多金属的主要含矿层位，属陆架斜坡相沉积，向北具滩相沉积特征（张二朋，1990），沉积时代为中—晚泥盆世。

综上所述，中秦岭地区的泥盆纪岩石地层单位的岩石组合似均以碎屑岩为主，夹碳酸盐岩、泥岩（包括已变质的千枚岩、板岩）组合，尤以刘岭群和舒家坝组，相似之处更多，它们同为中秦岭北部边缘的裂陷沉积。

石炭纪地层为裂陷盆地活动型沉积，东昆仑-中秦岭地层分区东部的石炭纪地层在西段临潭冶力关、漳县新寺一带岩石地层单位自下而上划分为大草滩群（前已述）、巴都组、下加岭组和东扎口组，它们多呈断块状出露。其中巴都组为一套以暗色为主的杂色碎屑岩夹碳酸盐岩，局部偶夹安山质火山碎屑，与下伏大草滩群连续沉积或呈平行不整合接触；下加岭组为灰至深灰色为主的碳酸盐岩夹泥岩、碎屑岩组合；东扎口组为海陆交替相含煤沉积。东段柞水—商州一带仅有早石炭世沉积，下部红岩寺组为碳质细碎屑岩、细碎屑岩夹中—薄层碳酸盐岩组合；上部为含煤碎屑岩组合称二峪河组。

中秦岭地区的二叠纪地层主要分布于西段杨河—闾井以西，属裂陷盆地沉积。漳县、岷县一带下部主要由灰岩组成，夹少量砂岩、页岩，大体与南秦岭迭部地区相似（大关山组）；上部石关组为一套碎屑岩、碳酸盐岩组合，它平行不整合于大关山组之上。西延至青海境内，二叠纪地层为类复理石碎屑岩、碳酸盐岩沉积，称甘家组，从其所产动物群判断，西部为早二叠世沉积；东部时代属晚二叠世。其上被隆务河群不整合覆盖。

三叠纪地层出露于礼县以西兴海—夏河一带称隆务河群，为一套巨厚的海相泥岩、碎屑岩组合，它不整合覆于甘家组之上，其岩性下部以砂岩、板岩互层为主夹碳酸盐岩和不稳定砾岩，局部夹火山岩，复理石韵律发育，在盆地边缘底部为厚层—块状砾岩；中部以细碎屑砂岩、板岩互层为主，夹灰岩、砾状灰岩；上部则为砂岩、砂砾岩、不稳定砾岩夹板岩；隆务河群以产菊石等化石而著称，据此确定南秦岭北缘西段可能延续到晚三叠世早期。中秦岭地区的三叠纪地层至陕西凤县城以南，紫柏山以北之留凤关—榆林铺一带称留凤关组，其沉积特征、岩石组合与前述隆务河群类似，呈断块状出露，未见顶底。

（二）南秦岭-大别山地层区

本地层区隶属华南地层大区，在区内可分为迭部-旬阳地层分区和摩天岭地层分区和上扬子地层分区。

1. 迭部-旬阳地层分区

本分区晚古生代—三叠纪岩石地层系统发育较齐全，以稳定型—过渡型沉积为主。

泥盆纪地层呈东西向延展，在早泥盆世—中泥盆世早期沉积可分为东西两部分，西部碌曲—迭部地区，整合覆于白龙江群之上的早泥盆世地层称普通沟组，以板岩为主夹硅质岩；连续沉积于普通沟组之上的尕拉组以白云岩为主，顶部则为板岩、粉砂岩、细砂岩。以上二组产腕足类、珊瑚、牙形石及双壳类化石，据其所产化石普通沟组沉积下限可能下延到晚志留世。早泥盆世晚期—中泥盆世地层称当多组，平行不整合于尕拉组之上，下部为碳酸盐岩或含磷碳酸盐岩夹细碎屑岩；中上部为含铁岩系（含铁碎屑岩夹赤铁矿、菱铁矿层）。以腕足类及珊瑚最为繁盛，区域上岩性稳定。但厚度变化较大，西厚东薄，向东以平行不整合超覆于普通沟组或早古生代地层之上。时限为中泥盆世晚期—晚泥盆世早期的冷堡子组、下吾那组（包括蒲莱段）与下伏当多组连续沉积。东部留坝—旬阳地区早泥盆世早期西岔河组以碎屑岩为主夹板岩、白云岩，底部多为复成分砾岩、硅质砾岩、砂砾岩，它与下伏水洞沟组呈不整合接触，厚度变化较大，东厚西薄。连续沉积于西岔河组之上的公馆组，主要由泥晶白云岩，泥质白云岩，粉、细晶白云岩和砂质白云岩组成，产层孔虫、介形类、珊瑚及腕足类等。早泥盆世晚期—中泥盆世早期沉积称石家沟组，以灰岩为主夹白云岩、板岩及砂岩，分布在镇安—宁陕一线以东，产珊瑚和腕足类等化石。中泥盆世的早—中期称大枫沟组，以碎屑岩为主，夹粘土岩、碳酸盐岩。该套地层在横向上（南北）变化明显，镇安断裂以南整合于石家沟组之上，碳酸盐岩、粘土岩夹层较多，碎屑岩粒度细，沉积厚度较大，达 923 m；镇安断裂以北，则碎屑岩粒度变粗，见有砾岩、砂砾岩夹层，粘土岩、碳酸盐岩夹层减少，厚度锐减至 48 m，且直接超覆于早古生代地层之上。中泥盆世晚期—晚泥盆世早期沉积的古道岭组以泥质灰岩、泥质生物碎屑灰岩、生物灰岩为主，局部夹少量白云岩、板岩、砂岩及砾岩，产珊瑚、腕足、层孔虫、牙形石等。连续沉积于古道岭组之上的一套泥岩、碎屑岩、碳酸盐岩不等厚互层，称星红铺组，该组在横向上西部灰岩相对较多，碎屑岩粒度较细，厚度亦较小。晚泥盆世晚期沉积的铁山组以连续沉积覆于星红铺组之上，其岩性以碳酸盐岩为主夹少量板岩、砂岩。

综上所述，本地层分区泥盆纪地层序列及相互关系如图 5－5。由此可见，在早—中泥盆世东部分隔为两个盆地，至中泥盆世晚期以后逐渐统一为一个沉积盆地。

石炭纪—二叠纪地层在南秦岭-大别山地层区大体以岩湾—留坝一线为界分成西、东两部分。

西部，迭部地区以碳酸盐岩组合为特征，石炭纪地层下部益哇沟组，由一套深灰—灰白色以灰岩为主的碳酸盐岩组合，西厚东薄，产丰富的腕足类、珊瑚化石；上部岷河组为碳酸盐岩夹碎屑岩，产腕足类、珊瑚和䗴类化石。横向上东厚西薄，由西向东碎屑岩夹层逐渐增多，厚度增大。二叠纪地层总体亦为一套碳酸盐岩沉积，下部大关山组，由灰白色厚层—块状灰岩、砾屑灰岩、生物碎屑灰岩组成，含䗴类、珊瑚、苔藓虫化石；上部称迭山组，由薄—中厚层灰岩、鲕状灰岩组成，底部为黑色钙质页岩或砂质泥灰岩，与下伏大关山组呈整合—平行不整合接触。据迭

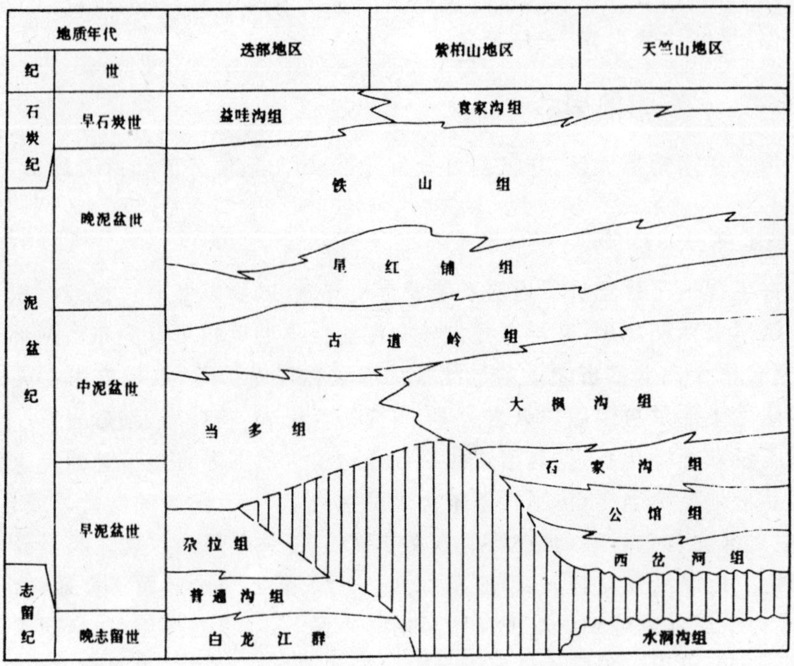

图 5-5　迭部-旬阳地层分区泥盆纪年代地层格架图

山组所产腕足类、珊瑚、䗴类化石，其时代为晚二叠世—早三叠世，甚至可上延到中三叠世，但在区域内穿时规律尚待进一步研究。在青海西倾山地区，由于构造复杂和研究程度的限制，将厚 7 000 余米的以碳酸盐岩为主的一套地层，统称尕海群，其时代为中泥盆世晚期—早三叠世。

东部旬阳地区早石炭世沉积称袁家沟组，与下伏铁山组整合接触，该组岩性变化较大，如在旬阳一带以灰岩为主上部夹白云岩；东延至陕西与湖北交界处则以白云岩为主；山阳山岔及七里峡一带则为生物碎屑灰岩夹细晶白云岩、天竺山一带为厚层—块状灰岩及砾状灰岩，该组含丰富的珊瑚、腕足类化石。早石炭世晚期—晚石炭世沉积称四峡口组，岩性以碳质泥岩为主，下部夹粗碎屑岩；上部夹碳酸盐岩，产植物和䗴类化石，横向上岩性变化总的趋势是由南向北、碳酸盐岩夹层增多；厚度增大，板岩镇断裂以南一般厚 200 m 左右；断裂以北则厚度达千米以上。二叠纪地层在秦岭东段从下而上划分为六个组级岩石地层单位：羊山组为厚千米以上的碳酸盐岩，产丰富的䗴类、腕足类及珊瑚，沉积时代为晚石炭世—早二叠世，为典型的碳酸盐台地相沉积。水峡口组以薄层—中层灰岩为主夹碎屑岩、泥岩。西口组以黄绿色中厚层石英砂岩、粉砂岩、灰—灰黑色粉砂质灰岩、生物灰岩、泥质灰岩及钙质粉砂岩、绢云板岩呈互层组合而成。熨斗滩组为一套紫红色、褐红色厚层状生物碎屑灰岩、泥晶灰岩和泥灰岩，产丰富的腕足类和珊瑚化石。门里沟组为深灰色、土黄色页片状钙质粉砂质板岩、板状灰岩，产腕足类、菊石化石。龙洞川组为浅灰—灰白色、厚层—块状微晶灰岩、生物碎屑灰岩，产䗴类化石。以上六个组的顶、底均为整合接触关系。

迭部—旬阳地层分区的三叠纪地层在东部的镇安西口地区早三叠世地层称金鸡岭组，由杂色泥砂质灰岩、蠕状灰岩、砾状灰岩等夹页岩组成，与下伏龙洞川组连续沉积，产双壳类、菊石等化石。中三叠世沉积的泥砂质微晶灰岩、叠层石灰岩夹钙质页岩、砂岩，含双壳类化石，称岭沟组。在西部迭部地区的三叠纪地层统称隆务河群，其岩石组合下部以泥晶灰岩、生物灰岩、白云岩、白云质灰岩等碳酸盐岩为主夹紫红色钙质粉砂岩；中部为薄层状灰岩、角砾状灰岩，夹复矿砂岩、板岩，部分地区夹铁、锰矿层；上部由杂砂岩、粉砂岩、板岩互层组合，局部夹灰岩、白云岩，厚逾万米，具复理石沉积特征。

2. 摩天岭地层分区

本分区泥盆纪地层依据沉积类型划分为两类。活动型分布于文县汤子沟，向东经羊汤河、武都毛里坡、略阳至汉中天台一带，称三河口组，它不整合于临江组之上，由一套巨厚(7 160～13 667 m)的碎屑岩、泥岩和灰岩组成之类复理石沉积，受轻微变质，其中泥岩均变质为板岩、千枚岩、甚至片岩，灰岩含丰富的珊瑚、层孔虫、竹节石等类化石，武都三河口以东至金家河一带夹中—酸性火山岩及火山碎屑岩，沉积时代为早—中泥盆世。东部略阳小郭家坝—龙山一带，不整合覆于碧口群之上，伏于略阳组之下的一套粗碎屑岩夹泥岩组合，称踏坡组，其沉积时代为早—中泥盆世。不整合于踏坡组之上略阳组，为一套碳酸盐岩沉积，下部夹少量碎屑岩沉积时代为中泥盆世—早石炭世。

(三)扬子地层区——上扬子地层分区

在西北区内陕西汉中米仓山、高川一带属上扬子地层分区的一小部分。其中米仓山地层小区缺失泥盆纪—石炭纪地层，早二叠世沉积的梁山组直接超覆于早古生代地层之上，以碳酸盐岩为主体的二叠纪—三叠纪地层发育较完整(自下而上包括：梁山组、阳新组、王坡段、吴家坪组、大隆组、大冶组、嘉陵江组、关岭组和须家河组)，岩石组合特征基本与上扬子地层分区的腹心地区一致。

西北区内的上扬子地层分区东部星子山、褚河及高川一带划为高川地层小区，其岩石地层发育可见晚泥盆世铁矿梁组以不整合超覆于寒武纪地层之上外，石炭纪地层以碳酸盐岩为主体，自下而上包括茶叶坡组、展坡组、大埔组和马平组。二叠纪则以发育碳、硅质碎屑岩、泥岩为特征(郭家垭组)。

二、生物组合特征

区内泥盆纪—三叠纪生物地层研究，以往虽做了大量工作，但对于祁连、秦岭广大地区来说，总体研究程度仍然较低，现仅就区内生物组合特征做一概略叙述和讨论。

(一)海相泥盆纪生物组合

区内海相泥盆纪以南秦岭地区较发育，且生物组合研究较详，已有若干专著或论文问世，如杜定汉等(1987)、曹宣铎等(1987)、张祖圻(1978)、孙光义(1980)、杨祖才(1991)等，他们涉及珊瑚、腕足类、双壳类、牙形石、竹节石等十二门类化石的生物地层单位划分问题，这里主要就珊瑚和腕足类具有广泛、普遍对比生物地层单位做简要讨论。

1. 珊瑚

本区泥盆纪珊瑚化石包括四射珊瑚、床板珊瑚、日射珊瑚、刺毛珊瑚等。曹宣铎等(1987)曾将碌曲—迭部地区自普通沟组至益哇沟组七个岩石地层划分为 12 个四射珊瑚组合带，13 个床板、日射、刺毛珊瑚组合带，其中四射珊瑚产自普通沟组下部的 *Neomphyma* - *Embolophyllum* 组合带，代表区内早泥盆世最底部的一个化石带(相当 Gedinnian 期早—中期)。当多组下

部的 *Diplochone cylindrica* - *Acanthophyllum dangduoense* 组合带，可与杜定汉(1987)在陕西旬阳石家沟组下部所建立的 *Athyrisina* - *Utaratuia* 组合带对比，因为它们均含 *Utaratuia' Dialythophyllum*，时代为中泥盆世早期。曹氏在蒲莱段(即星红铺组)顶部铁山组所建立的 *Disphyllum* - *Pseudozaphrentis* 组合带，与杜定汉(1987)在陕西镇巴兴隆场铁山组下部所建立的 *Cyrtospirifer sinensis* - *Disphyllum kostetskae* 组合可以对比，属晚泥盆世早期。

2. 腕足类

杜定汉(1987)在陕西凤县瓦房坝杨家河剖面大致相当古道岭组下部建立了 *Stringocephalus obesus* - *Undispirifer undiferus* 组合带，时代为中泥盆世晚期，与张研(曹宣铎等，1987)在碌曲—迭部地区所建立的 *S. burtini* 顶峰带部分相当。以 *Stringocephalus* 为代表类似组合在新疆的南天山与广西北部相当的地层中均有分布，因此，它是一个具有广泛对比意义的生物地层单位。

Yunnanella - *Yunnanellina* 组合带分布于迭部-碌曲地区铁山组至益哇沟组底部(曹宣铎等，1987)、陕西旬阳、高川等地的铁山组上部和蟠龙山组上部，属晚泥盆世晚期，它在我国新疆南天山、华南地区的相关地层中均有分布。

(二)陆相及滨海相泥盆纪生物组合

以北祁连东端的中宁牛首山石峡沟剖面为代表，其中石峡沟组中—上部鱼化石组合称 *Bothriolepis niushoushanensis* - *Quasipetalichthys* cf. *haikouensis* 组合，时代为中泥盆世晚期；老君山组鱼化石组合称 *Remigolepis* - *Sinolepis* 组合，该组合以盛产 *Remigolepis* 而著称，时代为晚泥盆世晚期。与这一组合共生的植物群为 *Leptophloeum rhombicum* - *Sublepidodendron mirabile* 组合。近年来的 1∶5 万区域地质调查和地层清理研究，在中卫香山地区的红泉、狼嘴子等地老君山组下部和石峡沟剖面的老君山组上部相继发现海相介形类化石(王尚君、虞子冶、王成，1995；顾其昌等，1996)*Sinoleperditia*(*Yaosuoleperditia*)*zhongweiensis* 等，不仅进一步证实老君山组时代为晚泥盆世晚期，而且说明老君山组是一套陆相—滨海相沉积。

青海柴达木盆地周缘的牦牛山组，中秦岭大草滩群下部所产植物组合均与老君山组类似。

(三)早石炭世动物群组合特征

在祁连秦岭地区的早石炭世动物群，以珊瑚、腕足类最为发育，属华南地层大区南秦岭地区属南方动物群，其中动物组合分带有关文献(杨雨等，1995)已做一定论述。祁连地区的生物组合以南祁连地区(柴达木盆地北缘)的欧龙布鲁克—阿木尼克一带剖面研究较详(骆金锭；赵嘉明，1962；王增吉，1981、1983，等)据这些成果综合取舍如表 5-4。其中岩关期的生物组合属与我国北方槽区动物群(欧洲型)基本一致，而与华南生物群差异甚大；大塘期则基本可与华南生物群对比，但混生有欧洲型分子，可见这一地区是研究我国早石炭世生物群特征的关键地区之一。在北祁连地区的前黑山组迄今未获可进行对比的动物组合资料，仅知臭牛沟组上部的 *Yuanophyllum* - *Gigantoproductus* 组合带与下表最上部生物组合带面貌一致，属大塘期晚时。

(四)早石炭世晚期—晚石炭世早期生物组合

主要分布于北祁连东端，甘肃靖远磁窑—宁夏中卫校育川一带的羊虎沟组(或土坡组)下部，以菊石组合为最重要，在中卫校育川一带，自下而上可划分为 *Dombarites* - *Eumorphoceras* 带，*Reticuloceras* 带和 *Bilinguites* - *Cancelloceras* 带(阮亦萍、周祖仁，1987)，其中前者时代相

表 5-4　南祁连地区生物地层单位序列表

地质年代		生物地层单位		岩石地层单位
		珊瑚	腕足类	
早石炭世	大塘期	*Yuanophyllum* 带	*Gigantoproductus edelburgensis* - *Kansuella kansuensis* 带	怀头他拉组
		Orionastraea huaitoutalaensis - *Dorlodotia* 带	*Fluctuaria undata* - *Grandispirifer mylkensis* 带	
	岩关期	*Siphonophyllia spimosa* - *Lophophyllum tertuosum* 带		城墙沟组
		Enygmophyllum - *Kakwiphyllum qinghaiensis* 带	*Rhipidomella alctaica* - *Syringothyris texta* 带	
		Kassinella - *Lophophyllum densum* 带	*Rhytiophora arcuatahalli* 带	

当 Namurian 期早期，亦即早石炭世晚期；后两者属 Namurian 期中—晚期(晚石炭世初期)。与以上菊石带共生的植物属种繁多，它一方面具有这一时期特有或常见的分子，如 *Eleutherophyllum waldenburgense* (= *E. mirabile*)，*Sphenophyllum tenerrimum*，*Lepidodendron aolungpylukense*，*Bothrodendron circulare* 等；另一方面像 *Linopteris* 一属开始繁盛起来，如 *L. densissima*，*L. lepida* 等，*Sublepidodendron* 一属基本绝迹。

(五)中、南祁连的海相三叠纪生物组合

这一地区的海相三叠纪地层为中特提斯海沉积产物，其生物群以菊石、双壳类为主，属特提斯型生物群，后者并有北方型和环太平洋型分子混生。

菊石类自下而上建有：*Wordieoceras* - *Flemingites* 层，分布于下环仓组，隆务河群下部和巴颜喀拉群下部，为 Indian 期；*Meekoceras gracilitatis* 带，为 Olenekian 期早期，分布于江河组、洪水川组、隆务河群下部；*Anasibirites* 带，为早 Olenekian 期晚期，分布于闹仓坚沟组、隆务河群下部及郡子河群下部；*Tirolites cassianus* 带，为中 Olenekian 期，分布于江河组中部；*Subcolumbites* - *Procarnites* - *Prohungarites* 组合带，为晚 Olenekian 期，分布于江河组、闹仓坚沟组、隆务河群下部；*Lenotropites* - *Japonites* 组合带，为早 Anisian 期，分布于大加连组、闹仓坚沟组；*Beyrichites* - *Hollandites* - *Balatonites* 组合带，为中 Anisian 期，分布于闹仓坚沟组中、上部，隆务河群上部、洪水川组、切尔玛沟组。

双壳类主要有：*Claraia aurita* 带，为中 Indian 期，分布于下环仓组中部、尕海群顶部；*Eumorphotis multiformis* 带，为中—晚 Indian 期，分布于下环仓组；*Eumorphotis huancangensis Leptochondria minima* 组合带，为 Olenekian 期，见于下环仓组上部、江河组下部、洪水川组上部、闹仓坚沟组下部；*Leptochondria albertii plana* - *Neomorphotis spinosa* 组合带，为早—中 Anisian 期，见于大加连组、江河组、下环仓组和隆务河群上部；*Neomorphotis gigantea* 带，为中—晚 Anisian 期，分布于切尔玛沟组中；*Neoschizodus* - *Plagiostoma* 组合带，为 Anisian 期—Ladinian 早期，分布于闹仓坚沟组、希里可特组中；*Burmesia qinghaiensis* 组合，为卡尼期—早 Norian 期，见于尕勒得寺组。

除以上所述外，区内尚有若干生物地层单位不再一一赘述，如石炭纪—二叠纪䗴类化石组合等，晚石炭世—三叠纪植物组合等。

三、沉积盆地演化

(一)晚古生代沉积盆地演化

作为华北大陆边缘的秦、祁、昆地区,在早古生代历经了复杂的形成演化过程,至志留纪末期区内已全面隆升,海水退缩到迭部一带,这里的早泥盆世地层(普通沟组)与晚志留世地层(白龙江群)为连续沉积,并同为潮坪相,覆于普通沟组之上的尕拉组属咸化泻湖相,它们为海水退缩条件下的一套进积序列沉积。在东部山阳地区早—中泥盆世地层平行不整合于水洞沟组之上的西岔河组、公馆组其沉积相与前述迭部地区类似,而位于以上两个地区之间的紫柏山地区则缺失早泥盆世地层。大体在早泥盆世晚期开始,地壳处于不断拉张状态,形成了中秦岭-南秦岭裂陷盆地,其沉积物为以碳酸盐岩为主体的浅海陆架相(如公馆组、石家沟组、古道岭组、铁山组等),属稳定—过渡型沉积。此外在古陆的边缘地区形成一定规模的断陷盆地,其沉积物为一套类复理石,厚度大,部分地层单元并有中酸性火山岩发育(如西汉水群、刘岭群、舒家坝组等),属活动型沉积(图 5-6)。

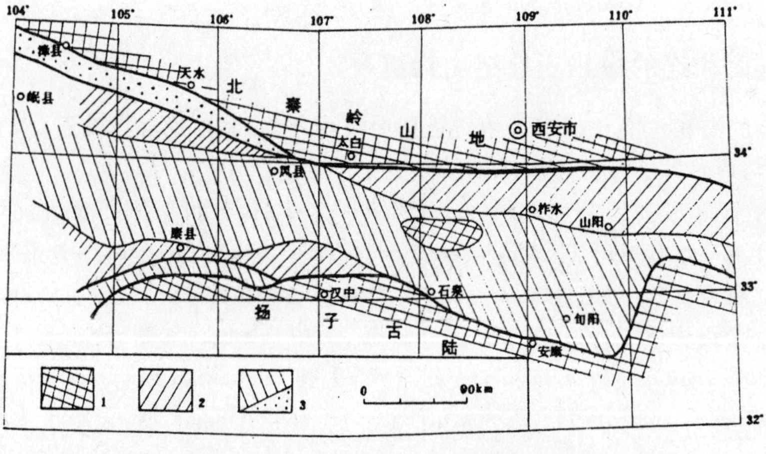

图 5-6　秦岭地区泥盆纪沉积构造略图

1.沉积缺失区;2.断陷盆地沉积(类复理石);3.浅海陆架沉积/陆相—海陆交互相沉积

秦、祁、昆地区西部除南祁连、东昆仑地区有泥盆纪残留海盆外,主要在北祁连、柴达木地块周缘发育中泥盆世晚期—晚泥盆世陆相、海陆交互相磨拉石沉积(牦牛山组、老君山组、石峡沟组等)。

晚泥盆世晚期—早石炭世早期秦岭海盆周边的地形经过较长时间的夷平而趋于平缓,形成了比较稳定的沉积环境。海盆的南侧南秦岭继承晚泥盆世的沉积格局,继续沉降,形成浅海碳酸盐岩陆架,底栖动物、珊瑚类繁盛;盆地的北缘漳县、陇西及商县一线形成以陆源碎屑沉积为主的河口—海湾及滨海—沼泽相沉积(大草滩群);盆地西段北部合作—临潭—大草滩—武山一带形成槽盆边缘陆源碎屑夹碳酸盐岩沉积之巴都组。

早石炭世晚期—晚石炭世早、中期北秦岭有草凉驿组陆相含煤沉积外,海盆的南部西段仍为浅海碳酸盐陆架沉积(岷河组),东段徽县一带夹有较多的细碎屑岩,至旬阳地区则递变为以陆源碎屑沉积为主(四峡口组),这种变化可能与当时武当古陆的隆升有关。盆地北部则发生了较大的变化,分别在早石炭世晚期、晚石炭世早、中期发生了两次较大规模地裂陷活动,并先后在盆地的北部西北缘包舍口、柏林及东部镇安—山阳一带产生了阶状断崖的陡坡跌积。在这一带大量岩块的崩塌,倾泻在断崖附近堆积了厚达 283 m 的跌积裙,向盆地方向渐变成低密度浊流沉积;裂陷作用的末期,碎屑物质减少,部分地区又恢复到碳酸盐台地沉积环境(下加岭组、羊山组)。

北祁连地区早石炭世沉积盆地限于甘肃武威臭牛沟—宁夏中卫南部一带,其下部以泻湖相沉积为主(前黑山组),上部为浅海相(臭牛沟组),晚石炭世海侵范围逐渐扩大,向北至阿拉善地块南缘,向西南与中、南祁连沉积盆地海水相通,向东推进到宁夏的罗山以西的广大地区,为一套含煤海陆交互相沉积(羊虎沟组、土坡组等)。晚石炭世晚期,方与华北海水汇合。总之,在北祁连地区石炭纪地层基本属稳定型沉积,无区域性的拉张、断陷作用发生,二叠纪转为陆相沉积。

晚石炭世晚期—早二叠世早期南秦岭海域以碳酸盐岩沉积为主,常夹有同生白云岩,反映了干热气候和半封闭的沉积环境;中秦岭裂陷盆地亦发生了较明显的变化,盆地基底趋于稳定,以碳酸盐岩沉积为主,局部夹有风暴流沉积(大关山组、羊山组)。但在镇安碾子沟一带及盆地西北缘临潭—大草滩一带仍有较多的浊流沉积,说明这些地区仍处于活动的陆架环境。

从现有资料分析,秦岭海盆的南部即碌曲-舟曲-成县-镇安断裂带以南的浅海陆架已与扬子地块西缘的龙门山浅海陆架连接,形成扬子地块西、北缘广阔的浅海碳酸盐岩陆架沉积区,一直延续到三叠纪。

中秦岭二叠纪海域与石炭纪基本一致,为一较典型的继承性裂陷盆地。在裂陷盆地南部早二叠世沉积的石关组,从下至上依次为碳酸盐岩重力流沉积—陆源碎屑重力流沉积—非重力流正常深海-半深海沉积等。至早二叠世晚期裂陷不仅发育于中秦岭南缘的主要断裂带,而且扩展到北带的碳酸盐岩台地上。裂陷带中复理石及砾屑灰岩层发育,并含大型外来岩块。其分布可分北、南两支:北支西起夏河麻当,经西土房、太子山至扎那山;南支西起夏河完尕滩经合作麻隆沟、岷县东北至礼县坡里,两支除有大量砾屑灰岩层及大型外来岩块外,含石炭二叠纪(主要是早二叠世)的化石。向东在木寨岭、蒲莱一带也有砾屑灰岩出露,时代为晚二叠世早期,在礼县北海相碎屑岩夹灰岩中亦有较厚的砾屑灰岩,凤县南的隆务河群中亦有砾屑灰岩。凤县核桃坝南侧断陷带中,有厚数百米的砂板岩夹含砾灰岩及灰岩。“灰岩中产晚泥盆世至二叠纪的牙形石,以石炭纪牙形石为主”(殷鸿福等,1992),这可能是二叠纪裂陷带又一地点。更往东,在镇安大坪的水峡口组中亦有砾屑灰岩夹于大套砂板岩之中。由此推断二叠纪裂陷带向东可能延续至镇安一带,从砾屑灰岩的厚度,砾径及砂板岩层向东厚度变小变薄推断,裂陷强度向东变弱。

摩天岭一带,泥盆纪—二叠纪同样表现有裂陷作用产生,它的生成与西部巴颜喀拉地区裂陷有关,为巴颜喀拉裂陷槽的东延。

宗务隆山、东昆仑南研究程度较低,但从其地层记录判断可能为中秦岭裂陷海槽的西延,裂陷的深度要比中秦岭地区大。泥盆纪—早二叠世形成具活动型碎屑岩、碳酸盐岩夹火山岩组合,具有较为特征的碳酸盐岩浊流、碎屑流沉积和断崖跌积(砾屑灰岩)及复成分碎屑流沉积特征,柴达木地块呈半岛状存在于裂陷海槽之间。阿尼玛卿山-略阳-天台山裂陷海槽则为东昆仑南裂陷海槽的分支。

早二叠世,秦祁昆地层区卷入古特提斯演化系统,北特提斯主体巴颜喀拉-松潘-甘孜处于离散陆缘扩张裂陷陆架沉积环境，形成浅海碎屑岩、碳酸盐岩、火山岩沉积。在此同时北特提斯海向北伸入青海湖地区及中、南祁连山，形成浅海海湾，向东延伸形成秦岭海槽，分别形成碎屑岩-碳酸盐岩沉积。早二叠世末华力西运动的影响及宗务隆山、东昆仑南等裂陷海槽的褶皱回返，使北特提斯海收缩，至晚二叠世末，古特提斯洋消亡，使秦祁昆地层区隆升成陆，巴颜喀拉地区处于弧后盆地沉积环境。

（二）三叠纪沉积盆地演化

秦岭地区早三叠世继承了二叠纪的裂陷并有明显的扩大。中秦岭北部为陆架边缘斜坡沉积，南部为深海盆地沉积；南秦岭北缘为陆架边缘斜坡沉积，南部为扬子地台北缘浅水碳酸盐岩台地；松潘-甘孜地区除若尔盖、红原一带为隆起的古陆外，其西部地区多为过渡类型砂泥质沉积；扬子地台为浅海碎屑岩碳酸盐岩沉积，祁连地区以陆相沉积为主。

中三叠世 Anisian 期是秦岭海槽的最大海侵期。在 Anisian 期早期中秦岭北部为大套砾屑灰岩沉积，代表地台边缘进一步裂陷，其上继以发育复理石沉积，至 Anisian 期中晚时沉积物变粗，地壳开始抬升，为海退进积型沉积。中秦岭南部及南秦岭北缘中三叠世沉积是以砂岩、板岩组成的复理石沉积为典型的大陆坡脚—半深海、深海浊流沉积。南秦岭西段大部分地区中三叠世沉积盆地基本上继承早三叠世碳酸盐岩台地，晚期沉陷转变为斜坡及深海沉积。摩天岭古陆以北的迭部、宕昌、南坪等地 Anisian 期以碳酸盐岩沉积为主，除底部发育白云岩沉积外，主要为生物滩相沉积，Ladinian 期以斜坡及沉陷盆地浊积碎屑岩为主，滑塌型角砾灰岩和碳酸盐岩碎屑流发育。摩天岭以西中三叠世显示为不断裂陷。南秦岭的东段镇安一带 Anisian 期沉积主体为陆架边缘盆地碎屑沉积，反映了开始坳陷的趋势。

松潘甘孜一带在中三叠世时处于一个不断沉陷的过程，若尔盖、红原古陆已被淹没，以浊流沉积为主。古陆以西阿坝一带继承早三叠世沉陷形成以砂板岩组成的较深水浊积岩；而古陆东侧的若尔盖、红原、松潘一带早期以碳酸盐岩沉积为主，晚期则为变杂砂岩、粉砂岩、砂质板岩不等厚互层夹少量灰岩，北缘松潘包座一带灰岩明显减少，岩性以深灰色薄至中厚层细砂岩、长石石英砂岩夹板岩为主，厚达 6 000 m 以上。

晚三叠世南秦岭的西部碌曲、迭部一带继承了中三叠世的古地理面貌，发育了巨厚的砂岩、板岩夹薄层灰岩的次深海—深海复理石沉积，在沉积盆地的北部宕昌一带，早期沉积了以泥晶灰岩为主的地层，含放射虫，亦为次深海—深海沉积。松潘甘孜地区继承了中三叠世沉陷成为扬子地台西部最大的沉陷区，沉积物以巴颜喀拉山群（西康群）中上部为代表，组成以砂质为主和以泥质为主大套地层反复交替出现，在各大套地层内韵律发育，多具有复理石特征。到 Norian 中期以后，海退渐趋明显，砂板岩比例增高，植物碎片增多，处于造山前期。

第六章

侏罗纪—第三纪

西北地区的侏罗纪—第三纪地层以陆相为主，它们构成若干大型内陆坳陷盆地(如准噶尔盆地、塔里木盆地、吐哈盆地、柴达木盆地、鄂尔多斯盆地等)和一些中小规模的内陆断陷盆地。其岩石组合多为山麓、河流、湖泊相的粗—细碎屑岩、粉砂岩、泥岩等。岩层的色调除中侏罗世外，基本以紫红、砖红、棕红、褐红、桔红色为主，夹灰白—灰绿色，所产化石有植物、双壳类、叶肢介、介形类和脊椎动物等。

海相地层仅在西部喀喇昆仑、昆仑山和塔里木盆地的西南缘，其分布时代为中—晚侏罗世、晚白垩世和早第三纪，岩石组合为滨海—泻湖相灰岩、泥灰岩、泥岩、石膏等，生物有双壳类(以牡蛎为主，常堆积成介壳灰岩)、腹足类、菊石、箭石、珊瑚、有孔虫等。

第一节 岩石地层单位的分布及发育概况

一、北疆兴安地层大区

本区内侏罗纪—第三纪地层主要分布于准噶尔盆地和吐哈盆地，均为陆相地层。准噶尔盆地的侏罗纪地层一般以整合—平行不整合覆于晚三叠世小泉沟群(郝家沟组)或更老地层之上，其下由灰—灰黑色、灰绿色碎屑岩、泥岩夹煤层组成，称水西沟群；上部由杂色—紫红色碎屑岩、泥岩构成，称艾维尔沟群。依其岩石组合特征前者自下而上可分为：八道湾组(灰白—灰绿色砾岩、砂岩、灰绿—灰黑色泥岩夹煤层，厚 14～738 m)、三工河组(灰绿色砂岩、泥岩夹菱铁矿，厚 280～541 m)、西山窑组(灰、灰绿、灰黄、灰白色砂岩、灰黑色泥岩夹煤层)。艾维尔沟群与水西沟群为连续沉积，自下而上可分为头屯河组(黄绿、灰绿色、紫色等杂色泥岩、砂质泥岩夹凝灰岩、碳质泥岩等，厚 28～440 m)、齐古组(紫红—褐红色砂质泥岩夹紫红色砂岩、凝灰岩等，厚 73～724 m)、喀拉扎组(灰褐色砾岩夹褐色泥岩、砾状砂岩、砂岩等，厚 35～655 m)。此外，在东准噶尔地区卡拉麦里—将军庙—三塘湖盆地西南侧，连续沉积于西山窑组之上，不整合伏于吐谷鲁群之下的一套杂色泥岩、砂质泥岩、砂岩、砾岩等称石树沟群，总厚 580～1 443 m，该群以含大量原地或异地埋藏的硅化木为其重要特征(详见本章第四节)。

纵观侏罗纪地层在准噶尔盆地的展布范围，大体与现代盆地的轮廓基本一致，其厚度在盆地西北缘(克拉玛依—和什托洛盖一带)、东北缘(卡拉麦里一带)均较薄，且岩性较粗，而南缘(玛纳斯—乌鲁木齐—水西沟一带)则厚度较大，岩性亦相对较细，此等充分说明沉积盆地的不对称性。分布于吐哈盆地、伊宁盆地及北天山地区的一些小型山间断陷盆地其侏罗纪岩石地层单位的划分情况，基本与准噶尔坳陷盆地类似。

北疆地层大区准噶尔盆地、吐哈盆地的白垩纪地层在一定程度上继承了侏罗纪沉积，但分布范围上有明显的缩小。伊犁盆地则缺失白垩纪沉积。准噶尔盆地的早白垩世岩石地层单位下部为吐谷鲁群，以不整合—平行不整合覆于晚侏罗世喀拉扎组之上，自下而上可分为清水河组（灰绿—黄绿色泥岩、砂质泥岩与砂岩互层，含紫—褐色砂质泥岩条带，厚 132 m）、呼图壁河组（紫红色、暗紫色砂质泥岩、泥质粉砂岩为主夹灰绿色砂岩、泥灰岩、灰岩等，厚 28～636 m）、胜金口组（灰绿、黄绿色泥岩、砂质泥岩夹砂岩、粉砂岩，厚 27～139 m）、连木沁组（棕红—褐红色砂质泥岩、泥岩与细砂岩、粉砂岩互层，厚 22～509 m）。连续沉积于吐谷鲁群之上的东沟组，为一套灰棕—砖红色砾岩夹砂质泥岩、砂岩、粉砂岩，厚 46～813 m。

吐哈盆地的白垩纪岩石地层单位自下而上可划分为吐谷鲁群、库穆塔克组（桔黄、棕红色具交错层块状细砂岩为主，厚 123 m）、苏巴什组（棕红—灰白色砂岩夹褐红色砂质泥岩，厚 163～215 m），其中库穆塔克组与下伏吐谷鲁群为平行不整合接触，与上覆苏巴什组呈不整合接触。

准噶尔盆地的早第三纪下部称紫泥泉子组，岩性为紫红、褐红色砂质泥岩夹砂岩，下夹砾岩、砾状砂岩，厚 15～854 m 不等；上部为安集海河组，由灰绿色泥岩夹泥灰岩、薄层砂岩等，厚 44～782 m。晚第三纪地层，下部为沙湾组，岩性为棕红色、褐红色泥岩、砂质泥岩、砂岩组成，底有少量砾岩，厚 350～500 m；中部塔西河组，由灰绿色泥岩、砂质泥岩夹砂岩、泥灰岩为主，下夹紫红色泥岩，厚 296～545 m；上部独山子组岩性由苍棕色—褐红色—土黄色砂质泥岩、泥岩、砂岩、砾岩等组成，向上砾岩增多，厚 84—1 457 m。各组均为整合接触。

二、塔里木—南疆地层大区

本区的侏罗纪—第三纪地层包括塔里木盆地及其周缘和喀喇昆仑地区。除塔里木盆地西南缘和喀喇昆仑地区发育部分海相侏罗纪—第三纪地层外，其余均为陆相。

塔里木-南疆地层大区的侏罗纪地层基本可分为两个沉积区，沿塔里木西南缘—南缘，包括阿尔金山—昆仑山—喀什一带，不整合于古生界以上的一套灰色粗—细碎屑岩称叶尔羌群，自下而上可分为莎里塔什组、康苏组、杨叶组和塔尔尕组。其中莎里塔什组以灰—灰绿色砾岩为主夹砂岩、粉砂岩和碳质页岩，厚 500～2 480 m；康苏组由灰—灰绿色砂岩、砂砾岩与泥岩互层夹碳质页岩组成，局部含可采煤层，厚 142～1 500 m；杨叶组为一套灰—灰黄绿色含煤碎屑岩，厚 200～1 235 m 不等；塔尔尕组由杂色细碎屑岩、泥岩组成，厚 80～533 m。连续沉积于叶尔羌群塔尔尕组之上的一套红色（棕红、暗红、紫红）砾岩夹砂岩、砂质泥岩称库孜贡苏组，厚 160～1 100 m。

在塔里木盆地的北缘库车—博斯腾湖一带的侏罗纪地层不整合覆于晚三叠世塔里奇克组之上，其下部克拉苏群自下而上可分为阿合组、阳霞组、克孜勒努尔组，其岩石组合特征与前述莎里塔什组、康苏组、杨叶组分别类似，但其中克孜勒努尔组含煤性不及杨叶组，其沉积总厚度以库车一带最大，总厚 1 700 m 以上。上部连续沉积于克孜勒努尔组之上自下而上为恰克马克组（岩性与准噶尔盆地的头屯河组类似）、齐古组、喀拉扎组。

海相侏罗纪地层在研究区内仅见于喀喇昆仑地区，下部称巴工布兰莎组，它不整合覆于晚三叠世克勒青河群或更老地层之上，其岩性以深灰—灰白色中厚层灰岩为主，夹泥灰岩、鲕状灰岩少量，局部地区下部为一套灰—灰绿色粉砂岩、砂质页岩、灰岩等组成夹凝灰岩、火山角砾岩，中部见橄榄玄武岩、安山质硅质岩等，总厚1 500～2 600 m左右，最厚达3 555 m。对于这套地层，若将其中灰岩为主的那部分地层另立“龙山组”，剩余下部夹碎屑岩部分称巴工布兰莎组(新疆地矿局1994)，按照《中国地层指南及中国地层指南说明书》和《国际地层指南》有关规定显然有若干不妥之处，故我们建议暂不采用“龙山组”一名。以连续沉积覆于上述巴工布兰莎组之上的红其拉甫组基本上由单一的灰—深灰色厚层—块状灰岩组成，厚达2 279～2 670 m，其上未见顶。

南疆地层大区的白垩纪地层，在塔里木北缘库车—拜城一带，称卡普沙良群，它以不整合—平行不整合覆于晚侏罗世喀拉扎组之上，自下而上划分为亚格列木组(浅紫—灰紫色砾岩、砂砾岩，厚122 m)、舒善河组(棕红、棕黄、蓝灰色砂质泥岩夹灰绿—草绿色泥岩、砂质泥岩、杂色砂岩条带，厚8 553 m)、巴西改组(粉红、浅棕色中—细粒砂岩夹暗棕色泥岩，厚366.7 m)。连续沉积于卡普沙良群之上的巴什基奇克组为一套紫红色砾岩、砂岩夹泥岩、粉砂岩，厚62～200 m。

塔里木盆地西南缘白垩纪地层，不整合于晚侏罗世库孜贡苏组之上的克孜勒苏群，为一套棕红色石英砂岩、石英杂砂岩组成，底部常见暗红色砾岩，厚1 097～1 300 m不等。以连续沉积覆于克孜勒苏群之上的英吉莎群，为一套海相沉积，依其沉积特征自下而上分为库克拜组(鲜绿、灰绿、深灰色泥岩夹粉砂质泥岩，介壳泥灰岩、砂质灰岩等，厚百余米)、乌依塔克组(棕红—杂色泥岩、石膏泥岩为主，夹砂岩、灰岩、石膏层，厚110 m)、依格孜牙组(浅紫—紫灰、褐红色、灰—灰黄色块状灰岩、砂质灰岩、泥质灰岩为主，夹砾状灰岩、细砂岩，厚120～130 m)、吐依洛克组(棕色、棕红色泥岩石膏泥岩夹石膏层、薄层灰岩，厚32～67 m)。

分布于喀喇昆仑地区的晚白垩世铁尤滩群，亦为海相沉积，它以不整合覆于晚石炭世地层之上，为一套紫红—灰白色中厚层—块状灰岩夹砂岩、粉砂岩、泥灰岩等，下部夹石膏层，厚540～1 967 m。

于塔里木盆地的西南缘、西昆仑及喀喇昆仑地区，早第三纪为海相地层，统称喀什群，自下而上包括阿尔塔什组(下部白色晶粒状厚层石膏岩，上部灰色砂质泥岩、灰岩有介壳层，厚21～450 m)；齐姆根组(下部灰—灰绿色泥岩、泥灰岩、灰岩，上部红色泥岩、膏泥岩夹石膏层)；卡拉塔尔组(下部以白色灰岩、介壳灰岩为主，局部地区白云岩占优势，上部灰色块状生物灰岩、介壳灰岩、膏泥岩、泥岩夹石膏，厚30～130 m)；乌拉根组(下部绿色泥岩夹石膏、介壳层，上部褐—灰褐色泥岩夹粉砂岩、砂岩，厚25～125 m)；巴什布拉克组(暗红色泥岩与桔红—灰红色砂岩互层夹石膏、砂质介壳层，厚约340～520 m)。值得注意的是在喀什市西北的托云地区，喀什群下部有玄武岩、橄榄玄武岩和粗面玄武岩的喷发，厚250 m，为陆相中心式喷发(新疆地矿局，1993)。连续沉积于喀什群之上的晚第三纪地层称乌恰群，隶属于该群的自下而上的组为：克孜勒依组(下部褐色泥岩、粉砂岩夹石膏、膏泥岩等，上部褐红色泥岩夹灰绿色粉砂岩、细砂岩，一般厚280～450 m)；安居安组(下部灰绿色砂岩、粉砂岩夹褐红色泥岩条带，上部褐红色—褐色与灰绿色砂岩、泥岩不等厚互层，厚600 m)；帕卡布拉克组(灰—棕灰色和灰白色泥岩、粉砂岩、细砂岩互层，厚386～3 165 m)。整合覆于乌恰群之上的独山子组，岩性为砾岩、砂岩。从以上晚第三纪地层特征来看，除乌恰群下部克孜勒依组有海相夹层(含有孔虫等化石)外，其余为陆相。

在塔里木盆地北部出露第三纪地层自下而上可划分为塔拉克组(灰白色白云岩、白云质泥岩、泥灰岩及石膏组成，厚170 m)、小库孜拜组(紫红—红色细砂岩、钙质泥岩、粉砂岩及泥灰岩夹石膏层和石膏团块，厚536 m)、苏维依组(褐红色砂岩、粉砂岩、泥岩互层，部分地区中、下部产石膏、石盐，厚 45～836 m)；吉迪克组(棕红色、褐红色泥质砂岩、泥岩互层间夹灰绿色粉砂岩、泥岩条带，厚 212～1 427 m)、康村组(下部浅褐色砂岩夹灰绿色粉砂岩、泥岩条带，上部灰褐色粉砂岩夹砂岩、砾岩)，最上部为独山子组砾岩、砂岩等。以上各组间均为连续沉积，依所含生物，下部三个组时代为早第三纪，余为晚第三纪。

三、华北地层大区

本区的侏罗纪—第三纪地层主要充填于柴达木盆地、西宁盆地、鄂尔多斯盆地及若干中—小型山间盆地中。

青海柴达木盆地的北缘及阿尔金山南麓的侏罗纪岩石地层单位自下而上可分为：大煤沟组(灰绿、灰白色砾岩、砂砾岩、砂岩为主夹灰—灰黑色泥岩、粉砂岩及煤层，厚 1 144 m)；采石岭组(杂色砾岩、砂岩夹粉砂岩、泥岩，厚 130～833 m)和红水沟组(以红色泥岩为主夹蓝灰色粉砂岩等，厚 448 m)。其中大煤沟组多不整合于克鲁克组或更老地层之上；采石岭组在西部采石岭地区与下伏大煤沟组呈不整合接触；东部路乐河鱼卡一带与大煤沟组则为连续沉积。

河西走廊、祁连山地区的侏罗纪中、小型断陷盆地有西宁—兰州盆地、靖远盆地、山丹盆地等，对于这些盆地的岩石地层单位的划分，往往过于繁杂，笔者认为对于这里中小型内陆断陷盆地的岩石地层单位划分，将各盆地具有某种岩石共性的地层划归同一个组，比强调它们的差异性更为重要，本着这一原则参照地层命名的优先律，可将这些中小型盆地的岩石地层单位自下而上统一划分为：大西沟组(灰绿色砾岩、粉砂岩为主夹灰、灰黑色泥岩、煤层，厚 20～400 m)；窑街组(灰、灰绿色砂岩、灰黑色泥岩夹煤层，厚一般 50～600 m 不等)；红沟组(杂色砂岩、泥岩夹砾岩，厚 100～600 m)；享堂组(红色间灰绿色砾岩、砂岩、泥岩，厚 100～600 m，个别地点达 1 400 m)。以上大西沟组常以不整合覆于三叠纪或更老地层之上，窑街组在各盆地多与下伏大西沟组呈平行不整合接触；红沟组与下伏窑街组为连续沉积—平行不整合关系；享堂组则多以平行不整合覆于红沟组之上，此足证这些中小型盆地充填堆积过程中的不稳定性。

在西秦岭—玛曲—天水一带分布的侏罗纪小型内陆断陷盆地，其岩石地层单位下部称炭和里组，为平行不整合覆于晚三叠世或更老地层之上，由一套黄绿—灰绿色砂岩、砾岩夹泥岩、薄煤层组成，厚 226～428 m；上部称郎木寺组，连续沉积于炭和里组之上，或直接以不整合超覆于古生代地层之上，岩性为一套灰色砾岩、砂岩、粉砂岩及煤线，含大量火山碎屑岩和安山岩等火山熔岩，总体有两个火山喷发旋回，总厚度 1 100～2 200 m。

鄂尔多斯盆地为世界著名的大型内陆坳陷盆地，其侏罗纪地层多以平行不整合—不整合覆于晚三叠世地层之上，其岩石地层单位自下而上划分为富县组(下部为紫红色黄绿色砾岩、砂岩、泥岩夹泥灰岩；上部为黄绿色砂岩、紫红色砂岩互层，局部含煤、油页岩，最大厚度 165 m)；延安组(灰白—灰色砂岩与泥岩不等厚互层，夹煤层，厚 100～300 m 不等)；直罗组(灰绿色砂岩夹粉砂岩、泥岩等，厚 82～380 m)；安定组(下部杂色砂岩、泥岩夹黑色泥岩、油页岩等)；芬芳河组(棕红—紫红色砾岩夹少量粉砂岩、泥岩)。以上各组间除芬芳河组与下伏安定组为不整合接触外，其余均为平行不整合—整合接触。

华北地层大区的白垩纪地层，在柴达木盆地北缘芒崖、大柴旦—德令哈一线以南称犬牙沟组，它平行不整合覆于晚侏罗世红水沟组之上，其岩性为一套紫红—灰色砾岩、砂岩夹粉砂岩、泥岩，厚 55～1 451 m。与上覆路乐河组呈不整合接触。

西宁—兰州盆地和河西走廊酒泉等地的一些山间盆地等白垩纪岩石地层单位，自下而上可统一划分为：赤金堡组（紫红色、灰绿色砾岩、砂岩、砂质泥岩、灰黑色页岩夹煤层、泥岩等，厚373～885 m）；新民堡群（下部称下沟组，为一套紫红、褐黄、灰绿、灰—灰黑色碎屑岩夹泥岩、泥灰岩，厚169～2 469 m，上部称中沟组，由紫红色巨厚层砾岩夹粉砂岩、杂色碎屑岩构成，厚266～1 110 m）。以上，赤金堡组以不整合覆于晚侏罗世或更老地层之上，其上与新民堡群连续沉积。

鄂尔多斯盆地西缘甘肃平凉—固原—同心一带白垩纪地层称六盘山群，它不整合覆于晚侏罗世或更老地层之上，自下而上划分为三桥组（紫红色砾岩夹砂岩，厚9.6～850 m不等）；和尚铺组（紫红色砂岩、粉砂岩、泥岩为主，夹少量白色砂岩，厚38.3～762.4 m）；李洼峡组（杂色砂岩、泥岩、泥灰岩、灰岩组成，厚40～900 m）；马东山组（蓝灰、灰绿—灰黄色泥岩、灰岩、泥灰岩互层夹灰岩、油页岩，厚95～1 181 m）；乃家河组（蓝灰、灰绿色与紫红色砂岩、泥岩、泥灰岩夹石膏层，厚43～525 m）。

在宁夏盐池、青龙山以东，包括陕西和甘肃东部（陇东）地区白垩纪地层为保安群（志丹群），它不整合覆于晚侏罗世地层之上，自下而上划分为宜君组（灰紫色砾岩夹含砾砂岩、棕褐色、灰黄色砂岩，厚40～800 m或更大）；洛河组（棕红—棕褐红色砂岩夹同色泥岩，厚210～331 m）；环河组（下部含砾砂岩、砾岩为主，上部杂色泥岩、砂岩组成，厚400～500 m）；罗汉洞组（棕红—桔红色砂岩为主夹少量泥岩，厚90～210 m）；泾川组（紫红—棕红色泥岩、粉砂岩、砂岩夹白色薄层砂岩、泥灰岩，厚46～130 m）。

柴达木盆地的早第三纪地层下部为路乐河组，它不整合覆于犬牙沟组之上，以紫红色砾岩、含砾砂岩为主夹砂岩、粉砂岩，厚334～1 197 m；上部为干柴沟组，与下伏路乐河组不整合接触，为灰—灰绿色钙质粉砂岩、页岩、砂质泥岩、泥灰岩，厚898～2 260 m。晚第三纪油砂山组整合—不整合覆于干柴沟组之上，由棕红—棕黄色泥质粉砂岩、砂岩、泥岩夹泥灰岩，局部夹薄层石膏组合而成，厚773～2 376 m。狮子沟组整合—不整合于油砂山组之上，主要由灰—灰黄色砾岩、砾状砂岩组成，夹砂岩、粉砂岩，厚673～2 342.7 m。

西宁盆地的早第三纪地层称西宁群，它不整合于晚白垩世民和组之上，岩石组合为棕红色泥岩、砂质泥岩与灰绿—灰白色石膏岩不等厚互层，夹少量砂岩、粉砂岩，厚54～1 049 m不等；晚第三纪称贵德群，整合于西宁群之上，为一套桔红—桔黄色泥岩、砂质泥岩、灰白色细—中砾岩、含砾砂岩、砂岩组成的沉积组合，厚222～1 395 m。

鄂尔多斯西缘及陇中、陇东地区的第三纪，以宁夏南部固原、同心一带发育较齐全，其早第三纪地层统称固原群，下部以砖红色砂岩、砾岩为主，称寺口子组；上部以紫红、砖红色泥岩夹石膏岩、粉砂岩等称清水营组，二者连续沉积。平行不整合覆于固原群之上的晚第三纪地层为甘肃群，隶属于该群的下部称红柳沟组（桔红色泥岩、砂岩、砂砾岩）；上部为干河沟组（土红—桔黄、灰、灰白色砂岩、砂砾岩、砾岩组成）。河西走廊地区的第三纪地层中小型山间盆地的岩石地层单位的组成有不尽相同的名称，但它们的岩石组合特征、接触关系等情况大体与上述类似。

渭河盆地主要堆积第三纪地层，它不整合于石盒子组（或更老地层）之上，自下而上为红河组（紫红色泥岩为主，厚260 m）；白鹿塬组（灰白色块状砂岩夹紫红色泥岩，厚43～785 m）；冷水沟组（棕红色砂质泥岩与灰黄、灰绿色砂岩互层，厚20～641 m）；寇家村组（棕红—棕黄色泥岩、砂质泥岩为主夹砂岩，厚28～142 m）；灞河组（棕红、棕黄泥岩与砂岩、砂砾岩互层，厚20～362 m）；蓝田组（紫红—棕红色泥岩，含钙质结核及结核层，厚25～62 m）。以上各组间多呈不整合或平行不整合接触，其底部常有数量不等的粗砂岩、砂砾岩、砾岩等。

第二节 生物组合特征

西北区侏罗纪—第三纪地层以陆相为主，海相地层仅局限于喀喇昆仑山—西昆仑地区（包括塔里木盆地西南缘）。对于它们年代地层单位的划分及与之相应的岩石地层单位已综合反映在表 6-1、6-2 中，在此不再一一加以论证。现仅对涉及年代划分的重要生物组合问题做一简要的讨论。

表 6-1 中国西北区侏罗纪—第三纪岩石地层序列表（一）

地质年代 \ 盆地 \ 地层大区		北疆—兴安地层大区：准噶尔盆地	北疆—兴安地层大区：吐哈盆地	塔里木—南疆地层大区：塔里木盆地 塔北	塔里木—南疆地层大区：塔里木盆地 塔南	塔里木—南疆地层大区：喀喇昆仑地区
第三纪	上新世	独山子组	独山子组	独山子组	独山子组	独山子组
	中新世	塔西河组 沙湾组	桃树园子组	康村组 吉迪克组	乌恰群：帕卡布拉克组 安居安组 克孜勒依组	乌恰群
	渐新世	安集海河组	桃树园子组	苏维依组	喀什群：巴什布拉克组	喀什群
	始新世	紫泥泉子组	巴坎组	小库孜拜组	乌拉根组 卡拉塔尔组	喀什群
	古新世	紫泥泉子组	台子村组	塔拉克组	齐姆根组 阿尔塔什组	喀什群
白垩纪	晚白垩世	红砾山组 东沟组	苏巴什组 库穆塔克组	巴什基奇克组	英吉沙群：吐依洛克组 依格孜牙组 乌依塔克组 库克拜组	铁龙滩群
	早白垩世	吐谷鲁群：连木沁组 胜金口组 呼图壁河组 清水河组	吐谷鲁群：连木沁组 胜金口组 呼图壁河组 清水河组	卡普沙良群：巴西改组 舒善河组 亚格列木组	克孜勒苏群	
侏罗纪	晚侏罗世	石树沟群	艾维尔沟群：喀拉扎组 齐古组	喀拉扎组 齐古组	库孜贡苏组	红其拉甫组
	中侏罗世	石树沟群 西山窑组	头屯河组 西山窑组	恰克马克组 克拉苏群：克孜勒努尔组	塔尔尕组 叶尔羌群：杨叶组	巴工布兰莎组
	早侏罗世	水西沟群：三工河组 八道湾组	水西沟群：三工河组 八道湾组	克拉苏群：阳霞组 阿合组	叶尔羌群：康苏组 莎里塔什组	
下伏地层		郝家沟组	郝家沟组	塔里奇克组	塔里奇克组	克勒青河群

一、侏罗纪植物群及相关动物组合

1. *Neocalamites - Cladophlebis* 植物群

该植物群为李佩娟、何元良、吴向午等于 1988 年据柴达木盆地北缘的侏罗纪提出，它产于大煤沟组下部，包括 34 属 95 种植物，是一个以蕨类、松柏类、银杏类为主的植物群。其主要特

表 6-2　中国西北区侏罗纪—第三纪岩石地层序列表(二)

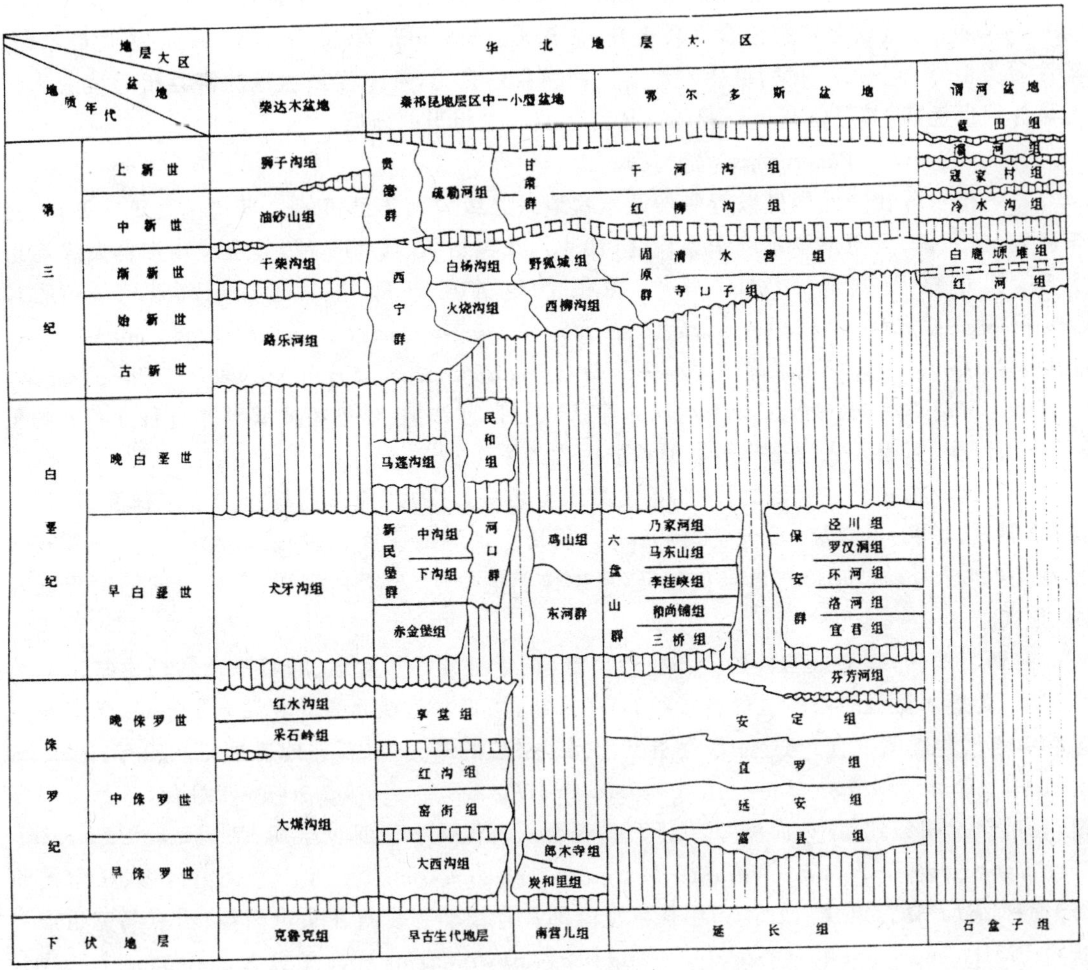

点是木贼目植物数量甚丰，且以 *Neocalamites* 一属为主，包含有晚三叠世继承分子，还出现大量仅见侏罗纪的(如 *N. nathorsti*)的新分子。多种 *Cladophlebis* 的大量出现，且以大型小羽片为特点，银杏目植物单调，茨康目较为发达。松柏类在这一植物群中亦居重要地位，多为针状叶及宽叶类型的 *Elatocladus*，*Pityophyllum*，*Storgaardia*；苏铁杉目中的 *Podozamites* 种群较为丰富。此外，值得注意的是繁盛于中侏罗世的蚌壳蕨科在此植物群则基本未见。经与国内外相关植物群对比，确定其时代属早侏罗世，与此植物群对应的岩石地层单位，在柴达木盆地东北缘当为大煤沟组下部。新疆准噶尔盆地、吐哈盆地的八道湾组、塔里木盆地西南缘的莎里塔什组所产植物分子大体可归属本植物群，时代亦为早侏罗世，与之共生的动物化石有双壳类 *Ferganoconcha rotunda*，*Sibireconcha anodontoides* 等。

徐福祥(1986)研究的甘肃靖远侏罗纪植物化石其组合的总体面貌亦与本植物群中一下部性质一致，所以这里产出化石的大西沟组时代亦应归属早侏罗世早期。

秦岭地区的直接超覆于晚古生代地层之上的郎木寺组下部产：*Neocalamites carrerei*，*Cladophlebis denticulata*，*Cl. tsadamensis*，*Todites* cf. *harizi*，*T.* cf. *princeps* 等。这一植物组合

的性质，亦应归属 *Neo.* – *Cl.* 植物群中—下部，亦即早侏罗世早期。

鄂尔多斯盆地的富县组在府谷哈拉寨川剖面产植物(陕西省地矿局，1989)，与之共生的双壳类有：*Ferganoconcha* sp.，*Pseudocardinia*? sp.；叶肢介：*Palaeolimnodiopsis ordusensis*，*P. wuziwanensis*。就以上植物组合性质来看，它与典型的 *Coniopteris* – *Phoenicopsis* 植物群不同，其性质类似 *Neo.* – *Cl.* 植物群上部组合。因而我们认为，鄂尔多斯盆地的富县组时代应大体为早侏罗世晚期，其层位高于新疆的八道湾组及与之相当的地层。

2. *Coniopteris* – *Phoenicopsis* 植物群

这一植物群在西北地区以青海柴达木盆地东北缘的大柴旦镇的大煤沟地区研究最详，经李佩娟、何元良、吴向午等系统采集研究(1988)，计包括 42 属 115 种，其层位均产自大煤沟组上部，其中蚌壳蕨科的 *Coniopteris* 和银杏纲的属种骤增，如：*Coniopteris bureiensis*，*C. hymenophylloides*，*C. macrosorata*，*C. simplex*，*C. qinghaiensis*，*C. spectabilis*，*C. murrayana*，*Ginkgo*，*Ginkgoites*，*Baiera*，*Sphenobaiera*，*Pseudotorellia*，*Eretmophyllum*，*Phoenicopsis*，*Czekanowskia*，*Sphenarion*，*Vittifoliolum* 等。木贼目、苏铁类、松柏类的属种亦有程度不同的更新、增加。李、何等人认为这一植物群总的时代为中侏罗世。

对于这一植物群在我国的研究，已有数十年历史，它的时代目前均趋向于中侏罗世(周志炎、李佩娟、1980；叶美娜、厉宝贤，1982 等)，据周志炎等的研究，其中 *Coniopteris* 小羽片较宽大种类(如 *C. spectabilis*)产出层位较低，属中侏罗世早期；小羽片深裂、叶膜退缩的种出现较晚(如：*C. tatungensis*)。

在西北地区，以上植物群的分布极为广泛，在新疆准噶尔盆地、吐哈盆地的西山窑组和头屯河组；塔里木盆地的西南缘的杨叶组、塔尔尕组；塔里木盆地北缘的克孜勒努尔组、恰克马克组均有不同程度的发育，与这一植物群产于同一层位的双壳类(新疆地矿局，1993)有：*Pseudocardinia* – *Sibireconcha* – *Unio* – *Ferganoconcha* – *Tutuella* – *Xinjiangconcha* 组合(产于西山窑组、杨叶组及相当地层中，简称“*PSUFTX*”组合)，时代属中侏罗世早期；*Psilunio* – *Lamprotula* (*Eolamprotula*)– *Pseudocardinia* – *Margaritifera* – *Cuneops* 组合(产于头屯河组、塔尔尕组等，简称“*PLPMC*”组合)，时代为中侏罗世晚期。脊椎动物化石在头屯河组、恰克马克组产蜥脚科 Brachiosauridae；甲龙类 *Polysacrlosauria*，*Ankylosauria*；食肉龙类 Megaiosauridae；虚骨龙类 Hallopodidae(Procomnpsoguathidae)；乌脚类 *Ornithopoda*；中鳄类 Mesosuchia；半椎鱼类 *Lepidotus rugosus*；叉鳞鱼类 *Pholidophoriformes*，*Pholidophoridae*，*Baleiichthys*；蜥蜴类 *Leptoglossa*；龟鳖类 *Chelonia*；鲛类 *Selachii*；肺鱼类 *Ceratodus* sp.；两栖类 *Amphybia*；哺乳类 *Klamelia zhaopengi* 等。

产 *Coniopteris* – *Phoenicopsis* 植物群的在河西走廊地区有窑街组、红沟组，据以往研究它们大体前者为早期组合，后者为晚期组合。鄂尔多斯西缘的延安组，直罗组所产植物亦属 *Coni.* – *Pho.* 植物群，并可大体将前者所产划为早期组合，后者所产归属晚期组合，但它们和其他地区一样往往难以确定二者界线，并且不与岩石地层单位界线吻合。

二、早白垩世非海相生物群

西北区的早白垩世非海相生物群时代在我国多有争论，这里我们认为它包括以往人们所称“热河动物群”和 *Ruffordia* – *Onychiopsis* 植物群中、晚期组合。“热河动物群”是一个由鱼类、介形类、叶肢介、双壳类、昆虫等多门类、多组合的庞大族类的总称，这些门类化石在不同地区、不同剖面发育情况不尽一致，它们之间的关系错综复杂，故不宜在“热河动物群”名下来讨论问题，下面仅针对西北区实际情况，按门类讨论其组合特征及与岩石地层单位的对应关系。

介形类在西北地区的早白垩世分布广泛，它们总的组合特征是形成以 *Cypridea* (*Cypridea*)为优势的种群，其组合情况在塔里木盆地的早白垩世下部亚列格木组所产介形类称 *Jingguella - Pinnocypridea - Darwinula* 组合（新疆地矿局，1993）。该组合中 *Cypridea* (*C.*)，*Rhinocypris* 二属的有关种为常见分子，*Minheella* 的若干种大量出现。这一组合的时代为早白垩世早期。北天山—准噶尔地区吐谷鲁群介形类为：*Cypridea - Rhinocypris - Mongolianella* 组合，其中 *Cypridea*(*C.*)有关种大量出现（占种群近 1/3），含 *Monosulcocypris sinensis* 等南方特有的种，该组合时代为早白垩世。类似上述后一组合在甘肃的赤金堡组，新民堡群、河口群、宁夏的六盘山群和陕甘宁地区的保安群等均有存在，但未见像 *M. sinensis* 那样南方特有的种。

双壳类在西北地区以准噶尔盆地的吐谷鲁群所产SNSTM组合为代表，主要有：*Unio obrutschewi*，*U. unioporreus*，*Sphaerium selenginense*，*S. rotundum*，*S. transbaicalicum*，*S. jamhoensis*，*S. pujiangense*，*S. jeholense*，*Inversidens wuerhoensis*，*I. chungaricus*，*Nakamuranaia elongata*，*N. manasensis*，*Solenaia mengyinensis*，*Margaritifera ispharensis* 等，该组合以 *Sphaerium* 的大量出现为特色，除 *Unio* 等外，白垩纪以来的新生属种占优势。在河西走廊等地的新民堡群、赤金堡组、鄂尔多斯西缘的六盘山群所产双壳类有关属种，均大致可与上述组合相比较。

鱼类化石在新疆以吐哈盆地和准噶尔盆地南缘的吐谷鲁群上部的胜金口组为最丰（俗称“绿色含鱼层”），计有：*Vighuroniscus sinkiangensis*，*Siyuichthys tuguluensis*，*S. ornatus*，*Dsungarichthys bilineatus*，*Bogdaichthys tuguluensis*，*Manasichthys macrolepis*，*Junggarichthys longipectoralis*，*Turfanichthys pulcher*，*Wakungia huoyanshanensis* 等。

在兰州地区的河口群、河西走廊地区的赤金堡组、下沟组，鄂尔多斯西缘的六盘山群、保安群、西秦岭地区的东河群等以往资料均产著名的狼鳍鱼(*Lycoptera*)，并经常与 *Sinamia* 等鱼类共生。但自 80 年代以来马凤珍(1980)、刘宪亭(1985)先后发表了六盘山群鱼化石研究新成果，新定两个鱼化石属种：*Kuntulunia longipterus*，*Tongxinichthys microdus*，并认为它们在形态和演化水平上均比 *Lycoptera* 进步，其繁盛期晚于 *Lycoptera*，以往在六盘山群李洼峡组及其以层位所定的 *Lycoptera* 有关种可能有误，这是由于 *Kuntulunia* 与 *Lycoptera* 外形颇相似，真正的 *Lycoptera* 只产于和尚铺组。这样，若能通过进一步对以往标本重新审定证实上述看法的正确性，则它们就可划分出两个鱼化石组合，将推动其他地区相关地层的划分、对比及年代地层的研究。

在新疆准噶尔盆地西北缘吐谷鲁群，盛产恐龙等大型脊椎动物化石，可统称翼龙-鹦鹉嘴龙动物群（董枝明，1980），包括 *Dsungaripterus weii*，*Edentosuchus teinshanensis*，*Noripterus complicidens*，*Wuerhosaurus homhemi*，*Phaedrolosaurus ilikensis*，*Kelmayisaurus petrolicus*，*Tugulusaurus facile*，cf. *Asiatosaurus mongoliensis*，*Psittaeosaurus* sp. 等，其时代为早白垩世。在西北其他地区的白垩纪地层所产脊椎动物化石属于该动物群者有：甘肃的新民堡群、保安群的罗汉洞组中见有 *Psittacosaurus*，*P. yaungi* 等重要分子（董枝明，1980）。

Ruffordia - Ohychiopsis 植物群，它们在西北地区的相关地层中有广泛的分布，但缺乏系统的剖面研究。其植物群的组成以真蕨类最繁盛，次为种子蕨类、银杏类和松柏类。据曹正尧、厉宝贤等资料(1982)，新民堡群产：*Ruffordia*? sp.，*Sphenopteris* sp.，*Cycadites* sp.，*Otoza-*

mites sp.，*Brachyphyllum* sp.，*Pagiophyllum* sp.，*Sphenolepis kurriana*，*Elatides*? sp.，*Conites* sp. 等；赤金堡组产：cf. *Ruffordia goepperti*，*Onychiopsis* sp.，*Cladophlebis* cf. *browniana*，*Cl.* cf. *albertsii*，cf. *Sclaropteris compacta*，*Sphenopteris dense*，cf. *Sphenolepis sternbergiana*，*Phoenicopsis angustifolia*，*Czekanowskia* sp.，cf. *Elatides curvifolia*，*Elatocladus* (*Sequoia*?) sp.。六盘山群自李洼峡组至乃家河组产丰富的植物化石：*Elatocladus* sp.，*Equisetites* sp.，*Anomozamites* sp.，*Brachyphullum* sp.，*Pagiophyllum* sp.，*Otozamites klipsteinii*，*Onychiopsis* sp.，*Pterophyllum* sp.，cf. *Pseudofrenelopsis foveolata*，*Zamiophyllum buchianum*，*Glossozamites* sp. 等。以上列举各地植物组合基本反映出西北地区与非海相早白垩世动物群共生的 *Ruffordia*－*Onychiopsis* 植物群的面貌。

三、从晚第三纪哺乳动物群分期讨论相关岩石地层单位的时限

在第三纪陆相地层年代的确定过程中，哺乳动物化石组合占有重要的地位，事实上若干微体化石组合时代，往往是考虑了与之共生的哺乳动物化石组合的年代而厘定的。

80 年代以来我国古脊椎动物学者（李传夔、吴文裕、邱铸鼎，1984；邱占祥、邱铸鼎，1990）依据欧洲海相第三纪年代划分的新进展，对我国晚第三纪哺乳动物群分期的研究取得了重要成果，改变了以往以马的进化来划分晚第三纪的作法（即安琪马出现为中新世；三趾马始现为上新世开始）。因此我们有必要据以往资料对西北地区晚第三纪相关的岩石地层单位的时代作一讨论。

在兰州地区，产于兰州铁路局林场剖面的六种哺乳动物化石（*Metexallerix gaolanshanensis*，*Tataromys grangeri*，*T.* sp.，*T. suni*，*Leptotataromys* cf. *graeilidens*，*Tsaganomys altaicus*），产于野狐城组紫红—棕红色泥岩、粉砂质泥岩夹石膏层的上部，被邱占祥等（1990）称之为**兰州动物群**，并据其性质认为与海相 Aquitanian 期同时代的哺乳动物群，而把 Aquitanian 期划入中新世在国际上几乎已成定论，因此，将其该动物群划入中新统的最下部，不是没有道理的。邱氏并视此动物群为我国中新世最早期的代表。但从岩石地层单位的时代来说，由于本动物群产于该剖面野狐城组的上部，故不能排除化石层位之下的那段地层部分有属渐新世晚期的可能。

产与兰州动物群相似性质哺乳动物和化石的尚有：新疆吐哈盆地的桃树园子组；准噶尔盆地北缘乌伦古河流域和准噶尔盆地南缘的沙湾组①；宁夏海原红沟梁、袁家窝窝等地红柳沟组底部的哺乳动物（王伴月、阎志强、陈国新，1994）。其所在化石层位的时代均为中新世最早期。

产于青海平安县谢家村北贵德群底部的哺乳动物化石（邱占祥、邱铸鼎，1990，李传夔、邱铸鼎，1980）称**谢家地方动物群**，其年代属中新世早期，但层位高于兰州地方动物群。

分布于宁夏南部中宁—同心—海原一带的甘肃群红柳沟组包括早中新世兰州地方动物群；在同心一带则产以铲齿象（*Platybelodon*）、库班猪（*Kubanochoerus*）为代表的**丁家二狗地方动物群**（邱占祥等，1990），时代属中中新世；在中宁红柳沟一带哺乳动物化石则与通古尔地方动物群相近，代表中中新世较高层位。

关于三趾马动物群其时代以往均归属上新世。在 10 年以前我国学者就已据国际上新第三纪的划分新进展做了扼要的介绍，并据我国的实际材料与欧洲做了对比和相应的调整（李传夔

① 邱占祥等（1990）误为沙洼组。

等,1984),其中关于三趾马动物群,认为始于晚中新世,是这一时期的代表性动物群。

在青海柴达木盆地北缘的托素湖一带的油砂山组大量的安琪马动物群残存分子(*Stephanocemas*,*Lagomeryx*,"*Dicrocerus*")与 *Hipparion*,*Tetralophodon* 等三趾马动物群分子共生,代表我国三趾马动物群的最早期组合,称**柴达木地方动物群**,时代属晚中新世早期。而宁夏吴忠甘肃群干河沟组产 *Hipparion weihoense*,*Tetralophodon* cf. *exoletus*,*Acerorhinus tsaidamensis* 和 *Qurliqnoria cheni*(邱占祥,1987),其性质与产 *Hipparion weihoense*,*H. cheni* 的**灞河地方动物相近**,时代为晚中新世早期,层位高于柴达木地方动物群。

在甘肃陇东庆阳地区甘肃群上部(即以往所称"临夏组")产三趾马动物群为代表的哺乳动物化石,其中有 *Hipparion hippidiodus*,*H. kreugeri* 和 *Gazella dorcadoides*,*G. paotehensis* 等,即所谓草原三趾马动物群,相当于欧洲陆相第三纪吐洛里(Turolian)期,时代为晚中新世晚期。

在新疆广泛分布的独山子组产 *Hipparion* sp.,*Gazella* sp. 等哺乳类化石,其产出层位不详,但至少可说明该组有部分属晚中新世,而不应将其全部划入上新世。由于西北地区目前尚无产以 *Hipparion*(*Proboscidipparion*)*houfenense* 为代表的上新世哺乳动物群,因而我们认为像鄂尔多斯盆地西缘的甘肃群顶部(或干河沟组);新疆独山子组;青海柴达木的狮子沟组、贵德群上部,我们肯定这些岩石地层单位有部分属中新世晚期的同时,也不能排除其上部有上新世的可能,在目前这方面尚是西北地区陆相第三纪地层年代划分的一个薄弱环节,无疑今后应予加强。

总之,在我国由于古脊椎动物学者近十几年来的工作,根据与欧洲第三纪的年代对比,对于我国陆相第三纪年代的划分有了新的进展,这对于用双壳类、介形类、轮藻、孢粉、古植物等门类有关组合的时代是否亦应做相应的研究与调整,以大体上协调、修正用不同门类化石组合来划分晚第三纪年代地层的一致性。

四、侏罗纪—白垩纪—第三纪海相生物群

西北区除青海南部有海相侏罗纪地层(属华南地层大区)分布之外,海相侏罗纪、白垩纪和第三纪海相地层分布于塔里木盆地西南缘、西昆仑和喀喇昆仑地区,虽分布不广,但有重要意义,现据现有资料,简介于后。

(一)侏罗纪生物组合特征

分布在喀喇昆仑地区的海相生物组合。属古地中海生物区系,具浓厚地方性色彩。产于巴工布兰莎组中的海相化石包括双壳类、腕足类、六射珊瑚、菊石等门类,其中双壳类以 *Camptonectes*(*C.*),*Chlamys*(*Radulopecten*)和 *Liostrea* 三属为主,包括 *Ca.*(*C.*)*lamina*,*Ca.*(*C.*)*lens*,*Ch.* sp.,*Li. Sbirmanica* 等;腕足类以 *Burmirhynochia*,*Kutchithyris* 两属种群最丰;六射珊瑚较为繁盛有 *Stylosmilia*,*Thecosmilia*,*Montlivaltia*,*Paracyathus*,*Chomatoseria* 等属,其中以前三属数量较多;菊石有 *Harpoceras phinectatum*,*Reineckeia* sp.,*Heoticoceras*(*Brightia*) aff. *metomphlem*,*H.*(*Puealiceras*) *paulowi*,*Grossouvria* sp.,*Choffatia* sp. 等,其中菊石 *Harpoceras phinectatum*,*Reineckeia* sp. 为中侏罗世重要分子,还没有找到可靠的早侏罗世分子,因而将巴工布兰莎组时代置于中侏罗世为宜。至于皮山县巴工布兰莎附近剖面上部砂质页岩中所见植物(见新疆岩石地层送审稿),本书认为不能视为早侏罗世植物组合,因为其中未见

早侏罗世特征分子，相反它出现了 *Phoenicopsis* 多种，它是中侏罗世植物组合中特征属。

红其拉甫组的生物组合门类除与前述巴工布兰莎组所见一致外，还增加了层孔虫、水螅类化石，以菊石为最重要，计有 *Virgatosphinctes denseplicatus*，*V. frequns*，*V. multifaoiatus* 和 *Ataxioceras*，*Progeronia*，*Himalayites*，*Perisphinctes*，*Purcula Spiticeras* 等属种。其中 *Virgatosphinctes*，*Perisphinctes*，*Spiticeras* 等均为晚侏罗世标准分子。

（二）白垩纪生物组合特征

塔里木西缘地区的英吉莎群以双壳类为主，可分为两个组合，下部全由牡蛎组成，以 *Rhynchostreon*，*Exogyra*，*Ostrea*，*Pycnodonte*，*Gyrostrea* 为主，称 REOPG 组合，为晚白垩世早期的典型组合；上部称固着蛤组合，以 *Biradiolites boldjuanensis*，*Osculingera xinjiangensis* 为主（又称 BO 组合），时代属晚白垩世中期。

喀喇昆仑区的铁龙群所含生物仍以双壳类为主，自下而上分为三个生物组合带：*Amphisonte* - *Chlamys*（*Pethopecten*）- *Neithea*（*Neitheops*）- *Cucullea*（*Lndonearca*）- *Radiolites* 带（简称简棱海扇-辐射蛤带）；*Lopha*（*Actinostreon*）- *Neitheh*（*Neitheops*）- *Plagiostoma* - *Durania* - *Bournonia* 带（简称套海扇-波澜蛤带）；*Amphidonte* - *Sauvagtesia* - *Hippurites* 带（简称萨未热蛤—马尾蛤带）。在以上三个带中，其下部简棱海扇—辐射蛤带缺失早白垩世典型属种，其上的两带时代属晚白垩世，因此在该群下部不能排除有跨早白垩世的可能。

（三）早第三纪生物组合

分布于塔里木盆地西南缘和喀喇昆仑地区的海相早第三纪喀什群以双壳类为主，有孔虫、介形类等次之，双壳类自老而新可划分为以下五个组合：

（1）*Brachidontes* - *Corbula* 组合（简称 BC 组合），为小个体的牡蛎，含有孔虫 *Quinqueloculina* sp.，时代属早古新世。与此相对应的岩石地层单位大体为阿尔塔什组。

（2）*Pycnodonte*（*P.*）- *Ostrea*（*O.*）- *Flemingostrea*（*F.*）组合（简称 POF 组合），这一组合中含有前一组合中 *Brachidontes* 一属的分子，与其共生的有孔虫为：*Spiroplectummina* - *Globigerina* - *Nonionellina* 组合，时代为古新世—始新世。

（3）*Ostrea*（*Turkostrea*）- *Ostrea multicostata* 组合（简称 TO 组合），本组合 *Ostrea* 一属达到极盛，*Sokolowia* 也相当发育，相应的有孔虫组合为 *Nonion* - *Cibicides* - *Anomalinoides* 组合。时代属早—中始新世。

（4）*Sokolowia* - *Kokanostrea* - *Flemingostrea* 组合，（简称 SKF 组合）与之共生的有孔虫有 *Nonion*，*Anomalinoides*，*Cibicides* 等属。时代为中—晚始新世。

（5）*Peatygena* - *Cubitosbrea* - *Fergania* 组合（简称 PCF 组合），在本组合中属于前一组合中的 *Sokolowia*，*Kokanostrea* 和 *Flemingostrea* 三属有关种近于绝灭。时代为渐新世。

第三节　侏罗纪—第三纪沉积盆地的演化

一、陆相侏罗纪—第三纪地层的沉积特征

西北区的陆相侏罗纪—第三纪各岩石地层单位虽被分隔在大小不等的盆地中，但它们之

间仍有其共同的沉积特征可相互对比，兹分述于后。

（一）侏罗纪

自下而上分为两个岩石组合。

1. 灰色碎屑岩、泥岩含煤组合

属于这一组合的有准噶尔盆地的八道湾组、三工河组、西山窑组；塔里木盆地的西南缘的莎里塔什组、康苏组、杨叶组；塔里木盆地北缘的阿合组、阳霞组、克孜勒努尔组；柴达木盆地北缘的大煤沟组；靖远等地的大西沟组、窑街组；鄂尔多斯盆地的富县组、延安组、直罗组等。岩层的色调为灰、灰黑色—灰黄绿色，碎屑岩粒度变化总体有自下而上由粗变细的特点，其下部在大型盆地边缘及中小型盆地一般较粗，以砾岩、砂砾岩、粗砂岩为主，碎屑的成分、结构成熟度低，含煤性较差，或不含煤（如前述阿合组、莎里塔什组、大西沟组等），而在大型沉积盆地的沉积中心，则下部相对较细，砾岩、砂砾岩不发育，含煤性较好（如八道湾组）。本组合的中部一般为灰绿—黄绿色砂岩夹泥岩、粉砂岩，不含煤。上部为西北地区的主要含煤层位（如：西山窑组、杨叶组、大煤沟组上部、窑街组、延安组等）。

2. 杂色—紫红色碎屑岩、泥岩组合

属于这一组合的有准噶尔盆地的艾维尔沟群；东准噶尔的石树沟群；塔里木盆地西南缘塔尔尕组、库孜贡苏组；柴达木盆地的采石岭组、红水沟组；靖远盆地的红沟组、享堂组；鄂尔多斯盆地的安定组、芬芳河组等。其岩层色调以紫红色为主，间夹灰绿色、紫红色、蓝灰色，一般情况下部分以杂色碎屑岩为主，向上变细，为泥岩、粉砂岩及碎屑岩等，唯鄂尔多斯西缘覆于安定组之上的芬芳河组为一套紫红色砾岩、砂砾岩等。

除上述两种组合以外，在西秦岭的小型山间盆地，覆于属灰色碎屑岩、泥岩的炭和里组之上的郎木寺组，为一套灰色碎屑岩夹大量火山碎屑岩、安山岩等火山岩，可称之为碎屑岩—火山岩组合。此外，在准噶尔盆地西北缘克拉玛依地区的八道湾组中尚夹中—基性火山岩。但分布局部，尚不能构成一个独立的岩石组合。

（二）白垩纪

1. 棕红、紫红色夹灰绿色碎屑岩、泥岩组合

属于这一组合有准噶尔、吐哈盆地的吐谷鲁群；甘青一带的赤金堡组、新民堡群；塔里木盆地北缘的卡普沙良群；鄂尔多斯盆地的保安群。本组合岩性的基本色调为棕红—紫红色砂岩、粉砂岩、泥岩、夹灰绿色砂岩、粉砂岩、泥岩、泥灰岩等。其中后者多寡不一，如隶属吐谷鲁群的四个组基本按色调分出，而甘、青一带的赤金堡组、新民堡群则以紫红色为主，灰绿色次之。

2. 棕红、紫红—灰、灰绿色碎屑岩、泥岩、泥灰岩组合

属于这一组合的主要为六盘山群，其特点为自下而上由粗（砾岩、砂岩）变细（泥岩、泥灰岩、灰岩，夹少量石膏、油页岩），岩层宏观色调由紫红转为灰、灰绿、蓝灰色。

（三）第三纪

1. 棕红—褐红色粗—细碎屑岩组合

属于该组合的有鄂尔多斯西缘的寺口子组；吐哈盆地的台子村组；柴达木盆地的路乐河组及其他盆地的边缘。这一组合以砾岩、砂砾岩、粗—细砂岩为主，夹砂质泥岩、粉砂岩等，其成分成熟度、结构成熟均较低。

2. 棕红色、褐红色砂岩、泥岩夹石膏组合

属于该组合的有：西宁盆地的西宁群；鄂尔多斯西缘的清水营组；兰州附近的野狐城组。其岩性为棕红(包括深砖红、褐红等)色泥岩、砂质泥岩、粉砂岩夹砂岩、石膏层等。

3. 桔红色、浅棕红色砂岩、泥岩组合

鄂尔多斯盆地西缘的红柳沟组；柴达木盆地的油砂山组；兰州盆地的甘肃群下部；西宁盆地贵德群中下部等。该组合宏观色调为桔红、浅棕红间灰白、桔黄、灰绿色砂岩、泥岩等。基本不含层状石膏层。

4. 灰—灰黄、桔黄色碎屑岩夹泥岩组合

新疆各盆地的独山子组、柴达木盆地的狮子沟组、鄂尔多斯盆地西缘的干河沟组等均属此组合。其岩层宏观颜色较浅，由砂岩、砂砾岩、砾岩夹粉砂岩、泥岩组成。

综合上述，西北区的陆相侏罗纪—第三纪的沉积组合基本可划分为以上八个类型。以灰—灰黑色碎屑岩、泥岩组合，代表了本区早—中侏罗世沉积，其沉积环境为河流—湖泊三角洲(冲积扇)—湖泊环境，但它们在各盆地中相应所代表的岩石地层单位时代不尽一致，据前述植物组合，准噶尔盆地的最下部八道湾组时代为早侏罗世早期(部分地区可能跨晚三叠世晚期)；青海的大煤沟组底部，甘肃大西沟组等为早侏罗世早期；而鄂尔多斯盆地的富县组则为早侏罗世晚期。中—晚侏罗世的沉积组合则以杂色、紫红色碎屑岩组合为特征，它是古气候干、热条件下的沉积体系，其沉积相总体为前三角洲—湖泊相。

不整合于晚侏罗世之上的早白垩世沉积组合除部分地区下部为冲积扇堆积外，六盘山群下部三桥组—和尚铺组、塔里木北缘亚格里木组等，余均以湖泊相为主，河流作用不明显。

总观西北区陆相第三纪岩石组合类型，其色调有自下而上由棕红递变为砖红—桔红—桔黄—灰色，它反映了古气候变化的特征，一般自古新世—渐新世色调较深，中新世—上新世渐浅。其碎屑物在老第三纪下部粗碎屑发育，常发育大型板状斜层理，为山麓堆积—冲积扇沉积体系；上部组合以泥岩、粉砂岩为主，属湖泊相沉积。新第三纪自中新世—上新世有自下而上变粗的趋势，大致代表由河流湖泊相过渡为扇前或扇间谷地环境，值得注意的是在老第三纪—新第三纪初期，在各地发育湖相膏盐沉积，其层位不尽一致，西宁盆地的西宁群自古新世—渐新世均有石膏沉积；兰州附近的野狐城组石膏层发育时代大致为渐新世晚期至中新世初期；而鄂尔多斯西缘则在时代为渐新世的清水营组有石膏大量产出。所以作为岩石组合特征基本一致并不意味着它们的时代是相同的。

二、侏罗纪—第三纪沉积盆地的演化

幅员辽阔的中国西北部地区历经了各地质历史时期复杂的构造演化，至三叠纪末期，它基本上已成为欧亚大陆板块的一部分，构造变动及盆地的发生，发展属板内活动。故就其盆地类型来说，基本上可分为：大型的内陆坳陷盆地和中、小型断陷盆地。这些盆地在侏罗纪—第三纪这一段时间内，发生、发展的时间、发育情况不尽相同，兹将其主要盆地简述于后。

(一)准噶尔盆地大型内陆坳陷盆地

以侏罗纪地层最为发育，它连续沉积于晚三叠世地层之上，早侏罗世—中侏罗世早期的各岩石地层单位为灰色碎屑岩、泥岩含煤组合、沉积相为冲洪积相—三角洲相—湖相，产丰富的植物化石，是温湿气候条件下的产物。中侏罗世晚期—晚侏罗世的古气候转变为干燥—半干燥，沉积组合属杂色一紫红色碎屑岩、泥岩组合，沉积相为冲洪积相一河流相一湖相，产植物、丰富的脊椎动物化石等。总观其侏罗纪沉积厚度（图6-1），盆地南部较厚，向北渐薄，反映出盆地总体形态不对称，呈簸箕状，显然与南缘基底断裂有关。侏罗纪末期盆地逐渐抬升，造成了早白垩世吐谷鲁群[①] 以平行不整合一不整合覆于晚侏罗世地层之上，以吐谷鲁群为代表的一套杂色碎屑岩泥岩组合，其沉积相以河流一湖泊相为主，此时盆地西南部缺失，沉积中心由侏罗纪南部迁移到北部克拉玛依地区，产丰富的恐龙、鱼类等脊椎动物化石。晚白垩世盆地萎缩，东沟组、红砾山组在盆地内分布局限，为一套灰棕一砖红色砾岩夹泥岩、粉砂岩组合，属冲洪积相一河流相沉积。早第三纪古新世一始新世地层不整合于白垩纪或更老地层之上，为一套紫红、褐红色砂质泥岩夹砂岩，属湖相一河流相沉积，始新世一渐新世盆地扩大形成广阔的浅水湖盆，沉积了灰绿色泥岩夹泥灰岩。晚第三纪中新世早期沉积的沙湾组为棕红一褐红色砾岩、砂岩、泥岩等。以河流相为主体，分布不广，表明其湖盆范围又有收缩，中新世晚期一上新世沉积的塔西河组、独山子组为河湖相沉积，范围较广，湖盆范围复又有所扩展。

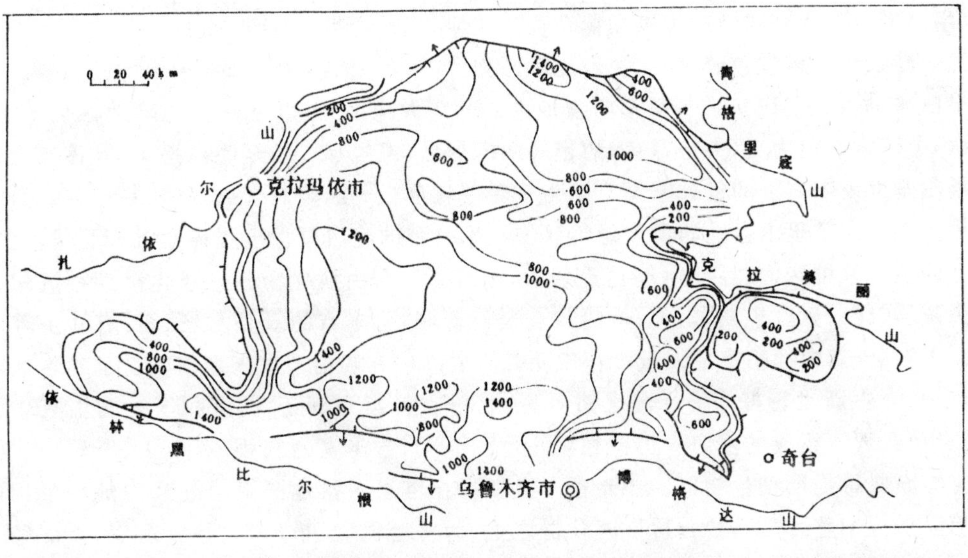

图6-1 准噶尔盆地侏罗纪地层等厚线图
（据李学义、李天明，1995）（图中等厚线单位：m）

综上所述，作为我国著名的大型内陆坳陷盆地，虽始于晚三叠世，但那时并未形成统一的大型盆地，早侏罗世至中侏罗世为盆地发育的第一个鼎盛时期，不仅沉积厚度大，而且沉积范围广，基本能反映出盆地在平面上呈三角形的形态，受周围山体的断裂控制，南部以属天山山系的依林黑比尔根山、博格达山山前断裂控制；西北部基本以扎依尔山山前断裂为界；东部则有青格里底山、克拉美丽山为它的东界。由其盆地的坳陷为南深北浅的簸箕状形态来看，显然与盆地南缘向北推挤的动力作用有关，以后各时期盆地内堆积物的分布虽受盆地内部不均衡的隆起抬升等因素影响，但这一基本格局并没有多大改变。早白垩世在盆地内堆积范围虽有缩小，但仍不失为本盆地的第二个鼎盛期。早、晚第三纪两时期的地层间虽为连续沉积，但确代表

① 李学义、李天明，1995，准噶尔盆地侏罗系区域构造特征及演化。见：新疆地质学会编第三届天山地质矿产学术讨论会论文集。139～145。

了两个堆积充填过程。

与准噶尔盆地毗邻发展过程相似或部分相似盆地有位于博格达山南麓的吐哈盆地，西天山的伊宁盆地等。后者白垩纪为隆起区，第三纪地层亦不发育。

（二）塔里木盆地及其周缘盆地

该盆地较之准噶尔盆地有其复杂的演化过程，在侏罗纪，塔里木盆地的内部基本为隆起区，其北缘库车—博斯腾湖一带沿天山南麓强烈坳陷，形成了东西向的断陷盆地，早侏罗世—中侏罗世早期的克拉苏群平行不整合—不整合覆于晚三叠世地层之上，下部（阿合组）为一套快速堆积的灰绿色砾岩、砂岩，向上则以灰—灰黑色粉砂岩、泥岩为主夹砂岩、含煤性不好，总厚在1 700 m以上，代表了盆地发育初期的山麓堆积相—冲洪积相—湖相的充填过程，中侏罗世晚期—晚侏罗世为杂色—紫红色碎屑岩、泥岩的河湖相充填过程。在塔里木盆地的西南缘—南缘。亦即昆仑山南麓，不整合于晚三叠世或古生代地层之上的叶尔羌群，早—中侏罗世早期的灰色碎屑岩、泥岩含煤组合情形与前述库车地区类似，亦即下部以粗碎屑为主，不含煤；向上（康苏组、杨叶组）为灰绿色砂岩夹灰黑色泥岩为主，局部含可采煤层，总厚在3 000 m以上。其上部为一套杂色—紫红色碎屑岩、泥岩充填序列。

早白垩世沉积范围扩大到塔里木盆地内部的广大地区，但以上两个坳陷地区仍然急剧下沉，沉积了以紫红色为主（夹灰绿色）的粗—细碎屑岩、泥岩等。乃至晚白垩世，在库车盆地，整合于早白垩世地层之上的巴什基奇克组为一套紫红色粗—细碎屑岩夹泥岩、粉砂岩，为山麓—河流相沉积。在塔里木盆地的西南缘喀什—和田一带的晚白垩世地层连续沉积于早白垩世地层之上的英吉莎群为海相沉积，厚达千余米，组成了一套由淡化泻湖—咸化泻湖相沉积，岩石组合为灰、灰绿—紫红色灰岩、泥岩、粉砂岩及石膏等，含丰富的双壳类、菊石、有孔虫等，属特提斯型生物群，其中牡蛎等常大量堆积成介壳灰岩。约在晚白垩世末期海水又退出本区，经过短期剥蚀，至古新世特提斯海水复又进入区内，一直持续到渐新世，沉积了一套由灰岩、泥灰岩、泥岩和石膏岩组成的浅海—泻湖相沉积（喀什群），含丰富的牡蛎、有孔虫、珊瑚、腕足类等海相生物亦属特提斯型生物群。中新世—上新世在塔里木盆地西南缘复又为陆相沉积（乌恰群），它以平行不整合—不整合覆于喀什群之上，为一套泥岩、粉砂岩、砂岩组成，下部（克孜勒依组）夹石膏层。

在塔里木盆地北缘库车盆地的第三纪地层，古新世塔拉克组为一套由白云岩、泥灰岩及石膏组成的海相地层，它可能是由于古新世特提斯海侵通过柯坪隆起的夹道而进入本区的。至始新世—上新世，为河湖相沉积。

应该指出，据塔里木盆地的石油钻井、物探资料，盆地内部侏罗纪基本未接受沉积，仅限于上述盆地的西南缘和北缘，它们属塔里木地块的边缘凹陷沉积，自白垩纪方开始沉降，至第三纪而发展成为一个大型坳陷盆地。纵观它的演化历史，虽在西南缘于晚白垩世—早第三纪两度接受来自特提斯洋的海侵，但它毕竟是发生在该区与北方大陆碰撞拼合以后的大陆内部，因而我们认为塔里木盆地在中生代为一内陆坳陷盆地，并非前陆盆地。

（三）柴达木盆地

该盆地与前述准噶尔盆地、塔里木盆地的发展历史有一定差异，后二者属大型内陆坳陷盆地，在晚三叠世已具雏形，而柴达木地区缺失三叠纪地层，在早侏罗世由于地块边缘断裂的活动而产生边缘凹陷，沉积了不整合于早元古代地层之上的大煤沟组，它是一套由冲洪积相—湖相沉积组成的碎屑岩、泥岩含煤组合，至晚侏罗世沉积了一套杂色—紫红色的碎屑岩、泥岩等，属河湖相，晚侏罗世晚期至早白垩世初边缘凹陷复又抬升剥蚀，早白垩世中晚期方有以紫红色砾岩为主山麓相—河流相沉积（犬牙沟组），它具有磨拉石的性质。直至第三纪才全面下沉，沉积了一套包括古新世—上新世的河湖相地层，其中大部（路乐河组）为紫红色砾岩夹砂岩、粉砂岩，时代大体为古新世—始新世；不整合其上干柴沟组、油砂山组为河—湖相的灰绿、浅红色泥岩、粉砂岩、砂岩；上部狮子沟组则为河流相的灰—灰黄色砾岩、砂岩、粉砂岩等。所以柴达木盆地是一个以第三纪地层为主的内陆坳陷盆地。

（四）鄂尔多斯盆地

为我国著名的大型内陆坳陷盆地，它的发展历史可追溯到二叠纪。早—中三叠世它的沉积范围向东至山西中南部，以晚三叠世延长组为代表（西缘称白芨芨沟群）的碎屑岩沉积，仅发育陕北、宁夏东部及贺兰山北段，可视为本盆地的最下部的组合。平行不整合—不整合于延长组之上的富县组—延安组—直罗组为灰—灰绿色碎屑岩、泥岩含煤层的组合，属河湖相，时代为早侏罗世晚期—中侏罗世；覆于其上的安定组为紫红—杂色碎屑岩、泥岩组合，时代为晚侏罗世。据煤炭、石油等有关资料分析，其盆地内早—中侏罗世时的沉积中心在盆地的东南部（约在榆林—吴旗—庆阳一线东南）。以保安群、六盘山群为代表的早白垩世地层，不整合于侏罗纪地层之上，它们主要分布于盆地西部（陕、甘、宁三省交界的边缘地区）。由此可知，鄂尔多斯盆地的侏罗纪—白垩纪地层的沉积中心自老而新逐渐西移。至第三纪则形成了环鄂尔多斯周缘的地堑式断陷盆地（如汾渭盆地、银川盆地、河套盆地、吉兰泰盆地等）；在鄂尔多斯盆地西南部（宁夏南部）第三纪地层则主要充填在该地弧形山间盆地中（顾其昌等，1987）。

（五）其他中、小型盆地

散布于青海东部、河西走廊一带的若干中、小型盆地，它们又有别于上述大型盆地，多为内陆断陷盆地，它们展布总体上均受到秦祁昆北西—北西西—东西向构造带的控制。盆地的发生，发展时期，沉积物的充填序列不尽一致，如：西秦岭玛曲地区的山间盆地，为侏罗纪充填，下部为灰绿色砂、砾岩夹煤层（炭和里组）；上部郎木寺组为一套砂岩、砾岩夹大量安山岩类火山熔岩、火山碎屑岩。靖远东北的宝积盆地亦为侏罗纪盆地，它的充填物其下部为早侏罗世灰—灰绿色碎屑岩、泥岩夹煤层（大西沟组、窑街组）；上部红沟组、享堂组为杂色—紫红色碎屑岩、泥岩。兰州—西宁盆地则以白垩纪—第三纪地层充填为主，侏罗纪仅在兰州附近发育。总之，大盆地往往有较长的发育史，而中、小型，特别是小型盆地充填历史往往较短。

三、侏罗纪—第三纪陆相盆地的形成机制

总观中国西部地区侏罗纪—第三纪陆相盆地展布的时空特征及其充填序列（表 6－3）有如下主要特征：

（1）在大、小盆地分布的平面形态上，其长轴方向大体与其区域性北西—北西西—东西向压性构造带相一致（除鄂尔多斯盆地外），这就预示着它是在挤压条件下形成的内陆坳陷盆地或断陷盆地。

（2）在垂向上盆地形态不对称，而呈簸箕状，如准噶尔盆地，其研究较详的侏罗纪地层，沉积厚度最大不在盆地的中心，而在盆地南缘玛纳斯—乌鲁木齐北部，其走向与天山北麓（博格

表 6-3　中国西北部侏罗纪—第三纪主要盆地演化序列表

地质年代 纪	地质年代 世	构造事件	准噶尔盆地	吐哈盆地	塔里木盆地 北缘	塔里木盆地 西南缘	喀喇昆仑地区	柴达木盆地
第三纪	上新世		河湖相红—土黄色泥岩、砂岩、砾岩	河湖相紫红—土黄色泥岩、砂岩、砾岩	河湖相土黄—红色泥岩、砂岩、砾岩等			河流相灰黄色砾岩、砂岩、粉砂岩
	中新世				河湖相杂色砂岩、粉砂岩、泥岩夹石膏			湖—河流相红—黄色砂岩、泥岩
	渐新世	▲印度地块与北方古陆碰撞拼接	河湖相紫红—灰绿色泥岩、砂岩、底部为砾岩	河湖相杂色砂岩、泥岩等	河湖相紫红色泥岩、砂岩夹石膏	海相灰、灰绿色、暗紫色灰岩、泥灰岩、泥岩夹石膏		湖—河流相灰绿色粉砂岩、泥岩
	始新世							
	古新世			山麓—河源相紫红色砾岩夹砂岩	海相白云岩、泥岩夹石膏			山麓—河流相紫红色砾岩夹砂岩、粉砂岩
白垩纪	晚白垩世	▲喜马拉雅山与北方大陆碰撞拼接	山麓—河流相砾岩夹砂岩、泥岩		河流相砾岩、砂岩夹泥岩		海相灰岩、碎屑岩夹石膏	
	早白垩世		湖—河流相杂色泥岩、砂岩等		河湖相紫—棕红色砾岩、砂、泥岩			山麓—河流相紫红色砾岩、砂岩
侏罗纪	晚侏罗世	▲冈底斯地块与北方大陆碰撞拼接	河湖相杂色砂岩、泥岩等		上部河流相砾岩夹砂、泥岩 下部河湖相杂色砂岩、泥岩		海相灰色灰岩、泥灰岩夹石膏层	河湖相杂色—紫红色砾岩、砂岩、泥岩
	中侏罗世				河湖相灰色砂岩夹泥岩，含煤			
	早侏罗世		河湖相灰色砂岩、泥岩夹煤层		山麓—河流相砾岩夹砂岩			河湖相灰—灰绿色含煤碎屑岩、泥岩
三叠纪	晚三叠世	昆仑地块、羌塘地块先后与北方大陆拼接						
	中三叠世							

达山)山前的近东西走向的压性断裂体系相一致(参见图6-1)。伴随着形态和地层沉积厚度的不对称性,其岩相发育亦不对称,就早一中侏罗世地层而论,在盆地西北、东北部下部多发育砾质一砂质辫状河体系的沉积;而在盆地南部浅湖、滨湖砂岩、粉砂岩、泥岩相占优势。此等情况说明它有别于地堑式沉积盆地。

(3)就区内主要大型坳陷盆地的充填序列来看,它大体上自老而新有四个明显间断期,即:晚三叠世—早侏罗世早期;晚侏罗世晚期—早白垩世初期;晚白垩世晚期—古新世初期;渐新世晚期—中新世(表6-3)。

从更大区域地质构造发展历史分析,中国西部中—新生代滇藏地区有四次地块与北方大陆(即欧亚板块)碰撞、拼接事件,第一次发生在中—晚三叠世,昆仑地块、羌塘地块先后与北方大陆碰撞、拼接事件,造成了西北地区各盆地侏罗纪地层与下伏三叠纪地层的不整合—平行不整合,及喀喇昆仑地区中侏罗世的海侵。第二次是发生于晚侏罗世末期—早白垩世早期,造成了早侏罗世与早白垩世间的普遍沉积间断和喀喇昆仑地区晚白垩世海侵。第三次为发生于晚白垩世末—古新世喜马拉雅地块与北方大陆的碰撞、拼接,造成各盆地中生代与新生代地层间的不连续和特提斯海水北侵至塔里木盆地的南缘。第四次则为印度地块与北方大陆的碰撞拼接,时间发生在渐新世末期,表现为各盆地中早第三纪与新第三纪地层间的平行不整合。

以上南方地块与北方地块的多次碰撞、拼接不仅表现为有关地层间的沉积间断,当每次碰撞、拼接事件的发生,造成一段时间内盆地边缘断裂活动的加剧,从而盆地内外产生差异性的升降运动,其结果必然造成一个新的盆地充填的过程。一个理想的、发育完善的充填过程应是山麓堆积相—河流冲洪积相—湖相的沉积体系,但具体到每个盆地由于受种种因素的制约,往往仅发育其中的某些部分。如吐哈盆地的老第三纪地层,自台村子组—巴坎组基本上反映出由山麓堆积相—河流相—湖相的充填过程;而像柴达木盆地的早白垩世犬牙沟组则基本为山麓堆积相—河流相沉积。

(4)由此看来,大型内陆坳陷盆地多具有长期发展历史和复杂的充填过程,垂向上若干充填过程构成了一个充填序列,限于研究程度和本书的任务,这里不拟详述。

对西北区中、小型内陆断陷盆地,它往往是上述某次碰撞事件而产生的新盆地,如宁夏南部的第三纪盆地,即是我国西北部压性断裂体系外围的弧形断裂带,受喜马拉雅地块与北方大陆碰撞、拼接的影响,而形成的弧形盆地(顾其昌等,1987),其充填序列下部始新世为山麓堆积相—山前冲洪积相,上部则为清水营组的湖相沉积;盆地上部甘肃群平行不整合于清水营组之上,此为印度地块与北方大陆拼接影响的第二个充填过程。

至于鄂尔多斯盆地的形成机制、充填过程则表现得较为复杂,它的总体主要受太平洋板块对亚洲大陆俯冲所产生的由东向西的侧面压力作用,在中—晚三叠世时河北中、南部、山东等地隆起,而缺失晚三叠世地层,鄂尔多斯地区开始沉积了河湖相的延长组,但在西缘贺兰山的晚三叠世白芨芨沟群山麓堆积相—河流冲、洪积相—湖相的充填过程,又显然受到西部压性断裂体系的控制,乃至早白垩世表现为盆地沉积中心的西移,盆地受西部压性断裂体系的控制就更为显著。

第四节　我国罕见的侏罗纪古树木化石及意义

在东准噶尔地区克拉美丽山南麓将军庙—三塘湖西南,中—晚侏罗世石树沟群中—上部含丰富的大型硅化木和脊椎动物化石,其中尤以吉木萨尔县将军庙附近的石树沟出露最好,使之成为这套地层的一个宏观标志。

对石树沟的初步调查表明，在南北宽 1.5 km，东西长 3.4 km 范围内，大量硅化木产出层位主要有两个：下部层位所见硅化木直径在 0.8～1.2 m 者，有 200 株以上，其长度（出露部分）在 5～10 m 者常见；10～15 m 者占一定比例，最长者＞24.2 m。树干笔直，横切面呈圆形，倾倒状保存于泥岩中，显然为异地埋藏保存。上部层位，除见少量倾倒状大树干外（长＞14 m，直径 0.85 m），主要为原地保存的树桩，这里岩层产状近水平，一个个树桩垂直层面而立，仅石树沟以西的山坡上，以 7～9 m 的间距展布，达 45 株以上，像一片被“砍伐”的森林，其树桩直径 0.3～2.1 m 不等，高出地面 0.5～2.2 m，一些剥蚀较深的树桩，尚可见树根自树干基部向外延伸，长 0.5～1.5 m，最长达 5 m。树桩的横断面呈凹凸不规则，向 160°～170°方向伸长。以上两个层位的硅化木硅化程度甚高，呈浅灰—灰黑色燧石，内部年轮清晰，粗略统计直径在 0.8～1 m 的树干，其树龄在 80～120 年以上。

石树沟群在石树沟剖面上总厚 702.2 m，依其岩石组合可明显地划分为两个部分：下部为灰黄—灰黄绿色（间紫红）泥岩为主，夹灰黄色、灰白色砂岩、砂砾岩，厚 229.7 m；中—上部则以紫红—土红色泥岩为主，夹灰白—灰黄色砂岩及砂砾岩凸镜体。上部地层就层面结构所反映出的沉积环境来看，它基本为浅湖—扇前辫状河流沉积环境，其中泥岩（包括粉砂岩、粉砂质泥岩）多具水平层理、层纹；而砂岩、砂砾岩层之底面与下伏泥岩间多具明显的冲刷面，其砂岩、砂砾岩、常具大型楔形、槽状、板状交错层理，在较厚的砂砾岩层内部往往可见粗细不均的砂、砾呈凸镜状相互叠置，此乃辫状河流堆积产物，它属冲积扇扇前部分。这种在剖面垂向上两种环境产物的相互更迭，前者（浅湖环境）成为高大乔木得以生存繁衍的必要条件；而在后一环境下（辫状河环境）强烈冲刷，快速堆积又是造成树木被毁和迅速掩埋的主要原因。在石树沟两侧前述下部硅化木主要埋藏于浅灰红色、灰黄绿色泥岩中，其上为厚 6～8 m，具大型楔形、板状、槽状斜层的砂、砾岩层所覆，其底部有明显的冲刷面。砂、砾层之上为浅紫红—灰红色泥岩，厚度＞10 m，即为前述原地埋藏之硅化木层。

当前对于上述硅化木的属种等古植物学的研究尚十分不够，据零星资料，计有 *Coniferae* sp.。（新疆地矿局，1993），*Cupressinoxycon* sp.（卢辉南，1995）等。脊椎动物化石，在石树沟群下部有鱼类 Selachii indet，*Ceratodus* sp.；两栖类 *Superstogyrinus ultimus*；龟鳖类 Chelonia indet；蜥蜴类 *Archovaranus klameliensis*；三列齿兽类 *Bienotheroides zigongensis*；哺乳类 *Klamelia zhaopengi*；恐龙 *Bellusaurus sui*，Megalosauridae gen. et. sp. indet.，Procompsognathidae gen. et. sp. indet.，*Ankylosauria* indet.，Stegosauridae gen. et. sp. indet，*Ornithopoda* indet.，中鳄类 *Mesosuchia* indet. 等。石树沟群中—上部，即与上述硅化木共生的脊椎动物化石有：恐龙 *Gongbusaurus* sp.，*Tienshanosouros chitaiensis*，*T.* sp.，*Psittacosaurus* sp.，Brachiosauridae gen. et. sp. indet.，Megalosauridae gen. et. sp. indet.，Procompsognathidae gen.，et. sp. indet.，两栖类 *Superstogyrinus ultimus*，龟鳖类 *Xinjiangchelys junggarensis* 等。植物化石石树沟群下部有 *Coniopteris hymenophylloides*，*Equisetites* sp.，*Elatocladus* sp. 等。以上说明石树沟群时代为中侏罗世晚期—晚侏罗世，其树木、脊椎动物化石的繁盛说明其古气候主要为湿热环境。

值得讨论的是，以上硅化木硅化程度甚高，与保存它周围固结程度甚差的泥岩、砂岩形成明显的反差，自当有它独特的形成过程，需今后进一步研究。笔者认为，这是由于自埋藏后的一段较长时间内，保持了湿热、强烈氧化的环境，它一方面阻止了树木炭化的进程，另一方面由于氧化作用，致使岩层中长石、粘土类矿物分解而发生了“红土化”的过程，分解出二氧化硅凝胶选择交代了树木的纤维素，从而使其强烈的硅化。

由此看来，对于石树沟群中上部所产硅化木的综合研究，不仅对于阐明这一地质历史时期内古气候、古环境和生态系统有重要意义，而且对于古天文的研究亦有其不可忽视的价值。因此，对于这一地区采取有力的保护措施，投入一定人力、资金加以研究，是当务之急。

第七章

西北区区域地层若干特征

在前述各章的基础上，本章除对西北区域地层的特点和特色做简略概括外，着重对造山带地层某些主要特征进行总结。

一、西北区区域地层特点和特色

鉴于西北区地质结构是由不同尺度稳定区与活动带（造山带）相间组成；这种地壳结构有人称之为多块体拼接大陆地壳。这里所指的造山带，长期处于活动状态，不同程度经历多阶段以不同的构造体制、不同的运动方式多次造山的演化过程，形成复合型造山带，如秦岭、祁连、东昆仑、天山等都有此特点。一般早期阶段的沉积多数分布于大陆边缘或两大陆地块之间，以活动类型沉积为主，当造山后未形成广泛的稳定型沉积盖层；后期阶段一般都经历陆内造山过程，伴随有山间（断陷）盆地，形成以陆相为主的沉积。这种大陆地壳结构及造山带演化基本过程，决定了西北区域地层有如下若干特点。

①有稳定、活动和过渡（准稳定和准活动）多种沉积类型，有层状有序、层状无序、无层无序及构造-岩石地层等多种岩石地层单位类型。

②造山带沉积物时空变化大，一个岩石地层单位一般都由两种以上岩石以不同形式组合构成一套岩系，呈带状分布，空间展布连续性差，故地层划分对比不可能太具体。

③火山岩特别是海相火山岩发育，各时代都有以火山岩为主或含火山岩的地层单位，有多种火山岩类组合，形成于多种沉积-构造环境。

④造山带地层序列的连续性、完整性较差，一些岩石地层单位或各断代地层之间的顶、底关系往往为非原始沉积，不利于沉积演化史的分析。

⑤地层经历多期不同程度的变质、变形和变位。宏观组成岩石有高级、中级、低级变质岩石及不变质岩。变形复杂，特别是重褶。除块体的离散和组合外，断裂相当发育，许多地层区及沉积盆地都以断裂为边界。

⑥变质岩原始沉积构造及化石不同程度被改造，导致对沉积相研究、沉积环境的分析以及生物、年代地层划分难度较大。

⑦生物地理区、生物种属、群落复杂多变，且常出现混合或过渡类型。

以上造山带地层特点可概括为多、变、杂、差4个方面。多：地层单位多、火山岩地层多等；变：组成物质时空变化大；杂：地层经历复杂变质、变形和变位；差：地层序列的连续性差。以上特点决定了西北区域地层的复杂性、特殊性和研究工作的艰巨性。尽管如此，经历几代地质工作者的努力，特别是50年代以来全面系统的区调工作和重点地区的深入研究，对西北区域地层已有了比较全面系统的认识。初步归纳有如下主要特色。

自太古宙至新生代各纪地层普遍较为发育，地层单位总数居我国六大区之首位；已肯定有中—晚太古代高级变质地层；洛南中元古代完整的地层剖面仅次于华北蓟县，为我国重要辅助层型；新疆库鲁克塔格震旦纪地层是我国震旦纪以冰成岩为特征唯一最为完整的剖面；陕南震旦纪、寒武纪连续沉积，是我国该界线层型重要辅助地区；南秦岭志留纪笔石带发育齐全，在我国少有；迭部、旬阳地区泥盆纪海相地层剖面发育的完整性仅次于华南，是研究我国中西部泥盆纪地层最有利地区；有典型的加里东(祁连)、华力西(天山)造山后的磨拉石沉积地层；残留有古生代多个时期蛇绿岩，某些相层的火山岩地层，是我国研究古洋沉积及壳幔关系理想地区，特别是祁连、秦岭、天山、准噶尔地区；华北西缘与祁连-北秦岭两地层分区衔接地带奥陶纪、石炭纪地层的组成、变化，是研究大陆边缘不同发展阶段沉积-构造特征不可多得地带；中新生代大型内陆盆地沉积地层在我国占有重要地位，如鄂尔多斯盆地有我国著名陆相三叠纪—侏罗纪地层；塔里木以南侏罗纪—老第三纪海相地层(除西南区外)，在我国大陆内也不多见。

二、沉积类型和沉积组合与基底构造格局关系密切

沉积类型受基底构造格局和盆地形成机制所制约。造山带基底构造格局复杂，盆地形成机制多样，特别是显生宙海相沉积，往往形成不同尺度的“条”、“块”(或称槽盆、槽块)结构，以“条”为主，“条”间有“块”。“条”内以活动类型沉积为主，其次为准活动类型，块上或其边缘为准活动—准稳定类型沉积。因此稳定、准稳定类型的沉积不一定局限于稳定区。

沉积组合除与区域构造格局有关外，在一定程度与自然地理环境关系更为密切，沉积组合除岩石类型繁多外，碎屑岩成熟度低，海相火山岩发育，碳酸盐岩成分复杂，许多岩石地层单位往往由多种岩类以不同方式组合，纵横方向变化大等。这些特点与盆地的不均一性、基底活动性及沉积环境的多变性有关。

如南秦岭东段寒武纪沉积盆地“条块”结构明显，在槽盆内形成以碳、泥质岩、碳硅质岩为特征的组合，在槽块边缘形成碳硅质岩和杂质碳酸盐岩不等厚互层，槽块上(武当前寒武纪地块)形成以碳酸盐岩为主，构成由活动类型浅海次深水到准稳定类型滨浅海碳酸盐岩台地相沉积。

西秦岭石炭纪、二叠纪沉积也有类似的变化。在若尔盖地块上主要为准稳定类型碳酸盐台地相沉积(尕海群)，向北为准活动类型以碳酸盐岩为主夹泥质碎屑岩组合，依泥质碎屑岩出现的数量及组合形式划分为不同组级地层单位，如益哇沟组、岷河组、大关山组。再向北为活动类型以泥质碎屑岩为主的组合，北缘与中秦岭南缘石炭纪地层(巴都组、下加岭组、东扎口组)过渡。若尔盖以南也有一定的变化规律。总体上以若尔盖槽块为中心向南、北构成一个较为复杂的石炭纪—二叠纪沉积构造格局。柴达木地区石炭纪—二叠纪的沉积格局与西秦岭相似，以柴达木地(槽)块为中心向南、北呈规律的变化。

以上例子说明活动带内不同规模先期地(槽)块的边缘，依然存在类似于区域尺度上大陆边缘侧向堆积，即便在盆地中部也非完全按叠覆原理沉积。如果盆地基底断裂发育，则以断裂为边界沉积物和沉积厚度发生明显的变化，这种基底结构的盆地在西北区也常出现，如中秦岭泥盆纪、石炭纪沉积盆地。当盆地基底断裂切割较深，则出现相应的火山—沉积岩组合，若断裂具拉张性质则出现裂陷带火山岩直到次级扩张洋壳剖面的组合(其特征见后面火山岩地层的

总结)。因此,对造山带地区岩石地层的研究还应重视盆地基底结构、先期地块性质与沉积类型和沉积组合关系的研究。

三、火山岩发育成分环境多变

西北区造山带地层火山岩发育为其主要特征之一。从前寒武纪到中新生代地层都有火山岩分布,但不同造山带、不同发展阶段火山岩的时代、形成环境和火山岩类组合不同见表7-1、表7-2。

(一)时空分布特点

按形成的自然地理环境可分为海相和陆相(或海陆相)两大类。各造山带陆相火山岩最早出现的时间、岩类、规模也有差别,如祁连山为晚泥盆世,北秦岭为白垩纪,东昆仑—中秦岭及南秦岭为晚三叠世,天山为早泥盆世,准噶尔为早石炭世大量出现于二叠纪。陆相火山岩主要形成于造山后或造山过程与断裂、断陷有关,多数沿线性构造带呈不同规模的盆地分布,以酸性为多,其次为中基性和中酸性、基性。

海相火山岩的分布较陆相火山岩广泛,如新疆海相火山岩占火山岩80%。除前中元古代外,主要分布于各造山带。秦岭以中元古代及早古生代为主,祁连山以早古生代最为发育,天山、准噶尔、阿尔泰主要形成于奥陶纪到石炭纪。

各造山带海相火山岩在空间上都成带分布,分段集中出露,在时间上具多阶段(旋回)活动。如祁连山寒武纪—奥陶纪火山岩大致由4个岩带组成:①北祁连山北带(照壁山—冷龙岭—乌鞘岭—老虎山),以奥陶纪为主。②北祁连山中带(鹰嘴山—朱固寺—白银厂)以寒武纪为主;③北祁连山南带(吊大坂—玉石沟—川刺沟—大坂山),以奥陶纪为主;④南祁连山岩带(盐池湾—拉脊山),以奥陶纪为主。宋志高(1991)认为其中,②—③和④岩带向东延伸大体可分别与北秦岭早古生代北带和南带的火山岩连接,构成横亘于西北中部长约1 700 km规模宏大的早古生代火山岩带。

天山的海相火山岩大致也可划分为北、中、南3个岩带,但较集中出露于东、西段。北天山岩带以晚古生代为主,以石炭纪最为发育;中天山岩带以志留纪—石炭纪为主,南天山岩带以晚古生代较为发育。早古生代火山岩以弱碱系列基性火山岩为主,其次为钙碱系列中、酸性火山岩;晚古生代以钙碱系列为主,其次为拉斑系列的基性、中酸性火山岩组合。

(二)海相火山岩组成岩类复杂

有基性、中性、酸性及碱性等,各地层单位往往由两种以上岩类组成,多数为基性-酸性组合,其次为中基性或中酸性组合。如新疆海相火山岩可归纳为5种组合:①玄武岩-安山岩-英安岩-流纹岩组合;②玄武岩-安山岩-英安岩-流纹岩组合;③玄武岩-安山岩-英安岩组合;④安山岩-英安岩-流纹岩组合;⑤玄武岩-安山岩-粗安岩-英安岩-流纹岩组合,以前两种组合为主,多数上、下为酸性或中酸性,中部为基性或中性。

西北海相火山岩地层多数为火山岩—正常沉积岩组合,其次为以火山岩为主的组合(如南秦岭耀岭河组,北祁连阴沟群、中堡群,阿尔泰东锡勒克组、康布铁堡组,南准噶尔-北天山巴塔马依内山组、柳树沟组、祁家沟组,中天山—北山公婆泉组、雀儿山组、小热泉组、大哈拉军山组等等)。火山岩包含熔岩及各种粒度的火山碎屑岩。同一造山带同时代的火山岩在走向上组成

表 7-1　华北(南)—华南(北)地层大区火山岩时空分布表

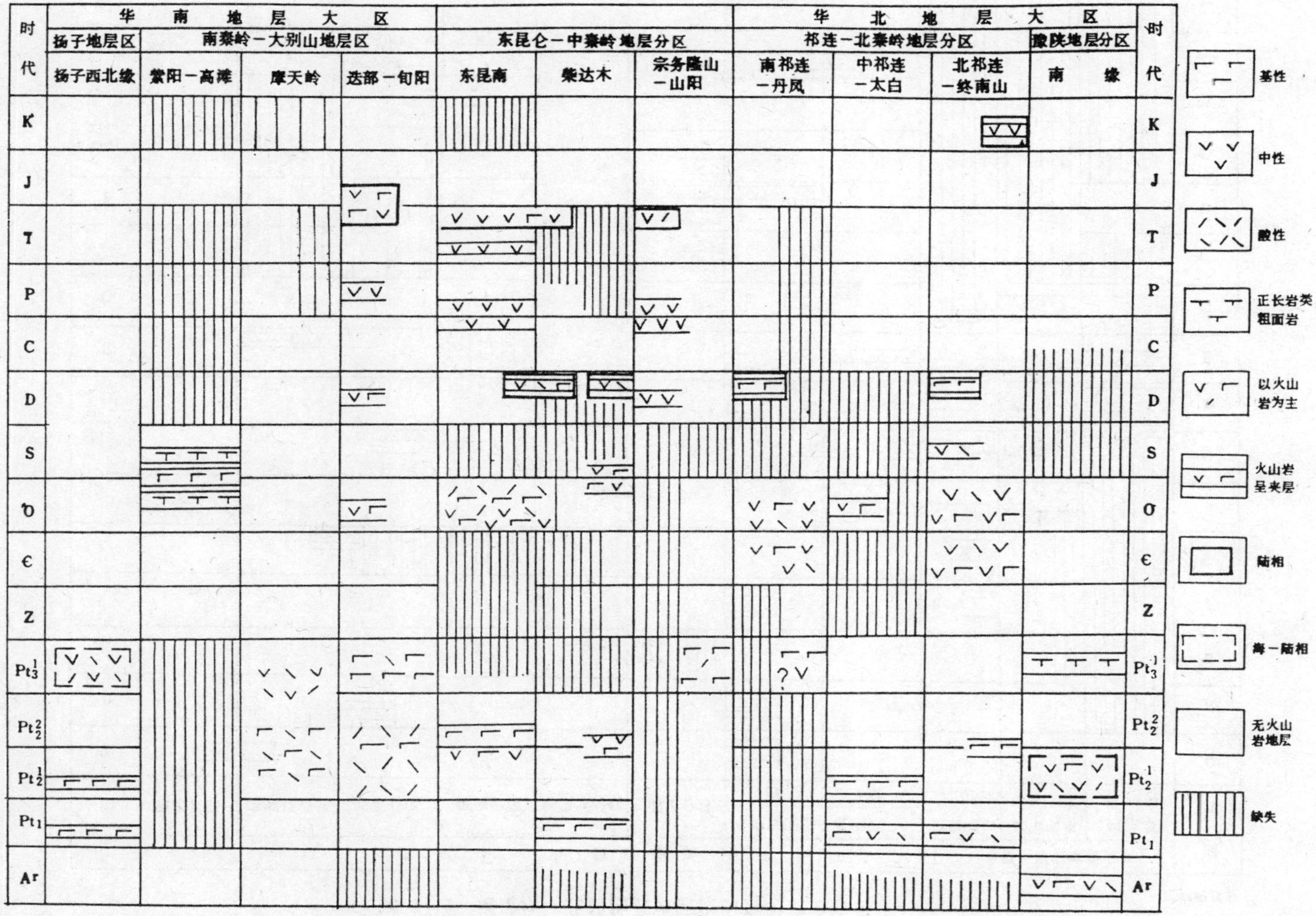

表 7-2　塔里木—北疆地层大区火山岩时空分布表

图例同前表

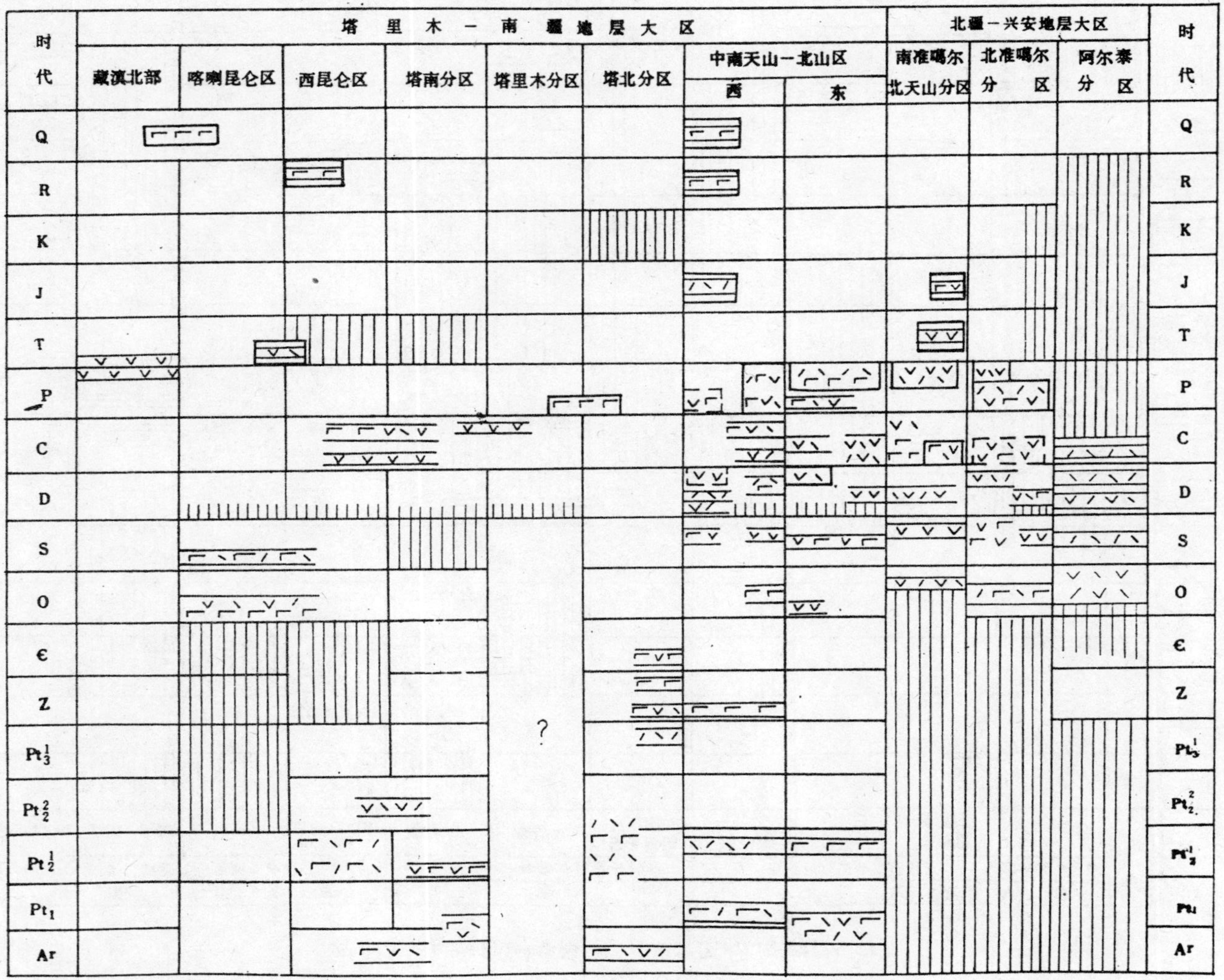

岩类、碱度和系列普遍有变化。如北秦岭北带早古生代火山岩西段为基性、中酸性组合，基性岩偏碱性-碱性；东段为基性-酸性岩组合，基性岩为钙碱-偏碱性。北祁连山奥陶纪火山岩，西段以拉斑系列中基性为主；东段以钙碱系列为主，并有较多中酸性岩。宋志高(1980)认为西段相当初期岛弧区，东段为成熟岛弧区。

(三)海相火山岩成分环境迁移变化

同一造山带同一岩石地层单位其组成岩石特征及形成环境在空间上呈有规律变化。以北祁连山奥陶纪阴沟群为例说明。

阴沟群由中基性火山岩组成，划分为上火山岩(枕状熔岩居多)和下火山岩(偏基性和超基性)，中夹薄层灰岩、板岩，上下限剖面不完整，局部地段呈蛇绿混杂岩产出。

下火山岩在北祁连南带川刺沟—玉石沟为安山岩-玄武岩组合。玉石沟地区以玄武岩、细碧岩为主，枕状构造发育，据肖序常等(1978)、冯益民(1992、1994、1995)研究，伴有大量超镁铁岩、堆晶辉长岩及硅质岩，相当于蛇绿岩序列(由上而下)Ⅱ、Ⅳ、Ⅴ相层(缺失Ⅲ相层辉绿岩墙)，其内还有寒武纪蛇纹杂岩。川刺沟火山岩更为发育，并含斑晶，火山岩与沉积岩之比为6∶1。据岩石化学资料，玉石沟为低钾玄武岩为较典型拉斑玄武岩系列，川刺沟为钾玄岩属钙碱系列，结合地球化学资料分析，玉石沟接近于N型洋中脊玄武岩。

在肃南大岔大坂下火山岩冯益民等(1994)发现厚近1 000 m席状辉绿岩墙，辉绿岩墙及枕状熔岩均为拉斑玄武岩系列，地球化学特征虽略有差别，但都比较接近T型洋脊玄武岩，而且枕状熔岩的许多特征与玉石沟更为相似。在天祝一带主要为枕状熔岩及其凝灰岩(上部凝灰岩有较多安山质成分)，据夏林圻等(1991)资料属E型洋脊拉斑玄武岩。

阴沟群上火山岩主要为基性玄武岩，在玉门为火山角砾岩，向东渐变为凝灰岩、熔岩及集块岩。在肃南塔敦沟—石居里为枕状熔岩及安山玄武岩，局部地段成蛇绿杂岩。蛇绿岩的组成包含蛇纹杂岩(纯橄岩、斜辉橄榄岩、辉长岩等岩块)、辉长质堆晶岩和枕状熔岩，顶有浊积岩层，熔岩与碎屑岩呈指状互变。枕状熔岩及堆晶岩地球化学成分为拉斑(少数钙碱)系列。在北祁连北带东段景泰老虎山上火山岩为一套以基性枕状熔岩为主的火山岩，向东西延伸出现中、酸性火山岩。据冯益民(1995)研究，在枕状熔岩内包含有辉长质堆晶岩、辉绿岩墙和超镁铁质岩，其北侧蛇纹片岩内还卷入有纯橄岩、铬铁矿等岩块，故称其为蛇绿混杂岩带。大部分基性火山岩为拉斑玄武岩系列，中、酸性火山岩为钙碱系列，整个岩系为拉斑(Th)—钙碱(CA)系列组合。故多数研究者倾向于上火山岩系形成于弧后扩张盆地，局部可能出现洋脊环境。

从上述祁连山奥陶纪阴沟群火山岩的变化说明，造山带火山岩岩石地层在宏观总体特征相似的前提下，其物质成分(特别微观)及形成环境的变化虽然相当复杂，但仍具一定规律性。阴沟群下火山岩总体形成于洋脊环境，由西向东，表现由N型(正常)→T型(过渡)→E型(异常)洋脊的变化趋势；上火山岩自南向北具由洋脊→弧后扩张盆地的变化趋势。结合阴沟群上覆中堡群火山岩，下旋回为拉斑玄武岩系列-钙碱安山岩组合，上旋回为高钾碱性火山岩，故宋志高认为中堡群为岛弧环境拉斑-钙碱-碱质系列组合。反映了祁连山早—中奥陶世火山岩在时间上由洋脊→弧后→岛弧的演化过程。

(四)海相火山岩地层序列组合和地质意义

不同的序列组合反映不同的形成环境，这是地层学和沉积学研究、探索的内容之一。海相火山岩地层研究也不例外，近30年来对海相火山岩研究的一个热点较多注重于是否具蛇绿岩的组合特征，进而划分其沉积、构造环境。西北区造山带海相火山岩的序列组合种类很多，现以天山石炭纪地层为例，说明不同序列组合反映的地质环境不同。天山石炭纪地层可归纳为5种序列组合。

1. 北山南部红柳园地层序列——陆缘裂陷海盆

上覆地层：**双铺堂组**(P_1) 海相泥质岩碎屑岩

~~~~~~~~ 不整合 ~~~~~~~~

干泉组(C_2)以酸性为主，中、酸(基)性火山岩夹少数砂岩、灰岩厚5 000 m

———————— 整 合 ————————

石板山组(C_{1-2})滨浅海泥质岩碎屑岩夹碳酸盐岩，底为砂砾岩厚1 000～2 000 m

~~~~~~~~ 不整合或断层 ========

红柳园组(C_1)泥质碎屑岩为主，上部夹较多中、酸性火山岩及碳酸盐岩；下部夹中酸性、中基性火山岩，厚1 000～3 000 m

~~~~~~~~ 不整合或断层 ========

下伏地层：**敦敦山组**(D_3) 陆相火山岩

以上可划分为两个喷发旋回(红柳园组；石板山组—干泉组)，其上二叠纪为另一旋回。

这类序列组合的特点：①每个旋回都起始于陆源泥质碎屑岩；②早期旋回火山岩以夹层产出，后期旋回火山岩发育；③火山岩以中酸性钙碱系列为主，局部(裂陷中心)具双峰组合特征(具裂谷性质)。

2. 北山北部红石山地层序列——陆间裂陷(局部小洋盆)

上覆地层：**侏罗纪地层** (缺二叠纪、三叠纪地层)

~~~~~~~~ 不整合 ~~~~~~~~

扫子山组(C_2)滨浅海泥质碎屑岩夹少数薄层灰岩，偶夹中酸性火山岩，底为粗碎屑岩，厚1 500 m

======== 断 层 ========

白山组(C_1)上部以泥质碎屑岩为主，下部为中、酸性火山岩，向东火山岩与粗碎屑岩(绿条山组)互变，厚4 000～5 000 m；共生有硅质岩，基性、超基性岩体(王作勋等，1990)

~~~~~~~~ 不整合 ~~~~~~~~

下伏地层：**雀儿山组**(D) 海相火山岩

其西，觉罗塔格地区的序列组合与红石山相似，火山岩更为发育，出现两个喷发旋回。这类序列组合特点：①火山岩层下部陆源泥质碎屑岩甚少；②共生有与火山岩有成因联系的基性、超基性岩体及硅质岩；③共生镁铁质岩，先为碱性基性岩，后为超基性岩；④上覆为复理石沉积。

3. 北天山西段依连哈比尔山巴音沟地层序列——洋壳扩张

上覆地层：**阿尔巴萨依组**(P_1) 陆相中酸性火山岩

~~~~~~~~ 不整合 ~~~~~~~~

奇尔古斯套组(C_2)砂岩、凝灰岩和放射虫硅质岩，厚2 000～6 000 m

~~~~~~~~ 不整合 ~~~~~~~~

沙大王组(C_1)放射虫硅质岩、枕状熔岩、层状辉长岩、少数岩墙群及蛇纹石化超基性岩(但剖面不连续)，
~~~~~~~~

可见厚度 500～1 200 m

═══════ 断　层 ═══════

下伏地层

这类序列组合特点：①具蛇绿岩组合特征；②缺少下伏陆壳沉积层；③与周边地层多数为断层。据王作勋等(1990)资料为正序蛇绿岩组合，形成于洋壳扩张环境。不整合其上地层为深水复理石沉积。

4. 依连哈比尔山奎屯地层序列——洋壳消减

新疆第一区调队岩石地层研究报告(1994)将奎屯河石炭纪火山岩归为沙大王组，王作勋等(1990)认为其剖面与沙大王组有所不同，剖面下部为蛇纹石化辉橄岩、纯橄岩；中部为层状辉长岩；上部为玄武岩与硅质岩互层，上部岩层底部出现红色软泥及砾状玄武岩，与中、下部岩层有沉积间断，故王作勋等提出这种序列组合与巴音沟地层序列不同，属古洋壳消减型，即上部岩层为古洋壳盖层，中、下部岩层为古洋壳残片。

5. 中天山伊犁地层序列——岛弧

上覆地层：**乌郎组**(P_1)　陆相碱性系列火山岩

～～～～～～ 不　整　合 ～～～～～～

科古琴山组(C_2^2)滨浅海粗碎屑岩夹少量灰岩、凝灰岩，厚 250～330 m

～～～～～～ 不　整　合 ～～～～～～

伊什基里克组/东津图河组(C_2^1)以酸性为主，其次中酸性或中基性火山岩，火山岩与灰岩、碎屑岩互变，厚度变化极大，1 500 m 至数千米

………… 平行不整合或整合 ————

阿克沙克组(C_1^2)滨浅海局部海陆交互相泥质碎屑岩与碳酸盐岩不等厚互层，厚 2 000～3 800 m

～～～～～～ 不　整　合 ～～～～～～

大哈拉军山组(C_1^1)浅紫红色以酸性为主，其次中酸性和基性火山岩组合，厚 1 000～2 000 m

～～～～～～ 不　整　合 ～～～～～～

下伏地层：泥盆纪不同地层单位

伊犁序列的特点：①火山岩以钙碱系列为主的中-酸性组合；②厚度变化大而迅速；③与上覆下伏地层为不整合，上覆地层一般为滨浅海相或陆相沉积。上述序列，早期(大哈拉军山组)具裂谷性质；晚期(伊什基里克组)具岛弧组合特征。

以上说明，不同地层序列，代表的地质意义不同，正确划分研究不同火山岩地层序列对研究地壳活动特点具重要意义，从上述天山石炭纪不同的火山岩地层序列概略反映，中—北天山为陆壳扩张(东段)—洋壳活动带(西段)，自东而西扩张规模增大；中天山东段为陆壳裂陷带，西段为裂谷—岛弧(或弧间)带；南天山趋于稳定以正常沉积为主陆缘带。

(五)海相火山岩形成环境

据西北区造山带海相火山岩的岩石组合、序列结构及地球化学成分等，对其形成环境初步概括为三大类型若干亚类型。

1. 裂谷型海相火山岩

形成于已固结陆壳基底背景上。可进一步划分为两种亚类，即大陆裂谷及大陆边缘裂谷。

大陆裂谷型海相火山岩，底部以成熟度低陆源碎屑岩为主，偶夹浅水碳酸盐岩，火山岩以基性为主的基性-酸性组合，基性火山岩为碱—钙碱质，富钠，与大陆溢流玄武岩的特征相似，以早元古代秦岭杂岩火山岩为代表。大陆边缘裂谷火山岩，其岩石组合特征与大陆裂谷型相似，但火山岩的地化特征与大洋拉斑玄武岩比较接近，岩浆来自亏损地幔，属活动大陆边缘，有的由裂谷向裂陷火山岩演化，以宽坪(岩)群火山岩为代表。

2. 裂陷型海相火山岩

多数形成于未固结或固化程度低的硅铝壳基底上，火山岩具双峰组合。按其所处的位置也可划分为两种亚类型，即活动陆缘裂陷和陆间裂陷。活动陆缘裂陷如中元古代柴达木南北万宝沟群、万洞沟群，东天山铅炉子沟群，阿尔金巴什库尔干群及北山石炭纪红柳园组、干泉组等等，火山岩多数以基性为主的基性-酸性组合，部分为中基或中酸性组合，伴生有正常沉积岩，构成火山-沉积组合。陆间裂陷火山岩多数以火山岩为主，沉积岩甚少，火山岩有以基性为主双峰组合(如耀岭河组)，也有以酸性为主双峰组合(如武当山(岩)群)，以及中酸性组合(如北山石炭纪小热泉组等)，裂陷扩张中心局部出现基性、超基性岩如中北天山石炭纪。火山岩的系列较为复杂，如南秦岭中晚元古代火山岩以拉斑系列为主，部分钙碱系列，少数碱性系列，岩浆有来自下地壳，也有来自上地幔的部分熔融。阿尔泰泥盆纪、北准噶尔东段奥陶纪、东昆仑石炭纪—二叠纪等火山岩基本上也属裂陷型。

3. 弧盆体系—次级扩张洋盆火山岩

这种环境火山岩无论是组成岩石还是地球化学特征最为复杂，而且在时空上呈互变。还可进一步划分为岛弧型、弧后型及扩张洋脊三种亚类型。岛弧型以中酸性火山岩为主，钙碱系列，厚度变化大，分布局限，如华南晚元古代西乡群，中天山西段石炭纪火山岩。扩张洋盆(脊)出现蛇绿岩组合(或某些相层)，与周边地层多数为断层，出露零散，如祁连山奥陶纪、南准噶尔—北天山石炭纪火山岩。弧后型火山岩有中酸性、中基性或基性—酸性等多种组合，有时伴生有基性、超基性岩，地球化学特征既有拉斑系列，也有钙碱系列及偏碱系列，多数为火山岩—沉积岩组合，如北秦岭北带早古生代火山岩。这三种亚类在时、空上往往相互配置和演化迁移，如北秦岭早古生代、准噶尔晚古生代火山岩整体属弧盆体系，祁连奥陶纪具沟弧盆组合特点。

以上三种类型以及各亚类型之间并无严格绝然的划分界线，无论是空间分布或时间演化都可出现互为转化。

四、地层经历变质变形和变位地层序列连续性差

造山带岩石地层不同程度经历变质、变形和变位，其复杂性总体上随其时代由老到新而简单。前震旦纪地层多数遭受多期次改造，如祁连—北秦岭、中南天山—北山及西昆仑等造山带元古代地层一般都经历三次变质、构造事件的改造。以北秦岭秦岭杂岩及宽坪(岩)群为例，据已有研究资料，秦岭杂岩经历四次改造：①早元古代晚期以深熔作用、混合岩化作用及紧闭同斜和无根褶皱为特征；②晚元古代以伸展作用为主的降压升温作用；③加里东期以热穹隆变质为主；④华力西—印支期为韧性或脆性剪切，产生动力变质-退变质，使秦岭杂岩形成强应变带与弱应变域组构。宽坪(岩)群经历三期主要变质-变形改造：①中—晚元古代为区域动力热流变质作用，形成由南向北递增变质和紧闭平卧片内无根褶皱；②晚加里东—早华力西期，主要由剪切作用产生低温动力变质及剪切推覆和大型倒转叠加重褶；③印支—燕山期为区域热变质及浅层次脆性推覆剪切，形成薄皮构造，故宽坪(岩)群为成层无序地层单位。这种多期的变

质-变形在祁连—北秦岭、东昆仑及南秦岭早古生代等地层也很普遍。造山带岩石地层的变位除褶皱、推覆和剪切作用外，还表现为离散和重组，使活动带内出现一些不同尺度的非原地性质、来自不同大陆边缘的先期地(岩)块，这些地(岩)块在地层序列中的位置并不能代表该地区原始的沉积记录，在建立地层序列分析地质演化历史时应分别对待。

由于造山带活动性大，成岩后又遭受变形和变位改造，故其地层序列的连续性较差。主要表现两个方面：①在一定地区内地层发育不全；②各时代地层或各地层单位之间接触关系的性质、类型变化大而复杂，同一个界面在不同地区出现整合—平行不整合—不整合，相邻地质时代的地层界线以断层或未发生直接关系亦较普遍(参阅前述地层序列表)。这种不连续性的序列，中断了地质历史记录，有时不能直观地反映该区的沉积演化史。如北山早古生代地层序列(表 7-3)。

表 7-3 北山早古生代地层序列表

地质时代		地层序列	次级序列	接触关系	分布特征
上覆地层		晚古生代地层			晚古生代不同地层单位覆于碎石山组之上
				平行不整合或不整合	
志留纪	S_3	碎石山组	Ⅳ		分布局限
				整 合	
志留纪	S_2	公婆泉组	Ⅳ		分布于公婆泉及以东内蒙古地区，与下伏奥陶纪不同地层单位为断层
				整 合	
志留纪	S_1	黑尖山组	Ⅳ		
				断 层	
奥陶纪	O_3	白云山组	Ⅲ		分布于南部和东部。锡林柯博组未见底
				整 合	
奥陶纪	O_{2-3}	锡林柯博组	Ⅲ		
				未直接关系	
奥陶纪	O_{1-2}	罗雅楚山组	Ⅱ		分布与西双鹰山组一致
				整合—平行不整合	
寒武纪	$\in_{2-3}$	西双鹰山组	Ⅱ		层位西高东低，西与震旦纪地层平行不整合，东与双鹰山组整合
				平行不整合—整 合	
寒武纪	$\in_1$	双鹰山组	Ⅱ		层位西高东低，与震旦纪地层平行不整合，与破城山组关系不明
				关系不明	
寒武纪	$\in_1$	破城山组	Ⅰ		呈断块分布于中元古代地层内
				关系不明	
震旦纪		洗肠井群			分布于西部

上表是按各地层单位时代及相对位置构成，表面看似乎是一个较为完整的早古生代序列表，若从分布及接触关系分析是由 4 个次级序列组成，各次级序列之间均未发生直接原生关系，空间上也并非同处于一个既定地区，对其沉积史的分析不同研究者易得出不同的认识。又如北祁连山地区寒武纪—早奥陶世各地层单位的顶底或出露不全或为断层，因此对寒武纪的沉积格局及其与奥陶纪沉积演化关系的研究也缺乏连续的地层依据。

变质使原岩遭受改造或再造；变形特别是重褶使原始层序复杂化；变位破坏了原始沉积格局，因而使造山带地层原岩岩石组合的划分、地层层序的建立、沉积历史分析及构造格局的恢复难度较大，不能单一的运用稳定区的研究方法。

五、造山带蛇绿混杂岩——以阿尼玛卿山蛇绿混杂岩为例

造山带的蛇绿混杂岩记录了以板块构造体制为主要阶段山链形成演化过程的重要信息，因此蛇绿混杂岩是造山带地层研究的重要内容之一。

西北区有祁连、秦岭、天山、昆仑等造山带，这些造山带都经历不同构造体制的演化，其中，

祁连一北秦岭(加里东期);天山、准噶尔(加里东、华力西期);阿尼玛卿(印支期)都属板块构造体制形成的造山带,又经历陆内造山过程的改造,都残留有规模不等的蛇绿混杂岩带。现以阿尼玛卿蛇绿混杂岩带为例简介如下。

阿尼玛卿山蛇绿混杂岩带位于东昆南断裂南侧,主体分布于布青山至玛沁一带,长约500 km,宽约10~20 km,东延与陕、甘边境略阳构造混杂岩带可能相连,西延经东大滩。主要是早、中三叠世东昆南洋盆于晚三叠世向北俯冲就位形成的,后又遭受陆内造山的改造。在布青山以东蛇绿混杂岩带北与由二叠纪布青山群组成的推覆带相邻,南与三叠纪巴颜喀拉山群滑塌沉积带相接,它们之间均以向北倾的推覆断裂带为边界,布青山以西玛沁以东蛇绿岩断续出露,多数地段被推覆断裂带及先期的地质组合体所代替,这种分布格局显然是三叠纪以后地质演化的综合结果。

蛇绿混杂岩带内部的组成和结构:主要由早、中三叠世地层及石炭纪、二叠纪地层的岩块和各种构造岩所组成。早、中三叠世地层主要由基性,其次中、酸性火山岩及与其有成因联系的超镁铁质岩、基性岩和放射虫硅质岩、砂板岩、灰岩组成。各时代地层及岩体大多数呈大小不等的断(岩)块产出,之间被断裂分割或不同类型的构造岩所围限。岩(断)块大者达十几平方公里以上,多数小于1km^2,带内仅超镁铁质岩达百余个,含石炭纪、二叠纪䗴类化石的灰岩现已查明均呈断块产出为非原地产物。

早一中三叠世地层中的火山岩,基性熔岩以拉斑玄武岩系列为主,少数偏碱系列;中酸性熔岩为钙碱系列,熔岩具枕状、气孔或杏仁构造,偶见鬣鬣结构,火山岩Rb-Sr等时年龄260 Ma。与其有成因联系的超镁铁岩为斜辉辉橄岩,并共生有堆晶辉长岩,最小年龄200 Ma左右。泥砂质板岩含丰富早三叠世孢粉,夹含早一中三叠世放射虫硅质岩,形成于深海环境。因此认为阿尼玛卿早一中三叠世地层具蛇绿岩组合特征,形成于裂谷洋盆化环境,属有限洋盆。在区域上此有限洋盆的扩张规模并非完全相同,西段具洋脊特征,东段接近大洋岛屿,中段以岛弧或弧前为主。中三叠世晚期一晚三叠世洋盆闭合俯冲造山过程形成蛇绿混杂岩带,之后的陆内造山阶段由于区域应力导向自北向南运动,形成一系列向北倾的推覆叠置岩片组合带,北部布青山推覆带逆冲于蛇绿混杂岩带之上,使其在区域上断续分布。

从上述阿尼玛卿山蛇绿混杂岩的简介,结合西北区其他蛇绿混杂岩特征,对蛇绿混杂岩做如下概括。其组成以蛇绿岩为主,卷入有同期及先期形成的其他地层、岩体等岩块,就位之后在陆内造山过程当遭受再改造时又卷入形成更晚的其他岩块。其内部断裂构造发育,结构复杂,区域上变化大,与周边其他地质体均以断裂为边界,往往沿区域性断裂构造带呈残块或岩片断续产出。因此是一个地层、岩石、构造的综合体,属构造-岩石-地层单位的一种类型。广义的蛇绿混杂岩包含两个层次的含义,其一,形成于洋盆闭合、俯冲、碰撞阶段;其二,在陆内造山过程再遭改造,两个层次的蛇绿混杂岩反映的地质意义不同。因此查明和圈定其内部组成岩石特征、时代、产态及其相互关系;确定是否为蛇绿岩残片;对其进行划分圈定其分布范围,查清与周边地质体的关系;研究内部变质变形特征及期次,是造山带蛇绿混杂岩研究的基本内容,在此基础上可进一步探索当时洋盆的类型及其后的形成演化。

第八章

结束语

本成果是在西北所属各省(区)地层多重划分对比研究成果的基础上,参阅大量有关资料和文献,以西北研究区为整体,尽可能结合更大的时空领域,对本区区域地层进行较为全面系统的总结,获得了一些新成果和新进展新认识,为今后西北区域地质调查、区域地层和基础地质研究打下了新的基础,开拓了新的思路。

一、获得主要成果

(1)首次以岩石地层为重点对中国西北区区域地层进行了较为系统的总结,是继 70 年代编制大区地层表之后又一次新的全面深入研究,反映了百年来,特别是 20 年来西北地层的新成果、新进展。进行了以古生代为主体的综合地层区划,以岩石圈板块为单位划分一级地层区,将大陆边缘活动带划分为二级地层区,以岩石地层基本特征及海陆相地层基本转变和组级地层单位的可比性等分别划分为三、四级地层区,将中国西北区划分为 5 个一级、13 个二级、25 个三级及若干四级地层区划,较好地反映了岩石圈板块各地质构造单元地层的相互关系。

(2)西北五省(区)共清理地层单位 2 250 余个,建议选用岩石地层单位 1 064 个,在此基础上选取了近 800 个作为西北区代表性岩石地层单位。基本澄清了地层单位名称、含义的一些混乱。编制了各一级地层区岩石地层序列表,叙述了各地层区地层的组成特征及时、空分布变化规律,对部分时代地层进行了格架分析,对某些重大地层地质问题进行了初步总结和探讨,反映了各岩石圈板块的沉积-构造演化史。

(3)通过对西北区前震旦纪岩石地层的研究,归纳为 4 种变质岩岩石基本组合,7 种亚组合和 3 种地层类型。按 3 个自然阶段阐述其地质时代的划分依据,划分地层结构和岩石组合类型及沉积-构造环境。太古宙—早元古代有 6 种岩石组合,6 种沉积-构造环境;中元古代有 6 种岩石组合,4 种沉积-构造环境;青白口纪有 4 种岩石组合,4 种沉积-构造环境。分析探讨了各自然阶段的地质演化史,认为,太古宙—早元古代为陆壳形成阶段;中元古代为陆地的加厚和陆缘增生阶段;青白口纪为稳定区与活动带进一步分异阶段。

(4)以一级地层区为基本单位,以自然断代为主线,对震旦纪—志留纪岩石地层及生物特征进行了总结,划分沉积盆地类型,探讨沉积-构造环境。

将南秦岭-大别山地层区震旦纪归纳为 3 种序列组合,寒武纪归纳为 4 种序列组合、4 种沉积环境。将华南地层大区本阶段沉积盆地划分为 3 种盆地类型和 4 个互有联系的沉积盆地,反映了华南西北部大陆边缘早古生代沉积-构造格局。

对华北地层大区沉积构造史具关键性的 7 个地层单位及其相关地层的组成特征、形成环境、地质意义等做了全面阐述。将本大区划分为5种盆地类型,9个互有联系的沉积盆地。反映了华北克拉通、祁连、柴达木三者的关系。

对塔里木-南疆地层大区震旦纪冰成岩的层位、沉积特征及分布做了概括性总结。发现本地层大区寒武纪含磷层位具明显穿时特征,由西向东、从南向北层位升高。指出本地层大区在塔里木运动后经历由稳定向活动的复杂演化,自奥陶纪始在稳定陆表海背景上经历坳陷、裂陷体制,自志留纪中晚期南天山出现微洋盆,则具板块体制演化特征。本地层大区寒武纪以三叶虫为主,属太平洋动物区,柯坪、库鲁克塔格具峡东-滇东型动物群特点;奥陶纪按各门类生物生态组合分为:笔石相、壳相及混合相三类,分别属太平洋笔石动物地理区、北大西洋动物地理区和华南型生物组合;志留纪除西昆仑属扬子动物地理区外,主要属西藏-滇西动物地理区。

对北疆震旦纪—志留纪地层特征及形成环境做了综合性概括,划分为6种盆地类型,各类型盆地在时间上交替叠置演化,空间上有突变和渐变两种关系,总结了北疆早古生代陆缘带经历两次扩张演化过程。本区生物群与塔里木-南疆显著不同,奥陶纪以壳相生物为主,未见笔石相,志留纪早期则出现笔石相,中期东准噶尔出现西伯利亚生物大区的图瓦贝动物群。

(5)泥盆纪—三叠纪自然断代,依西北区实际情况分北疆-兴安地层大区、塔里木-南疆地层大区、晋冀鲁豫地层区和华南地层大区四部分,分别论述了它们的岩石地层序列,岩石组合特征,生物组合特征和沉积盆地演化等。反映了晚古生代—三叠纪西北的大部分地区(除西昆仑、喀喇昆仑等地区以外)相继完成了与北方大陆的拼合,进入了裂陷作用为主的新的演化阶段,并在某些地区的一定时期内产生剧烈的拉张作用,形成一些小洋盆。

(6)侏罗纪—第三纪地层除西北区的西南部(西昆仑、喀喇昆仑等地区)外,余均为陆相沉积,形成若干大型内陆坳陷盆地(如:塔里木盆地、准噶尔盆地、柴达木盆地、鄂尔多斯盆地等)和若干中小型盆地,以地层大区为主线,分盆地列述了岩石地层序列、岩石组合特征、生物组合特征,并分析了各沉积盆地演化特征和形成机制。系统报导了新疆克拉美丽山南麓石树沟古树木化石的产出特征,并初步探讨了它的形成环境。

(7)将西北区造山带地层的特点概括为“多、变、杂、差”4个方面,即地层单位多、火山岩地层多;组成物质时空变化大;地层经历复杂的变质、变形和变位;地层序列的连续性差。认为造山带地层的沉积类型和沉积组合与基底构造格局关系密切。初步总结了造山带火山岩地层的时空分布规律、组成岩类特点和序列组合与形成环境的关系。以阿尼玛卿山蛇绿混杂岩为例说明构造岩石地层的划分是造山带地层研究的重要内容之一。

二、主要进展和认识

(1)西北区前震旦纪沉积-构造史是由裂谷、裂陷体制向板块构造体制演化的历史

太古宙地层有高级片麻岩和花岗-绿岩带的某些组合特征,不同程度含有高铝变质矿物的片麻岩(孔兹岩套)和“磁铁石英岩”(BIF岩系)等前震旦纪早期表(陆)壳的组成特点。目前对前震旦纪早期这类组合,较普遍地认为,花岗-绿岩带形成于裂谷环境,高级片麻岩形成于与裂谷作用有关的沉陷,这些裂谷和沉陷的分布不具方向性。因此,本区太古宙时期总体处于多中心全方位活动的裂谷构造环境,表壳以垂向增生加厚形成。至于西北区当时是否处于同一超级表(陆)壳,有待进一步研究,但从早元古代始,它们的演化历史各有差异。

自元古代始由大量陆源泥质碎屑(杂砂)岩、碳酸盐岩及拉斑质、钙碱质及少数碱质火山岩等以不同形式组合所组成,说明经太古宙时期普遍活动的构造环境之后,陆壳已有一些规模不

等的相对稳定区，海、陆已开始分异，陆壳已进入一个新的发展阶段。

早元古代在成熟表壳的背景上，形成以浅海为主的表壳坳陷、表壳裂谷及表壳裂陷三种沉积盆地，前一类盆地形成于相对稳定陆块内，碎屑物成熟度较高，后两类盆地分别形成于陆块的边缘和外侧，碎屑物成熟度较低，分别夹有碱质和拉班质、钙碱质火山岩。陆壳的活动方式仍以裂谷机制为主，但已不是全方位多中心，而是沿一定方向分布，说明地幔上涌潮或地幔柱已进入弱化时期。

中元古代在早古元代构造背景上沉积-构造分异更为明显，先期已成熟固化的陆壳块体上形成准稳定—稳定类型沉积，活动带的形成既有继承也有新生。沉积物除具有上述元古宙的共同特征外，在一些地区火山岩更为发育，另一些地区碳酸盐岩较多，并出现与不同海相环境沉积作用有关的富含铁、磷、锰地层和大量藻类生物及潮上(或潮间)带叠层石，说明海、陆已明显分异，并以海相沉积为主。沉积物多数沿固化稳定区边缘或其间环绕分布。主要沉积盆地类型有陆间裂陷、活动陆缘、被动陆缘和陆内坳陷 4 种。这 4 种盆地的空间组合具一定规律性，陆间裂陷盆地位于先期陆块之间，陆内坳陷盆地位于先期陆块内或边缘内侧，其他两类陆缘盆地位于陆块边缘，构成较为完整的沉积—构造格局，但这种格局既有对称性也有不对称性。

从中元古代的盆地类型及构造格局不难看出盆地形成于固化程度不同的陆壳背景上，以拉张构造环境为主，在固化程度较高的陆壳上或其边缘以裂谷盆地为主，其边缘出现分支插入陆内，在固化程度较低的陆壳上形成裂陷盆地，由于裂陷规模不同因此出现不同的火山岩组合，在裂陷较深的部位甚至出现具洋盆性质的组合。因此，中元古代的构造体制仍以裂陷(谷)为主，但已有板块构造体制的萌芽，其动力与新一阶段地幔热活动不均一性或地幔柱的作用有关，但这种作用已具明显的方向性。

中元古代中期(1 400 Ma 左右)于稳定陆块内或其边缘有一次造山运动，晚期(1 000 Ma 左右)在活动带又有一次造山作用，其造山机制主要与岩石圈形成过程物质的分异调整产生的分层滑脱作用有关，有的文献称为内硅铝造山，它与俯冲或碰撞造山不同。因此认为，中元古代陆壳的演化是在太古宙—早元古代固化陆壳上裂解，陆壳的加厚以陆缘增生为主。

青白口纪不同地区沉积-构造格局有较大的差异，东部以秦岭为中心，活动性进一步加强，其他地区逐步向稳定状态转化。塔里木陆块上形成收缩型残余(或上叠)坳陷盆地。华北与华南陆块之间形成以秦岭为中心活动带，由陆间裂陷盆地向洋盆演化，其南为华南陆块北侧水下和水上火山弧，其北为华北陆块南缘陆缘断陷盆地，构成复杂的沉积-构造格局。

800 Ma 左右的构造运动，使塔里木陆块最终固结；南秦岭向南俯冲与华南陆块产生弧陆碰撞连为一体；北秦岭向北俯冲增生于华北陆块南缘，并使前陆断陷隆升成陆。北秦岭与南秦岭之间此时推测仍处于扩张状态，但地质界尚有不同看法，这直接涉及晚元古代古中国克拉通是否存在的问题，有待今后研究。

总之，西北区前震旦纪的沉积—构造演化可概括为，在表壳岩形成的背景上，以已固化地区为生长点，由裂谷、裂陷体制向板块构造体制演化。活动带的形成既有新生，也有继承。造山方式有内硅铝造山和俯冲、碰撞造山，其动力机制由地幔热点上涌—地幔柱—地幔对流。陆壳的形成由垂向增生加厚——以侧向增生加厚为主。

(2)早古生代华北地块—北祁连·北秦岭是有序的大陆边缘结构

70 年代以前一般将华北地块归为地台，祁连、北秦岭归为地槽，分属于两个不同性质的高级别地层、构造单元，其间被深大断裂分割。70 年代以来，运用板块构造学说之后，虽然将祁连-北秦岭归为华北板块的南大陆边缘，但对它们之间的沉积-构造的变化规律研究甚少，或仍以龙首山-固原-宝鸡-洛南断裂为界分别研究两边的地质特征。通过这次研究提出早古生代这个地带是一个有序大陆边缘结构的新认识。这里所指的有序，是指由若干互有联系不同构造属性的沉积-构造盆地所组成。其沉积记录自宁夏至甘肃保留最为完整，按现今的地理方位自东北至西南归纳为4个盆地带：

陆内区——陆内坳陷盆地(鄂尔多斯地层分区)；

陆缘内侧——陆缘坳(断)陷盆地(华北西缘地层分区)；

陆缘外侧——被动陆缘裂陷盆地(北祁连走廊地带)；

前缘带——活动大陆边缘盆地—扩张洋盆(北祁连本部)。

盆地内部或其间的断裂构造有同沉积性质和后期新生两种，前者与盆地的形成有关；后者对盆地进行改造破坏，如北秦岭缺失被动陆缘盆地可能与后者有关。此外在前缘带与陆缘外侧之间，可能有一北西向的断续隆起，但对沉积盆地的结构影响不大。

寒武纪沉降中心由陆缘内侧向陆缘外侧迁移。陆缘内侧早—中期的地层与陆内区总体相似；中—晚期由稳定向准活动演化，向东北与陆内区稳定型沉积过渡，向西南陆缘外侧形成数千米厚斜坡相香山群，再向外为前缘带形成以黑茨沟组为代表火山岩-沉积岩组合。

奥陶纪早—中期自陆内—陆缘外侧形成穿时马家沟组，代表一次相对稳定时期，但在前缘带则形成以阴沟群为代表具扩张洋盆-岛弧性质的火山岩。中—晚期陆内区隆升缺失沉积，陆缘带形成活动类型沉积，自陆缘内侧到外侧，从东向西，由北向南，形成以唐陵组、段家峡组、平凉组和米钵山组为代表的海底扇、复理石和浊积、塌积沉积，并夹少数火山岩，沉降中心有自陆缘外侧向内侧迁移的趋势，前缘带则形成以中堡群为代表具岛弧特征的火山岩组合。之后形成一套具穿时特征以碳酸盐岩为主的地层，如背锅山组、银川组、妖魔山组，代表了一次环境的转变，之后沉降中心迁移至前缘地带。

志留纪在前缘带—陆缘外侧为残余盆地，形成浅海火山复理石，其余地带为隆起区。

加里东晚期构造运动使祁连-北秦岭造山成陆，构成华北地块陆缘增生带，奠定了这个地带晚古生代内陆盆地沉积的构造背景。

上述说明，这个过渡带早古生代的沉积是有序的迁移变化，在空间上，自陆内区到前缘带由稳定到活动；在时间上，坳陷中心初期在陆缘内侧，随后总体向前缘带迁移。盆地的形成机制，自早寒武世中晚期—奥陶纪中晚期在北祁连-北秦岭自西向东由裂谷体制发展为微洋盆，寒武纪中晚期并向北产生一支裂陷带，形成陆缘外侧裂陷盆地。奥陶纪早期进入相对稳定期；中期分支裂陷带向东(北)迁移，并在其东侧产生次级新的分支(如岐山、礼泉)；中晚期裂陷带停止活动。一些文献中虽然也指出这个地带为三叉裂谷，但严格讲是一个多臂的裂谷系，它在发展演化过程不断的迁移变化和周期性的开裂活动。

(3)对“秦祁昆”相互关系的认识

“秦祁昆”地质上泛指秦岭、祁连、东昆仑三个造山带的总称。三者在地质历史中究竟是什么关系，通过这次的研究提出如下初步认识。

研究这三个造山带的关系关键是对秦岭构造带的划分，一些构造方面的研究文献多数将秦岭划分为南、北两个构造带，部分研究沉积盆地的文献进一步划分出中秦岭沉积区，但并未指出其与昆仑或祁连的关系。这次本书明确划分出中秦岭地层区划，指早古生代晚期南、北秦岭拼接后的叠加盆地，并与东昆仑(含柴达木南、北缘)构成东昆仑-中秦岭地层分区，属秦祁昆地层区的组成部分，这意味着对这三个造山带的关系在陆内造山阶段前的框架性认识，为今后进一步研究它们的沉积-构造关系提供了对比途径和新的思路。

晚元古代东昆仑、柴达木、祁连与华北地块已构成统一的大陆壳，南、北秦岭分别为华南和华北的大陆边缘造山带，故晚元古代自东昆仑南缘—北秦岭南缘以北的地区已为统一的华北克拉通。

早古生代始，华北克拉通南部活动带新生，由裂谷、裂陷系发展到微洋盆，其间夹持有柴达木、中祁连等若干大小不等的地块，因此早古生代北秦岭、祁连和东昆仑三者构成一个统一的、结构复杂的华北板块南大陆边缘活动带。南秦岭则为华南板块北被动大陆边缘，与北秦岭-祁连-东昆仑为对应的不同性质的大陆边缘带。加里东运动晚期，华北南大陆边缘先后以不同形式造山，东部并与华南北大陆边缘对接，此时南、北秦岭和东昆仑、祁连联合为一个更广泛的统一大陆地壳，在东昆仑南缘外侧可能仍处于开放的海域。

晚古生代，在未完全固结的秦祁昆陆壳上产生新一阶段的活动，活动带在先期构造背景上向南迁移，活动机制为裂陷作用。东段裂陷带叠加在南、北秦岭拼接带之上，构成中秦岭裂陷盆地，向西经东昆仑南缘，裂陷带的中段并产生一个分支插入柴达木北缘（宗务隆山地带），向南与古特提斯海相通。因此，东昆仑在晚古生代与中秦岭为同一裂陷系的海盆，但各段活动时间和沉积组合略有差异。

三叠纪随着古特提斯海的扩张和广泛海侵，沉积盆地的范围较晚古生代扩大，裂陷带在西段并已发展为洋盆。中—晚三叠世自东向西先后以不同形式造山，秦祁昆最终统一，进入大陆造山演化阶段。

因此，我们初步认为东昆仑、祁连、北秦岭早古生代是在晚元古代统一陆壳的背景上新生，三者是一个统一、结构复杂的活动带，晚古生代—三叠纪东昆仑、中秦岭在早古生代晚期再次统一的背景上新生，形成东昆仑—中秦岭活动带，三个造山带的关系各演化阶段不同。故在研究它们之间的关系时，首先必须对秦岭构造带进行划分，其二，分阶段研究它们之间的关系。

(4)西北区中—新生代沉积盆地为我国重要的能源基地，讨论它们的形成机制，对于探讨地壳演化规律或对矿产分布规律的研究均有其重要意义。

本书在总结各盆地岩石地层序列、沉积特征、堆积序列的基础上，结合地质构造特征，提出这些盆地（除鄂尔多斯盆地外）形成与我国西部地区在中—新生代南方地块与北方地块的多次碰撞、拼接而产生的挤压作用有关，每次碰撞、拼接事件的发生，不仅表现为有关地层间的沉积间断，而且造成一段时间内盆地边缘断裂活动的加剧，从而产生差异性升降运动，其结果必然造成一个新的盆地充填过程（详见表 6-3）。

三、存在主要问题及今后研究建议

鉴于西北地域辽阔，以往研究程度参差不一，加之造山带地层复杂，这次以岩石地层为重点的研究仅仅是初步的，尚存在许多问题有待今后逐步研究解决，其中主要如下：

(1)造山带地区的研究总体偏低，如中南天山-北山地层区早古生代和东昆仑-中秦岭晚古生代的部分地层；部分断代地层序列的建立还有待进一步完善，如祁连的奥陶纪、北准噶尔的泥盆纪地层等；太古宙和早元古代地层的划分、组成特征；晚元古代南、北秦岭关系；泥盆纪—石炭纪北疆与塔里木-南疆的沉积-构造关系，都有待深入研究。

(2)对造山带海相火山岩地层的研究和划分对比尚缺少比较统一的原则和标准。如对具有浓厚构造环境意义的蛇绿岩组合从所建立的地层单位其特征往往不突出。

(3)生物地层方面，仅仅总结了显生宙各断代地层的生物特征，还不是严格意义上的生物地层划分。

(4)仅对少部分断代地层做了地层格架分析，一部分仅用横剖面图表示，因此对沉积盆地的分析总体还比较简略。

(5)对少数跨省(区)岩石地层单位未取得较为合理的统一意见。

今后研究建议：

(1)以下一些地区的地层，建议在今后研究优先考虑：秦岭地区晚元古代地层；祁连-北秦岭早古生代火山岩地层；东昆仑-中秦岭石炭纪—二叠纪地层以及天山、准噶尔泥盆纪—石炭纪地层。这些地层对研究西北区区域地质构造演化占有重要地位。

(2)开展对造山带地层工作的方法研究。

(3)开展对海相火山岩地层工作的方法研究。

参 考 文 献

安三元、胡能高、王仁民、陈珍珍等，1992，北秦岭裂陷的形成与变质作用。西安：西北大学出版社。

安太庠等，1986，华北地区奥陶系研究进展。纪念乐森琈教授从事地质科学教育工作六十年论文集。北京：地质出版社。

安太庠等，1990，鄂尔多斯盆地周缘的牙形石。北京：科学出版社。

蔡土赐主编，1998，新疆维吾尔自治区岩石地层。武汉：中国地质大学出版社。

曹宣铎、胡云绪、赵江天、张瑞林、申少宁等，1994，秦岭石炭纪裂陷盆地的沉积-构造演化。西安：陕西科学技术出版社。

曹宣铎、张瑞林、张汉之等，1990，秦巴地区泥盆纪地层及重要含矿层位形成环境的研究。载中国地质科学院西安地质矿产研究所所刊，(27)

曹宣铎、张研、周志强等，1987，西秦岭碌曲、迭部地区晚志留世与泥盆纪地层古生物(上册)。南京：南京大学出版社。

曹正尧、厉宝贤、郭双兴，1982，中国白垩纪含植物化石地层，载中国科学院南京地质古生物研究所编著，中国各纪地层对比表及说明书。北京：科学出版社。

成守德，1977，新疆寒武系的初步划分与对比。新疆地质，(1)。

成守德，1985，关于新疆寒武系的一些问题。载新疆地质研究论文集。乌鲁木齐：新疆人民出版社。

程裕淇主编，1994，中国区域地质概论。北京：地质出版社。

程裕淇主编，1990，中国地质图(1/500 万)。北京：地质出版社。

程政武、曲立范、侯静鹏、李佩贤，1983，陕西岐山产 *Eumorphotis* 的"石千峰组"地层问题。地层学杂志，7(4)。

车自成、姜洪川，1987，大地构造学概论。西安：陕西科学技术出版社。

邓占球，1987，河南淅川晚奥陶世珊瑚。古生物学报，26(5)。

邓自华，1959，新疆西库鲁克塔格前寒武纪地层问题。地质论评，19(4)。

董枝明，1980，中国的恐龙动物群及其层位。地层学杂志，4(4)。

斗守初等，1985，安徽凤台霍邱地区震旦纪冰成岩的再研究。前寒武纪地质，(1)。

窦亚伟、孙喆华，1985，新疆北部晚古生代植物概况。地质学报，59(1)。

杜定汉等，1987，陕西秦巴地区泥盆系研究。西安：交通大学出版社。

冯益民，1996，蛇绿岩与造山作用——北祁连造山带例析。载张祺主编，蛇绿岩与地球动力学研究。北京：地质出版社。

冯益民、何世平，1995，北祁连蛇绿岩的地质地球化学研究。岩石学报，11(增刊)。

冯益民、何世平，1995，祁连山及其邻区大地构造基本特征——兼论早古生代海相火山岩的成因环境。西北地质科学，16(1)。

冯益民、何世平、闫军，1994，北祁连山中段早中奥陶世蛇绿岩中席状岩墙杂岩的发现及其地质意义。地质论评，40(3)。

冯益民、吴汉泉，1992，北祁连山及其邻区古生代以来的大地构造演化初探。西北地质科学，13(2)。

傅力浦等，1993，鄂尔多斯中、上奥陶统沉积环境的生物标志。西北地质科学，14(2)。

甘肃省区域地层表编写组，1980，西北区域地层表甘肃省分册。北京：地质出版社。

甘肃省地质矿产局，1989，甘肃省区域地质志。北京：地质出版社。

高振家等，1980，新疆库鲁克塔格震旦系和冰川沉积。载中国震旦亚界。天津：天津科学技术出版社。

高家振、陈晋镳、陆松年、彭昌文、秦正永等，1993，前寒武地质第 6 号，新疆北部前寒武系。北京：地质出版社。

高振家、王务严、彭昌文、李永安、肖兵，1985，新疆阿克苏—乌什地区震旦系。乌鲁木齐：新疆人民出版社。

高振家、王务严、彭昌文、李永安、肖兵，1985，新疆震旦系。乌鲁木齐：新疆人民出版社。

高振家、吴绍祖、李永安、钱建新，1981，新疆阿克苏—柯坪地区震旦纪—寒武纪地层研究。科学通报，(12)。

高振家、朱诚顺，1984，新疆库鲁克塔格震旦纪、寒武纪地层划分和对比。载新疆前寒武纪地质。乌鲁木齐：新疆人民出版社。

关保德，1985，河南省罗圈组冰碛层时代探讨。前寒武纪地质，(1)。

关保德等，1980，东秦岭北坡震旦亚界。载中国震旦亚界。天津：天津科学技术出版社。

郭铁鹰、梁定益，1990，青藏高原地区古生代—始新世的大陆"开""合"演化。载王鸿祯等主编，中国及邻区构造古地理和生物古地理。武汉：中国地质大学出版社。

顾其昌、曹景轩，1987，宁夏新生代地质构造特征及形成机制。载北京市地质学会主编，中新生代地质学术讨论文集。北京：地质出版社。

顾其昌主编，1996，宁夏回族自治区岩石地层。武汉：中国地质大学出版社。

顾其昌，1982，贺兰山的晚前寒武纪冰碛层。地层学杂志，6(2)。

韩建修，1980，论单通道䗴(*Monodiexodina*)及其类似属的形态、演化和分布。中国地质科学院院报沈阳地质矿产研究所分刊，1(1)。
何登发、李德生，1995，沉积台地动力学研究的新进展。地学前缘，2(3—4)。
何国琦、李茂松、刘德权、唐延岭、周汝洪，1994，中国新疆古生代地壳演化及成矿。乌鲁木齐：新疆人民出版社，香港：香港文化教育出版社。
河南省地质矿产局，1989，河南省区域地质志。北京：地质出版社。
侯鸿飞、项礼文、林宝玉，1979，天山-兴安区古生代地层研究新进展。地层学杂志，3(4)。
黄家斌，1983，甘肃平凉地区中奥陶统平凉组沉积环境初探。载鄂尔多斯盆地西缘地区石油地质论文集。呼和浩特：内蒙古人民出版社。
黄汲清、陈炳蔚，1987，中国及邻区特提斯海的演化。北京：地质出版社。
黄汲清、姜春发指导，王作勋、乌继易、吕喜朝、张经国、刘成德，1990，天山多旋回构造演化及成矿。北京：科学出版社。
黄汲清指导，任纪舜、姜春发、张正坤、秦德余，1980，中国大地构造及其演化。北京：科学出版社。
黄月华等，1992，北大巴山古生代双模式火山岩套——以高滩辉绿岩和蒿坪粗面岩为例。岩石学报(2)。
姜春发、杨经绥、冯秉贵、朱志直、赵民、柴耀楚、施希德、王怀达、胡全庆，1992，昆仑开合构造。载地质专报，五，构造地质、地质力学，(12)。
赖才根等，1982，中国地层，5，中国的奥陶系。北京：地质出版社。
廖卫华、蔡土赐，1987，新疆北部泥盆纪四射珊瑚组合序列。古生物学报，26(6)。
李传夔、吴文裕、邱铸鼎，1984，中国陆相新第三系的初步划分和对比。古脊椎动物学报，22(3)。
李春昱、王荃、刘雪亚、汤耀庆，1984，亚洲大地构造及其演化。北京：地质出版社。
李晋僧、曹宣铎、杨家禄、殷鸿福、杨逢清、张瑞林、胡云绪、赖旭龙等，1994，秦岭显生宙古海盆沉积和演化史。北京：地质出版社。
林宝玉，1977，中国二叠纪床板珊瑚化石的地层分布、分带与动物地理分区的初步看法。地质学报，51(2)。
李佩娟、何元良、吴向午，1988，青海柴达木盆地东北缘早、中侏罗世地层及植物群。南京：南京大学出版社。
李钦仲等，1985，华北地台南缘(陕西部分)罗圈组的时代及其沉积相。前寒武纪地质，(1)。
刘宝珺等，1993，中国南方古大陆沉积地壳演化与成矿。北京：科学出版社。
刘宝珺、曾允浮，1985，岩相古地理基础和工作方法。北京：地质出版社。
刘广才，1984，青海西部哈尔扎地区晚泥盆世腕足动物群。地球科学，(3)。
刘国惠、张寿广、游振东、索书田、张国伟等，1993，秦岭造山带主要变质岩群及变质演化。北京：地质出版社。
刘和甫，1995，前陆盆地类型及褶皱—冲断层样式。地学前缘，2(3—4)。
刘鸿允等，1991，中国震旦系。北京：科学出版社。
陆松年、高振家，1990，新疆阿克苏地区晚元古代碎屑流和冰川沉积特征的对比。中国地质科学院562综合大队集刊，(9)。
刘宪亭，1978：准噶尔盆地南缘二叠、三叠纪脊椎动物化石及吐鲁番盆地第三纪地层和哺乳类化石。中国科学院古脊椎动物与古人类研究所甲种专刊，(13)。
刘印环等，1991，河南的寒武系和奥陶系。北京：地质出版社。
李耀西等，1975，大巴山西段早古生代地层。北京：地质出版社。
李永安、李强、张慧，1991，新疆古地磁研究及几个地质问题探讨。新疆地质，9(1)。
李星学、蔡重阳，1979，中国泥盆纪植物群。地层学杂志，3(2)。
卢辉楠，1995，准噶尔盆地的侏罗系。地层学杂志，19(3)。
陆松年，1985，中国晚前寒武纪冰成岩系初探。前寒武纪地质，(1)。
卢衍豪、董南庭，1953，山东寒武纪标准剖面新观察。地质学报，32(3)。
卢衍豪等，1976，中国奥陶纪的生物地层和古生物地理。中国科学院南京地质古生物研究所集刊(7)。
卢衍豪等，1974，生物-环境控制论及其在寒武纪生物地层学上和古动物地理学上的应用。中国科学院南京地质古生物研究所集刊，(5)。
毛裕年等，1990，西秦岭南亚带白依沟群研究。载刘国惠、张寿广主编，秦岭-大巴山地质论文集(一)，变质地质。北京：北京科学技术出版社。
马润华主编，1998，陕西省岩石地层。武汉：中国地质大学出版社。
马世鹏、汪玉珍、方锡廉，1989，西昆仑北坡震旦系。新疆地质，7(4)。

梅志超等，1982，陕西富平中奥陶统平凉组的深水碳酸盐碎屑流。石油与天然气地质，(3)1。
缪长泉，1993，新疆昆仑山和阿尔金山前寒武系及叠层石。乌鲁木齐：新疆科技卫生出版社。
穆恩之等，1962，祁连山的笔石。载祁连山地质志，第四卷第二分册。北京：科学出版社。
穆恩之等，1964，祁连山东部奥陶系及志留系笔石地层。中国科学院南京地质古生物研究所集刊，(1)。
宁夏回族自治区地质矿产局，1990，宁夏回族自治区区域地质志。北京：地质出版社。
宁夏回族自治区区域地层表编写组，1980，西北区域地层表宁夏自治区分册。北京：地质出版社。
潘江、霍福臣、曹景轩、顾其昌等，1987，宁夏陆相泥盆系及其生物群。北京：地质出版社。
裴放等，1987，河南奥陶纪牙形石。北京：地质出版社。
蒲心纯等，1993，中国南方寒武纪岩相古地理与成矿作用。北京：地质出版社。
齐骅，1987，宁夏固原六盘山群下部的介形类化石。载中国地质科学院地层古生物论文集编委会编，地层古生物论文集(18)。北京：地质出版社。
青海省地质矿产局，1991，青海省区域地质志。北京：地质出版社。
青海省区域地层表编写组，1980，西北区域地层表青海省分册。北京：地质出版社。
邱家骧等，1995，青海拉脊山造山带早古生代火山岩。西北地质科学，16(1)。
邱占祥、谷祖纲，1988，甘肃兰州第三纪中期哺乳动物化石地点。古脊椎动物学报，26(3)。
邱占祥、邱铸鼎，1990，中国晚第三纪地方哺乳动物群的排序及其分期。地层学杂志，14(4)。
全国地层委员会，1982，中国地层指南及中国地层指南说明书。北京：科学出版社。
阮亦萍、周祖仁，1987，宁夏石炭纪头足类。载宁夏纳缪尔期地层和古生物。南京：南京大学出版社。
陕西省地质矿产局，1989，陕西省区域地质志。北京：地质出版社。
陕西省区域地层表编写组，1983，西北区域地层表陕西分册。北京：地质出版社。
四川省地质矿产局，1991，四川省区域地质志。北京：地质出版社。
宋志高，1980，祁连山早古生代细碧角斑岩系及其与蛇绿岩的关系。载中国地质科学院院报西安地质矿产研究所分刊，1(1)。
宋志高，1984，祁连优地槽区块状硫化物矿床形成地质环境的初步对比研究和探讨。矿床地质，(2)。
宋志高、张治洮、张莓、贾群子，1991，陕甘边界"牛头河群"的分解及其构造意义。中国地质科学院西安地质矿产研究所所刊，(31)。
苏养正，1981，论图瓦贝 *Tuvaella* 的时空分布和生态环境。古生物学报，20(6)。
孙巧缡，1985，新疆喀喇昆仑山空喀山口一带发现单通道䗴(*Monodiexodina*)动物群。中国区域地质，(12)。
孙巧缡、张遴信，1988，空喀山口一带早二叠世的䗴。微体古生物学报，5(4)。
孙光义，1980，西秦岭洛大地区的泥盆系。西北地质，(4)。
孙崇仁主编，1997，青海省岩石地层。武汉：中国地质大学出版社。
孙艾玲，1973，新疆的二叠纪三叠纪爬行动物化石。中国科学，(1)。
塔里木石油勘探开发指挥部、滇黔桂石油勘探局石油地质科学研究所，1994，塔里木盆地震旦纪至二叠纪地层古生物(Ⅳ)，阿尔金山地区分册。北京：石油工业出版社。
陶洪祥等，1985，略论扬子古陆北缘中晚元古代岛弧构造及其演化。西安地质学院学报，(3)。
王伴月、阎志强、陆彦俊、陈国新，1994，宁夏海原两个第三纪中期哺乳动物群的发现。古脊椎动物学报，32(4)。
王宝瑜、郎志君、李向东、屈迅、李天福、黄诚、崔日羲，1994，中国天山西段地质剖面综合研究。北京：科学出版社。
王宝瑜、李恒海，1989，新疆克拉麦地区中及上志留统划分与对比。新疆地质，7(1)。
王广耀、张玉亭，1984，新疆阿尔泰震旦系初步划分与对比。地层学杂志，8(4)。
王恒升，1954，新疆地质概况。中国地质学会西安分会会刊，(2)。
王鸿祯，1978，论中国地层分区。地层学杂志，2(2)。
王鸿祯等，1985，中国古地理图集。北京：地图出版社。
王鸿祯、刘本培、李思田，1990，中国及邻区大地构造划分和构造发展阶段。载中国及邻区构造古地理和生物古地理。武汉：中国地质大学出版社。
王景斌、李永安、王有标、祁志明，1985，北天山西段震旦亚界。新疆地质科学研究所，新疆地质研究论文集。乌鲁木齐：新疆人民出版社。
王景斌、张太荣，1985，新疆北天山西段寒武纪地层及三叶虫动物群。载中华人民共和国地质矿产部地质专报，地层古生物第四号。北京：地质出版社。

王尚启、虞子冶、王成，1995，宁夏卫宁盆地晚泥盆世中华豆石介族(介形类)的发现。地层学杂志，19(3)。
王务严等，1985，新疆阿克苏—乌什地区寒武系划分与对比。新疆地质，3(4)。
王曰伦，1963，中国北部震旦系和寒武系分界问题。地质学报，43(2)。
王曰伦、陆宗斌、邢裕盛、高振家、林蔚兴、马国干、张录易、陆松年，1980，前寒武纪地质研究，中国震旦亚界，中国上前寒武系的划分和对比。天津：天津科学技术出版社。
王增吉等，1990，中国地层，8，中国的石炭系。北京：地质出版社。
王振东，1989，陕西陶湾群早寒武世化石的发现及地质意义。中国区域地质，(2)。
王宗起，1990，陕西陶湾群内寒武系岩块的地层学研究。载刘国惠主编，秦岭—大巴山地质论文集(一)，变质地质。北京：北京科学技术出版社。
王作勋等，1995，秦岭造山带显生宙构造迁移与陶湾群沉积变形。北京：地震出版社。
吴汉泉，1982，北祁连山高压低温变质带的岩石学和矿物学。中国地质科学院西安地质矿产研究所所刊，(4)。
吴汉泉，1984，中国高压低温变质带概述兼论蓝闪石冻蓝闪石有关问题。中国地质科学院西安地质矿产研究所所刊，(7)。
吴汉泉等，1991，甘肃玉门昌马地区蓝闪片岩。中国地质科学院西安地质矿产研究所所刊，(32)。
吴瑞棠、关保德，1988，论罗圈组冰成特征及重力流改造。地质学报，62(1)。
吴瑞棠，1992，中国北方震旦纪末冰川事件及构造古地理意义。载王鸿祯主编，中国及邻区构造古地理和生物古地理。武汉：中国地质大学出版社。
吴绍祖，1983，新疆二叠纪植物地理分区的初步探讨。载中国古生物地理区系。科学出版社。
夏林圻、夏祖春等，1991，祁连、秦岭山系海相火山岩。武汉：中国地质大学出版社。
夏林圻等，1995，北祁连山构造-火山岩浆演化动力学。西北地质科学，16(1)。
向鼎璞，1982，祁连山地质构造特征。地质科学，(4)。
项礼文等，1981，中国地层，4，中国的寒武系。北京：地质出版社。
肖世禄、侯鸿飞、吴绍祖，1992，新疆北部泥盆系研究。乌鲁木齐：新疆科技卫生出版社。
肖思云、张维吉，1988，北秦岭变质地层。西安：西安交通大学出版社。
肖序常等，1990，中国西部元古代蓝片岩—世界上保存最好的前寒武纪蓝片岩。新疆地质，8(1)。
肖序常、陈国铭、朱志直，1978，祁连山古蛇绿岩的地质构造意义。地质学报，52(4)。
肖序常、汤耀庆、冯益民、朱宝清、李锦轶、赵民，1992，新疆北部及其邻区大地构造。北京：地质出版社。
邢裕盛等，1989，中国地层，3，中国的上前寒武系。北京：地质出版社。
新疆石油管理局南疆石油勘探公司、江汉石油管理局勘探开发研究院，1991，塔里木盆地震旦纪至二叠纪地层古生物(Ⅱ)，柯坪—巴楚地区分册。北京：石油工业出版社。
新疆维吾尔自治区地质矿产局，1993，新疆维吾尔自治区区域地质志。北京：地质出版社。
新疆维吾尔自治区地质矿产局地质矿产研究所，1988，新疆古地理图集。乌鲁木齐：新疆人民出版社。
新疆维吾尔自治区地质矿产局地质矿产研究所、新疆地质矿产局第一区调大队，1990，新疆古生界，寒武系、奥陶系、志留系(新疆地层总结之二)(上)。乌鲁木齐：新疆人民出版社。
新疆维吾尔自治区地质矿产局地质矿产研究所、新疆地质矿产局第一区调大队，1991，新疆古生界，泥盆系、石炭系、二叠系(新疆地层总结之二)(下)。乌鲁木齐：新疆人民出版社。
新疆维吾尔自治区地质矿产局矿产研究所，中国地质科学院地质研究所，1989，中国天山二叠—三叠系界线的研究。北京：海洋出版社。
新疆维吾尔自治区区域地层表编写组，1981，西北区域地层表新疆维吾尔自治区分册。北京：地质出版社。
徐福祥，1986，甘肃靖远早侏罗世植物化石。古生物学报，25(4)。
许杰，1959，柴达木下奥陶统一个新笔石群。古生物学报，7(3)。
徐新、黄河源，1990，新疆几个重大地质构造问题。中国区域地质(1)。
许志琴等，1994，北祁连走廊南山加里东俯冲杂岩增生地体及其动力学。地质学报，68(1)。
许志琴、卢一伦、汤耀庆、张治洮，1988，东秦岭复合山链的形成变形、演化及板块动力学。北京：中国环境出版社。
杨家騄等，1991，东秦岭-大巴山寒武纪地层岩相古地理及三叶虫动物群。武汉：中国地质大学出版社。
杨森楠等，1990，华北与扬子陆块碰撞带。载王鸿祯主编，中国及邻区构造古地理和生物古地理。武汉：中国地质大学出版社。
阎国顺等，1983，东秦岭南坡上奥陶统的发现及其奥陶系的初步研究。河南地质，(1)。
杨雨、范国林、姚国金主编，1997，甘肃省岩石地层。武汉：中国地质大学出版社。

杨志坚,1958,豫西下古生界地层及其对比问题。地质学报,38(4)。

杨祖才,1991,甘肃省西秦岭南部海相泥盆系研究新进展和三河口群解体。甘肃地质,(12)。

杨遵仪等,1983,南祁连山三叠系。北京:地质出版社。

杨遵仪等,1984,西藏及邻区的下冈瓦纳岩系及古地理古构造意义。国际交流地质学术论文集(1)—为第二十七届国际地质大会撰写。北京:地质出版社。

杨遵仪、李子舜、曲立范、周蕙琴、周统顺等,1982,中国的三叠系。地质学报,56(1)。

杨遵仪、殷鸿福、林和茂,1979,陕西渭北石千峰群的海相化石。古生物学报,18(5)。

阎廉泉,1959,秦岭区域地质测量及普查工作的基本成就。地质月刊,(11)。

亚洲地质图编图组,1982,亚洲地质图(1/400万)。北京:地质出版社。

殷鸿福、杨逢清、黄其胜等,1992,秦岭及邻区三叠系。武汉:中国地质大学出版社。

亦农,1974,中国奥陶纪珊瑚化石的地层分布与动物地理分区的初步看法。地质学报,48(1)。

袁复礼,1956,新疆准噶尔东部地质报告。地质学报,36(2)。

袁复礼,1956,新疆天山北部山前拗陷带及准噶尔盆地陆台地质初步报告。地质学报,36(2)。

张二朋、牛道韫、霍有光、张兰芳、李益桂,1993,秦巴及邻区地质-构造特征概论。北京:地质出版社。

张国伟等,1988,秦岭造山带的形成及其演化。西安:西北大学出版社。

张嘉琦,1959,山西省霍山砂岩的对比及其时代。地质论评,19(1)。

张吉森等,1982,鄂尔多斯西、南缘中奥陶世环陆架沉积特征。石油与天然气地质,4(3)。

张抗,1983,鄂尔多斯盆地东西缘的寒武系。石油与天然气地质,4(3)。

张抗,1989,鄂尔多斯断块构造和资源。西安:陕西科学技术出版社。

张抗,1992,鄂尔多斯西、南缘奥陶系滑塌堆积。沉积学报,(10)1。

张录易,1986,陕西宁强晚震旦世晚期高家山生物群的发现和初步研究。载中国地质科学院西安地质矿产研究所所刊,(13)。

张日东等,1959,新疆天山南麓古生代地层。中国科学院南京地质古生物研究所集刊,(2)。

张福林等,1995,甘肃永登石灰沟奥陶纪岛弧区沉积建造的特征。西北地质科学,16(1)。

倪世钊、杨德骊等,1994,东秦岭东段南带古生代地层及沉积相。武汉:中国地质大学出版社。

张寿广、万渝生、刘国惠、从日祥、赵子然,1991,北秦岭宽坪群变质地质。北京:北京科学技术出版社。

张守信,1980,论华北断块地区几个穿时的岩石地层单位。载中国科学院地质研究所、国家地震局地质研究所(张文佑主编),华北断块地区的形成与发展。北京:科学出版社。

张维吉,1989,陶湾群层序及时代研究。西安地质学院学报,(2)。

张维吉、孟宪恂、胡健民、裴先治、樊双虎等,1994,祁连—北秦岭造山带接合部位构造特征与造山过程。西安:西北大学出版社。

张文堂等,1979,华北南部、西南部寒武系及上前寒武系的分界。地层学杂志,3(1)。

张以茀,1994,青海及邻近地区地质构造演化初探。高原地震,6(3)。

张梓歆、戎嘉余、邸巧玲,1983,新疆巴里坤地区志留纪的大型图瓦贝组合。古生物学报,22(3)。

张祖圻,1978,南秦岭西段文县一带早中泥盆世生物地层学问题。地质科技,(6)

赵祥生等,1980,西北地区震旦纪冰碛层及地层意义。中国地质科学院天津地质矿产研究所主编,中国震旦亚界。北京:地质出版社。

赵喜进,1980,新疆北部中生代脊椎动物化石与层位。中国科学院古脊椎动物与古人类研究所甲种专刊,(15)。

赵亚曾、黄汲清,1931,秦岭山及四川地质研究。地质专报甲种第9号。

赵治信、韩建修、王增吉,1978,塔里木盆地西南缘石炭纪地层及其生物群。北京:地质出版社。

赵修祜、吴秀元、顾其昌,1986,宁夏南部晚泥盆世植物群。古生物学报,25(5)。

中国地质科学院,1982,中国地层,1,中国地层概论。北京:地质出版社。

中国地质科学院地质研究所,1980,陕甘宁盆地中生代地层古生物(上册)。北京:地质出版社。

周名魁等,1993,中国南方奥陶纪—志留纪岩相古地理与成矿作用。北京:地质出版社。

周志强、曹宣驿等,1996,祁连山东部早古生代地层和沉积—构造演化。西北地质科学,17(1)。

周志炎、李佩娟,1980,从古植物学观点讨论中国中生代陆相地层的划分、对比和时代。载国际交流地质学术论文集(4)。北京:地质出版社。

周志毅、陈丕基主编,1990,塔里木生物地层和地质演化。北京:科学出版社。

左国朝等,1987,北祁连早古生代大地构造演化。地质科学,(1)。

左国朝,1996,祁连地区蛇绿岩带划分及其构造意义。张旗主编,蛇绿岩与地球动力学研究。北京:地质出版社。

Bexell,G. ,1935,On the Stratigraphy of the Plant-bearing Deposit of Late Palaeozoic and Mesozoic Age in the Nanshan Region. Geografiska Annular XⅦ,Stockholm.

Chaloner,W. G. and Meyen,S. V. ,1973,Carboniferous and Permian floras of the Northern Continents. In Hallam,A. (ed), Atlas of Palaeobiogeography. Amsterdam - L. - N. - Y.

Cocks,L. R. M. ,1985,The Ordovician - Silurian Boundary,International Geoscience Newsmagazine,Episodes,8(2).

Halle,T. G. ,1935,On the Distribution of the Late Palaeozoic Floras in Asia. ,Geografiska Annular XⅦ,Stockholm.

Hollad,C. H. (ed),1972,The Lower Palaeozoic rocks of the World vol 1,The Cambrian of Newworld - N. Y. Wiley Interscience.

Liang Yo - tso and Tsao Rui - Chi,1976,Biostratigraphic significance of stromatolites. Precared algae from the Sinian Subera of China,Peking.

Norin,E. ,1937,Geology of western Quruk - Tagh,Eastern Tianshan,Pub. Sci. Exp. N. N. Prov. Sven Hedin,(2).

Norin,E. ,1941,The Arpishmebulaq Series,Geologic Reconnaissances in The Chinese Tianshan,The Sino - Swedish Expedition,Publication 16,Ⅲ. Geology 6,Stockholm.

Sze H. C. ,1934,On the occurrence of an interesting fossil wood from Urumchi in Sinkiang. Bull. Geol. Soc. China,13(4).

Troedsson G. T. 1937,On the Cambro - Ordovician faunas of western Quruq Tagh,Eastern Tianshan Palaeont Sinica,N. S. (B)2(Whole ser. 106).

Walter,M. R. ,1972,Stromatolites and the biostratigraphy of the Australian Precambrian and Cambrian. Special Papers in Palaeontology. No. 11. the Palaeontology association. London.

Walter M. R. ,1972,Stromatolites. Developments in sedimentology,20.

Ахмеджанов,М. А. ,и Д р. ,1979,Нижний палеозой Срединного и южного Тянь-шаня Сангимс Тшкент,Индио Фан уз СССР.

Пуранте,М. В. ,1976,Палеоботаническое обоснование стратиграфии карбона и перми Монголии,Сов. -Монг. Геол. Эксп. ,Т. вып. 19, Иэд《Наука》Москва.

Ергалиев,Г. Х. и Покровская Н. В. ,1974,Биостратиграфия нижнего кембрия Малого каратау. Вкн. : "Допалеозой и палеозой Казахстана",Том1. Изд во "Наука" Казахской СССР. Алма Ата.

Занина, И. Е. , и Др. 1975, Стратиграфический словарь СССР. "Кембрий. Ордовик, Силур, Девон", Ленинград "Недра", Ленинградское Отделение.

Кипарисова,Л. Д ,1973,Стратиграфия СССР Триасовая Система. Москва.

Крылов,И. Н. ,1967,Рифейские и нижнекембрийские строматолиты Тянъ-шаня и Каратау Тргин АН СССР,вып. 171.

Лихарев,Б. К. и Д р. ,1966,Стратиграфия СССР Перимская Система. Москва.

Семихатов,М. А. ,1962,Рифей и нижний кембрий Енисейского кряжа. ТР. ГИН АН СССР,вып. 203.

Чумаков Н. М. ,1978,Докембрийские тиллиты Издателъство,《Наука》,Москва

附录

附录 I 西北五省(区)采用的岩石地层单位表

附录 I -1

序号	岩石地层单位名称		代号	地质时代	创名人(单位)	创建时间	创名省
	英文	汉文					
1	Abuqiehai Fm	阿不切亥组	∈O*a*	$\in_2-O_1$	关士聪,车树政	1955	内蒙古
2	Aerbasayi Fm	阿尔巴萨依组	P*a*	P_1	新疆地矿局区调大队10分队	1978	新疆
3	Aerpishimaibulake Fm	阿尔皮什麦布拉克组	D*a*	D_1	Norin	1941	新疆
4	Aertashi Fm	阿尔塔什组	E*a*	E	新疆石油管理局魏景明等	1975	新疆
5	Ahe Fm	阿合组	J*a*	J_1	新疆维吾尔自治区区域地层表编写组	1981	新疆
6	Aierjigan Gr	爱尔基干群	Jx*AE*	Jx	Norin	1931	新疆
7	Aierken Fm	艾尔肯组	D*ae*	D_3	白光群等	1978	新疆
8	Aiweiergou Gr	艾维尔沟群	J*A*	J_{2-3}	新疆维吾尔自治区区域地层表编写组	1981	新疆
9	Akeshake Fm	阿克沙克组	C*a*	C_{1-2}	刹鸿炳	1978	新疆
10	Akesu Gr	阿克苏群	Ch*A*	Ch	张太荣等	1973	新疆
11	Aketashi Fm	阿克塔什组	D*ak*	D_2	周申喜	1975	新疆
12	Alamasi Gr	阿拉玛斯群	Jx*a*	Jx	缪长泉(介绍)	1993	新疆
13	Alatage Fm	阿拉塔格组	D*a*	D_2	新疆地质局区调大队四分队朱诚顺等	1967	新疆
14	Aletai Fm	阿勒泰组	D*a*	D_2	新疆地矿局区域地质测量大队	1965	新疆
15	Aletinggou Fm	阿勒通沟组	Z*a*	Z_1	诺林	1932	新疆
16	Amunike Fm	阿木尼克组	DC*a*	D_3-C_1	青海省第一区测队	1978	青海
17	Anding Fm	安定组	J*a*	J_{2-3}	Clapp,Fuller	1926	陕西
18	Angzanggou Fm	肮脏沟组	S*a*	S_1	解广轰等(介绍)	1959	甘肃
19	Animaqingshan Qphiolite-Melange	阿尼玛卿山蛇绿混杂(岩)群	PT*a*	P—T	孙崇仁	1993	青海
20	Anjiacha Fm	安家岔组	D*aj*	D_{1-2}	朱伟元	1988	甘肃
21	Anjihaihe Fm	安吉海河组	E*a*	E	新疆维吾尔自治区区域地层表编写组	1981	新疆
22	Anjuan Fm	安居安组	N*a*	N_1	新疆石油管理局彭希龄等	1975	新疆
23	Aoertu Fm	奥尔吐组	C*ae*	C_2	“中国北方槽区古生代地层会议”筹备小组	1977	新疆
24	Aoyougou Fm	熬油沟组	Ch*a*	Ch	甘肃省地质局区测二队	1974	甘肃
25	Apadaerkang Fm	阿帕达尔康组	D*ap*	D_2	李启新	1962	新疆
26	Aqikebulake Fm	阿其克布拉克组	P*aq*	P_1	新疆地质局二区测七分队	1965	新疆

序号	岩石地层单位名称		代　号	地质时代	创名人(单位)	创建时间	创名省
	英　文	汉　文					
27	Ashele Fm	阿舍勒组	D*ǎs*	D_{1-2}	陈正元	1988	新疆
28	Atasi Fm	阿塔寺组	T*a*	T_3	杨遵仪等	1983	青海
29	Awatage Fm	阿瓦塔格组	∈*aw*	$\in_2$	地质部十三大队马应林等	1957	新疆
30	Ayilihe Fm	阿衣里河组	C*ay*	C_2	曾彩林	1959	新疆
31	Ayishan Fm	阿夷山组	O*a*	O_1	青海省第二区域地质测量队	1976	青海
32	Azigan Fm	阿孜干组	C*az*	C_2	新疆维吾尔自治区区域地层表编写组	1981	新疆
33	Babaoshan Fm	八宝山组	T*b*	T_3	青海省地质局石油普查大队	1962	青海
34	Bachu Fm	巴楚组	C*bĉ*	C_1	新疆石油管理局	1969	新疆
35	Badaowan Fm	八道湾组	J*b*	J_1	新疆石油管理局地调处	1956	新疆
36	Badu Fm	巴都组	C*bd*	C_1	叶连俊、关士聪	1944	甘肃
37	Baerleike Fm	巴尔雷克组	D*be*	D_2	李启新	1960	新疆
38	Bagongbulansha Fm	巴工布兰莎组	J*b*	J_1	新疆维吾尔自治区区域地层表编写组	1981	新疆
39	Baguamiao Fm	八卦庙组	∈*b*	$\in_2$	卢衍豪(介绍)	1964	陕西
40	Bahe Fm	灞河组	N*b*	N_2	刘东生等	1960	陕西
41	Baihaba Fm	白哈巴组	O*bh*	O_3	新疆地质局区调大队六分队	1980	新疆
42	Baijijigou Gr	白芨芨沟群	T*B*	T_3	西安地质学院区域地质调查队	1992	宁夏
43	Bailishan Fm	白砾山组	T*b*	T_3	新疆地矿局第一区调大队冯明道等	1979	新疆
44	Bailongdong Fm	白龙洞组	O*b*	O_2	陕西省地质局秦岭区测大队	1961	陕西
45	Bailongjiang Gr	白龙江群	S*B*	S	叶连俊、关仕聪	1944	甘肃
46	Bailuyuan Fm	白鹿塬组	E*bl*	E_3	刘东生等	1960	陕西
47	Baishanbao Fm	白山包组	S*bs*	S_2	新疆地质局科研所王景斌等	1966	新疆
48	Baishugou Fm	白术沟组	Qn*b*	Qn	河南地质局第三地质队	1978	河南
49	Baitianba Fm	白田坝组	J*b*	J_1	包茨、王国宁	1954	四川
50	Baiyanggou Gr	白杨沟群	Z*B*	Z	甘肃区测二队五分队	1977	甘肃
51	Baiyanghe Fm	白杨河组	E*b*	E_3	孙健初	1942	甘肃
52	Baiyaya Fm	白崖垭组	S*b*	S_1	地质科学院三室	1961	陕西
53	Baiyigou Gr	白依沟群	Z*BY*	Z_1	李建林	1987	四川
54	Baiyunshan Fm	白云山组	O*by*	O_3	甘肃省地质局第二区域地质测量队	1972	内蒙古
55	Bakan Fm	巴坎组	E*bk*	E	新疆维吾尔自治区区域地层表编写组	1981	新疆

序号	岩石地层单位名称		代　号	地质时代	创名人(单位)	创建时间	创名省
	英　文	汉　文					
56	Balediertage Fm	巴勒迪尔塔格组	P*bl*	P_1	新疆地质局第二地质大队	1964	新疆
57	Balikelike Fm	巴立克立克组	P*b*	P_1	Norin	1941	新疆
58	Balouggonggeer Fm	巴龙贡噶尔组	S*B*	S_1	青海省石油普查大队	1962	青海
59	Banjiuguan Fm	斑鸠关组	OS*bj*	O_3—S_1	地质科学院三室	1963	陕西
60	Baoan Gr	保安群	K*B*	K_1	潘钟祥	1934	陕西
61	Baogutu Fm	包古图组	C*bgt*	C_{1-2}	张成经	1966	新疆
62	Baota Fm	宝塔组	O*bt*	O_2	李四光	1924	湖北
63	Bashan Fm	白山组	C*bŝ*	C_1	甘肃省地质局第二区测队	1969	甘肃
64	Bashibulake Fm	巴什布拉克组	E*b*	E_2-E_3	新疆石油管理局彭稀龄	1975	新疆
65	Bashijiqike Fm	巴什基奇克组	K*b*	K_2-E_1	黄汲清	1956	新疆
66	Bashikuergan Gr	巴什库尔干群	Ch*B*	Ch	冯明道等	1981	新疆
67	Bashisuogong Fm	巴什索贡组	C*b*	C_1	Grober	1913	新疆
68	Batamayineishan Fm	巴塔玛依内山组	C*bt*	C_2	新疆地质局区测大队一分队李启新等	1966	新疆
69	Baxigai Fm	巴西改组	K*b*	K	王爱民 新疆石油地调处107/75队王爱民	1976	新疆
70	Bayankalashan Gr	巴颜喀拉山群	T*B*	T	青海省区域地质测量队(介绍)	1970	青海
71	Bayinbuluke Fm	巴音布鲁克组	S*by*	S_3	新疆地矿局第一区调大队十一分队	1971	新疆
72	Bayinhe Gr	巴音河群	P*B*	P_{1-2}	杨遵仪等	1962	青海
73	Beiguoshan Fm	背锅山组	O*bg*	O_3	车福鑫	1963	陕西
74	Beiketan Fm	贝克滩组	Ch*b*	Ch	冯明道等	1981	新疆
75	Beimenxia Fm	北门峡组	Jx*b*	Jx	青海综合地质大队区域地质测量队	1964	青海
76	Beiyixi Fm	贝义西组	Z*b*	Z_1	诺林	1932	新疆
77	Biebaxisitao Fm	别西巴斯套组	Z*b*	Z	王景斌、张太荣等	1928	新疆
78	Biegaizi Fm	鳖盖子组	Ch*b*	Ch	邱树玉、刘洪福(介绍)	1982	陕西
79	Biegentawu Fm	别根他乌组	C*bg*	C_2	马库林	1957	新疆
80	Bikou Gr.	碧口(岩)群	Pt*BK*	Pt_{2-3}	叶连俊、关士聪	1944	甘肃
81	Binggou Gr	冰沟群	Pt*B*	Qn	青海省区域地质测量队	1971	青海
82	Binggounan Fm	冰沟南组	Qn*b*	Qn	新疆地矿局区调队11分队李天德等	1981	新疆
83	Biyoulebaoguzi Fm	比尤勒包谷孜组	P*d*	P2	苏联地质保矿部第十三航空地质大队	1953	新疆
84	Bochatetage Fm	博查特塔格组	Qn*b*	Qn	地质部新疆地质局十三大队第八中队吴文奎等	1958	新疆
85	Bolong Fm	波龙组	Z*b*	Z_1	马世鹏、汪玉珍	1989	新疆

附录 I -4

序号	岩石地层单位名称		代　号	地质时代	创名人(单位)	创建时间	创名省
	英　文	汉　文					
86	Bolunganbulake Fm	泊仑干布拉克组	Ch*b*	Ch	李应场等	1978	新疆
87	Boluohuoluoshan Fm	博罗霍洛山组	S*blh*	S_3	地科院，新疆区测队联合地层分队	1974	新疆
88	Bowamu Gr	波瓦姆群	Ch*B*	Ch	高振家等	1993	新疆
89	Bulong Fm	布龙组	S*bl*	S_1	新疆地矿局第一区调大队联合地层队	1974	新疆
90	Bulongguoer Fm	布龙果尔组	O*blk*	O_3	新疆地矿局区调大队地层分队	1974	新疆
91	Bulukeqi Fm	布鲁克其组	O*bl*	O_2	新疆地矿局区调大队地层分队	1974	新疆
92	Buqingshan Gr	布青山群	CP*B*	C_2-P_1	青海省地质矿产局	1991	青海
93	Caishiling Fm	采石岭组	J*c*	J_2	张文堂(介绍)	1955	青海
94	Cangfanggou Gr	仓房沟群	PT*C*	P_2-T_1	高之秋	1946	新疆
95	Canglagpu Fm	沧浪铺组	∈*c*	$\in_1$	丁文江、王曰伦(尹赞勋整理)	1937	云南
96	Caodigou Fm	草地沟组	P*c*	P_1	刘广才	1980	青海
97	Caoliangyi Fm	草凉驿组	C*cl*	C_2	赵亚曾、黄汲清	1931	陕西
98	Caotangou Gr	草滩沟群	O*C*	O	陕西区域地层表编写组	1983	陕西
99	Chapu Fm	茶铺组	O*ĉ*	O_2	青海省综合地质大队区域地质测量队	1964	青海
100	Chayepo Fm	茶叶坡组	C*ĉy*	C_1	陕西省地矿局区调队	1989	新疆
101	Chedao Fm	车道组	O*ĉd*	O_2	赖才根、林宝玉(介绍)	1975	甘肃
102	Chelungou Gr	车轮沟群	O*ĉ*	O_1	甘肃省第一区测队	1965	甘肃
103	Chengqianggou Fm	城墙沟组	C*ĉq*	C_1	杨敬之等(介绍)	1962	青海
104	Chenjiaba Fm	陈家坝组	O*ĉj*	O	四川地矿局第二区域地质测量队	1966	四川
105	Chenjiajian Fm	陈家涧组	Ch*ĉ*	Ch	邱树玉、刘洪福(介绍)	1982	陕西
106	Chigou Fm	池沟组	D*ĉ*	D_2	陕西省地质局区调队	1978	陕西
107	Chijinpu Fm	赤金堡组	K*ĉ*	K_1	王尚文	1951	甘肃
108	Chouniugou Fm	臭牛沟组	C*ĉ*	C_1	袁复礼	1925	甘肃
109	Dabangou Gr	达坂沟群	S*D*	S_{2-3}	新疆维吾尔自治区区域地层表编写组	1981	新疆
110	Dapu Fm	大堡组	O*dp*	O_2	朱正永	1986	甘肃
111	Dacaotan Fm	大草滩组	DC*d*	D_3-C_1	黄振辉	1962	甘肃
112	Dachaigou Fm	打柴沟组	CP*dĉ*	C_2-P_1	刘广才等	1987	青海
113	Daerleikebulake Fm	达尔雷克布拉克组	D*de*	D_2	新疆地质局第四区测大队一、二、三、四、六分队	1961	新疆
114	Dafenggou Fm	大枫沟组	D*df*	D_2	西北地质局陕一队	1963	陕西
115	Dafenggou Fm	大风沟组	T*df*	T_3	西安地质学院区域地质调查队	1992	宁夏
116	Dagangou Fm	大干沟组	C*dg*	C_1	青海省地层表编写组	1980	青海

序号	岩石地层单位名称		代　号	地质时代	创名人(单位)	创建时间	创名省
	英　文	汉　文					
117	Daguanshan Fm	大关山组	P*dg*	C_2-P_1	叶连俊、关士聪	1944	甘肃
118	Dahalajunshan Fm	大哈拉军山组	C*dhl*	C_1	剡鸿炳	1978	新疆
119	Daheyan Fm	大河沿组	P*dh*	P_2	新疆石油管理局地调处107—109/73队	1974	新疆
120	Dahuanggou Fm	大黄沟组	P*d*	P_1	孙健初	1936	甘肃
117	Daguanshan Fm	大关山组	P*dg*	C_2-P_1	叶连俊、关士聪	1944	甘肃
118	Dahalajunshan Fm	大哈拉军山组	C*dhl*	C_1	剡鸿炳	1978	新疆
119	Daheyan Fm	大河沿组	P*dh*	P_2	新疆石油管理局地调处107—109/73队	1974	新疆
120	Dahuanggou Fm	大黄沟组	P*d*	P_1	孙健初	1936	甘肃
121	Dahuoluoshan Fm	大豁落山组	Q*nd*	Qn	甘肃区测二队	1968	甘肃
122	Dajialian Fm	大加连组	T*dj*	T_1-T_2	青海省地层表编写组	1980	青海
123	Daliang Fm	大梁组	O*dl*	O_2	中国科学院祁连山地质队	1963	青海
124	Daliyueer Fm	达里约尔组	P*dly*	P_2	新疆地质局十三大队七分队	1958	新疆
125	Dalong Fm	大隆组	P*dl*	P_2	张文佑、陈家天	1938	广西
126	Dameigou Fm	大煤沟组	J*d*	J_{1-2}	王方统等	1960	青海
127	Dananhu Fm	大南湖组	D*d*	D_1	张良臣	1959	新疆
128	Danfeng Gr	丹凤群	OD*D*	O—D	肖思云等	1988	陕西
129	Dangduo Fm	当多组	D*dd*	D_{1-2}	张研	1961	甘肃
130	Danhenanshan Fm	党河南山组	C*dh*	C_1	刘广才、李向红	1994	青海
131	Dapu Fm	大埔组	C*d*	C_2	张文佑	1941	广西
132	Daquan Fm	大泉组	P*dq*	P_2	甘肃省地层表编写组	1980	甘肃
133	Datouyanggou Fm	大头羊沟组	O*d*	O_2	中科院祁连山地质队(介绍)	1963	青海
134	Dawan Fm	大湾组	O*dw*	O_1	张文堂	1957	湖北
135	Daxigou Fm	大西沟组	J*d*	J_1	李庆远、卢衍豪	1942	甘肃
136	Daye Fm	大冶组	T*d*	T_1	谢家荣	1924	湖北
137	Dengying Fm	灯影组	Z∈*d*	$Z_2-\in_1$	李四光	1924	湖北
138	Diaosu Fm	缔敖苏组	C*da*	C_2	青海省地层表编写组	1980	青海
139	Diebu Fm	迭部组	S*db*	S_1	翟玉沛(介绍)	1977	陕西
140	Dieshan Fm	迭山组	P*dŝ*	P_2-T_1	青海省地层表编写组	1980	甘肃
141	Dikaner Fm	底坎尔组	C*dk*	C_2	新疆地质局第二区测队一分队罗发祚	1958	新疆
142	Dingjiayan Fm	丁家窑组	T*d*	T_2	韩子芳、沈光隆	1978	甘肃
143	Donggou Fm	东沟组	K*d*	K_2	新疆石油局地调处孙剑良	1956	新疆
144	Dongguashan Gr	冬瓜山群	*OD*	O_{1+2}	张志德	1984	新疆

序号	岩石地层单位名称		代号	地质时代	创名人(单位)	创建时间	创名省
	英文	汉文					
145	Donghe Fm	洞河组	O*dh*	O	陕西区测队	1966	陕西
146	Donghe Gr	东河群	K*D*	K_1	赵亚曾、黄汲清	1931	甘肃
147	Dongpo Mem	东坡段	Z*dp*	Z_2	关保德等	1980	河南
148	Dongtujinhe Fm	东图津河组	C*dt*	C_2	新疆维吾尔自治区区域地层表编写组	1981	新疆
149	Dongqiaoenbulake Fm	东巧恩布拉克组	Qn*dg*	Qn	高振家等	1993	新疆
150	Dongwu Fm	冬屋组	Qn*d*	Qn	高振家等	1993	新疆
151	Dongxileke Fm	东锡勒克组	O*dx*	O_3	新疆地矿局区调大队六分队王广耀	1980	新疆
152	Dongzhakou Fm	东扎口组	C*d*	C_2	黄振辉	1962	甘肃
153	Doushangou Fm	陡山沟组	S*d*	S_{1-2}	地质科学院三室	1963	陕西
154	Doushantuo Fm	陡山沱组	Z*d*	Z_2	李四光	1924	湖北
155	Duanjiaxia Fm	段家峡组	O*dj*	O_{2-3}	陕西省区域地层表编写组(介绍)	1983	陕西
156	Duguan Fm	杜关组	Jx*d*	Jx	阎廉泉	1959	河南
157	Dundunshan Gr	墩墩山群	D*D*	D_3	甘肃第一区测队	1967	甘肃
158	Dunzigou Gr	墩子沟群	Jx*D*	Jx	甘肃区测一队	1968	甘肃
159	Duofutun Gr	多福屯群	T*D*	T_3	青海省地层表编写组	1980	青海
160	Duoquanshan Fm	多泉山组	O*dq*	O_1	中国科学院祁连山地质队	1963	青海
161	Dushanzi Fm	独山子组	N*d*	N_2	新疆维吾尔自治区区域地层表编写组	1981	新疆
162	Duosuoqu Fm	多索曲组	D*d*	O_3	孙崇仁	1994	青海
163	Duwa Fm	杜瓦组	P*dw*	P_2	新疆维吾尔自治区区域地层表编写组	1981	新疆
164	Ehuobulake Gr	俄霍布拉克群	T*E*	T_{1-2}	黄汲清	1942	新疆
165	Elantage Fm	额兰塔格组	O*e*	O_1	冯明道	1981	新疆
166	Elashan Fm	鄂拉山组	T*e*	T_3	青海省地层表编写组	1980	青海
167	Erdaohe Fm	二道河组	Ch*e*	Ch	邱树玉、刘洪福(介绍)	1982	陕西
168	Erduanjing Fm	二断井组	T*e*	T_{1-2}	甘肃省地层表编写组	1980	甘肃
169	Ermaying Fm	二马营组	T*e*	T_2	中国科学院山西地层队刘鸿允等	1959	山西
170	Erlangling Gr	二郎坪群	ZO*E*	Z—O	金守文	1981	河南
171	Eryuhe Fm	二峪河组	C*ey*	C_1	地质部陕西省地质局区域地质测量队	1966	陕西
172	Fangshangkou Fm	方山口组	P*f*	P_2	朱伟元、沈光隆	1977	甘肃
173	Fenbigou Fm	粉笔沟组	Pz*f*	Pz_2	陕西地矿局区调队503分队	1979	陕西
174	Fenfanghe Fm	芬芳河组	J*ff*	J_3	陕西省区域地层表编写组(介绍)	1983	陕西
175	Fengjiawan Fm	冯家湾组	Jx*f*	Jx	阎廉泉	1959	河南

序号	岩石地层单位名称		代　号	地质时代	创名人(单位)	创建时间	创名省
	英　文	汉　文					
176	Fuxian Fm	富县组	J*f*	J_1	李德生中国地质科学院地质研究所(介绍)	1951	陕西
177	Gahai Gr	尕海群	DT*G*	D_2-T_1	甘肃省地质局第一区域地质测量队	1972	甘肃
178	Gala Fm	尕拉组	D*gl*	D_1	秦锋、甘一研(介绍)	1976	甘肃
179	Galedesi Fm	尕勒得寺组	T*gl*	T_3	杨遵仪等	1983	青海
180	Gancaohu Fm	甘草湖组	C*g*	C_1	Norin	1935	新疆
181	Ganchaigou Fm	干柴沟组	EN*g*	E_3-N_1	青海省石油管理局科研所	1959	青海
182	Ganhegou Fm	干河沟组	N*g*	N_1	宁夏区调队	1975	宁夏
176	Fuxian Fm	富县组	J*f*	J_1	李德生中国地质科学院地质研究所(介绍)	1951	陕西
177	Gahai Gr	尕海群	DT*G*	D_2-T_1	甘肃省地质局第一区域地质测量队	1972	甘肃
178	Gala Fm	尕拉组	D*gl*	D_1	秦锋、甘一研(介绍)	1976	甘肃
179	Galedesi Fm	尕勒得寺组	T*gl*	T_3	杨遵仪等	1983	青海
180	Gancaohu Fm	甘草湖组	C*g*	C_1	Norin	1935	新疆
181	Ganchaigou Fm	干柴沟组	EN*g*	E_3-N_1	青海省石油管理局科研所	1959	青海
182	Ganhegou Fm	干河沟组	N*g*	N_1	宁夏区调队	1975	宁夏
183	Ganjia Fm	甘家组	CP*g*	C_2-P	青海综合地质大队区域地质测量队	1964	青海
184	Ganquan Fm	干泉组	C*gq*	C_2	甘肃省地质局区测二队	1973	甘肃
185	Gansu Gr	甘肃群	N*G*	N	杨钟健、卞美年	1937	甘肃
186	Gaoqiao Fm	高桥组	O*gq*	O_1	陕西省区域地层表编写组(介绍)	1983	陕西
187	Gaoshanhe Gr	高山河群	Ch*G*	Ch	西北地质局区域地质测量大队	1958	陕西
188	Gequ Fm	格曲组	P*gq*	P_2	刘广才、李向红	1994	青海
189	Gongcha Gr	龚岔群	Qn*G*	Qb	叶永正、钱家骐等(介绍)	1976	甘肃
190	Gongguan Fm	公馆组	D*gg*	D_1	陕西省地质局陕一队	1963	陕西
191	Gongpoquan Gr	公婆泉群	S*GP*	S_2	甘肃省地矿局第二区域地质测量队(介绍)	1966	甘肃
192	Guanling Fm	关岭组	T*g*	T_2	许德佑	1939	贵州
193	Guanyinqiao Bed	观音桥层	O*g*	O	张鸣韶、盛梓夫	1959	四川
194	Gudaoling Fm	古道岭组	D*g*	D_{2-3}	赵亚曾、黄汲清	1931	陕西
195	Gudongjing Gr	古硐井群	Ch*G*	Ch	地质部地质研究所	1964	内蒙古
196	Guide Gr	贵德群	N*G*	N	路兆洽(介绍)	1948	青海
197	Guodikeng Fm	锅底坑组	PT*g*	P_2-T_1	新疆石油管理局地调处106/57队唐祖奎	1957	新疆

序号	岩石地层单位名称		代　号	地质时代	创名人(单位)	创建时间	创名省
	英　文	汉　文					
198	Guojiaya Fm	郭家垭组	P*g*	P_{1-2}	陕西省地质矿产局(介绍)	1989	陕西
199	Guokeshan Fm	果可山组	CP*gk*	$C_1—P_1$	青海省地质局区域地质测量队	1968	青海
200	Guozigou Fm	果子沟组	∈*g*	$∈_3$	新疆地调大队地质分队	1974	新疆
201	Guyuan Gr	固原群	*EG*	E	安特生	1923	宁夏
202	Habahe Gr	哈巴河群	O*H*	O_{2-3}	祝皆水	1957	新疆
203	Haerjiawu Fm	哈尔加乌组	P*he*	P_1	新疆地质局第三区测大队1—4分队	1959	新疆
204	Haerzha Fm	哈尔扎组	D*h*	D_3	朱夏	1959	青海
205	Haiyuan Gr	海原群	Jx*H*	Jx	宁夏区测队	1965	宁夏
206	Hajier Fm	哈吉尔组	P*hj*	P_2	刘广才	1980	青海
207	Halaguole Fm	哈拉郭勒组	C*hlg*	C_1	青海省第一区调队	1982	青海
208	Hangeerqiaoke Fm	汉格尔乔克组	Z*h*	Z_2	朱诚顺	1958	新疆
209	Hanjiga Fm	汗吉尕组	D*hj*	D_2	新疆维吾尔自治区区域地层表编写组	1981	新疆
210	Hanmushan Gr	韩母山群	*ZH*	Z	甘肃区测一队	1968	甘肃
211	Hantiereke Fm	罕铁热克组	C*htr*	C_1	田阔帮等	1985	新疆
212	Hanxia Fm	旱峡组	S*h*	S_3	中国科学院祁连山地质队	1963	甘肃
213	Haojiagou Fm	郝家沟组	T*hj*	T_3	新疆维吾尔自治区区域地层表编写组	1981	新疆
214	Haoteluowa Fm	浩特洛哇组	C*ht*	C_2	青海省第一区调队(介绍)	1982	青海
215	Hashihaer Fm	哈什哈尔组	Qn*hŝ*	Qn	钱家骐等	1986	甘肃
216	Hazierbulake Fm	哈孜尔布拉克组	D*hz*	D_3	新疆区测队	1965	新疆
217	Hebukesaier Fm	和布克赛尔组	D*hb*	D_1	新疆区测队地层分队	1974	新疆
218	Heicigou Fm	黑茨沟组	∈*ha*	$∈_2$	甘肃省地质局区测一队	1965	甘肃
219	Heijianshan Fm	黑尖山组	S*hj*	S_1	甘肃省地质局第一区域地质测量队	1966	甘肃
220	Heishan Fm	黑山组	D*hŝ*	D_3	青海省区调综合地质大队(刘广才、周天祯)	1981	青海
221	Heishantou Fm	黑山头组	C*h*	C_1	新疆地矿局三区测队三分队	1961	新疆
222	Heishuihe Fm	黑水河组	∈*hŝ*	$∈_3$	中国地质科学研究院第三室	1963	陕西
223	Hekou Fm	河口群	JK*h*	$J_3—K_1$	孟昭彝、王尚文等	1947	甘肃
224	Heshanggou Fm	和尚沟组	T*hŝ*	T_1	中国科学院地层队刘鸿允等	1959	山西
225	Heshangpu Fm	和尚铺组	K*hŝ*	K_1	银川石油勘探局125队	1959	宁夏
226	Heshilafu Fm	和什拉甫组	C*hŝl*	C_1	新疆维吾尔自治区区域地层表编写组	1981	新疆

序号	岩石地层单位名称		代 号	地质时代	创名人(单位)	创建时间	创名省
	英 文	汉 文					
227	Heweitan Gr	河尾滩群	T*hw*	T_2	新疆维吾尔自治区区域地层表编写组	1981	新疆
228	Honggou Fm	红沟组	J*h*	J_2	孙健初	1936	甘肃
229	Hongguleleng Fm	洪古勒楞组	DC*h*	D_3-C_1	新疆区测队地层分队	1974	新疆
230	Honghe Fm	红河组	E*h*	E_2	贾兰坡、张玉萍等	1966	陕西
231	Honglingshan Fm	红岭山组	D*hl*	D_{2-3}	杜远生、黎观城、赵锡文	1988	甘肃
232	Honglishan Fm	红砾山组	K*hl*	K_2	地质部631队	1955	新疆
233	Hongliugou Fm	红柳沟组	SD*h*	S_3-D_1	王景斌	1966	新疆
234	Hongliugou Fm	红柳沟组	N*h*	N_1	宁夏区调队	1975	宁夏
235	Hongliuhe Fm	红柳河组	P*h*	P_1	新疆地矿局第一区调大队四分队	1958	新疆
236	Hongliuquan Fm	红柳泉组	Ch*h*	Ch	冯明道等	1981	新疆
237	Hongliuyuan Fm	红柳园组	C*hly*	C_1	甘肃省地质局区测一队	1966	甘肃
238	Hongqilafu Fm	红其拉甫组	J*hq*	J_3	新疆维吾尔自治区区域地层表编写组	1981	新疆
239	Hongquan Fm	红泉组	P*hg*	P_2	梁健德、杨祖才、甘肃地层表编写组(介绍)	1980	甘肃
240	Hongshanzui Fm	红山嘴组	C*hŝ*	C_1	新疆地矿局第四地质大队	1966	新疆
241	Hongshuichuan Fm	洪水川组	T*hsĉ*	T_{1-2}	青海省区测一队	1976	青海
242	Hongshuigou Fm	红水沟组	J*hŝ*	J_1	陕西省区域地层表编写组(介绍)	1983	陕西
243	Hongtiegou Fm	红铁沟组	∈*ht*	$∈_1$	王云山等	1980	青海
244	Hongyanchi Fm	红雁池组	P*hy*	P_2	新疆地质局区测大队	1965	新疆
245	Hongyanjing Fm	红岩井组	Phy	P_2	甘肃省地质局第二区测队	1968	甘肃
246	Hongyansi Fm	红岩寺组	C*hy*	C_1	陕西省地质矿产局区域地质调查队	1989	陕西
247	Hongshuigou	红水沟组	J*h*	J_3	青海省石油局地质处102队	1959	青海
248	Huabaoshan Fm	花抱山组	O*h*	O	青海省第二区域地质测量队	1977	青海
249	Huaerdi Fm	花儿地组	Jx*h*	Jx	钱家骐、宫保军	1981	青海
250	Huaitoutala Fm	怀头他拉组	C*h*	C_1	杨敬之等	1962	青海
251	Huangjiagou Fm	黄家沟组	D*hjg*	D_2	杜远生、黎观城、赵锡文	1988	甘肃
252	Huanglianggou Fm	黄梁沟组	P*hl*	P_2	杨文孝	1964	新疆
253	Huangqikou Fm	黄旗口组	Qn*h*	Qn	宁夏区调队	1978	宁夏
254	Huangshan Fm	黄山组	∈*hŝ*	$∈_1$	新疆维吾尔自治区区域地层表编写组	1981	新疆
255	Huangshanjie Fm	黄山街组	T*h*	T_3	新疆石油管理局地调处106/57区调队地层分队	1957	新疆
256	Huangzhong Gr	湟中群	Ch*H*	Ch	青海省地质矿产局	1991	青海

序号	岩石地层单位名称		代　号	地质时代	创名人(单位)	创建时间	创名省
	英　文	汉　文					
257	Huanhe Fm	环河组	K*h*	K_1	Fuller and Clapp	1926	陕西
258	Huanxingshan Fm	环形山组	O*hx*	O_2	冯明道	1981	新疆
259	Huari Fm	华日组	T*hr*	T_3	青海省第一地质矿产勘查大队	1991	青海
260	Huashishan Gr	花石山群	Jx*HŜ*	Jx	青海综合地质大队区域地质测量队	1964	青海
261	Huancaopo Gr	荒草坡群	O*h*	O_{2-3}	赵明钰	1967	新疆
262	Hudukedaban Fm	呼独克达板组	O*hd*	O_3	新疆区调队地层分队	1978	新疆
263	Hujiersite Fm	呼吉尔斯特组	D*hje*	D_2	新疆区调队地层分队	1978	新疆
264	Hulusitai Fm	胡鲁斯台组	∈*h*	$∈_2$	杜恒俭	1950	宁夏
265	Huodiya Gr	火地垭群	Pt*H*	Pt_2	杨敬之、谷德振	1938	四川
266	Huoshan Fm	霍山组	∈*h*	$∈_1$	山根新次	1924	山西
267	Huoshaogou Fm	火烧沟组	E*h*	E_2	中国地质学编辑委员会等(介绍)	1956	甘肃
268	Hutian Fm	湖田组	C*h*	C_2	关士聪、张文堂、李星学	1952	山东
269	Hutubihe Fm	呼图壁河组	K*ht*	K_1	新疆石油局地调队107—109队	1975	新疆
270	Huxingliang Fm	弧形梁组	C*hx*	C_2	新疆石油管理局	1958	新疆
271	Jiabosaer Fm	加波萨尔组	O*jb*	O_{2-3}	王宝瑜等	1978	新疆
272	Jialingjiang Fm	嘉陵江组	T*jl*	T_{1-2}	赵亚曾、黄汲清	1931	四川
273	Jiamuhe Fm	佳木河组	P*jm*	P_1	郝服光	1964	新疆
274	Jiancaogou Bed	涧草沟层	O*j*	O_3	王钰、陈梦熊	1945	贵州
275	Jiangbasitao Fm	姜巴斯套组	C*jb*	C_1	新疆地矿局区测队二分队李天德	1977	新疆
276	Jianghe Fm	江河组	T*jh*	T_{1-2}	青海省地层表编写组	1980	青海
277	Jiangjiawan Fm	姜家湾组	O*jj*	O_3	杜德民	1984	甘肃
278	Jianshangou Fm	尖山沟组	T*jŝ*	T_1	张建东	1995	新疆
279	Jianzhuba Fm	箭竹坝组	∈*jz*	$∈_1$	秦岭区测队	1966	四川
280	Jiawang Fm	贾汪组	O*j*	O_1	李四光	1931	江苏
281	Jidike Fm	吉迪克组	N*j*	N	新疆石油局2分队和19分队	1956	新疆
282	Jifuke Fm	基夫克组	S*j*	S_2	新疆区调队地层分队	1974	新疆
283	Jijicao Gr	芨芨槽群	P*J*	P	德日进	1935	新疆
284	Jijitaizi Fm	芨芨台子组	C*jj*	C_2	兰州地质研究所	1967	甘肃
285	Jimunai Fm	吉木乃组	C*jm*	C_2	新疆区域地质志	1993	新疆
286	Jindansu Fm	津丹苏组	D*j*	D_3	李启新	1962	新疆
287	Jingchuan Fm	泾川组	K*j*	K_1	张更、田在艺	1952	甘肃
288	Jingjingzigou Fm	井井子沟组	P*j*	P_2	谭德遥	1965	新疆
289	Jinjiling Fm	金鸡岭组	T*jj*	T_1	姜春发	1963	陕西

序号	岩石地层单位名称		代号	地质时代	创名人(单位)	创建时间	创名省
	英文	汉文					
290	Jinta Fm	金塔组	P*jt*	P_2	甘肃省地层表编写组(介绍)	1980	甘肃
291	Jinyanshan Fm	金雁山组	Jx*J*	Jx	区调队李天德、冯明道	1981	新疆
292	Jishan Fm	鸡山组	K*j*	K_1	叶连俊、关士聪	1944	甘肃
293	Jiuliping Fm	九里坪组	DC*j*	D_3—C_1	陕西地质局区测队	1966	陕西
294	Jiucaiyuanzi Fm	韭菜园子组	T*jc*	T_1	唐祖奎	1957	新疆
295	Julideneng Fm	居里得能组	C*j*	C_2	高芝生	1970	新疆
296	Junzihe Gr	郡子河群	T*J*	T_1—T_2	丁培榛等	1963	青海
297	Kaiertasi Gr	开尔塔斯群	Qn*KE*	Qn	新疆地矿局第一区调大队三分队于大为等	1987	新疆
298	Kailaketi Gr	凯拉克提群	Z*K*	Z	科研所、区调大队、地科院	1978	新疆
299	Kaipaizileike Fm	开派兹雷克组	P*kp*	P_1	新疆地矿局第八地质大队	1974	新疆
300	Kalaeerqisi Gr	喀喇额尔齐斯群	C*K*	C_2	张玉谦	1978	新疆
301	Kalagang Fm	卡拉岗组	P*klg*	P_1	新疆地质局第三区测大队1—4分队	1960	新疆
302	Kalamaili Fm	卡拉麦里组	D*klm*	D_{1-2}	新疆地质局区域地质测量大队一、三分队	1966	新疆
303	Kalashayi Fm	卡拉沙依组	C*kls̆*	C_2	石油管理局	1969	新疆
304	Kalataer Fm	卡拉塔尔组	E*k*	E	新疆维吾尔自治区区域地层表编写组	1981	新疆
305	Kalawuyi Fm	卡拉乌依组	C*k*	C_2	新疆区域地层表编写组	1981	新疆
306	Kalazha Fm	喀拉扎组	J*k*	J_3	沙拉多夫	1935	新疆
307	Kalazhierjin Fm	喀拉治尔金组	C*kl*	C_2	新疆地质局第二区测队二分队	1962	新疆
308	Kalundaer Fm	卡仑达尔组	P*k*	P_1	Norin	1941	新疆
309	Kangbutiebao Fm	康布铁堡组	D*kb*	D_1	王广耀	1976	新疆
310	Kangcun Fm	康村组	N*kc*	N	新疆维吾尔自治区区域地层表编写组	1981	新疆
311	Kangguertage Fm	康古尔塔格组	D*kg*	D_3	丁涛泉	1988	新疆
312	Kangkelin Fm	康克林组	C*k*	C_2	Grober	1914	新疆
313	Kangsu Fm	康苏组	J*ks*	J_1	新疆维吾尔自治区区域地层表编写组	1977	新疆
314	Kansu Fm	坎苏组	D*ks*	D_{2-3}	周申喜	1975	新疆
315	Kapushaliang Gr	卡普沙良群	K*K*	K_1	新疆石油局19/56队	1956	新疆
316	Kashi Gr	喀什群	E*K*	E	新疆维吾尔自治区区域地层表编写组	1981	新疆
317	Kawabulake Gr	卡瓦布拉克群	Jx*K*	Jx	吴文奎、高振家	1958	新疆
318	Kayingdi Fm	喀英迪组	Z*k*	Z	王景斌、张太荣等	1978	新疆
319	Keankuduke Fm	克安库都克组	D*ka*	D_3	李天德、秦典燮	1977	新疆

序号	岩石地层单位名称		代　号	地质时代	创名人(单位)	创建时间	创名省
	英　文	汉　文					
320	Keerkezitamu Fm	柯尔克孜塔格组	S*ke*	S_{1-2}	吴文奎等	1992	新疆
321	Keguqinshan Fm	科古琴山组	C*kg*	C_2	新疆维吾尔自治区地层表编写组	1981	新疆
322	Kekesaleixi Fm	科克萨雷溪组	O*kks*	O_2	林宝玉	1977	新疆
323	Kekeshayi Fm	科克沙依组	O*kk*	O_2	李佩基、李天德	1964	新疆
324	Kekesu Gr	克克苏群	Jx*KK*	Jx	区调大队一分队刘鸿炳	1978	新疆
325	Keketiekedaban Fm	科克铁克达坂组	S*kk*	S_3	新疆地质局区测队三分队	1971	新疆
326	Kekexiongkuduke Fm	克克雄库都克组	S*kkx*	S_3	地科院新疆第一区调队联合地层分队	1959	新疆
327	Kelamayi Fm	克拉玛依组	T*k*	T_{2-3}	范成龙	1956	新疆
328	Kelasu Gr	克拉苏群	J*K*	J_{1-2}	新疆维吾尔自治区区域地层表编写组	1981	新疆
329	Keleqinghe Gr	克勒青河群	T*K*	T_3	新疆维吾尔自治区区域地层表编写组	1981	新疆
330	Kelimoli Fm	克里摩里组	O*k*	O_1	关士聪、车树政	1955	内蒙古
331	Kelitake Fm	克里塔克组	C*klt*	C_1	地质部十三大队，吕正、曾亚参	1958	新疆
332	Kelixi Fm	克里西组	Z*k*	Z_2	马世鹏、汪玉珍	1989	新疆
333	Keluke Fm	克鲁克组	C*klk*	C_2	杨敬之等(介绍)	1962	青海
334	Kensayi Fm	肯萨依组	∈*k*	$\in_{2-3}$	新疆地矿局区测大队地层分队	1974	新疆
335	Kepingtage Fm	柯坪塔格组	S*k*	S_1	西尼村	1945	新疆
336	Kesuer Fm	克素尔组	Jx*k*	Jx	青海综合地质大队区域地质测量队	1964	青海
337	Keziertage Fm	克兹尔塔格组	D*k*	D_3	地质部十三大队	1956	新疆
338	Kezilenuer Fm	克孜勒努尔组	J*kzl*	J_2	新疆维吾尔自治区区域地层表编写组	1981	新疆
339	Kezilesu Gr	克孜勒苏群	K*KZ*	J_2-K_1	新疆石油局107—109/75	1975	新疆
340	Keziletao Fm	克孜勒陶组	D*kz*	D_2	田阔帮	1985	新疆
341	Kezileyi Fm	克孜勒依组	EN*k*	EN	新疆石油局彭希龄	1975	新疆
342	Kezisuhumu Fm	克孜苏胡木组	Z*kz*	Z_2	马世鹏、汪玉珍	1979	新疆
343	Kongkashankou Fm	空喀山口组	P*kk*	P_1	新疆维吾尔自治区区域地层表编表组	1981	新疆
344	Koujiacun Fm	寇家村组	N*k*	N_1	刘东生等	1960	陕西
345	Koumenzi Fm	扣门子组	O*km*	O_3	中国科学院地质研究所	1963	甘肃
346	Kuanping Gr.	宽坪(岩)群	Pt*K*	Pt_2	阎康泉	1959	陕西
347	Kuergan Fm	库尔干组	P*kr*	P_1	新疆维吾尔自治区区域地层表编写组	1981	新疆
348	Kuerkake Fm	库尔卡克组	Z*k*	Z_2	马世鹏、汪玉珍	1979	新疆

序号	岩石地层单位名称		代　号	地质时代	创名人(单位)	创建时间	创名省
	英　文	汉　文					
349	Kuerliang Gr	库尔良群	'CKE	C_2	张志德、白光群	1984	新疆
350	Kujiertai Fm	库吉尔台组	Pkj	P_2	张道乐	1975	新疆
351	Kukebai Fm	库克拜组	Kkk	K_{1-2}	新疆石油管理局地调处107—109/75分队	1975	新疆
352	Kuluketage Gr	库鲁克塔格群	ZK	Z	Norin	1932	新疆
353	Kulumudi Fm	库鲁木迪组	Dkl	D_2	新疆地质局第三区测队一分队李启新	1960	新疆
354	Kulumuti Gr	库鲁木提群	SK	S_{2-3}	斯托良尔	1936	新疆
355	Kulutielike Fm	库鲁铁列克组		Z	王景斌、张太荣等	1982	新疆
356	Kumutake Fm	库穆塔克组	Kk	K_2	新疆石油局地调处56/56队夏公君	1956	新疆
357	Kupukuziman Fm	库普库兹满组	Pkp	P_1	新疆维吾尔自治区区域地层表编写组	1981	新疆
358	Kuruer Fm	库茹尔组	Sk	S_3	苏联十三航测队	1953	新疆
359	Kushanhe Fm	库山河组	Ckš	C_1	新疆地矿局第二地质大队	1981	新疆
360	Kusongmuqieke Gr	库松木切克群	PtK	Pt_{2-3}	王景斌等	1976	新疆
361	Kushitai Gr	库什台群	QnK	Qn	新疆地质局区测大队一分队剡鸿炳等	1978	新疆
362	Kuzigongsu Fm	库孜贡苏组	Jkz	J_3	新疆维吾尔自治区区域地层表编写组	1981	新疆
363	Laba Fm	拉巴组	Olb	O_1	李佩基、李天德	1964	新疆
364	Langmusi Fm	郎木寺组	Jlm	J_{1-2}	四川省地层表编写组(介绍)	1978	甘肃
365	Langyashan Fm	狼牙山组	JxL	Jx	青海区调队于文杰	1981	新疆
366	Langzuizi Fm	狼嘴子组	∈lz	$\in_3$	宁夏地质矿产勘察院	1991	宁夏
367	Lantian Fm	蓝田组	Nlt	N_2	刘东生	1960	陕西
368	Laojunshan Fm	老君山组	Dl	D_3	黄汲清	1945	甘肃
369	Lashizhong Fm	拉什仲组	Ol	O_2	关士聪、车树政	1955	内蒙古
370	Lemengou Fm	勒门沟组	Plm	P_1	刘广才	1980	青海
371	Lengpuzi Fm	冷堡子组	Dlp	D_2	张研	1961	甘肃
372	Lengshuigou Fm	冷水沟组	Nl	N_1	贾兰坡、张玉萍等	1966	陕西
373	Liangchakou Fm	两岔口组	Olč	O_3	徐宝政	1977	陕西
374	Liangshan Fm	梁山组	Pl	P_1	赵亚曾、黄汲清	1931	陕西
375	Lianmuqin Fm	连木沁组	Klm	K_1	新疆石油局地调队56/59队	1956	新疆
376	Liantuo Fm	莲沱组	Zl	Z_1	刘鸿允	1963	湖北
377	Linggou Fm	岭沟组	Tlg	T_2	陕西省地质局区测队	1966	陕西
378	Linkuanggou Fm	磷矿沟组	∈lk	$\in_1$	新疆区调队地研所地层分队	1978	新疆

序号	岩石地层单位名称		代　号	地质时代	创名人(单位)	创建时间	创名省
	英　文	汉　文					
379	Liudaogou Fm	六道沟组	$\in l$	$\in_3$	青海综合地质大队区域地质测量队	1964	青海
380	Liufengguan Gr	留凤关群	T*l*	T_1	陕西地质局区测队	1968	陕西
381	Liuhuangshan Gr	硫磺山群	O*L*	O_{2-3}	陈颂光	1958	新疆
382	Liujiagou Fm	刘家沟组	T*l*	T_1	中国科学院山西地层队刘鸿允等	1959	山西
383	Liukeshu Fm	六棵树组	C*lk*	C_2	新疆区域地层表	1965	新疆
384	Liupanshan Gr	六盘山群	K*L*	K	袁复礼	1925	宁夏
385	Liushugou Fm	柳树沟组	C*l*	C_2	新疆地质局区测大队六分队谭德遥	1965	新疆
386	Liwaxia Fm	李洼峡组	K*lw*	K_1	银川石油勘探局125队	1959	宁夏
387	Longdongchuan Fm	龙洞川组	P*ld*	P_2	地质科学院三室	1963	陕西
388	Longjiagou Fm	龙家沟组	J*l*	J_2	叶连俊、关士聪	1944	甘肃
389	Longmaxi Fm	龙马溪组	OS*l*	O_3-S_1	李四光、赵亚曾	1924	湖北
390	Longwuhe Gr	隆务河群	T*L*	T_1-3	刘东生	1955	青海
391	Loushanguan Fm	娄山关组	$\in O l$	$\in_3-O_1$	丁文江	1930	贵州
392	Luanchuan Gr	栾川群	Qn*L*	Qn	河南省地质研究所	1962	河南
393	Luanshishan Fm	乱石山组	Qn*l*	Qn	新疆地矿局区调大队	1981	新疆
394	Lucaogou Fm	芦草沟组	P*lc*	P_2	新疆维吾尔自治区区域地层表编写组	1981	新疆
395	Lueyang Fm	略阳组	DC*l*	D_2-C_1	赵亚曾、黄汲清	1931	陕西
396	Lujiaping Fm	鲁家坪组	$Z\in l$	$Z_2-\in_1$	陕西区测队	1959	陕西
397	Lulehe Fm	路乐河组	E*l*	E_{1-3}	朱夏	1956	青海
398	Luohandong Fm	罗汉洞组	K*lh*	K_1	张更、田在艺	1957	甘肃
399	Luohe Fm	洛河组	K*l*	K_1	Fuller 等	1926	陕西
400	Luojuan Fm	罗圈组	Z*lq*	Z_2	刘长安、林尉兴	1963	河南
401	Luoreping Fm	罗惹坪组	S*l*	S_1	谢家荣、赵亚曾	1925	湖北
402	Luoshigou Fm	落石沟组	D*lš*	D_2	张志德	1984	新疆
403	Lutiaoshan Fm	绿条山组	C*l*	C_{1-2}	甘肃省地质局第二区测队	1971	内蒙古
404	Luotuogou Fm	骆驼沟组	P*ll*	P_1	新疆地矿局区调大队十一分队	1979	新疆
405	Luoyachushan Fm	罗雅楚山组	O*L*	O_{1-2}	甘肃地质局区测一队李瑾焕等	1966	甘肃
406	Luonan Gr	洛南群	Jx*L*	Jx	武铁山	1979	陕西
407	Madongshan Fm	马东山组	K*m*	K_1	银川石油勘探局125队	1959	宁夏
408	Maerzheng Fm	马尔争组	P*m*	P_1	青海省地质矿产局	1991	青海
409	Majiagou Fm	马家沟组	O*m*	O_{1-2}	Grabau	1922	河北

序号	岩石地层单位名称		代　号	地质时代	创名人(单位)	创建时间	创名省
	英　文	汉　文					
410	Malasu Fm	马拉苏组	D*ml*	D_1	新疆地质局区域地质测量大队，张道乐	1975	新疆
411	Maliangou Fm	马莲沟组	K*ml*	K_2	甘肃省地质局区测一队	1967	甘肃
412	Malieziken Gr	玛列兹肯群	O*M*	O_{1-2}	吕正	1958	新疆
413	Mantou Fm	馒头组	∈*m*	$\in_1-\in_2$	Willis、Blackwilder	1907	山东
414	Maobaguan Fm	毛坝关组	∈*mb*	$\in_2$	陕西区测队	1966	陕西
415	Maoniushan Fm	牦牛山组	D*m*	D_3	青海地质局石油普查大队	1962	青海
416	Maoxian Gr	茂县群	S*M*	S	谭锡畴、李春昱	1935	四川
417	Maping Fm	马平组	C*m*	C_3	丁文江	1928	广西
418	Mawozi Fm	麻窝子组	Pt*m*	Pt_2	四川地质局第二区调队	1965	四川
419	Mayilashan Gr	玛依拉山群	S*MY*	S_{2-3}	新疆地质局区测队	1961	新疆
420	Meiziya Fm	梅子垭组	S*m*	S_{1-2}	陕西区测队	1965	湖北
421	Menligou Fm	门里沟组	P*ml*	P_2	陕西省地矿局区调队	1992	陕西
422	Mianxian Gr	勉县群	J*m*	J_{1-2}	赵亚曾、黄汲清	1931	陕西
423	Miaogou Fm	庙沟组	K*m*	K_1	中国地质学编辑委员会（介绍）	1956	甘肃
424	Miboshan Fm	米钵山组	O*mb*	O_1-2	西北地质局宁夏综合地质大队	1965	宁夏
425	Minhe Fm	民和组	K*mh*	K_2	青海省地质局石油普查大队	1973	青海
426	Minhe Fm	岷河组	C*mh*	C_1-C_2	黄振辉	1962	甘肃
427	Mishigou Fm	米什沟组	S*mš*	S_1	刘洪福	1988	新疆
428	Moheershan Fm	莫合尔山组	∈*mh*	$\in_2$	新疆地质局722队邓志华等	1965	新疆
429	Mohexisayi Fm	莫合西萨依组	Ch*mh*	Ch	李应场等	1978	新疆
430	Mole Gr	默勒群	T*M*	T_3	青海省地层表编写组	1980	青海
431	Mopanjing Fm	磨盘井组	∈*mp*	$\in_3$	宁夏地质矿产勘察院	1993	宁夏
432	Moshigou Fm	磨石沟组	Ch*m*	Ch	青海综合地质大队区域地质测量队	1964	青海
433	Muyangtan Fm	牧羊滩组	Qn*m*	Qn	高振家等	1993	新疆
434	Muzisayi Fm	木孜萨依组	Jx*M*	Jx	李天德、冯明道等	1981	新疆
435	Nachitai Gr	纳赤台群	OS*N*	O_3-S	青海省地质局石油普查大队(青海632队)	1962	青海
436	Naijiahe Fm	乃家河组	K*n*	K_1	石油部银川石油勘探局125队	1959	宁夏
437	Nailenggeledaban Gr	奈楞格勒达板群	O*N*	O_2	林宝玉	1977	新疆
438	Nalinkala Fm	那林卡拉组	C*n*	C_1	新疆地质局第三区测队	1960	新疆
439	Nanbaishuihe Fm	南白水河组	Pt*n*	Ch－Jx	钱家骐等	1981	青海
440	Nanhuashan Fm	南华山组	Jx*n*	Jx	霍福臣、郑昭昌	1988	宁夏

序号	岩石地层单位名称		代　号	地质时代	创名人(单位)	创建时间	创名省
	英　文	汉　文					
441	Nanhuishan Fm	南灰山组	∈O*n*	$\in_2$—O_2	新疆维吾尔自治区区域地层表编写组	1981	新疆
442	Nanshimenzi Fm	南石门子组	O*n*	O_2	解广轰、汪缉安	1959	甘肃
443	Nantuo Fm	南沱组	Z*n*	Z_1	Willis Blackwelder	1907	湖北
444	Nanyinger Fm	南营儿组	T*n*	T_3	斯行健、周志炎等	1962	甘肃
445	Naocangjiangou Fm	闹仓坚沟组	T*nc*	T_1—T_2	青海省第一区域地质测量队	1976	青海
446	Nilekehe Fm	尼勒克河组	S*n*	S_1	苏联十三航测队	1953	新疆
447	Niuerchuan Fm	牛耳川组	D*n*	D_2	陕西省地质局区调队	1978	陕西
448	Niutitang Fm	牛蹄塘组	∈*n*	$\in_1$	刘之远	1942	贵州
449	Olongbuluke Gr	欧龙布鲁克群	∈O	$\in_2$—O_1	青海地质局石油普查大队	1958	青海
450	Paergangtage Gr	帕尔岗塔格群	Qn*P*	Qn	高振家、缪长泉	1976	新疆
451	Pakabulake Fm	帕卡布拉克组	N*p*	N_1	新疆维吾尔自治区区域地层表编写组	1981	新疆
452	Panlongshan Fm	蟠龙山组	D*pl*	D_3	陕西省地质局区域地质测量队	1966	陕西
453	Pasi Gr	帕斯群	C*P*	C_1	别良耶夫斯基	1946	新疆
454	Pingliang Fm	平凉组	O*p*	O_2	袁复礼	1925	甘肃
455	Pingtoushan Fm	平头山组	Jx*p*	Jx	甘肃区测二队	1968	甘肃
456	Pingwagou Fm	平洼沟组	Qn*p*	Qn	新疆地质局区测大队冯明道	1981	新疆
457	Piyaman Fm	皮牙曼组	C*p*	C_2	张道乐	1972	新疆
458	Pochengzi Fm	破城子组	D*p*	D_3	新疆第二区测大队	1958	新疆
459	Pusige Fm	普司格组	P*ps*	P_1	新疆维吾尔自治区区域地层表编写组	1981	新疆
460	Putonggou Fm	普通沟组	D*pt*	D_1	西北地质科学研究所甘肃第一区测队	1973	甘肃
461	Qiaergaye Fm	恰尔尕也组	S*qe*	S_1	张道乐等	1972	新疆
462	Qiakemakelike Fm	恰克马克力克组	Z*qk*	Z_1	马世鹏,汪玉珍	1979	新疆
463	Qianfoya Fm	千佛崖组	J*q*	J_2	赵亚曾、黄汲清	1931	四川
464	Qianheishan Fm	前黑山组	C*qh*	C_1	甘肃省地质局区测队	1976	甘肃
465	Qianluzigou Gr	铅炉子沟群	Ch*Q*	Ch	甘肃地矿局酒泉地调队	1991	甘肃
466	Qiaoenbulake Fm	巧恩布拉克组	Z*g*	Z_1	张太荣	1976	新疆
467	Qiaqihai Fm	恰其海组	C*qq*	C_2	新疆地矿局区调大队10分队	1982	新疆
468	Qiaoershan Fm	雀儿山组	D*q*	D_{2-3}	修泽雷、赵祥生、王建中、唐海清	1964	甘肃
469	Qiatier Gr	恰提尔群	C*Q*	C_2	别良耶夫斯基	1946	新疆
470	Qieermagou Fm	切尔玛沟组	T*q*	T_2	青海省地层表编写小组	1980	青海
471	Qiergusitao Fm	奇尔古斯套组	C*q*	C_2	Norin	1935	新疆

序号	岩石地层单位名称		代 号	地质时代	创名人(单位)	创建时间	创名省
	英 文	汉 文					
472	Qigebulake Fm	奇格布拉克组	*Zqg*	Z_2	张太荣	1976	新疆
473	Qigu Fm	齐古组	J*q*	J_3	沙依多夫	1935	新疆
474	Qijiagou Fm	祁家沟组	C*qj*	C_2	王恒升	1954	新疆
475	Qilang Fm	其浪组	O*q*	O_2	乔新东	1976	新疆
476	Qimantage Gr	祁漫塔格群	OQ	O	王嘉桁	1982	新疆
477	Qimugen Fm	齐姆根组	E*qm*	E	新疆维吾尔自治区区域地层表编表组	1981	新疆
478	Qingshipo Fm	青石坡组	Ch*q*	Ch	青海综合地质大队区域地质测量队	1964	青海
479	Qingshiya Fm	青石垭组	D*qŝ*	D_{2-3}	陕西省地质局区调队	1978	陕西
480	Qingshuihe Fm	清水河组	K*qŝ*	K_1	新疆石油局地调处107/75队	1975	新疆
481	Qingshuiying Fm	清水营组	E*q*	E_3	杨钟健、周明镇	1956	宁夏
482	Qingxudong Fm	清虚洞组	∈*q*	$\in_1-2$	尹赞勋、谌义睿、秦鼐	1945	贵州
483	Qipan Fm	棋盘组	P*qp*	P_1	新疆维吾尔自治区区域地层表编写组	1981	新疆
484	Qitadaban Fm	其他大坂组	Qn*q*	Qn	钱家骐、宫保军	1981	青海
485	Qiujidonggou Fm	丘吉东沟组	Qn*qj*	Qn	庄庆兴等	1986	青海
486	Qiulitage Fm	丘里塔格组	∈O*q*	$\in_3-O_1$	地质部十三大队马秦林等	1957	新疆
487	Qiye Fm	齐也组	D*qy*	D_3	焦生瑞	1992	新疆
488	Qizilafu Fm	奇自拉夫组	D*q*	D_3	De. Terra	1932	新疆
489	Quanhekou Fm	权河口组	O*qh*	O_{2-3}	陕西省区域地层表编写组(介绍)	1983	陕西
490	Quannaogoushan Fm	泉脑沟山组	S*q*	S_2	解广轰、汪缉安(介绍)	1963	甘肃
491	Quanji Gr	全吉群	Z*q*	Z	青海省地质局石油普查大队	1956	青海
492	Quanyagou Fm	犬牙沟组	K*q*	K_1	青海省石油管理局	1957	青海
493	Quanzijie Fm	泉子街组	P*q*	P_2	新疆石油管理局地调处106/57队唐祖奎等	1957	新疆
494	Queerqueke Fm	却尔却克组	O*qe*	O_{2-3}	Norin	1930	新疆
495	Rinaore Fm	日脑热组	T*r*	T_3	青海省区调综合地质大队	1990	青海
496	Saaerming Fm	萨阿尔明组	D*s*	D_2	邓自华等	1960	新疆
497	Saergan Fm	萨尔干组	O*s*	O_2	马库林	1957	新疆
498	Sailajiazitage Gr	塞拉加兹塔格群	Ch*S*	Ch	张良臣等	1958	新疆
499	Sanchakou Fm	三岔口组	Pt*s*	Pt_3	河南地质局第三地质队	1977	河南
500	Sangejing Fm	三个井组	D*sg*	D_{1-2}	甘肃第一区测队	1967	甘肃
501	Sangequan Fm	三个泉组	Pt*sg*	Pt_2	王景斌等	1976	新疆
502	Sangonghe Fm	三工河组	J*s*	J_1	新疆石油管理局孙剑良	1956	新疆

序号	岩石地层单位名称		代　号	地质时代	创名人(单位)	创建时间	创名省
	英　文	汉　文					
503	Sanhekou Gr	三河口群	DS	D_1-2	甘肃综合地质大队西秦岭地质队	1964	甘肃
504	Sanhuashi Gr	三花石群	PtS	Pt_2	陕西地层表编写组	1983	陕西
505	Sanqiao Fm	三桥组	Ksq	K_1	银川石油勘探局125队	1959	陕西
506	Sanshanzi Fm	三山子组	∈Os	$∈_3-O_1$	谢家荣	1932	江苏
507	Saozishan Fm	扫子山组	Cs	C_{1-2}	甘肃省地质局第二区测队	1969	甘肃
508	Shadawang Fm	沙大王组	Cŝd	C_1	高芝生	1974	新疆
509	Shaerbuer Fm	沙尔布尔组	Sŝ	S_2	新疆地质局三区测队四分队	1960	新疆
510	Shajingzi Fm	沙井子组	Pŝj	P_2	新疆维吾尔自治区区域地层表编写组	1981	新疆
511	Shaleisaierke Fm	沙雷塞尔克组	Cŝls	C_2	高芝生	1970	新疆
512	Shalitashi Fm	莎里塔什组	Jŝl	J_1	新疆维吾尔自治区区域地层表编写组	1981	新疆
513	Shamaershayi Fm	沙玛尔沙依组	Cŝm	C_2	高芝生	1970	新疆
514	Shangbaishan Fm	上白山组	Oŝb	O_2	肖兵	1977	新疆
515	Shangliang Fm	上两组	Ptŝ	Pt_2	四川第二区调队(介绍)	1965	陕西
516	Shangtian Fm	上田组	Tŝt	T_3	西安地质学院区域地质调查队	1992	宁夏
517	Shanhujing Fm	珊瑚井组	Tŝh	T_3	甘肃省地层表编写组	1980	甘肃
518	Shanliang conglomerate Fm	山梁砾石组	Cŝl	C_1	新疆地质局综合研究队王景斌等	1965	新疆
519	Shanxi Fm	山西组	Pŝ	C_2-P_1	Blackwelder	1907	山西
520	Shanyang Fm	山阳组	KEŝ	K—E	薛祥煦	1987	陕西
521	Shaofanggou Fm	烧房沟组	Tŝ	T_1	袁复礼	1935	新疆
522	Shawan Fm	沙湾组	ENŝ	E—N	新疆维吾尔自治区区域地层表编写组	1981	新疆
523	Shaximiao Fm	沙溪庙组	Jŝ	J_2	杨博泉、孙万铨	1946	四川
524	Shengjinkou Fm	胜金口组	Kŝl	K_1	新疆石油局地调处107—109/75队	1956	新疆
525	Shengou Fm	深沟组	∈ŝg	$∈_2$	青海综合地质大队区域地质测量队	1964	青海
526	Shibanhe Fm	石板河组	Ptŝ	Pt_3	陕西地矿局区调队	1982	陕西
527	Shibanshan Fm	石板山组	Cŝb	C_{1-2}	甘肃省地质局区测二队	1973	新疆
528	Shiguan Fm	石关组	Pŝg	P_2	黄振辉	1959	甘肃
529	Shiguaizi Fm	石拐子组	Cŝg	C_1	刘广才等	1985	青海
530	Shihezi Fm	石盒子组	Pŝh	P_{1-2}	E. Norin	1922	山西
531	Shihuigou Fm	石灰沟组	Oŝ	O_1	穆恩之等	1963	青海
532	Shijiagou Fm	石家沟组	Dŝ	D_2	西北地质局陕一队	1963	陕西
533	Shilongdong Fm	石龙洞组	∈ŝll	$∈_{1-2}$	王钰	1938	湖北

序号	岩石地层单位名称		代号	地质时代	创名人(单位)	创建时间	创名省
	英文	汉文					
534	Shilidun Fm	十里墩组	Pŝ	P_2	叶连俊、关士聪	1944	甘肃
535	Shipai Fm	石牌组	∈ŝ	$\in_1$	李四光	1924	湖北
536	Shiqianfeng Gr	石千峰群	PTŜ	$P_2—T_1$	那林(Norin)	1922	山西
537	Shiqiantan Fm	石钱滩组	Cŝ	C_2	袁复礼	1930	新疆
538	Shiquan Fm	石泉组	Eŝ	E	Willis	1907	陕西
539	Shirenzigou Fm	石人子沟组	Pŝr	P_1	新疆地质局区测大队六分队	1965	新疆
540	Shishugou Gr	石树沟群	JŜŜ	J_{2-3}	范成龙	1957	新疆
541	Shiwengzi Fm	石瓮子组	∈Oŝ	$\in_1—O_1$	赵亚曾、黄汲清	1931	陕西
542	Shixiagou Fm	石峡沟组	Dŝx	D_2	宁夏区测队	1975	宁夏
543	Shizigou Fm	狮子沟组	Nŝz	N_2	青海省石油局科研所	1959	青海
544	Shuanglanggou Fm	双狼沟组	Dŝl	D_3	杜远生、黎观城、赵锡文	1988	甘肃
545	Shuangputang Fm	双铺堂组	Pŝp	P_1	修泽雷	1964	甘肃
546	Shuangyingshan Fm	双鹰山组	∈ŝy	$\in_1$	修泽雷、赵祥生	1964	甘肃
547	Shugouzi Fm	树沟子组	Sŝg	$S_2—D_2$	新疆区测队三·五分队	1961	新疆
548	Shuidonggou Fm	水洞沟组	Sŝ	S_3	陕西省区域地层表编写组(介绍)	1983	陕西
549	Shuigoukou Fm	水沟口组	∈ŝgk	$\in_1$	秦岭区测队	1958	陕西
550	Shuiquan Fm	水泉组	Zŝ	Z_2	朱诚顺	1958	新疆
551	Shuixiakou Fm	水峡口组	Pŝx	P_1	地质科学院三室	1963	陕西
552	Shuixigou Gr	水西沟群	JŜ	J_{1-2}	袁复礼	1932	新疆
553	Shujiaba Gr	舒家坝群	DŜJ	D_{1-2}	陕西省地质局区域地质测量队	1968	甘肃
554	Shulehe Fm	疏勒河组	Nŝ	N	孙健初	1942	甘肃
555	Shushanhe Fm	舒善河组	Kŝ	K_1	新疆石油局地调处107—109/75队	1975	新疆
556	Shuweimenke Fm	树维门科组	CPŝ	$C_2—P_1$	青海省地质矿产局	1991	青海
557	Sijiagou Fm	斯家沟组	Oŝj	O_2	穆恩之、张有魁等	1964	甘肃
558	Sikouzi Fm	寺口子组	Es	E_2	袁复礼	1925	宁夏
559	Silu Gr	丝路群	QnS	Qn	新疆地矿局第一区调队缪长泉	1987	新疆
560	Sitai Fm	四台组	Ptst	Pt_2	王景斌等	1976	新疆
561	Sixiakou Fm	四峡口组	Cs	C_2	陕西省地质局区域地质测量队十分队	1966	陕西
562	Songshutou Fm	松树头组	Pts	Pt_3	王景斌等	1976	新疆
563	Subashi Fm	苏巴什组	Ks	$K_2—E_1$	新疆石油局地调处56/56队 夏公君	1956	新疆
564	Sugaitebulake Fm	苏盖特布拉克组	Zs	Z_2	D. M 西尼村	1952	新疆
565	Suining Fm	遂宁组	Js	J_3	李悦言、杨博泉	1940	四川

序号	岩石地层单位名称		代 号	地质时代	创名人(单位)	创建时间	创名省
	英 文	汉 文					
566	Suishishan Fm	碎石山组	S*s*	S_3	甘肃省地矿局地质力学区测队	1977	内蒙古
567	Sukuluoke Fm	苏库罗克组	Qn*sk*	Qn	地质部新疆地质局十三大队第二中队张良臣等	1958	新疆
568	Sumalan Fm	苏玛兰组	Qn*s*	Qn	地质部新疆地质局十三大队第二中队张良臣等	1958	新疆
569	Sunjiagou Fm	孙家沟组	P*s*	P_2	中国科学院地层队刘鸿允等	1959	山西
570	Suoerkuli Gr	索尔库里群	Qn*SR*	Qn	李天德、冯明道	1981	新疆
571	Suweiyi Fm	苏维依组	E*sw*	E	雍天寿等	1960	新疆
572	Tabo Fm	踏波组	D*tb*	D_{1-2}	陕西省地质局秦岭区域地质测量大队	1961	陕西
573	Taerga Fm	塔尔尕组	J*te*	J_2	新疆维吾尔自治区区域地层表编写组	1981	新疆
574	Taerlang Fm	塔尔朗组	P*te*	P_2	新疆石油管理局地调处107—109/73队	1974	新疆
575	Taerqiate Fm	塔尔恰特组	Z*t*	Z	王景斌、张太荣等	1978	新疆
576	Tahaqi Fm	塔哈奇组	C*th*	C_2	新疆维吾尔自治区区域地层表编写组	1981	新疆
577	Tailegula Fm	太勒古拉组	C*tl*	C_2	新疆地质局区测大队五分队张成经	1966	新疆
578	Taiyangding Fm	太阳顶组	∈O*t*	$\in_2—O_1$	川西北地质大队	1982	四川
579	Taiyuan Fm	太原组	C*t*	C_2-P_1	翁文灏、Grabau	1922	山西
580	Taizicun Fm	台子村组	E*tz*	E_1	翟人杰等	1966	新疆
581	Talake Fm	塔拉克组	E*t*	E	新疆地矿局第二地质大队	1963	新疆
582	Talebulake Fm	塔勒布拉克组	S*tl*	S_1	西北大学地质系刘洪福	1988	新疆
583	Taliqike Fm	塔里奇克组	TJ*t*	T_3	新疆石油局219/56队	1956	新疆
584	Talong Gr	他龙群	C*T*	C_1	吴文奎、张良臣	1958	新疆
585	Talisayi Fm	塔里萨依组	Z*tl*	Z	王景斌、张太荣等	1978	新疆
586	Tamugang Fm	塔木岗组	C*tm*	C_1	新疆地质局区测大队李启新等	1966	新疆
587	Tamuqi Fm	塔木契组	Pt*t*	Pt_2	王景斌等	1976	新疆
588	Tangaitaer Fm	坦盖塔尔组	D*t*	D_3	地质部第十三大队	1958	新疆
589	Tangling Fm	唐陵组	O*tl*	O_{2-3}	李钦仲等(介绍)	1983	陕西
590	Tanheli Fm	炭和里组	J*th*	J_1	徐福祥	1975	甘肃
591	Tanjianshan Gr	滩间山群	OS*T*	O_2-S	青海省地层表编写小组	1980	青海
592	Taodonggou Gr	桃东沟群	P*T*	P_2	新疆石油管理局地调处107—109/73队	1973	新疆
593	Tekesi Gr	特克斯群	Ch*T*	Ch	剡鸿炳等	1978	新疆
594	Taoqupo Fm	桃曲坡组	O*tq*	O_{2-3}	林宝玉、赖才根等	1975	陕西
595	Taoshuyuanzi Fm	桃树园子组	EN*t*	E—N	夏公君	1956	新疆

序号	岩石地层单位名称		代　号	地质时代	创名人(单位)	创建时间	创名省
	英　文	汉　文					
596	Taosigou Fm	陶思沟组	$\in t$	$\in_2$	宁夏地质矿产勘察院地层清理分队	1993	宁夏
597	Taowan Fm	陶湾组	Pt*t*	Pt_3	阎廉泉	1959	河南
598	Tataaiertage Fm	塔塔埃尔塔格组	S*tt*	S_{2-3}	地质部十三地质大队	1957	新疆
699	Taxidaban Gr	塔昔达坂群	Jx*T*	Jx	高芝生	1960	新疆
600	Taxihe Fm	塔西河组	N*T*	N_1	新疆维吾尔自治区区域地层表编写组	1981	新疆
601	Teoruiaiken Fm	特瑞爱肯组	Z*tr*	Z_1	诺林	1932	新疆
602	Teruiaiken Fm	特瑞爱肯组	Z*t*	Z_1	Norin	1932	新疆
603	Tianjiaba Fm	田家坝组	K*t*	K_1	西北地质科学研究所	1974	甘肃
604	Tianshuihai Gr	甜水海群	Ch*TŜ*	Ch	张志德	1984	新疆
605	Tianzhu Fm	天祝组	O*tz*	O_2	穆恩之、张有魁等	1964	甘肃
606	Tiekuangliang Fm	铁矿梁组	D*tk*	D_3	陕西省地质矿产局区域地质调查队	1988	陕西
607	Tielieketi Fm	铁列克提组	D*tl*	D_3	新疆地质局第三区测大队一分队李启新	1959	新疆
608	Tielongtan Gr	铁龙滩群	*KTL*	K_{1-2}	李双喜	1972	新疆
609	Tiemulike Fm	铁木里克组	P*tm*	P_2	新疆地质局区测大队一分队周申喜等	1975	新疆
610	Tieshan Fm	铁山组	D*tŝ*	D_{2-3}	叶连俊、关士聪	1944	甘肃
611	Tiechuanshan Fm	铁船山组	Qn*t*	Qn	四川第二区调队	1965	四川
612	Tongyusi Fm	桐峪寺组	D*ty*	D_3	陕西省地质局区调队	1980	陕西
613	Tousuqan Fm	头苏泉组	D*ts*	D_3	新疆地质局科研所	1961	新疆
614	Toutunhe Fm	头屯河组	J*t*	J_2	范成龙	1956	新疆
615	Tuergendaban Fm	土尔根大坂组	C*te*	C	甘肃省地质矿产局区域地质调查队	1985	青海
616	Tuershaketage Fm	突尔沙克塔格组	$\in O t$	$\in_3-O_1$	Norin	1932	新疆
617	Tugulu Gr	吐谷鲁群	K*T*	J_3-K_1	沙依多夫	1935	新疆
618	Tuhulasu Fm	吐呼拉苏组	D*th*	D_3	新疆地矿局第一区调大队四分队贺卫东等	1990	新疆
619	Tulongguoyi Fm	图龙果依组	O*t*	O_1	李天德、李佩基	1964	新疆
620	Tulasu Fm	吐拉苏组	Z*tls*		王景斌、张太荣等	1978	新疆
621	Tuogemaiti Fm	托格买提组	D*tg*	D_2	地质部十三大队	1958	新疆
622	Tuolainanshan Gr	托莱南山群	ChJx*T*	Ch－Jx	甘肃省地质局区测二队(介绍)	1974	青海
623	Tuosikuertawu Fm	托斯库尔他乌组	D*tsk*	D_3	曾亚参、肖世禄	1979	新疆
624	Tupo Fm	土坡组	C*tp*	C_2	斯行健、李星学	1954	宁夏
625	Tushibulake Fm	土什布拉克组	S*t*	S_1	Norin	1928	新疆
626	Tuyiluoke Fm	吐依洛克组	K*t*	K_2	新疆石油局地调处105—107/75队	1975	新疆

序号	岩石地层单位名称		代　号	地质时代	创名人(单位)	创建时间	创名省
	英　文	汉　文					
627	Wanbaogou Gr.	万保沟(岩)群	Pt*WB*	Pt_{2-3}	青海省第一区域地质调查队	1981	青海
628	Wandonggou Gr	万洞沟群	Pt*WD*	Ch—Jx	青海石油普查大队(介绍)	1962	青海
629	Wangpo Mem	王坡段	P*w*	P_2	卢衍豪	1956	陕西
630	Wangguangou	王冠沟组	D*w*	D_3	北京地质学院豫南区测队	1961	河南
631	Wangquankou Fm	王全口组	Qn*w*	Qn	宁夏区调队三分队	1978	宁夏
632	Wayaopu Fm	瓦窑堡组	T*w*	T_3	潘钟祥	1934	陕西
633	Wenquangou Gr	温泉沟群	S*W*	S_1	新疆地矿局区测大队张玉谦等	1976	新疆
634	Wudang Gr.	武当(岩)群	Pt*W*	Pt_2	李捷、朱森	1931	湖北
635	Wuerhe Gr	乌尔禾群	P*W*	P	新疆石油局克拉玛依油矿研究队	1956	新疆
636	Wufosi Fm	五佛寺组	T*wf*	T_{1-2}	王德旭	1983	甘肃
637	Wugeshan Fm	五个山组	Qn*wg*	Qn	钱家骐等	1986	青海
638	Wujiaping Fm	吴家坪组	P*wj*	P_2	卢衍豪	1956	陕西
639	Wulabo Fm	乌拉泊组	P*wl*	P_2	新疆维吾尔自治区区域地层表编写组	1981	新疆
640	Wulagen Fm	乌拉根组	E*W*	E	彭希龄	1975	新疆
641	Wulalike Fm	乌拉力克组	O*w*	O_2	关士聪、车树政	1955	内蒙古
642	Wulang Fm	乌郎组	P*w*	P_1	何铭玉	1953	新疆
643	Wulichuan Fm	五里川组	T*wl*	T_3	河南地质研究所	1962	河南
644	Wuligou Gr	吾力沟群	O*W*	O_1	甘肃省第二区测队	1974	甘肃
645	Wulusubasitao Fm	乌鲁苏巴斯套组	D*w*	D_2	李天德、秦典燮	1977	新疆
646	Wuqia Gr	乌恰群	EN*W*	E—N	王志武	1957	新疆
647	Wushinanshan Gr	乌什南山群	Z*W*	Z	张太荣	1976	新疆
648	Wusushan Gr	雾宿山群	O*w*	Q_2	甘肃省地质局第一区测队	1965	甘肃
649	Wutonggou Fm	梧桐沟组	P*wt*	P_2	新疆石油管理局地调处唐祖奎等	1957	新疆
650	Wutongwozi Fm	梧桐窝子组	C*W*	C_2	地质局第一区测大队三分队高振家	1959	新疆
651	Wuxiahe Fm	五峡河组	S*w*	S_{1-2}	地质科学院三室	1963	陕西
652	Wuyitake Fm	乌依塔克组	K*w*	K_2	新疆石油局地调处107—109/75	1975	新疆
653	Wuzunsayi Gr	乌尊萨依群	T*W*	T	李永安	1984	新疆
654	Xiabaishan Fm	下白山组	O*xb*	O_2	肖兵(介绍)	1977	新疆
655	Xiagou Fm	下沟组	K*x*	K_1	甘肃省地层表编写组(介绍)	1980	甘肃
656	Xiahe Gr.	峡河(岩)群	Pt*X*	Pt_{2-3}	河南区调队	1993	河南

序号	岩石地层单位名称		代　号	地质时代	创名人(单位)	创建时间	创名省
	英　文	汉　文					
657	Xiahuancang Fm	下环仓组	T*xh*	T_{1-2}	青海省地层表编写组	1980	青海
658	Xiajialing Fm	下加岭组	C*xj*	C_1-C_2	甘肃省地质局第一区域地质测量队	1971	甘肃
659	Xialoucun Fm	下楼村组	∈*xl*	$\in_{1-2}$	陕西区测队	1963	陕西
660	Xiangmaoshan Fm	香毛山组	∈*xm*	$\in_3$	甘肃省地层表编写组	1980	甘肃
661	Xiangshan Gr	香山群	∈*X*	$\in_3$	宁夏区测队	1965	宁夏
662	Xiangtang Fm	享堂组	J*xt*	J_{2-3}	罗中舒(介绍)	1959	青海
663	Xiannudong Fm	仙女洞组	∈*xn*	$\in_1$	刘第墉(介绍)	1964	四川
664	Xiaoerbulake Fm	肖尔布拉克组	∈*x*	$\in_1$	地质部十三大队九中队	1958	甘肃
665	Xiaohaizi Fm	小海子组	C*xh*	C_2	新疆石油管理局	1969	新疆
666	Xiaokuzibai Fm	小库孜拜组	EX	E	地科院和新疆地矿局八大队钾盐队	1978	新疆
667	Xiaoquandaban Fm	小泉达坂组	QN*xq*	Qn	新疆地矿局区调队2分队冯明道等	1981	新疆
668	Xiaoquangou Gr	小泉沟群	TX	T_2-3	新疆石油公司综合研究队	1956	新疆
669	Xiaorequanzi Fm	小热泉子组	C*x*	C_1	张志德等	1965	新疆
670	Xiaotikanlike Fm	小提坎立克组	P*xt*	P_1	新疆维吾尔自治区区域地层表编写组	1981	新疆
671	Xichangjing Gr	洗肠井群	ZX	Z	余以生等	1984	内蒙古
672	Xibeikulasi Fm	希贝库拉斯组	C*xb*	C_1	新疆地矿局第一区调大队五分队张成经	1966	新疆
673	Xichahe Fm	西岔河组	D*x*	D_1	陕西区调队	1979	陕西
674	Xidagou Fm	西大沟组	T*x*	T_3	孙健初	1936	甘肃
675	Xidashan Fm	西大山组	∈*xd*	$\in_1$	高振家、朱诚顺	1958	新疆
676	Xiehao Fm	斜壕组	OS*x*	O_3-S_1	穆恩之、张有魁	1964	甘肃
677	Xifangshan Fm	西方山组	Qn*x*	Qn	高振家等	1993	新疆
678	Xihanshui Gr	西汉水群	DX	D_{2-3}	叶连俊、关士聪	1944	甘肃
679	Xihuashan Fm	西华山组	Jx*xh*	Jx	霍福臣、郑昭昌	1988	宁夏
680	Xikou Fm	西口组	P*x*	P_2	地质科学院三室	1963	陕西
681	Xiliangsi Fm	西梁寺组	O*x*	O_1	卢衍豪	1959	陕西
682	Xilikete Fm	希里可特组	T*xl*	T_2	李璋荣、鲁益钜等	1986	青海
683	Xilinkebo Fm	锡林柯博组	O*xl*	O_2	甘肃地质局第二区测队	1972	甘肃
684	Xiliugou Fm	西柳沟组	E*x*	E_2	甘肃省地质局区域地质调查队	1984	甘肃
685	Xinertai Fm	新二台组	O*xe*	O_{1-2}	张川、吴世智、王宝瑜	1978	新疆
686	Xinghongpu Fm	星红铺组	D*x*	D_3	陕西省地质局区域地质测量队	1968	陕西
687	Xingxingxia Gr	星星峡群	Ch*XX*	Ch	陆青等,孙健初创名	1965 (1934)	新疆

序号	岩石地层单位名称		代号	地质时代	创名人(单位)	创建时间	创名省
	英文	汉文					
688	Xining Gr	西宁群	EN*X*	EN	路兆洽(介绍)	1948	青海
689	Xinji Fm	辛集组	∈*xj*	$∈_1$	河南省地质局地质科学研究所	1962	河南
690	Xinminpu Gr	新民堡群	K*X*	K_{1-2}	王尚文	1949	甘肃
691	Xintan Fm	新滩组	S*x*	S_1	Willis Blackwelder	1907	湖北
692	Xionger Gr	熊耳群	Ch*X*	Ch	陕西地质局区域地质测量队	1958	河南
693	Xishanyao Fm	西山窑组	J*x*	J_2	高之秋	1946	新疆
694	Xishuangyingshan Fm	西双鹰山组	∈*xs̀*	$∈_{2-3}$	甘肃地质局区测二队	1968	甘肃
695	Xiwangmiao Fm	西王庙组	*xw*	$∈_2$	张云湘等	1958	四川
696	Xixiang Gr	西乡群	Qn*X*	Qn	陕西区测队	1960	陕西
697	Xueshan Fm	雪山组	D*x*	D_2	李悦民、周文昭	1964	甘肃
698	Xujiahe Fm	须家河组	T*x*	T_3	赵亚曾、黄汲清	1931	四川
699	Xujiajuan Fm	徐家圈组	∈*xjq*	$∈_3$	宁夏地质矿产勘察院	1991	宁夏
670	Xunjiansi Fm	巡检司组	Jx*x*	Jx	阎廉泉	1959	陕西
701	Yageliemu Fm	亚格列木组	K*yg*	K_1	王爱民	1975	新疆
702	Yalakezi Fm	牙拉克孜组	Z*y*l	Z_2	马世鹏、汪玉珍	1989	新疆
703	Yamansu Fm	雅满苏组	C*ym*	C_{1-2}	张全辉	1959	新疆
704	Yanan Fm	延安组	J*y*	J_2	Fuller Clapp	1926	陕西
705	Yanchang Fm	延长组	T*y*	T_{2-3}	王竹泉、潘钟祥	1933	陕西
706	Yanchiwan Fm	盐池湾组	O*Y*	O_{2-3}	甘肃省地质局第二区域地质测量队	1975	甘肃
707	Yangbulake Fm	杨布拉克组	C*yb*	C_2	高芝生	1970	新疆
708	Yanghugou Fm	羊虎沟组	C*y*	C_2	Grabau	1924	甘肃
709	Yangjibulake Gr	杨吉布拉克群	Ch*Y*	Ch	谭德遥等	1959	新疆
710	Yangshan Fm	羊山组	CP*y*	$C-P_1$	陕西省地质局区域地质测量队	1966	陕西
711	Yangxia Fm	阳霞组	J*yx*	J_1	新疆维吾尔自治区区域地层表编写组	1981	新疆
712	Yangxin Fm	阳新组	P*y*	P_1	谢家荣	1924	湖北
713	Yangye Fm	杨叶组	J*yy*	J_2	新疆维吾尔自治区区域地层表编写组	1981	新疆
714	Yangjiawan Fm	杨家湾组	N*y*	N	汤英俊、雷于鲁等	1988	陕西
715	Yanhe Fm	堰河组	J*yh*	J_2	陕西省区域地层表编写组(介绍)	1983	陕西
716	Yaodonggou Fm	窑洞沟组	Qn*yd*	Qn	钱家骐、宫保军	1986	甘肃
717	Yaogou Gr	窑沟群	PTY	P_2-T_2	袁复礼	1925	甘肃
718	Yaojie Fm	窑街组	J*yj*	J_2	孙健初	1936	甘肃
719	Yaolinghe Fm	耀岭河组	Qn*y*	Qn	阎廉泉	1959	陕西

序号	岩石地层单位名称		代　号	地质时代	创名人(单位)	创建时间	创名省
	英　文	汉　文					
720	Yaomoshan Fm	妖魔山组	O*y*	O_{2-3}	解广轰、汪缉安(介绍)	1963	甘肃
721	Yaoshuiquan Fm	药水泉组	O*ys*	O_3	青海综合地质大队区域地质测量队	1964	青海
722	Yeerqiang Gr	叶尔羌群	J*Y*	J_{1-2}	De. Terra	1932	新疆
723	Yehucheng Fm	野狐城组	E*y*	E_3	甘肃省地质局区域地质调查队	1984	甘肃
724	Yemajie Fm	野马街组	Qn*ym*	Qn	范国琳	1994	甘肃
725	Yeyungou Fm	野云沟组	C*yy*	C_1	新疆地矿局库巴大队三分队	1964	新疆
726	Yigeertaban Fm	亦格尔达坂组	D*yg*	D_2	新疆地质局第四区测大队一、二、三、四、六分队	1961	新疆
727	Yigeziya Fm	依格孜牙组	K*ygz*	K_2-E_1	王爱民	1975	新疆
728	Yijun Fm	宜君组	K*y*	K_1	Fuller, Clapp	1926	陕西
729	Yimugantawu Fm	依木干他乌组	D*y*	D_{1-2}	地质部十三大队	1957	新疆
730	Yinanlike Gr	依南里克群	O*YN*	O_3	曾亚参	1962	新疆
731	Yinchuan Fm	银川组	O*yċ*	O_2	霍福臣、郑昭昌	1989	宁夏
732	Yingan Fm	印干组	O*yg*	O_3	詹士高	1964	新疆
733	Yingjisha Gr	英吉莎群	K*Y*	K_2	新疆石油局地调处107—109/75队	1975	新疆
734	Yingou Gr	阴沟群	O*Y*	O_1	解广轰、汪缉安	1959	甘肃
735	Yiqikebashi Fm	伊契克巴什组	S*y*	S_2	新疆地质局区测大队四分队	1962	新疆
736	Yishijilike Fm	伊什基里克组	C*yŝ*	C_2	地质局区测大队一分队剡鸿炳	1978	新疆
737	Yiwagou Fm	益哇沟组	DC*yw*	D_3-C_1	甘肃省地质局第一区域地质测量队	1973	甘肃
738	Youermeinake Fm	尤尔美那克组	Z*ye*	Z_1	高振家等	1985	新疆
739	Youshashan Fm	油砂山组	N*y*	N	青海省石油管理局科研所	1964	青海
740	Yuanhe Fm	园河组	Jx*yh*	Jx	霍福臣、郑昭昌	1988	宁夏
741	Yuanjiagou Fm	袁家沟组	C*yj*	C_1	陕西省地质局区域地质测量队十分队	1966	陕西
742	Yuanzaoshan Gr	圆藻山群	Pt*y*	Jx—Qn	地质部地质研究所	1964	内蒙古
743	Yundoutan Fm	熨斗滩组	P*yd*	P_2	地质科学院三室	1963	陕西
744	Yuejiaping Fm	岳家坪组	∈*yj*	$\in_2$	陕西地质局区测队十一分队	1966	陕西
745	Yuemengou Gr	月门沟群	CPY	C_2-P_1	Norin	1922	山西
746	Yuertusi Fm	玉尔吐斯组		$\in_1$	高振家等	1982	新疆
747	Yukengou Fm	育肯沟组	Z*y*	Z_2	Norin	1932	新疆
748	Yutang Fm	雨塘组	Z*y*	Zq	马世鹏、汪玉珍	1989	新疆
749	Zhaheba Fm	扎河坝组	P*ż*	P_2	新疆冶金地质勘探公司701队	1975	新疆

序号	岩石地层单位名称		代号	地质时代	创名人(单位)	创建时间	创名省
	英文	汉文					
750	Zhamoketi Fm	扎摩克提组	Zż	Z_2	朱诚顺	1958	新疆
751	Zhangxia Fm	张夏组	∈ż	$\in_{2-3}$	Willis, Black welder	1907	山东
752	Zhanpo Fm	展坡组	Cż	C_1	陕西省地矿局区调队	1989	陕西
753	Zhaobishan Fm	照壁山组	Zżb	Z_1	朱诚顺	1958	新疆
754	Zhaohuajing Fm	照花井组	Sż	S_{1-2}	宁夏区域地层表编写组	1980	宁夏
755	Zhaojiaba Fm	赵家坝组	Oż	O_1	卢衍豪	1959	陕西
756	Zhaolaoyu Fm	赵老峪组	Ożl	O_3	梅志超等	1983 1986	陕西
757	Zhasikansaihe Fm	扎斯勘赛河组	Chżs	Ch	冯明道等	1981	新疆
758	Zhengmuguan Fm	正目观组	Zżm	Z	西安地质矿产研究所	1978	内蒙古
759	Yangqu Fm	羊曲组	Jy	J_{1-2}	青海省地质局第一区测队	1974	青海
760	Zhiluo Fm	直罗组	Jż	J_2	李德生	1951	陕西
761	Zhonggou Fm	中沟组	Kż	K_1	甘肃省地层表编写组	1980	青海
762	Zhongpu Gr	中堡群	Oż	O_{1-2}	甘肃省地质局第一区域地质测量队	1969	甘肃
763	Zhongshigong Fm	忠什公组	Pżs	P_2	刘广才	1980	青海
764	Zhongwunongshan Gr	中吾农山群	CPŻ	C_1-P_1	青海省地质矿产局第一区调队	1978	青海
765	Zhoujiawan Fm	周家湾组		K_1	西北地质科学研究所	1974	陕西
766	Zhoujieshan Fm	皱节山组	∈żj	$\in_1$	王云山等	1980	青海
767	Zhouqu Fm	舟曲组	Sż	S_2	翟玉沛	1977	甘肃
768	Zhulongguan Gr	朱龙关群	ChŻ	Ch	甘肃省地质局区测二队	1970	甘肃
769	Zhulumute Fm	朱鲁木特组	Dż	D_3	新疆区测大队地层分队	1974	新疆
770	Zhumahansayi Fm	珠玛汗萨依组	Chż	Ch	李应场等	1978	新疆
771	Zhushadong Fm	朱砂洞组	∈żs	$\in_1$	冯景兰、张伯声	1952	河南
772	Zhuomubasitao Fm	卓木巴斯套组	Dż	D_2	李天德、秦典燮	1977	新疆
773	Zhuowukuo Fm	卓乌阔组	Sżw	S_3	川西北地质大队	1992	四川
774	Ziniquanzi Fm	紫泥泉子组	EZ	E	新疆维吾尔自治区区域地层表编表组	1981	新疆

附录Ⅱ 中国西北区选用岩石地层单位（太古代—早元古代）一览表*

序号	岩石地层单位名称		代号	地质时代	创名人（单位）	创建时间	创名省
	英文	汉文					
1	Ailianktate Gr	埃连卡特群	Pt*A*	Pt_1	别良耶大斯基	1942	新疆
2	Baishahe Fm.	白沙河组	Pt*BŠ*	Pt_1	庄庆兴、孙广智等	1982	青海
3	Beidahe Gr.	北大河（岩）群	Pt*BD*	Pt_1	甘肃地层表编写组	1980	甘肃
4	Beidashan Gr.	北大山（岩）群	Pt*B*	Pt_1	甘肃地质局区测一队	1971	甘肃
5	Dagelagebulake Complex	达格拉格布拉克杂岩	Ar*D*	$Ar_2—Ar_3$	朱诚顺	1957	新疆
6	Dakendaban Gr.	达肯大板（岩）群	Pt*D*	Pt_1	青海石油普查大队	1956	青海
7	Dongchagou Fm	东岔沟组	Pt*d*	Pt_1	青海综合地质大队区测队	1964	青海
8	Doulig Gr.	陡岭（岩）群	Pt*D*	Pt_1	河南地质局区调队	1976	河南
9	Dunhuang Complex	敦煌杂岩	ArPt*D*	$Ar_3—Pt_1$	孙健初	1936	甘肃
10	Houhe Complex	后河杂岩	ArPt*H*	$Ar_3—Pt_1$	陕西地质局第二地质队	1979	陕西
11	Huangyuan Gr	湟源群	Pt*H*	Pt_1	青海综合地质大队区测队	1964	青海
12	Jinshuikou Gr.	金水口（岩）群	Pt*J*	Pt	青海区测队	1968	青海
13	Kalakashi Gr.	喀拉喀什（岩）群	Ar*K*	Ar_3	德.捷拉	1928	新疆
14	Liujiatai Fm	刘家台组	Pt*L*	Pt_1	青海综合地质大队区测队	1964	青海
15	Longshoushan Gr.	龙首山（岩）群	Pt*L*	Pt_1	甘肃区测队	1960	甘肃
16	Muzaerte Gr	木札尔特群	Pt*M*	Pt_1	王宝瑜等	1994	新疆
17	Qinling Complex	秦岭杂岩	ArPt*Q*	$Ar_3—Pt_1$	赵亚曾、黄汲清	1931	陕西
18	Taihua Complex	太华杂岩	Ar*T*	Ar_3	阎廉泉	1959	陕西
19	Tietonggou Fm	铁铜沟组	Pt*t*	Pt_1	陕西区测队六分队	1958	陕西
20	Tuolai Gr.	托赖（岩）群	Pt*T*	Pt_1	地科院地质研究所前寒武纪地质及变质岩研究室	1962	青海
21	Wenquan Gr.	温泉（岩）群	Pt*W*	Pt_1	田阔帮	1988	新疆
22	Xiaomiao Fm	小庙（岩）组	Ch*x*	Ch	庄庆兴等	1986	青海
23	Xingditage Gr.	兴地塔格群	Pt*X*	Pt_1	邓自华	1957	新疆
24	Yudongzi Complex	鱼洞子杂（岩）	ArPt*Y*	$Ar—Pt_1$	秦克令	1988	陕西
25	Zhongbieli Gr.	宗别立（岩）群	Ar*Ż*	*Ar*	宁夏区调队	1977	内蒙古

* 载入本表的岩石地层单位均未经有关省（区）清理研究。

Regional Stratigraphy In Northwest China

(Abstract)

The study area is located in the northwest part of China's mainland, including Shaanxi Province, Gansu Province, Ningxia Hui Autonomous Region, Xinjiang Uygur Autonomous Region, the area north of the southern part of Eastern Mount Kunlun fault in Qinghai Province and the western end of Inner Mongolian Autonomous Region.

This book takes the natural division as the main line, the stratigraphic super-region as the basic unit, the rock—strata as the key point and the summary of the time—spatial distribution law of the divided strata as the center, thus probing the formation and evolution of the regional strata and summing the characters of the rock—strata in the orogenic belt of Northwest China.

I. The Basic Characters of the Regional Strata of Northwest China

The main body of the regional geologic—tectonic site of the study area belongs to the Eurasian mega-plate, has long been in the interaction of Siberian plate and Indian plate during the evolution of the geologic history, and is made up of the alternation of many secondary plates (or masses) and the orogenic belts at these continental edges. Within the area there are both old continental masses and young orogeic belts. The famous mountains in China such as Mount Tianshan, Mount Qilian, Mount Qinling and Mount Kunlun are in the study area. Between the orogenic belts are large-and medium-sized inland basins like Junggar basin, Tarim basin and Qaidam basin. From the viewpoint of plate tectonics, the grade-I classification, in combination with the grade-I tectonic unit and on the principle of taking the Paleozoic marine strata into dominance, includes and involves 5 grade-I stratigraphic super-regions of North Xinjiang - Hinggan, Tarim - South Xinjiang, North China, South China and Tibet - Yunnan. Each of them is made up of intracontinental area (stable) and epicontinental area (active belt—orogenic belt), constituting 13 grade-II and many grades-III and grade-IV stratigraphic classifications.

Within the area, the strata are developed completely, covering the sedimentary records of all the periods from early Pre-Cambrian period to Cenozoic era. Marine and continental strata are developed and in South Xinjiang, Tertiary period shows marine deposit. There are both the exposed highly-metamorphic surface rock of early Pre-Cambrian period and the complete stratigraphic sequences of large inland basins of middle Cenozoic era. There are also the sedimentary relics of paleo-oceanic crust and different kinds of deposit of continental edge, and intracontinental and epicontinental seas. Volcanic rock strata are developed and there were volcanic activities in almost all periods; marine volcanic rocks are in dominance and there were volcanic eruptions in Tertiary period.

Pre-Sinian strata are exposed in different sizes and forms of landmasses within the orogenic belt or distributed along the edge of the stable area. There are obvious differences of the development characters for the various grades of stratigraphic areas of Paleozoic marine strata. For instance, in Junggar and Mount Tianshan—Mount Baishan, the strata are mainly from Silurian period to Carboniferous period; in Mount Qilian—North Mount Qinling, the strata are mainly of early Paleozoic era; and in East Mount Kunlun—South Mount Qinling, the strata are mainly of late Paleozoic period. Paleozoic continental strata often extend across different grade-I and grade-II strata areas, e.g. upper Permian strata in North Xinjiang and Carboniferous strata in Gansu Province. Middle Cenozoic marine strata were formed in the basins of different sizes and different nature, such as large inland basins, the medium—sized basins in the orogenic belts and intermountain fault basins

II. Pre-Sinian Strata and Their Environments of Formation

Archaeozoic strata have some assemblage characters of high-grade gneiss and granite -

greenstone belt, and composition characters of surface (continental) crust of early Pre-Sinian period such as gneiss (Koontz rock suite) and "magnet quartzite" (BIF rock system) that contain high-aluminum metamorphic minerals to different degrees. As for this kind of assemblages of early Pre-Sinian period, it is generally held nowadays that the granite - greenstone belt was formed in the rift valley environment, that the high—grade gneiss was formed in the subsidence associated with rifting and that the rift valley and subsidence had no orientation in the distribution. Therefore, this area in Archaeozoic era was in the rift valley structure environment of multicentered and all-directioned activities and the surface crust was formed by the vertical accretion and thickening.

The large amount of terrigenous muddy clastic (graywacke) rock, carbonate rock, and tholeiitic, calc-alkaline and alkaline (small amount) volcanic rock in different forms of assemblages since Proterozoic era indicates that, after the universally active tectonic environment of Proterozoic era, the continental crust had some relatively stable areas of various scales, that the sea and the continent had begun to differentiate and that the continental crust had entered a new development stage.

On the background of the mature continental crust, early Proterozoic era formed three kinds of sedimentary basins of surface crust depression, continental crust rift valley, and continental crust rift, dominated by shallow seas. The first kind of basin was formed in the relatively stable landmasses, having highly matured clastic material. The last two kinds were formed at the edge of and outside the landmass respectively, having lowly matured clastic material and containing calcalkaline, tholeiitic and volcanic rock. The activity mode of the continental crust still took the rift valley mechanism in dominance, but it was no longer the all directions and multi-centers and distributed in a certain direction, indicating that the mantle's upwelling tide or the mantle plume had entered the weakening stage.

On the tectonic background of early Proterozoic era, Middle Proterozoic era had more obvious sedimentation—tectonic deposit. The sub-stable—stable sedimentation was formed on the previous matured solidified continental masses. There was something both old and new in the formation of the active belt. In addition to the above—mentioned common features of Proterozoic eon, sediments were more developed in the areas of volcanic rock. In some other areas, there was more carbonate rock and there occurred, in relation to different marine sedimentary environments, the strata bearing rich iron, phosphorus and manganese, and large amount of algal organisms and supralittoral (intertidal) zone stromatolite, indicating that the sea and the continent were obviously differentiated and that the marine deposit was in dominance. The sediments were mostly distributed around the edges of the solidified stable area or inside it. The major basin types were the intercontinental rift, the active continental edge, the passive continental edge and the intracontinental depression. The spatial combination of the four types of basins has certain regularity: the intercontinental rift basin is located between the previous landmasses; the intracontinental depression basin is in inside the previous landmass or at the inner side of its edge; and other two types of epicontinental basins are located at the edge of the landmass. All these constitute a relatively complete sedimentation—tectonic pattern, which shows both symmetry and asymmetry.

It is not difficult to see from the basin type and tectonic pattern of Middle Proterozoic era that basins were formed on the background of the continental crust with different degrees of solidification and took the tensional tectonic environment in dominance. The rift valley basin was formed mainly on the highly solidified continental crust or at its edge, and the branches occurred at the edge of the basin and put themselves into the continent. The rift basin was formed on the continental crust with less solidification. Because of the different scales of rift, there were different assemblages of volcanic rock and, at the deeper rift, even the assemblage with the nature of the ocean basin. Therefore, the tectonic system in middle Proterozoic era still took the rift (valley) in dominance, though there had been already the sprout of the plate tectonics system, whose driving force was related to the inhomogeneity of the thermal activities or the action of the mantle plume in a new stage. But this action had obvious orientation.

In the middle period of Middle Proterozoic era (about 1400 Ma) there was an orogenic movement in the stable landmass or at its edge and in the late period, there was another orogenic action in the active belt. Their orogenic mechanism was related to the stratified detachment produced by the differential adjustment in the formation of the lithosphere. Some literature calls it the internal silicon-aluminum orogenesis and it is different from the subduction or collision orogenesis. It is therefore considered that the evolution of the continental crust in Middle Proterozoic era was the splitting on the solidified continental crust of Archaeozoic—Early Proterozoic eras and that the thickening of the continental crust is mainly the epicontinental accretion.

The regional sedimentation—tectonic patterns in Qingbaikou period varied greatly in different areas. In the east with Mount Qinling as the center, the activity was further promoted and in other areas it turned gradually into steady state. The contracting residual (or superposed) depression basin was formed on Tarim landmass. Between North China landmass and South China landmass an active belt taking Mount Qinling as the center was formed and the intercontinental rift basin evolved toward the ocean basin. To its south were the underwater and on-water volcanic arcs of the northern side of South China landmass and to its north, the epicontinental rift valley basin at the southern edge of North China landmass, thus forming a complex sedimentation—tectonic pattern.

The tectonic movement of about 800 Ma made Tarim landmass eventually solidified. South Mount Qinling subducted toward the south, collided with South China landmass and the two became one. North Mount Qinling subducted toward the north and accreted at the southern edge of North China landmass and made the foreland rift rise and become land. North Mount Qinling and South Mount Qinling were inferred to have been in the extension then, but geologic workers have different opinions about this. It directly involves the problem that whether there was ancient Chinese craton in late Proterozoic era and waits to be studied.

In short, the sedimentation—tectonics evolution in Pre—Sinian period of Northwest China can be generalized that rift valley and rift mechanism evolved toward the plate tectonic mechanism on the background of the formation of the continental crust and taking the solidified area as the growth spot. There was something both new and old in the formation of the active belt. The orogenic modes were of internal silicon—aluminum orogenesis and subduction and collision orogenesis, with the mechanism of driving force from the upwelling tide of mantle thermal spot to the mantle plume and to the mantle convection. The formation of the continental crust took the vertical accretion and thickening—lateral accretion and thickening in dominance.

III. Sinian—Silurian Strata and Their Formation Environments

North China stratigraphic super-region: Sinian strata were mainly distributed at the edge of the intracontinental area and in the middle landmass of the epicontinental area, belonging to continental glacial—epicontinental marine deposit. Cambrian and Ordovician Strata were most developed. The intracontinental area was mainly made up of carbonate rock of stable type and lacked the deposit of the early and middle periods of early Sinian epoch. The edge area was the assemblage of active—transitional types of muddy rock, clastic rock and carbonate rock. The epicontinental area was characterized by the assemblage of active types of volcanic rock - sedimentary rock. Mount Qilian - North Mount Qinling was the assemblage of trench - arc - basin deposit. Silurian strata were mainly developed in Mount Qilian in the assemblage of muddy rock and clastic rock, belonging to the residual basin deposit and having the characters of preorogenic underwater molasse compsition.

5 types of basins and 9 sedimentary basins were classified from the intracontinental area to the epicontinetal belt (area) in the order of: 1) Ordos intracontinental depression basin; 2) the fault (rift) basin at the western edge of North China; 3) the rift basin at the southeastern edge of North China; 4) the epicontinental rtif basin at the northern edge of North Mount Qilian; 5) the limited ocean basin of North Mount Qilian; 6) the rift valley basin of South Mount Qilian; 7) the rift basin at the northern edge of Qaidam; 8) the rift basin at the southern edge of Qaidam; 9) the rift basin in the southern part of East Mount Kunlun. The above 1) to 3) basins were within the intracontinental area of North China plate and their base crust type was the continental crust. 4) to 9) basins were in the edge area of the southern continent of North China plate; the base crust type of 4) to 6) basins was the transitional crust—ocean crust and the base crust type of 7) to 9) basins was the continental crust. The ordered continental edge structure was made by the shift from the intracontinental area to the epicontinental area, from the stable crust to the active crust, from the depression basin to the rift basin and to the extensive ocean basin, and from early to late in the time of major activity. For the same sedimentation—tectonic belt, the types of the basin were not the same in the strike. For example, the limited ocean basin of North Mount Qilian, when having extended to North Mount Qinling, became the back—arc basin. The rock assemblage features, the geochemical components and the characters of biotic communities have shown that the scale of the ocean basin is limited and the time is short.

South China stratigraphic super—region: In this stage, the strata were completely developed and the intracontinetntal area (Yangtze stratigraphic region) was the stable deposit. The epicontinental area (South Mount Qinling—Mount Dabieshan stratigraphic region) had active deposit in dominance and the structure of the depositional area was complex. Sinian period had three stratigraphic sequences: 1) Yangtze stratigraphic sequence, mainly distributed in the intracontinental area and made up of strata from Liantuo group to Dengying group; 2) the only development of lower Sinian strata, distributed at the northern side of Zoige in the west of the epicontinental area and made up of the continental volcanic rock; and 3) the development of upper Sinian—lower Cambrian strata, distributed in the depression belt inside the epicontinental area and made up of the deep-water carbonaceous slate intercalated with impure limestone. Sinian strata had two stratigrapnic sequences in the intracontinental area: 1) East Yunnan stratigraphic sequence, distributed in Hannan area and lacking the deposit of middle and late Cambrian epochs; and 2) East Gorge straigraphic sequence, distributed in Mount Dabashan and being incomplete in the development of the stratigraphic sequence. The epicontinental area had three stratigraphic sequences: 1) the assemblage of active carbonaceous muddy rock - carbonate rock; 2) the assemblage of deep - water non—compensated carbonaceous siliceous rock - muddy rock; and 3) the assemblage of quasi - stable carbonaceous muddy rock - dolomite. Ordovician strata in the intracontinental area were on the whole made up of gulf muddy rock and clastic rock - secondary deep - water platform carbonate rock; in the epicontinental area they were mainly made up of muddy rock and clastic rock, intercalated with somewhat alkali neutral—basic volcanic rock; and in the rise area, they were the assemblage of the quasi — stable—stable platform carbonate rock. Silurian strata in the intracontinental area were made up of shallow — sea muddy rock and clastic rock; in the epicontinental area they were made up of active muddy rock, clastic rock and noncompensated carbonaceous siliceous rock, intercalated with small amount of volcanic rock. In this stage, four types of basin were classified by taking the major activity period as the mark: 1) upper Yangtze craton intracontinental depression basin; 2) upper Yangtze craton edge Motianling rift basin; 3) South Mount Qinling rift basin; and 4) North Mount Dabashan rift—rift valley basin.

Tarim - South Xinjiang stratigraphic super - region: in this stage, the strata were most completely developed in North Tarim and Middle Mount Tianshan - Mount Baishan. Sinian period was continental glacial—glaciomarine deposit, the special molasse deposit in the cold environment after Tarim movement. Cambrian strata were made up of stable continental - shelf shallow sea - secondary deep - water phosphorus —containing carbonaceous siliceous rock - carbonate rock, representing the first cover after Tarim movement. From North Tarim to Middle Mount Tianshan - Mount Baishan, phosphorus - containing layers were the special features of time crossing from early Cambrian epoch to middle Cambrian epoch. In Ordovician period, the continental crust activity was differentiated and Tarim intracontinental area was depression basin, forming the assemblage of muddy rock and clastic rock - carbonate rock; North Tarim epicontinental area was mainly made up of active muddy rock, clastic rock and carbonaceous siliceous rock intercalated with volcanic rock and carbonate rock, and on the whole formed epicontinental depression basins; in Mount Baishan, the center of the depression had the nature of the rift basin; and South Tarim epicontinental area took the muddy rock and clastic rock in dominance and had numbers of volcanic rock interbeds. In Silurian period, the activity of the continental crust was more differentiated and Tarim intrcontinental area was the superposed basin, forming the assemblage of purple—red muddy rock and clastic rock; North Tarim epicontinental area took South Mount Tianshan as the active center and developed the trench - arc - basin system; Middle Mount Tianshan splitting moved toward the north and was placed between South Mount Tianshan ocean and South Junggar ocean, and above it there was locally residual sea deposit - this sedimentary - tectonic pattern lasted till early Devonian epoch; South Tarim epicontinental area was depression basin, formed by the assemblage of active muddy rock and clastic rock - carbonate rock. When the sedimentary evolution of this stage in this area had undergone Sinnian glaciation leveling and the steady development of Cambrian period, the activity of the continental crust was again split and disintegrated. The intracontinental area and the epicontinental area of Ordovician period had differentiation; the activity of the epicontinental area of Silurian period reached to its summit; South Mount Tianshan developed into the limited ocean basin; the southern edge of Middle Mount Tianshan - Mount Baishan was the active continental edge; Tarim intracontinental depression basin contracted; and Karakorum shifted from the rift basin into the epicontinental depression basin.

North Xinjiang - Hinggan stratigraphic supr—region: lower Paleozoic strata were exposed in scattering blocks. Sinian - Cambrian strata occurred in Artai, made up of gigantically thick flysch and formed in the epicontinental depression basin. In the southern part of West Junggar, late Cambrian epoch had the secondary extensional volcanic rock assemblage, a record of the sedimentation of Xinjiang's paleo - craton splitting in late Cambrian epoch. In Ordovician period, Artai and East Junggar were made up of the normal marine sedimentary rock and neutral - acid volcanic rock, the formation of the basin underwent the evolution process of depression - rift - residual basin though the rift basin was in dominance, and East Junggar locally had secondary extensional volcanic rock assemblage; West Junggar was, from early to late, made up of active muddy rock and clastic rock?acid and basic volcanic rock?quasi—stable muddy rock, clastic rock and carbonate rock, the formation of the basin underwent the evolution process of depression basin?micro—ocean basin?residual basin, the activity increased spatially from north to south, the scale of extension developed from south to north, and the ocean basin sealed gradually from north to south in late Ordovician epoch. In Silurian period, Artai and East Junggar had only the deposit of middle and late epochs, made up of active shallow—sea muddy rock and clastic rock and locally intercalated with neutral — basic or acid volcanic rock, belonging to the deposit of the superposed depression basin; in the early period West Junggar formed on the late Ordovician residual basin the muddy rock and clastic rock (with small thickness) of the oxidation environment, and in the middle and late periods it developed further: in the north the flysch assemblage was formed and in the south was the assemblage of deep - water muddy rock, volcanic rock and ophiolite, thus constituting from south to north the limited ocean basin?rift basin structure. The sedimentation - tectonic environment of this stage shows clearly the law that the activity increased gradually from north to south and from east to west. From late Cambrian epoch to Silurian period, the west and the south underwent two times of extension and had two times of ophiolite. Corresponding to these two times of extension, the east and the north had rift and depression actions. There was no absolute border for this regional difference of activity.

IV. Devonian—Triassic Strata and Their Formation Environments

North Xinjiang - Hinggan stratigraphic super—region (the northern part of Xinjiang): North Junggar stratigraphic sequence was most completely developed. 5 assemblages were classified according to the features of the compositional rock of each stratigraphic unit: marine volcanic rock in dominance, continental volcanic rock in dominance, marine terrigenous clastic rock intercalated with volcanic rock, marine clastic rock, and continental clastic rock. In Devonian period, the marine deposit was in dominance and only in the northwest of North Junggar in the middle and late periods did the continental deposit occur. Marine volcanic rock was mainly distributed in Artai and North Junggar, being neutral and acid in dominance. Carboniferous period had the most rock assemblages, the continental strata were mainly distributed in the northeast of South Junggar, and the marine volcanic rock was mainly distributed in the north and the south of Junggar, the south having the assemblage of the secondary extensional ocean basin. Permian strata were developed in Junggar, occurred as the continental deposit, contained coal (some contained oil - generating beds), and had in general the sedimentary hiatus with Carboniferous strata; the continental volcanic rock occurred in the east of North Junggar and Wulumuqi basin. Triassic strata were mainly made up of the continental clastic rock, took the river facies in dominance and, in the middle and late periods, intercalated oil beds. In this stage, various categories of organisms were thriving, for not only the invertebrates reached their summit in type, genus, species, and number since Phanerozoic eon, but also the flora gradually flourished. In Devonian period, the organisms were mainly of the northern type and, in the middle and late periods, became the mixed type of the south and the north. In Carboniferous period, the organisms were of the West Europe - North America type. And in Permian period, the organisms had the transitional color of the Arctic sea type and Tethys type. The floral fossils were mainly the Angara flora and the southern border of their distribution gradually shifted toward the south to Middle Mount Tianshan - Mount Baishan. In Triassic period, there was the mixture with Cathaysian plants. In this stage, the sedimentary - tectonic pattern was on the whole the deposit of the trench - arc - basin system from south to north in Devonian period and the residual ocean - rift deposit in the southern part of South Junggar - Mount Baishan from late Devonian period to Carboniferous period, and, since Permian period, evolved to the intracontinental depositional basin, constituting the unified continental crust together with Tarim - South Xinjiang stratigraphic super - region.

Tarim - South Xinjiang stratigraphic super—region: the stratigraphic sequences in the southern and northern parts of Tarim basin were most completely developed. 6 assemblages were classified according to the features of the compositional rock of each stratigraphic unit: marine carbonate rock in dominance, the unequally thickened interbeds of marine carbonate rock and clastic rock, marine clastic rock in dominance (containing littoral, shallow - sea, secondary deep sea and deep sea environments), marine volcanic rock in dominance, marine clastic rock intercalated with volcanic rock, and continental (or alternating marine - continental) clastic rock in dominace. Devonian strata had the most types of rock assemblage and occurred mainly as the continental facies around Tarim basin and as the marine facies in its southern and northern parts: in the northern part the volcanic rock was developed and ophiolite occurred in South Mount Tianshan; and in the southern part, the marine clastic rock was in dominance, intercalated with volcanic rock and carbonate rock. Carboniferous strata occurred mainly as the marine facies; Tarim basin was mainly the lagoon facies and carbonate rock was developed in its southern and northern parts, volcanic rock being intercalated in the northern part. Permian strata evolved from the marine to the continental sedimentation, and the northern part was characterized by the development of the continental volcanic rock and the southern part took clastic rock in dominance. Triassic strata occurred as the continental facies in Tarim basin and the area north of it and as the marine facies in the area south of it. The marine fauna had the "south type" features, and in Tarim basin and the area south of it the Tethyan type occurred. The floral fossils were mainly of the Cathaysian type and in the northern part there was the mixture of Angara flora. In this super - region, the sedimentation - tectonics approximately underwent three evolution stages. In Devonian period, South Mount Tianshan became contracted and sealed on the background of Silurian secondary extensional ocean basin, Heiyingshan area had rifts produced, the other areas were on the whole in the littoral - shallow sea environments and, in late Devonian period, the overall area rose and became land. In Carboniferous period, the continental crust extended again and formed the two rift valley basin belts of Middle Mount Tianshan - Mount Baishan and West Mount Kunlun, and, in the late period, the other areas were on the whole in the littoral - shallow sea environments with the exception of Mount Baishan rift which had lasted until early Permian period. From Permian to Triassic periods, the littoral - shallow sea basins shifted into the continental basins, but in Middle and South Mount Tianshan - Mount Baishan, the crustal activity was still great; in Permian period, many post - orogenic continental volcanic basins were formed. North China and South China stratigraphic super - regions: in the study area, since late Paleozoioc era, sedimentary basins of the two stratigraphic super - regions had occurred on the sialic crust base, in the form of sedimentary basins that had been related to each other and also had their own characters. Shanxi - Hebei - Shandong - Henan statigraphic region was, in the northwest, made up of Ordos basin and its marginal sedimentary basin belt, lacked Devonian and lower Carboniferous deposit, occurred as the continental - oceanic alternating coal - bearing deposit from late Carboniferous epoch to early Permian epoch and was then filled with red clastic rock of the continental phase. The stratigrphic sequence was similar to that of the intracontinental area of the whole North China stratigraphic super - region.

Qinling - Qilian - Kunlun stratigraphic region - North China stratigraphic super - region's northern edge constituted on the whole a common basin with the complex structure of North China (south) and South China (north) epicontinental areas. In Qilian - North Qinling stratigraphic sub - region, Devonian strata were mainly distributed in Mount Qilian, characterized by the continental molasse deposit; Carboniferous to Triassic strata were mainly made up of the continental - oceanic alternating to continental deposit, and the western part and Ordos' western edge had depositional transition in late Carboniferous epoch. East Kunlun - Middle Qinling stratigraphic sub - region was, on the whole, the rift basin deposit and the depositional types and assemblages were complex and varied. Devonian period lacked the early deposit in Qaidam area and was mainly of the continental facies in the early and late periods, and the other broad areas were marine strata. Carboniferous - Triassic periods were all marine deposit and Triassic strata were mainly distributed in West Mount Qinling, characterized by the continental active clastic rock assemblages; in late Triassic epoch, the eastern section lacked the deposit and the western section was the continental volcanic rock assemblage. In Diebu - Xunyang stratigraphic sub - region, the stratigraphic sequence was developed most completely, belonged to the marine deposit and was mainly made up of clastic rock and carbonate rock which were the transitional type in dominance; in late Triassic epoch, the marine deposit was mainly distributed in West Mount Qinling.

In Yangtze stratigraphic region, the deposit of Devonian and Carboniferous periods was limited and distributed mainly at the northern edge; from Permian to Triassic periods it was the shallowsea stable deposit; and since Middle Triassic epoch, it had evolved completely from the offshore swamp into continental large inland basin deposit. The stratigraphic sequence was similar to that of the whole Yangtze stratigraphic region.

This study area was made up of 5 sedimentary basins: Ordos intracontinental depression basin, Qilian superposed basin, Zongwulongshan - Shanyang rift basin, Diebu - Xunyang epicontinental rift basin, and Yangtze intracontinental depression basin. Qilian superposed basin was linked to Ordos intracontinental depression basin in the late period of late Carboniferous epoch. Zongwulongshan - Shanyang rift basin and Diebu - Xunyang epicontinental rift basin were basically of the same large sea basin, but were formed as two different basins because of the differences in the structural pattern of the base and in the activity. The broad marine transgression of Triassic period made its basin superimposed on Qinling - Qilian - Kunlun tratigraphic region and South Qinling - Dabieshan stratigrapic region, and the center of the sea basin was in West Mount Qinling, with its southern part being linked to Bayankala stratigraphic region (sea basin) and its northern part reaching the southwestern edge of Shanxi - Hebei - Shandong - Henan stratigraphic region. In the middle and late stages of Triassic period, with the shift of orogenic movement from east to west, the sea water withdrew from east to west, and from north to south.

V. Jurassic - Tertiary Strata and Their Formation Environments

In this stage, the continental strata were dominant and many large inland basins and middle and small inland (intermountain) rift basins were formed, mainly of the deposit of foothill, river and lake facies. The marine strata were distributed at the southwestern edge of Tarim basin and the area south of it, and were of the deposit of littoral - shallow - sea and lagoon facies. There was the obvious sedimentary hiatus between the dividing strata.

The stratigrahic sequences of Junggar basin and Tuha basin were approximately the same: the strata were not developed completely in late Cretaceous epoch, were the coal - bearing deposit of alluvial - pluvial - delta lake facies in early and middle Jurassic epochs, and were the deposit of river and lake facies in dominance from Cretaceous to Tertiary periods. Junggar basin basically succeeded Triassic inland depression basin deposit and early and middle Jurassic epochs were the first depression filling period, when the basin was in the form of the winnowing pan, deep and broken in the south and shallow and transcended in the north; early Cretaceous epoch was the second period of depression filling period; in early Tertiary period the basin extended again; and in Oligocene epoch the shallow—water basin occurred.

In Tarim basin, all the dividing strata were developed, but the strata were differently made up of in the southern and northern parts. In the southern part, the strata were intercalated with recoverable coalbeds in middle Jurassic epoch with several marine beds from late Cretaceous epoch to early Tertiary period; in the northern part, the deposit was mainly the foothill—alluvial and river - lake facies and the marine interbeds only occurred in Paleocene epoch. The major depression filling period of Tarim basin was from Cretaceous to Tertiary periods and it was different from that of Junggar basin.

Ordos basin was characterized by the lack of the deposit from late Cretaceous epoch to Paleocene (or Eocene) epoch. On the background of Pre - Jurassic intracontinental depression basin, Jurassic deposit had a tendency to shift from east to west, lower Cretaceous deposit had the differentiation in the eastern and western directions, and Tertiary deposit shifted to the rift belts at the western and southern edges of the basin.

Qaidam basin belonged to the middle - sized intracontinental depression basin where Jurassic deposit was developed at the edge of the basin, early Cretaceous epoch was the deposit of the foothill, river and lake facies, late Cretaceous deposit was not found and Tertiary period was the major depression filling period.

In this stage, the continental biota of Jurassic period occurred mainly as the plants, two plant assemblages, *Neocalamites - Cladophlebis* and *Coniopteris - Phoenicopsis*, being in dominance; in early Cretaceous epoch, there were Ostracoda (with *Cypridea* in dominant population), Bivalve (represented by the SNSTM assemblages), fish (North Xinjiang "green fish - bearing beds", North China *Lycoptera* and so on) and large vertebrate like dinosaurs; in Tertiary period, the fossil assemblages of mammals were in dominance (the native fauna in Lanzhou, Dingjiaogou of Ningxia and Qaidam, and *Hipparion* fauna in Ordos grassland, etc.). The marine biota were bivalve, brachia, hexacoral, ammonite and so on, which belonged to the paleo - Mediterranean biota.

In this stage the sedimentation and tectonics of continental basins in the study area underwent the depression and filling processes of Jurassic period, Cretaceous period, early Tertiary period and late Tertiary period. Between each two periods there was, to some extent, elevation without deposit, which was closely related to the intracontinental differential elevation - subsidence caused by the collision and matching of Yunnan - Tibet landmass and North continent. But because of the differences between the base structural patterns of the basins, there were different characters in the formation and evolution of the basins. Taking the major depression filling period for example, Junggar basin took Jurassic period in dominance and then Cretaceous period; Tarim basin took Cretaceous period in dominance, Qaidam basin Tertiary period in dominance, and Ordos basin Jurassic period in dominance.

VI. The Characters of Orogenic Belt Strata of Northwest Stratigraphic Super - region

There were stable, active and transitional (sub - stable and sub - active) types of deposit, and many types of strata such as bedded and sequential, bedded and sequence - free, bed - free and sequence - free, and structure - rock strata. The deposits were complex, time and space varied greatly, and one strata unit was in general made up of more than two kinds of rock. The strata underwent many times and different degrees of metamorphism, deformation and displacement, there were metamorphic rocks of various grades from high to very low, and the geological bodies underwent different degrees of dispersion, reorganization and refolding. It was difficult to build the stratigraphic sequence of the original state. The volcanic rock was developed and the marine volcanic rock was in dominance. There was volatility in the bio - geographic area and the biologic population and groups, and there often occurred the mixed or transitional types.

The deposit type was restrained by the base structural pattern and the basin's formation mechanism. The marine deposit of Phanerozoic eon was often formed in the "stripe" and "block"structures. Therefore, there were different deposit types and deposit assemblages in the same basin and the same period.

The marine rock was mainly formed in middle Proterozoic era and early Paleozoic era in Mount Qinling, was most developed in early Paleozoic era in Mount Qilian, and was formed mainly from Ordovician to Carboniferous periods in Mount Tianshan, Junggar and Mount Artai. Spatially it was distributed in zones and intensively exposed in sections. Temporally it had multi - stage (cycle) activity, e. g., Mount Qilian was made up of 5 rock belts and Mount Tianshan, 3 rock belts. The component rock types were complex and occurred mainly as basic and acid assemblages and then the neutral - basic or neutral - acid assemblages. The volcanic rock strata were generally made up of two types: volcanic rock - sedimentary rock, and volcanic rock in dominance. The component rock type, the alkalinity and the magma system in the same orogenic belt, the same time or the same strata unit varied greatly in space, but had a certain variation law, reflecting the shift and evolution of the different tectonic environments.

The stratigraphic sequence of the marine volcanic rock had a number of assemblages and the different sequence assemblages were formed in different geologic — tectonic environments. For example, Carboniferous volcanic rock strata of Mount Tianshan might be divided into 5 sequence assemblages, which were formed in 5 geologic - tectonic environments: 1) Mount Baishan/Hongniuyuan stratigraphic sequence formed in the epicontinental rift, 2)